台达DVP-PLC编程技巧

WPLSoft软件篇（第2版）

台达电子工业股份有限公司　编著

中国电力出版社
CHINA ELECTRIC POWER PRESS

内 容 提 要

本书是《台达 DVP-PLC 编程技巧　WPLSoft 软件篇》的修订版。

本书主要介绍了台达 DVP-PLC　WPLSoft 软件的编程设计范例，修订时增加了众多最新的 PLC 软硬件技术知识和应用实例，内容简洁实用、图文并茂。全书共分 16 章，分别为基本程序设计范例，计数器设计范例，定时器设计范例，变址寄存器 E、F 设计范例，应用指令程序流程设计范例，应用指令传送比较控制设计范例，应用指令四则运算设计范例，应用指令旋转位移设计范例，应用指令数据处理设计范例，应用指令高速输入/输出设计范例，应用指令浮点数运算设计范例，应用指令通信设计范例，应用指令万年历时间设计范例，应用指令简单定位设计范例，便利指令设计范例和网络连线设计范例。

本书既可作为 PLC 程序设计师的实用编程学习用书，也可作为业界相关人员的实用参考书。

图书在版编目（CIP）数据

台达 DVP-PLC 编程技巧　WPLSoft 软件篇 / 台达电子工业股份有限公司编著. —2 版. —北京：中国电力出版社，2012.4（2020.6重印）

ISBN 978-7-5123-2872-3

Ⅰ. ①台…　Ⅱ. ①台…　Ⅲ. ①可编程序控制器－程序设计　Ⅳ. ①TM571.6

中国版本图书馆 CIP 数据核字（2012）第 058502 号

中国电力出版社出版、发行

（北京市东城区北京站西街 19 号　100005　http://www.cepp.sgcc.com.cn）

三河市百盛印装有限公司印刷

各地新华书店经售

*

2010 年 1 月第一版

2012 年 4 月第二版　2020 年 6 月北京第五次印刷

787 毫米×1092 毫米　16 开本　18.25 印张　409 千字

印数13001—14000 册　　定价 55.00 元

前 言

《台达 DVP-PLC 编程技巧　WPLSoft 软件》的修订版，无疑是台达 PLC 发展史上最值得期待和令人振奋的事情之一。《台达 DVP-PLC 编程技巧　WPLSoft 软件》自 2010 年 1 月出版以来，得到了众多 PLC 领域同行及专家的认可，并成为众多自动化高校的专业教学首选教材，这些成果和反馈信息激励着创作团队的每一位成员，我们决定重新修订全书，并增加了众多最新的 PLC 软、硬件技术知识和应用信息，以帮助读者获得最实用、最全面、最先进的编程技巧。

台达 DVP 系列 PLC 是当今工业自动化领域 PLC 产品的典型代表，在纺织、机床、印刷、包装、楼宇自动化等众多行业有着广泛的应用。PLC 编程是一门实践性和技巧性非常强的学科，再版后的《台达 DVP-PLC 编程技巧　WPLSoft 编程技巧》依然采用案例式教学方法，让您理解 DVP 系列 PLC 的编程知识与应用技巧。

PLC 对被控制对象的操作，其实就是正确执行控制程序的过程。同样的控制要求，程序的编制是否合理，都会最终影响到 PLC 在控制过程中工作的稳定性和可靠性。

实践证明，PLC 编程是一项细致的工作，对系统的工艺要熟悉，对 PLC 的指令要理解，对 PLC 的资源要清楚。而且，实践永远是检验学习的唯一标准。因此，我们要特别提醒您在学习 PLC 编程的过程中，一定要一边学习理论知识、一边上机操作，从实际操作中去领悟指令的功能、编程软件的操作要领。

本书共分 16 章，分别是基本程序设计范例、计数器设计范例、定时器设计范例、变址寄存器 E、F 设计范例、应用指令程序流程设计范例、应用指令传送比较控制设计范例、应用指令四则运算设计范例、应用指令旋转位移设计范例、应用指令数据处理设计范例、应用指令高速输入/输出设计范例、应用指令浮点数运算设计范例、应用指令通信设计范例、应用指令万年历时间设计范例、应用指令简单定位设计范例、便利指令设计范例与网络连线设计范例。其中，内文列举了大量有关编程的实例，您可以直接移植或引用。再版时，创作团队重点对应用指令通信设计范例、应用指令简单定位设计范例、便利指令设计范例与网络连线设计范例进行修订和补充。

本书是在台达集团历经多年 PLC 产品开发经验的基础上，组织多位资深研发专家和应用专家合力编写而成，是对各行各业 PLC 应用经验的全面总结，也是 PLC 编程理论的系统概括。本书在编写过程中，内容上既有针对性又有综合性——PLC 的基本指令与应用指令逐条精讲、针对性的程序实例皆有，同时针对典型实例说明，力求简洁实用，图文并茂。只要一步一步跟着本书学，读者就能快速掌握台达 DVP 系列 PLC 的编程技术。因此，本书既可作为 PLC 程序设计工程师的实用编程学习用书，也可作为业界相关人员参考用书，我们衷心希望此书能够起到帮助大家理解相关理论及程序算法，更好掌握软件编程技巧的作用。

学无止境，本书中如有疏漏及不足之处，恳请各位读者不吝批评指正。

联系邮箱：marketing@delta.com.cn

编　者

2012 年 2 月

第一版前言

《台达 DVP-PLC 编程技巧　WPLSoft 软件篇》的正式出版，无疑是台达 PLC 发展史上最值得期待和令人振奋的事情之一。

台达 DVP 系列 PLC 是当今工业自动化领域 PLC 产品的典型代表，在纺织、机床、印刷、包装、楼宇自动化等众多行业有着广泛的应用。此前介绍台达 PLC 编程软件的书籍多为片断式的，不够完整，而 PLC 编程是一门实践性和技巧性非常强的学科，所以本书采用案例式教学方法，让读者更容易理解 DVP 系列 PLC 的编程知识与应用技巧。

PLC 对被控制对象的操作，其实就是正确执行控制程序的过程。同样的控制要求，程序的编制是否合理，最终都会影响到 PLC 在控制过程中工作的稳定性和可靠性。PLC 编程是一项细致的工作，要求对系统的工艺要熟悉、对 PLC 的指令要理解、对 PLC 的资源要清楚。实践永远是检验学习的唯一标准，因此要特别提醒读者在学习 PLC 编程的过程中，一定要一边学习理论知识、一边上机操作，从实际操作中去领悟指令的功能和编程软件的操作要领。

本书是在台达电子集团 10 年 PLC 产品开发经验的基础上，组织多位资深研发专家和应用专家合力编写而成的，是对各行各业 PLC 应用经验的全面总结，也是 PLC 编程理论的系统概括。本书在内容上既有针对性又有综合性，既对 PLC 的基本指令与应用指令逐条精讲、列举有针对性的程序实例，同时针对典型实例进行说明，力求简洁实用、图文并茂。只要一步一步跟着本书学习，读者就能快速掌握台达 DVP 系列 PLC 的编程技术。

本书共分 16 章，分别是基本程序设计范例，计数器设计范例，定时器设计范例，变址寄存器 E、F 设计范例，应用指令程序流程设计范例，应用指令传送比较控制设计范例，应用指令四则运算设计范例，应用指令旋转位移设计范例，应用指令数据处理设计范例，应用指令高速输入输出设计范例，应用指令浮点数运算设计范例，应用指令通信设计范例，应用指令万年历时间设计范例，应用指令简单定位设计范例、便利指令设计范例和网络连线设计范例。各章都列举了大量有关编程的实例，读者可以直接移植或引用。

本书既可作为 PLC 程序设计工程师的实用编程学习用书，也可作为业界相关人员的实用参考用书。我们衷心希望本书能够帮助读者理解相关理论及程序算法，更好地掌握 PLC 软件编程技巧。

因编者水平有限，书中不妥之处在所难免，恳请读者批评指正。如阅读本书过程中遇到问题，可发邮件到：delta-jd@delta.com.cn。

编　者

2009 年 9 月

目　录

1 基本程序设计范例

1.1 串联动断触点回路

范例示意如图 1-1 所示。

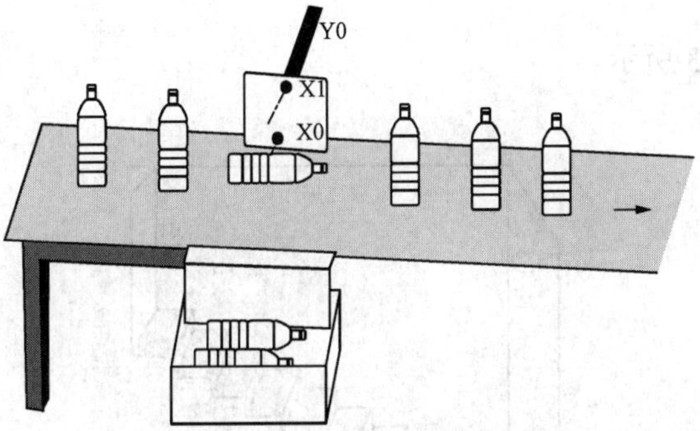
Y0
X1
X0

图 1-1 范例示意

【控制要求】

自动检测传送带上的瓶子是否是直立的，若不是则将瓶子推到传送带外。

【元件说明】

元件说明见表 1-1。

表 1-1 元件说明

PLC 软元件	控制说明
X0	瓶底检测光电管输入信号，当被遮挡时，X0 状态为 On
X1	瓶颈检测光电管输入信号，当被遮挡时，X1 状态为 On
Y0	气动推出杆

【控制程序】

控制程序如图 1-2 所示。

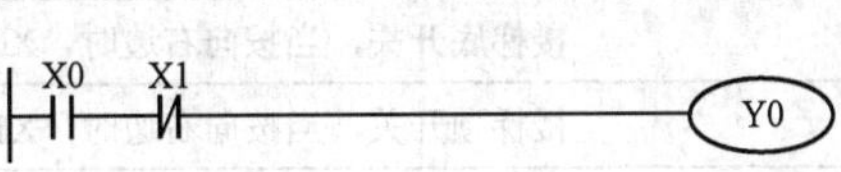
X0
X1
Y0

图 1-2 控制程序

【程序说明】

（1）瓶子直立从传送带移过来时，瓶底检测光电管和瓶颈检测光电管都导通，即 X0＝On，X1＝On，此时 X0 的动合触点导通，X1 的动断触点不导通，Y0＝Off，气动推出杆不动作。

（2）瓶子倒立从传送带移过来时，瓶底检测光电管导通，而瓶颈检测光电管不导通，即 X0＝On，X1＝Off，此时 X0 的动合触点导通，X1 的动断触点导通，Y0＝On，气动推出杆动作，瓶子被推到传送带外。

1.2 并联方块回路

范例示意如图 1-3 所示。

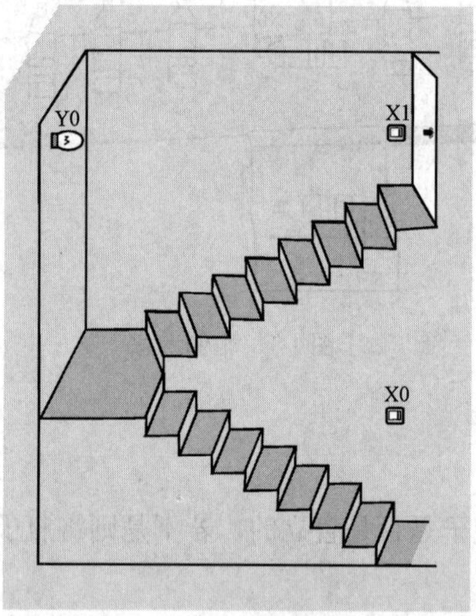
Y0
X1
X0

图 1-3 范例示意

【控制要求】

楼梯照明系统中，人在楼梯底和楼梯顶处都可以控制楼梯灯的点亮和熄灭。

【元件说明】

元件说明见表 1-2。

表 1-2 元 件 说 明

PLC 软元件	控 制 说 明
X0	楼梯底开关，当按向右边时，X0 状态为 On
X1	楼梯顶开关，当按向右边时，X1 状态为 On
Y1	楼梯灯

【控制程序】

控制程序如图 1-4 所示。

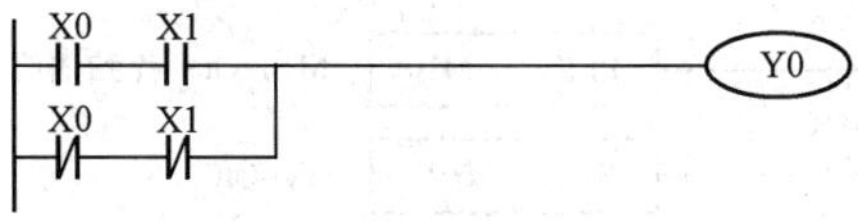
X0
X1
Y0
X0
X1

图 1-4 控制程序

【程序说明】

（1）楼梯底和楼梯顶的两个开关状态一致时，都为“On”或都为“Off”时，灯被点亮；状态不一致时，即一个为“On”，另一个为“Off”时，灯熄灭。

（2）灯在熄灭状态时，不管人是在楼梯底还是楼梯顶，只要拨动该处的开关到另外一个状态，即可将灯点亮。同样，灯在点亮状态时，不管人是在楼梯底还是楼梯顶，只要拨动该处的开关到另外一个状态，都可将灯熄灭。

1.3 上升沿产生一个扫描周期脉冲

【控制要求】

开关由 Off→On 动作时产生一个扫描周期的脉冲，作为条件去触发指示灯或其他装置，如图 1-5 所示。

X0
M10
一个扫描周期
Y0

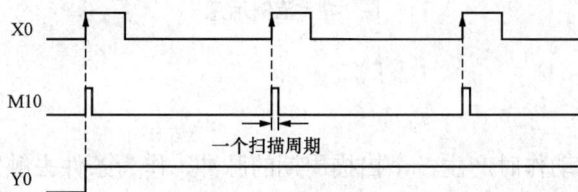

图 1-5 控制要求

【元件说明】

元件说明见表 1-3。

表 1-3 元 件 说 明

PLC 软元件	控 制 说 明
X0	开关，由 Off→On
M10	一个扫描周期的触发脉冲
Y0	指示灯

【控制程序】

控制程序如图 1-6 所示。

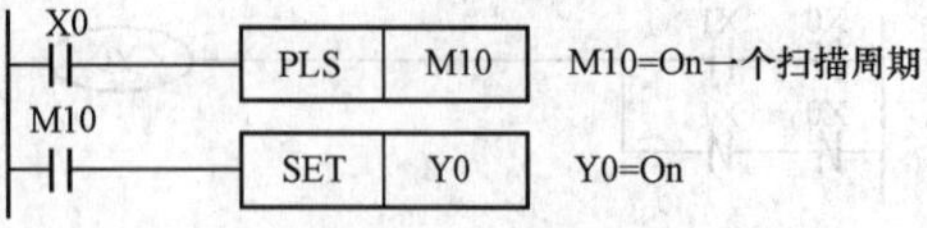
X0
PLS
M10
M10=On一个扫描周期
M10
SET
Y0
Y0=On

图 1-6 控制程序

【程序说明】

（1）X0 由 Off→On 动作时（上升沿触发），PLS 指令被执行，M10 送出一个扫描周期的脉冲。

（2）M10＝On 时，［SET Y0］指令被执行，Y0 被置位为 On，指示灯被点亮或驱动其他装置。

1.4 下降沿产生一个扫描周期脉冲

范例示意如图 1-7 所示。

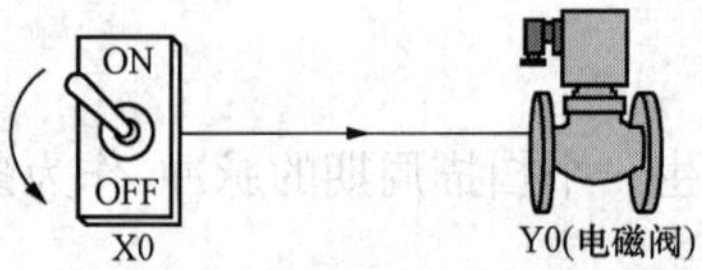
ON
OFF
X0
Y0(电磁阀)

图 1-7 范例示意

【控制要求】

开关由 On→Off 动作时产生一个扫描周期的脉冲，作为条件去触发控制电磁阀或其他装置，如图 1-8 所示。

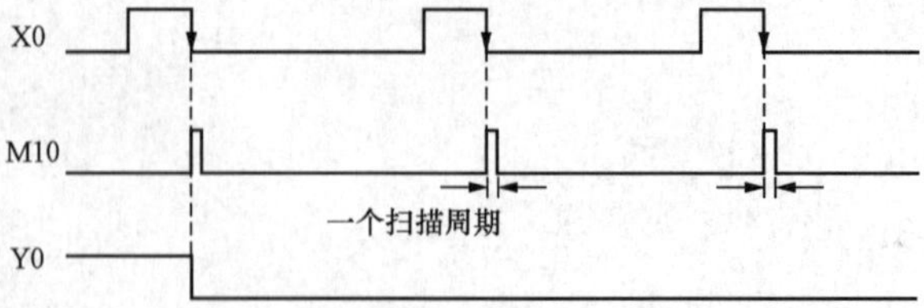
X0
M10
一个扫描周期
Y0

图 1-8 控制要求

【元件说明】

元件说明见表 1-4。

表 1-4　　元 件 说 明

PLC 软元件	控 制 说 明
X0	开关，由 On→Off
M10	一个扫描周期的触发脉冲
Y0	电磁阀

【控制程序】

控制程序如图 1-9 所示。

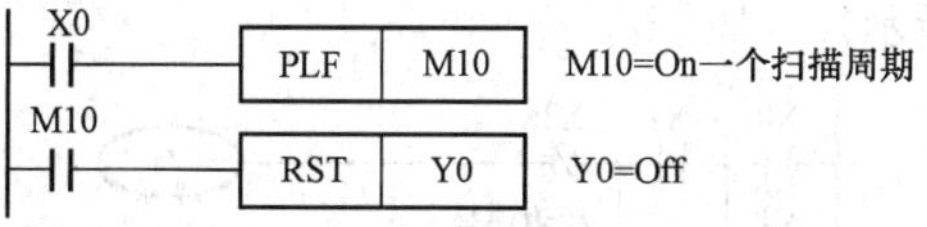
X0
PLF
M10
M10=On一个扫描周期
M10
RST
Y0
Y0=Off

图 1-9　控制程序

【程序说明】

（1）X0 由 On→Off 动作时（下降沿触发），PLF 指令被执行，M10 送出一个扫描周期的脉冲。

（2）M10＝On 时，［RST　Y0］指令被执行，Y0 被复位为 Off，电磁阀被关断。

1.5 自锁控制回路

范例示意如图 1-10 所示。

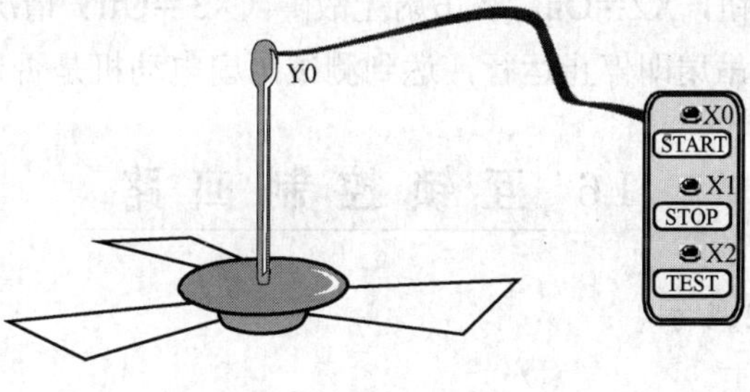
Y0
X0
START
X1
STOP
X2
TEST

图 1-10　范例示意

【控制要求】

（1）按下 START 按钮一次，吊扇运转；按下 STOP 按钮一次，吊扇停止。

（2）按下 TEST 按钮，测试吊扇电动机是否运转正常。

【元件说明】

元件说明见表 1-5。

表 1-5　　元 件 说 明

PLC 软元件	控 制 说 明
X0	START 按钮，当按下时，X0 状态为 On
X1	STOP 按钮，当按下时，X1 状态为 On
X2	TEST 按钮，当按下时，X2 状态为 On
X3	故障信号
Y1	吊扇电动机控制信号

【控制程序】

控制程序如图 1-11 所示。

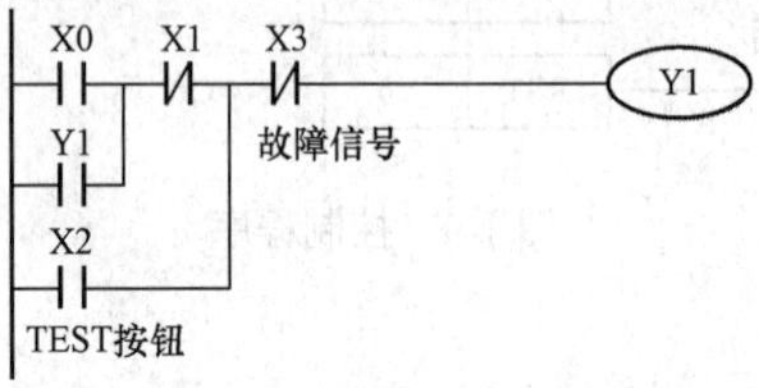
X0
X1
X3
Y1
故障信号
Y1
X2
TEST按钮

图 1-11　控制程序

【程序说明】

（1）轻按一下 START 按钮，X0＝On，在没有故障的情况下（X3＝Off），吊扇运转。这需通过一个自锁电路来实现，其原理是把输出 Y1 拉回来当做一个输入条件来实现，避免为了让吊扇运转而一直按着 START 按钮。

（2）按下 STOP 按钮，X1＝On，Y1＝Off，吊扇停止运转。

（3）当故障发生（X3＝On）时，Y1＝Off，吊扇停止运转。

（4）按下 TEST 按钮，X2＝On，在吊扇无故障（X3＝Off）情况下，Y1＝On，吊扇运行；松开 TEST 按钮，吊扇即停止运行，达到测试吊扇电动机是否正常的目的。

1.6 互 锁 控 制 回 路

范例示意如图 1-12 所示。

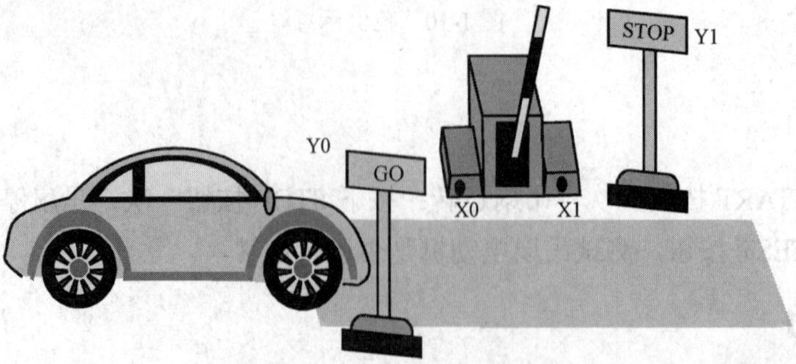
STOP
Y1
Y0
GO
X0
X1

图 1-12　范例示意

【控制要求】

停车场检票口为单车道，通过交通控制指示灯，保证在任何时刻只有一辆车通过，避免进入停车场的车和离开停车场的车发生“撞车”事故。

【元件说明】

元件说明见表 1-6。

表 1-6 元 件 说 明

PLC 软元件	控 制 说 明
X0	汽车进入停车场传感器，当有汽车进入时，X0 状态为 On
X1	汽车离开停车场传感器，当有汽车离开时，X1 状态为 On
Y0	汽车进入停车场指示灯（On 时指示“GO”，Off 时指示“STOP”）
Y1	汽车离开停车场指示灯（On 时指示“GO”，Off 时指示“STOP”）

【控制程序】

控制程序如图 1-13 所示。

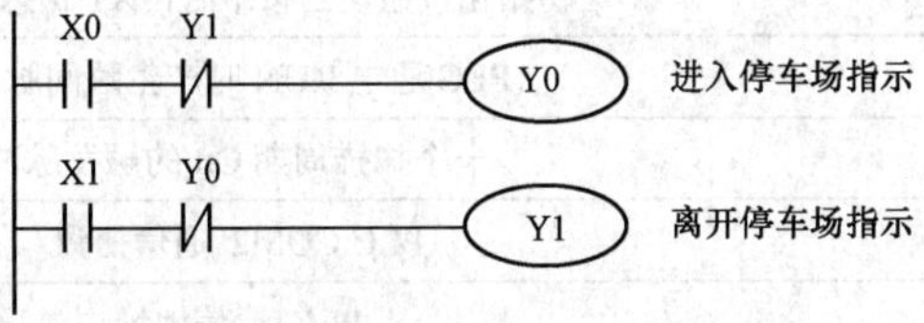
X0
Y1
Y0
进入停车场指示
X1
Y0
Y1
离开停车场指示

图 1-13 控制程序

【程序说明】

（1）停车场用两个指示灯牌来分别指示汽车进入和离开。利用互锁结构保证只有一个指示灯牌为“GO”状态，保证车辆进出正常，不会“撞车”。

（2）当汽车进入停车场靠近检票栏时，X0（进入传感器）为 On，Y0＝On，进入停车场指示灯牌指示“GO”。同时，离开停车场指示灯被关断，指示为“STOP”，允许汽车进入停车场，禁止汽车离开。

（3）当汽车离开停车场靠近检票栏时，X1（离开传感器）为 On，Y1＝On，离开停车场指示灯牌指示“GO”，离进入停车场指示灯牌指示“STOP”。

1.7 上电时参数的自动初始化

范例示意如图 1-14 所示。

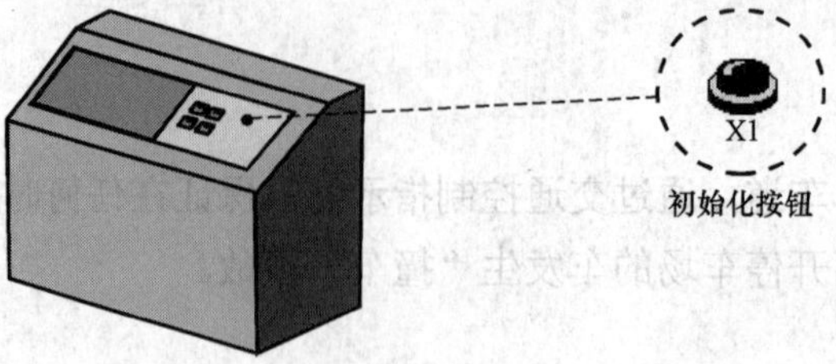
X1
初始化按钮

图 1-14 范例示意

【控制要求】

（1）机器设备一旦上电运行，就自动将各项参数初始化，使机器进入基本准备状态，不必手动去一个一个先设置好各个参数。

（2）按下初始化按钮，可在机器运行的任何时刻对机器进行参数初始化。

【元件说明】

元件说明见表 1-7。

表 1-7 元 件 说 明

PLC 软元件	控 制 说 明
X1	初始化按钮，当按下时，X1 状态为 On
M1002	PLC 通电 RUN 时产生瞬间脉冲
M10	一个扫描周期 On 的触发脉冲
D1120	PLC COM2 通信协议
D1121	PLC 通信地址
Y0	参数初始化完成信号

【控制程序】

控制程序如图 1-15 所示。

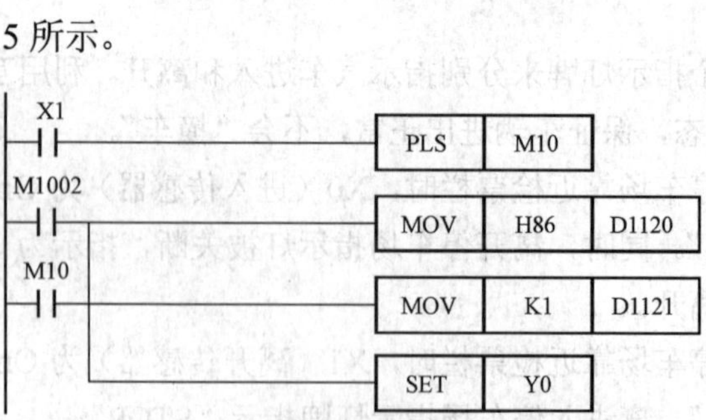
X1
PLS
M10
M1002
MOV
H86
D1120
M10
MOV
K1
D1121
SET
Y0

图 1-15 控制程序

【程序说明】

（1）在 PLC“RUN”瞬间，M1002 接通一次，产生脉冲宽度为一个扫描周期的脉冲，在 PLC 运行期间只被执行一次，常被用来初始化 D（资料寄存器）、C（计数器）、S（步进点）等 PLC 内部元件。

（2）按下 X1 按钮，可在程序运行的任何时刻对 PLC 进行初始化，即设定 PLC 站号为 1，COM2 通信格式为 9600，7，E，1，且将 Y0 置位。

1.8　传统自保持回路与 SET/RST 应用

【动作要求】

按下开灯按钮，灯点亮；按下关灯按钮，灯熄灭。

【元件说明】

元件说明见表 1-8。

表 1-8　　元　件　说　明

PLC 软元件	控　制　说　明
X0	开灯按钮，当按下时，X0 状态为 On
X1	关灯按钮，当按下时，X1 状态为 On
Y0	指示灯

【控制程序】

（1）传统自保持回路程序如图 1-16 所示。

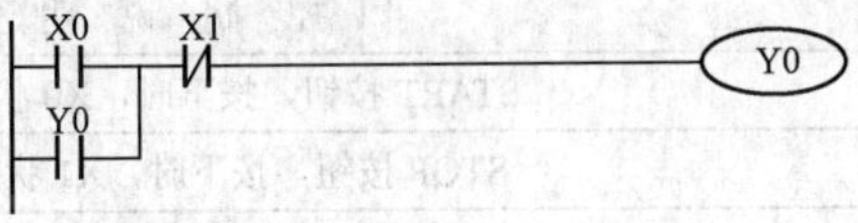
X0
X1
Y0
Y0

图 1-16　传统自保持回路程序

（2）SET/RST 自保持回路程序如图 1-17 所示。

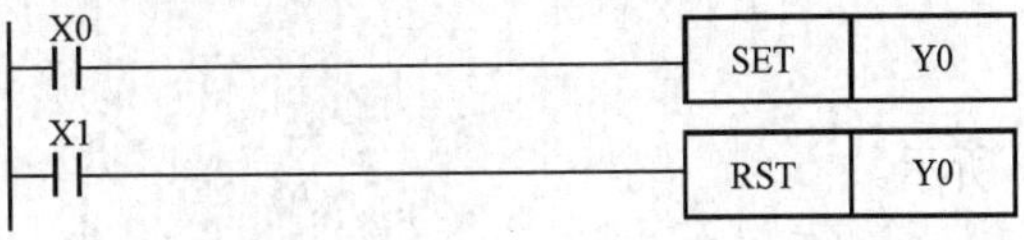
X0
SET
Y0
X1
RST
Y0

图 1-17　SET/RST 自保持回路程序

【程序说明】

（1）以上两范例的动作皆为 X0 由 Off→On 变化时，Y0 常 On；X1 由 Off→On 变化时，则 Y0 常 Off。

（2）若 X0、X1 同时动作时，则停止信号优先，即 Y0 会变为 Off，指示灯熄灭。

1.9 自保持与解除回路（SET/RST）

范例示意如图 1-18 所示。

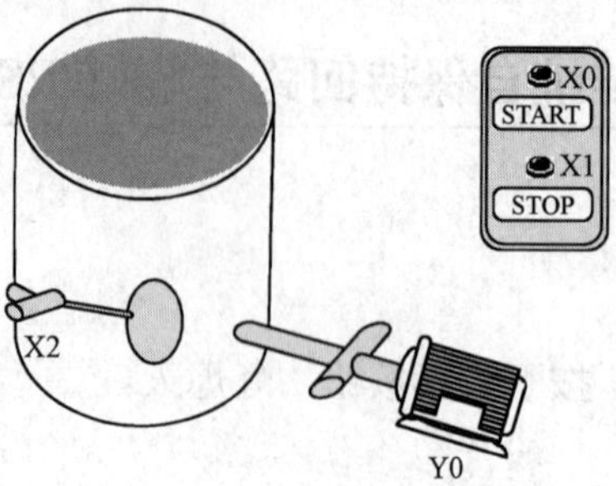
X0
START
X1
STOP
X2
Y0

图 1-18 范例示意

【控制要求】

按下 START 按钮，抽水泵运行，开始将容器中的水抽出；按下 STOP 按钮或容器中水为空时，抽水泵自动停止工作。

【元件说明】

元件说明见表 1-9。

表 1-9 元 件 说 明

PLC 软元件	控 制 说 明
X0	START 按钮，按下时，X0 状态为 On
X1	STOP 按钮，按下时，X1 状态为 On
X2	浮标水位检测器，只要容器中有水，X2 状态为 On
M0	一个扫描周期的触发脉冲
Y0	抽水泵电动机

【控制程序】

控制程序如图 1-19 所示。

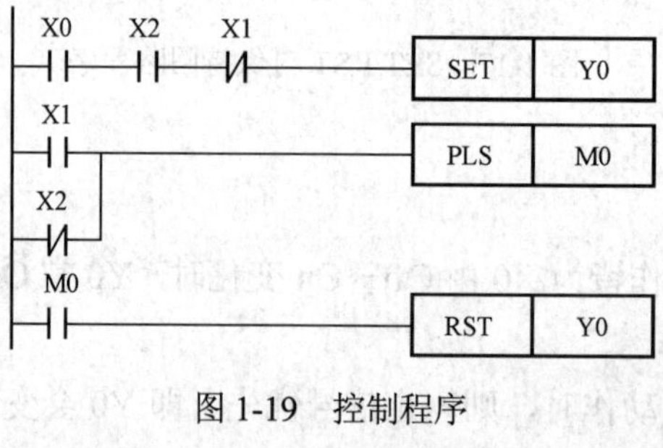
X0
X2
X1
SET
Y0
X1
PLS
M0
X2
M0
RST
Y0

图 1-19 控制程序

【程序说明】

（1）只要容器中有水，X2＝On，按下 START 按钮时，X0＝On，SET 指令被执行，Y0 被置位，抽水泵电动机开始抽水。

（2）当按下 STOP 按钮，X1＝On，PLS 指令执行，M0 接通一个扫描周期，RST 指令执行 Y0 被复位，水泵电动机停止抽水。另外一种停止抽水的情况是：当容器水抽干后，X2＝Off，X2 的动断触点接通，PLS 指令执行，M0 接通一个扫描周期，RST 指令执行，Y0 被复位，抽水泵电动机停止抽水。

1.10 交替输出回路（输出具停电保持）

【控制要求】

（1）第 1 次按下按钮，灯被点亮，第 2 次按下按钮，灯熄灭，第 3 次按下按钮，灯被点亮，第 4 次按下按钮，灯熄灭。以此类推，按钮在 1、3、5 次被按下时，灯被点亮并保持；而 2、4、6 次被按下时，灯熄灭。

（2）重新上电后，指示灯仍保持断电前的状态。

【元件说明】

元件说明见表 1-10。

表 1-10 元 件 说 明

PLC 软元件	控 制 说 明
X1	灯开关按钮，按下时，X1 状态为 On
M10	一个扫描周期 On 的触发脉冲
M512	X1 单次 On 时，M512＝On、M513＝Off
M513	X1 双次 On 时，M512＝Off、M513＝On
Y1	指示灯信号

【控制程序】

控制程序如图 1-20 所示。

【程序说明】

（1）第 1 次（单次）按下按钮。按下按钮后，X1＝On，［PLS M10］指令执行，M10 导通一个扫描周期。M10＝On，且 Y1＝Off（Y1 动断触点导通），所以第 2 行程序的 SET 和 RST 指令执行，M512 被置位，M513 被复位，而第 3 行程序中，Y1 动合断点断开，所以 SET 和 RST 指令不执行。最后一行程序中，因 M512＝On，M513＝Off，所以 Y1 线圈导通，灯被点亮，直到再次按下按钮。

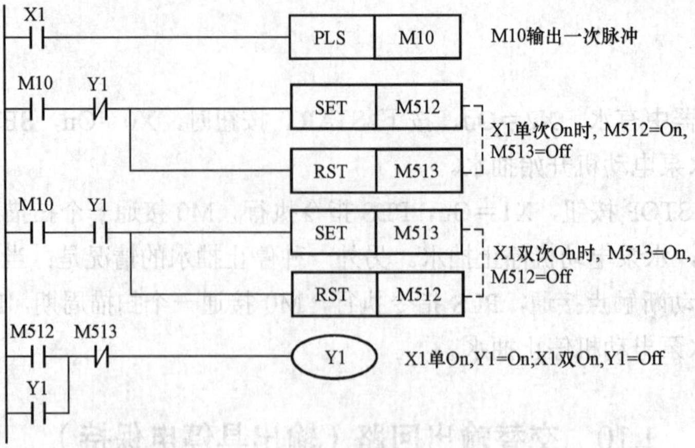
X1
PLS
M10
M10输出一次脉冲
M10
Y1
SET
M512
X1单次On时, M512=On,
M513=Off
RST
M513
M10
Y1
SET
M513
X1双次On时, M513=On,
M512=Off
RST
M512
M512
M513
Y1
X1单On,Y1=On;X1双On,Y1=Off
Y1

图 1-20 控制程序

从第 2 个扫描周期开始，因 M10＝Off，所以第 2 行和第 3 行的 SET 和 RST 指令都不执行，M512 和 M513 的状态不变，灯保持点亮的状态，直到再次按下按钮。

（2）第 2 次（双次）按下按钮。按下按钮后，X1＝On，M10 导通一个扫描周期。因 Y1 的状态为 On，与第 1 次按下按钮相反，第 3 行的 SET 和 RST 将被执行，M513 被置位，M512 被复位，而第 2 行的 SET 和 RST 指令因 Y1 动合触点断开而不被执行。因 M512＝Off，M513＝On，所以 Y1 线圈断开，灯熄灭。

从第 2 个扫描周期开始，因 M10＝Off，所以第 2 行和第 3 行的 SET 和 RST 指令都不执行，M512 和 M513 的状态不变，灯保持熄灭的状态，直到再次按下按钮。

（3）利用 API 66 ALT 指令也可实现 On/Off 交替输出功能。

1.11 条件控制回路

范例示意如图 1-21 所示。

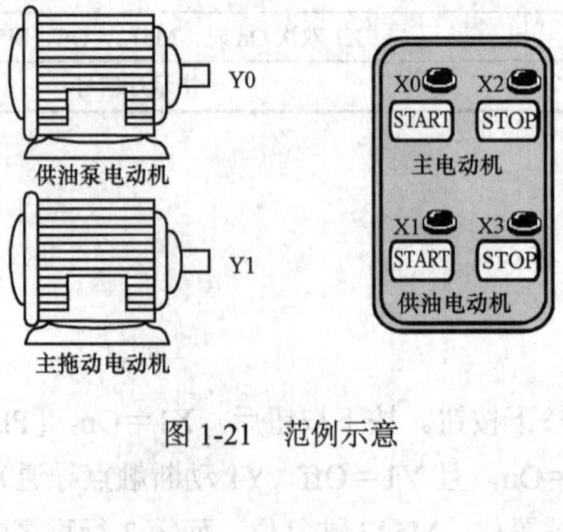
Y0
供油泵电动机
Y1
主拖动电动机
X0
X2
START
STOP
主电动机
X1
X3
START
STOP
供油电动机

图 1-21 范例示意

【控制要求】

车床主轴转动时要求先给齿轮箱供润滑油，即保证油泵电动机启动后才允许启动主拖动电动机。

【元件说明】

元件说明见表 1-11。

表 1-11 元 件 说 明

PLC 软元件	控 制 说 明
X0	供油泵启动按钮，按下时，X0 状态为 On
X1	主拖动电动机启动按钮，按下时，X1 状态为 On
X2	供油泵停止按钮，按下时，X2 状态为 On
X3	主拖动电机停止按钮，按下时，X3 状态为 On
Y0	供油泵电动机
Y1	主拖动电动机

【控制程序】

控制程序如图 1-22 所示。

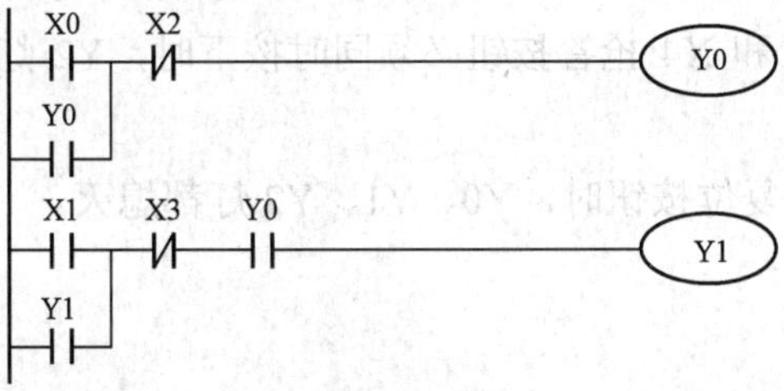
X0
X2
Y0
Y0
X1
X3
Y0
Y1
Y1

图 1-22 控制程序

【程序说明】

（1）该程序是一个条件控制回路的典型应用，按下供油泵启动按钮时，Y0＝On，供油泵启动，开始给主拖动电动机（Y1）的齿轮箱供润滑油。

（2）在供油泵启动的前提下，按下主拖动电动机启动按钮时，Y1＝On，主拖动电动机启动。

（3）主拖动电动机（Y1）运行过程中，供油泵（Y0）要持续地给主拖动电动机（Y1）提供润滑油。

（4）按供油泵停止按钮和主拖动电动机停止按钮分别停止供油泵和主拖动电动机运行。

1.12 先入信号优先回路

范例示意如图 1-23 所示。

X0 Y0 X1
小学生组
X2 Y1
中学生组
X3 Y2 X4
教授组
X5
主持人

图 1-23 范例示意

【控制要求】

（1）有小学生、中学生、教授 3 组选手参加智力竞赛。要获得回答主持人问题的机会，必须抢先按下桌上的抢答按钮。任何一组抢答成功后，其他组再按按钮无效。

（2）小学生组和教授组桌上都有两个抢答按钮，中学生组桌上只有一个抢答按钮。为给小学生组一些优待，其桌上的 X0 和 X1 任何一个抢答按钮按下，Y0 灯都亮；而为了限制教授组，其桌上的 X3 和 X4 抢答按钮必须同时按下时，Y2 灯才亮；中学生组按下 X2 按钮，Y1 灯亮。

（3）主持人按下 X5 复位按钮时，Y0、Y1、Y2 灯都熄灭。

【元件说明】

元件说明见表 1-12。

表 1-12 元 件 说 明

PLC 软元件	控 制 说 明	PLC 软元件	控 制 说 明
X0	小学生组按钮	X5	主持人复位按钮
X1	小学生组按钮	Y0	小学生组指示灯
X2	中学生组按钮	Y1	中学生组指示灯
X3	教授组按钮	Y2	教授组指示灯
X4	教授组按钮		

【控制程序】

控制程序如图 1-24 所示。

【程序说明】

（1）主持人未按下按钮时，X5＝Off，［MC N0］指令执行，MC～MCR 之间程序正常执行。

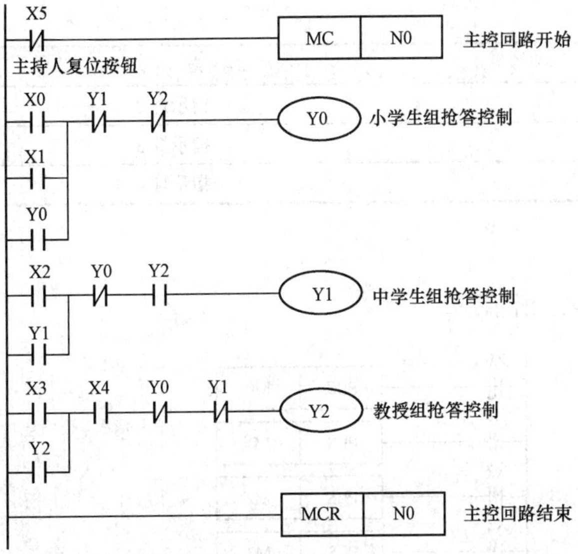
X5
MC N0 主控回路开始
主持人复位按钮
X0 Y1 Y2
Y0 小学生组抢答控制
X1
Y0
X2 Y0 Y2
Y1 中学生组抢答控制
Y1
X3 X4 Y0 Y1
Y2 教授组抢答控制
Y2
MCR N0 主控回路结束

图 1-24 控制程序

（2）小学生组两个按钮为并联连接，教授组两个按钮为串联连接，而中学生组只有一个按钮，任何一组抢答成功后都是通过自锁回路形成自保，即松开按钮后指示灯也不会熄灭。

（3）其中一组抢答成功后，通过互锁回路，其他组再按按钮无效。

（4）主持人按下复位按钮后，X5＝On，［MC N0］指令不被执行，MC～MCR 之间程序不被执行。Y0、Y1、Y2 全部失电，所有组的指示灯熄灭。主持人松开按钮后，X5＝Off，MC～MCR 之间程序又正常执行，进入新一轮的抢答。

1.13 后入信号优先回路

【控制要求】

4 个按钮对应到 4 个指示灯，按下一个按钮后，对应的指示灯亮，同时之前点亮的指示灯熄灭。

【元件说明】

元件说明见表 1-13。

表 1-13 元 件 说 明

PLC 软元件	控 制 说 明
X0	按钮 1，按下时 X0 状态由 Off→On 变化一次
X1	按钮 2，按下时 X1 状态由 Off→On 变化一次
X2	按钮 3，按下时 X2 状态由 Off→On 变化一次
X3	按钮 4，按下时 X3 状态由 Off→On 变化一次
Y0	指示灯 1

续表

PLC 软元件	控 制 说 明
Y1	指示灯 2
Y2	指示灯 3
Y3	指示灯 4

【控制程序】

控制程序如图 1-25 所示。

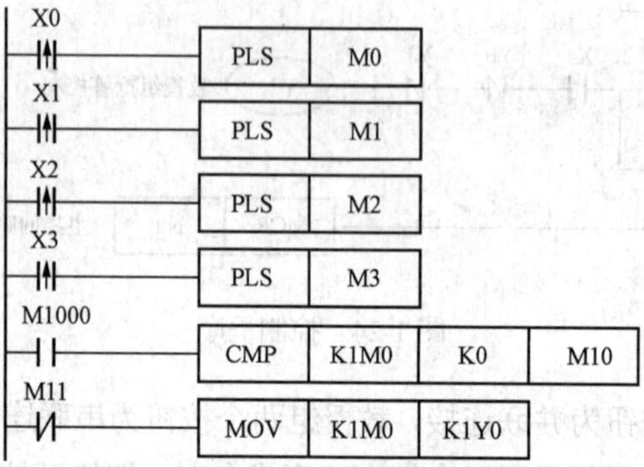
X0
PLS
M0
X1
PLS
M1
X2
PLS
M2
X3
PLS
M3
M1000
CMP
K1M0
K0
M10
M11
MOV
K1M0
K1Y0

图 1-25 控制程序

【程序说明】

（1）按下任何按钮后，对应的 X 装置由 Off→On 变化一次，在这个扫描周期里，PLS 指令执行，对应的一个 M 辅助继电器接通一个扫描周期，则 K1M0>0，CMP 指令执行后的结果使得 M11＝Off，M11 的动断触点导通，［MOV K1M0 K1Y0］指令执行，M 装置的状态将被传送到外部相应的一个输出点上，同时原来点亮状态的指示灯将熄灭。

（2）从第二次扫描周期开始，PLS 指令将不执行，M0～M3 值为 0，CMP 指令执行的结果将使 M11＝On，M11 的动断触点关断，［MOV K1M0 K1Y0］指令不被执行，M 装置为 0 的状态也不会被传送到外部输出点，所以 Y 装置仍保持原来状态，直到再次按下按钮。

1.14 地下停车场出入口进出管制

范例示意如图 1-26 所示。

红 绿
Y1 Y2
X1
一楼出入口处
单行车道
红 绿
Y1 Y2
X2
地下室出入口处

图 1-26 范例示意

【控制要求】

（1）地下停车场的进出入车道为单车道，需设置红绿交通灯来管理车辆的进出。红灯表示禁止车辆进出，而绿灯表示允许车辆进出。

（2）当有车从一楼出入口处进入地下室时，一楼和地下室出入口处的红灯都亮，绿灯熄灭，此时禁止车辆从地下室和一楼出入口处进出，直到该车完全通过地下室出入口处（车身全部通过单行车道），绿灯才变亮，允许车辆从一楼或地下室出入口处进出。

（3）同样，当车从地下室出入口处离开进入一楼时，也是必须等到该车完全通过单行车道出，才允许车辆从一楼或地下室出入口处进出。

（4）PLC 一开机运行时，一楼和地下室出入口处交通灯初始状态：绿灯亮，红灯灭。

【元件说明】

元件说明见表 1-14。

表 1-14 元 件 说 明

PLC 软元件	控 制 说 明
X1	一楼出入口处光电开关，有车辆出入该处时，X1 状态为 On
X2	地下室出入口处光电开关，有车辆出入该处时，X2 状态为 On
M1	从一楼进入车道经过 X1 时，M1 导通一个扫描周期
M2	从地下室进入车道经过 X1 时，M2 导通一个扫描周期
M3	从地下室进入车道经过 X2 时，M3 导通一个扫描周期
M4	从一楼进入车道经过 X2 时，M4 导通一个扫描周期
M20	车辆从一楼进入地下室过程中，M20＝On
M30	车辆从地下室离开到一楼过程中，M23＝On
Y1	一楼和地下室出入口处红灯
Y2	一楼和地下室出入口处绿灯

【控制程序】

控制程序如图 1-27 所示。

【程序说明】

（1）一楼和地下室的红灯共享信号 Y1，绿灯共享信号 Y2。

（2）程序的关键是当 M1 导通驱动 Y1 时，必须先判断是从一楼出入口处进入单车道还是离开单车道，因为两个方向车辆通过一楼出入口处时，［PLS M1］指令都执行，M1 都导通一个扫描周期，所以需用一个确认信号 M20 来确认车辆是从一楼进入或离开单行车道的状态。

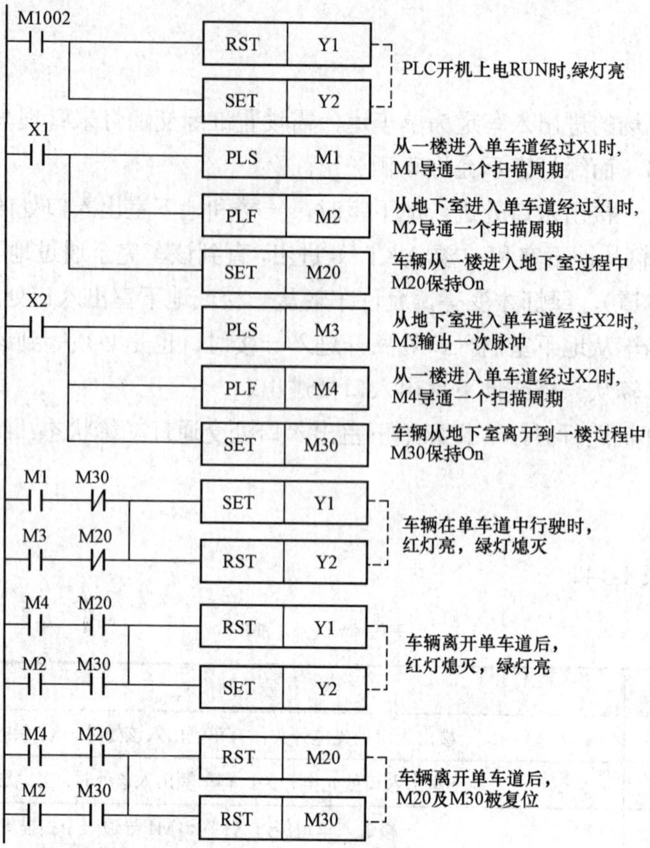
M1002
RST Y1
SET Y2
PLC开机上电RUN时,绿灯亮
X1
PLS M1
从一楼进入单车道经过X1时,
M1导通一个扫描周期
PLF M2
从地下室进入单车道经过X1时,
M2导通一个扫描周期
SET M20
车辆从一楼进入地下室过程中
M20保持On
X2
PLS M3
从地下室进入单车道经过X2时,
M3输出一次脉冲
PLF M4
从一楼进入单车道经过X2时,
M4导通一个扫描周期
SET M30
车辆从地下室离开到一楼过程中
M30保持On
M1 M30
SET Y1
M3 M20
RST Y2
车辆在单车道中行驶时，
红灯亮，绿灯熄灭
M4 M20
RST Y1
M2 M30
SET Y2
车辆离开单车道后，
红灯熄灭，绿灯亮
M4 M20
RST M20
M2 M30
RST M30
车辆离开单车道后，
M20及M30被复位

图 1-27 控制程序

（3）同样，当 M2 导通时，必须先判断是从地下室出入口处离开单车道还是处进入单车道，因为两个方向车辆通过地下室出入口处时，［PLS M2］指令都执行，M2 都导通一个扫描周期，所以需用一个确认信号 M30 来确认车辆是从地下室进入或离开单行车道的状态。

1.15 三相异步电动机正反转控制

范例示意如图 1-28 所示。

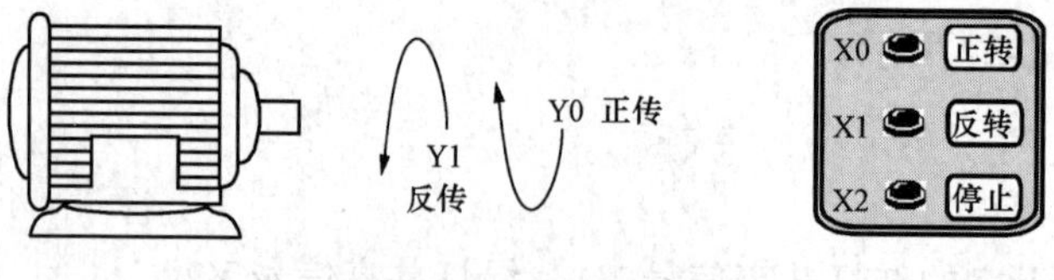
Y1
反传
Y0 正传
X0 正转
X1 反转
X2 停止

图 1-28 范例示意

【控制要求】

按下正转按钮，电动机正转；按下反转按钮，电动机反转；按下停止按钮，电动机停止。

【元件说明】

元件说明见表 1-15。

表 1-15　　元 件 说 明

PLC 软元件	控 制 说 明
X0	电动机正转按钮，按下按钮时，X0 状态为 On
X1	电动机反转按钮，按下按钮时，X2 状态为 On
X2	停止按钮，按下按钮时，X3 状态为 On
T1	计时 1s 定时器
T2	计时 1s 定时器
Y0	正转接触器
Y1	反转接触器

【控制程序】

控制程序如图 1-29 所示。

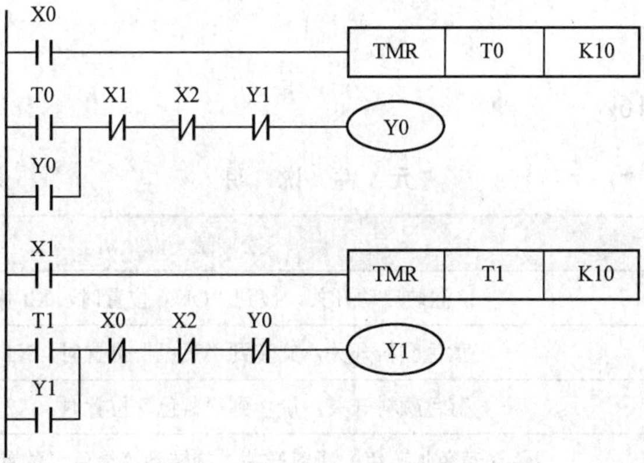
X0
TMR
T0
K10
T0
X1
X2
Y1
Y0
Y0
X1
TMR
T1
K10
T1
X0
X2
Y0
Y1
Y1

图 1-29　控制程序

【程序说明】

（1）按下正转按钮，X0＝On，1s 后，Y0 接触器导通，电动机正转；按下反转按钮后，X1＝On，Y0 接触器被立即关断，而经过 1s 延时后，才接通 Y1 接触器，电动机反转；按下 X2 按钮，Y0 和 Y1 都被立即关断，电动机停止运行。

（2）程序中使用两个定时器的目的是保证正反转切换时，避免发生电源相间瞬时短路。因为刚断开一个接触器后就去接通另外一个接触器，断开的那个接触器的电弧可能尚未熄灭时，就接通了另外一个接触器。

1.16 程序的选择执行

范例示意如图 1-30 所示。

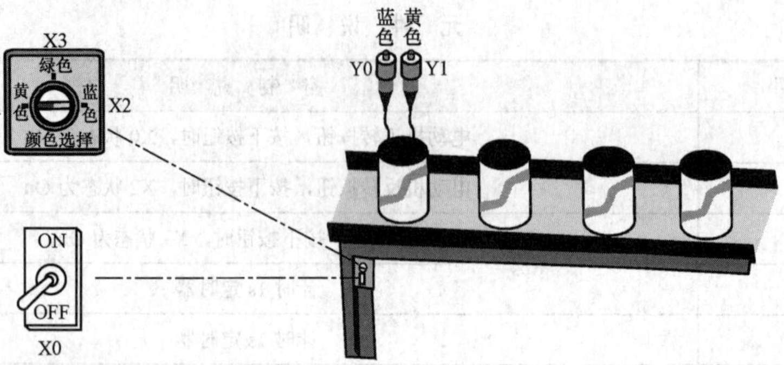
X3
绿色
黄色
蓝色
X1
X2
颜色选择
蓝色
黄色
Y0
Y1
ON
OFF
X0

图 1-30 范例示意

【控制要求】

有三种颜色的颜料，选择不同的开关罐装规定颜色的颜料。

【元件说明】

元件说明见表 1-16。

表 1-16 元 件 说 明

PLC 软元件	控 制 说 明
X0	灌装启动开关，拨到“ON”位置时，X0 状态为 On
X1	黄色颜料开关，旋转到“黄色”位置时，X1 状态为 On
X2	蓝色颜料开关，旋转到“蓝色”位置时，X2 状态为 On
X3	绿色（黄色加蓝色）颜料开关，旋转到“绿色”位置时，X3 状态为 On
Y0	黄色颜料阀门
Y1	蓝色颜料阀门

【控制程序】

控制程序如图 1-31 所示。

【程序说明】

（1）灌装颜料时，需打开灌装总开关使 X0＝On；黄色和蓝色两种颜料都灌装时，产生绿色颜料。

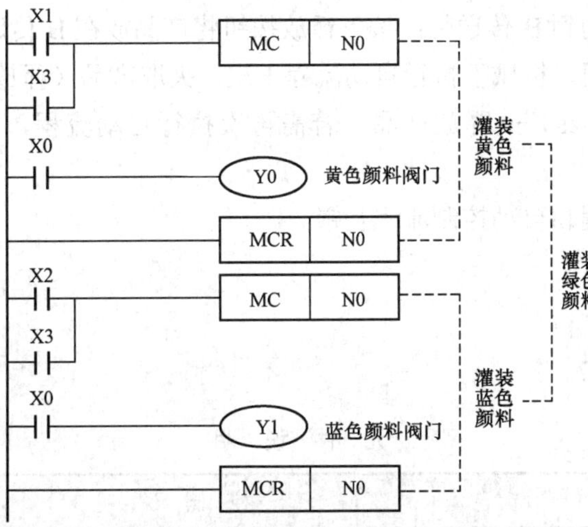
X1
MC
N0
X3
灌装
黄色
颜料
X0
Y0
黄色颜料阀门
MCR
N0
灌装
绿色
颜料
X2
MC
N0
X3
灌装
蓝色
颜料
X0
Y1
蓝色颜料阀门
MCR
N0

图 1-31 控制程序

（2）选择黄色灌装模式，X1＝On，第一个 MC～MCR 指令执行，Y0＝On，开始灌装黄色颜料。

（3）选择蓝色灌装模式，X2＝On，第二个 MC～MCR 指令执行，Y1＝On，开始灌装蓝色颜料。

（4）选择绿色（黄色加蓝色）灌装模式，X3＝On，两个 MC～MCR 指令都执行，开始灌装绿色（黄色加蓝色）颜料。

1.17 手自动控制（MC/MCR）

范例示意如图 1-32 所示。

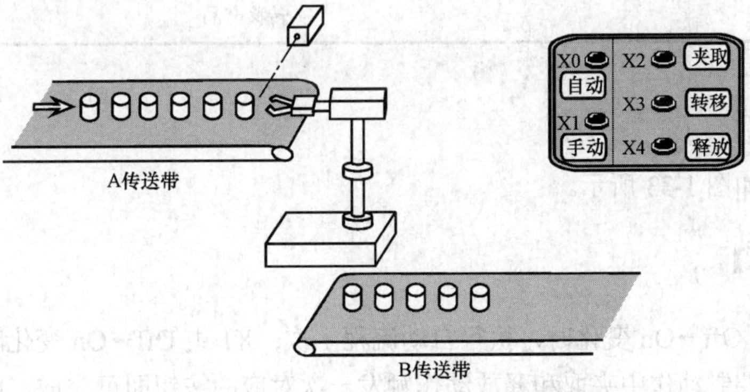
A传送带
B传送带
X0
自动
X1
手动
X2
夹取
X3
转移
X4
释放

图 1-32 范例示意

【控制要求】

（1）按下手动按钮，机械手执行手动流程：按下夹取按钮将产品从 A 传送带上夹取；

按下转移按钮产品移动到 B 传送带；按下释放按钮将产品放在 B 传送带上送走。

（2）按下自动按钮，机械手执行自动流程 1 次：夹取产品（释放前动作一直保持）→转移产品（动作持续 2s）→释放产品。若需再次执行自动流程，再触发自动按钮一次即可。

（3）手动控制流程和自动控制流程互锁。

【元件说明】

元件说明见表 1-17。

表 1-17　　元 件 说 明

PLC 软元件	控 制 说 明
X0	自动按钮，按下时 X0 由 Off→On 变化一次
X1	手动按钮，按下时 X1 由 Off→On 变化一次
X2	夹取按钮，按下时 X2 状态为 On
X3	转移按钮，按下时 X3 状态为 On
X4	释放按钮，按下时 X4 状态为 On
M0～M2	自动控制流程
M3～M5	手动控制流程
M10	选择自动控制
M11	选择手动控制
T0	计时 2s 定时器
Y0	夹取/释放产品：夹取时，Y0 状态为 On；释放时，Y0 状态为 Off
Y1	转移产品

【控制程序】

控制程序如图 1-33 所示。

【程序说明】

（1）X0 由 Off→On 变化时，执行自动流程 1 次；X1 由 Off→On 变化时，控制手动动作部分，手动控制动作中夹取和释放动作触发一次对应的按钮即可完成，而移动产品的动作需一直按着按钮不放，直到到达目标位置（B 传送带）才松开。

（2）X0 与 X1 手、自动开关会互锁。当自动时，先执行夹取动作，再执行转移动作 2s，最后执行释放动作；当手动时，则用 3 个按钮分别去手动控制夹取（Y0＝On）、转移（Y1＝On）、释放（Y0＝Off）产品的动作。

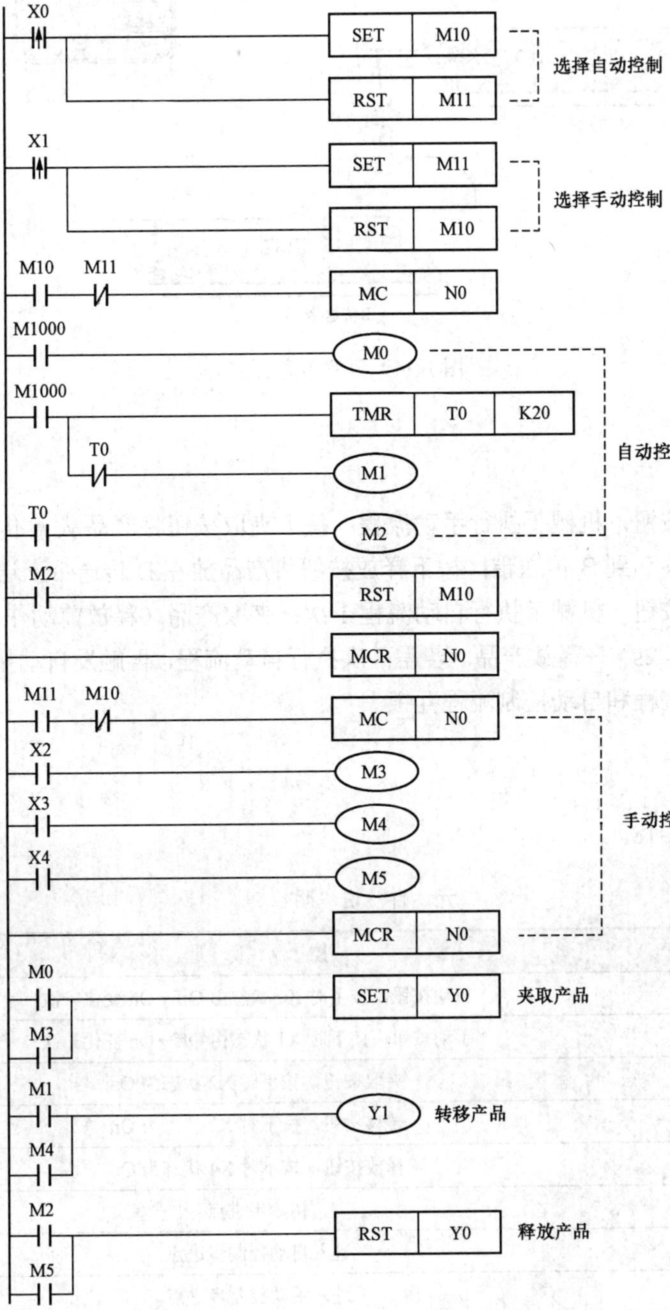
X0
SET M10
RST M11
选择自动控制
X1
SET M11
RST M10
选择手动控制
M10 M11
MC N0
M1000
M0
M1000
TMR T0 K20
T0
M1
自动控制流程
T0
M2
M2
RST M10
MCR N0
M11 M10
MC N0
X2
M3
X3
M4
X4
M5
手动控制流程
MCR N0
M0
SET Y0
夹取产品
M3
M1
Y1
转移产品
M4
M2
RST Y0
释放产品
M5

图 1-33　控制程序

1.18　步进方式手自动控制（STL）

范例示意如图 1-34 所示。

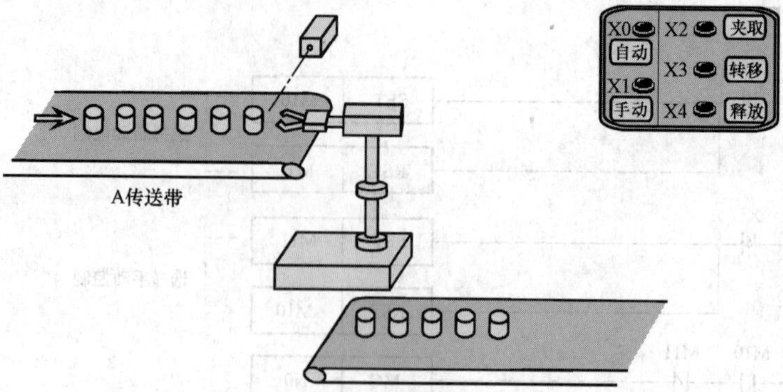
X0
自动
X1
手动
X2
夹取
X3
转移
X4
释放
A传送带
B传送带

图1-34 范例示意

【控制要求】

（1）按下手动按钮，机械手执行手动流程：按下夹取按钮将产品从A传送带上夹取；按下转移按钮产品移动到B传送带；按下释放按钮将产品放在B传送带上送走。

（2）按下自动按钮，机械手执行自动流程1次：夹取产品（释放前动作一直保持）→转移产品（动作持续2s）→释放产品。若需再次执行自动流程，再触发自动按钮一次即可。

（3）手动控制流程和自动控制流程互锁。

【元件说明】

元件说明见表1-18。

表1-18 元件说明

PLC软元件	控制说明
X0	自动按钮，按下时X0状态由Off→On变化一次
X1	手动按钮，按下时X1状态由Off→On变化一次
X2	夹取按钮，按下时X2状态为On
X3	转移按钮，按下时X3状态为On
X4	释放按钮，按下时X4状态为On
S0	初始步进点
S20	进入自动控制步进点
S21	进入手动控制步进点
T0	计时2s定时器
Y0	夹取/释放产品，夹取时，Y0状态为On，释放时，Y0状态为Off
Y1	转移产品

【控制程序】

控制程序如图1-35所示。

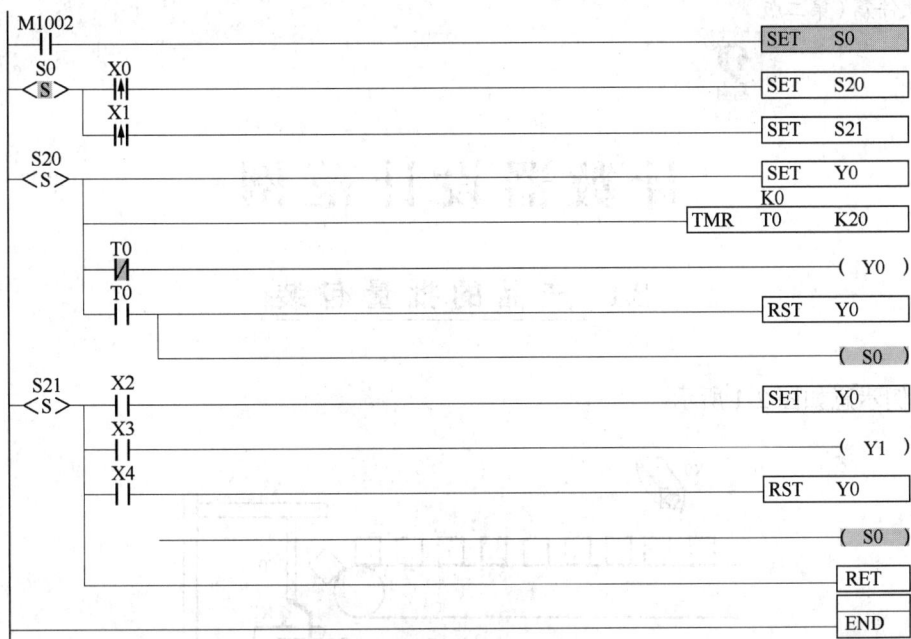
M1002
SET S0
S0
S
X0
SET S20
X1
SET S21
S20
S
SET Y0
K0
TMR T0 K20
T0
Y0
T0
RST Y0
S0
S21
S
X2
SET Y0
X3
Y1
X4
RST Y0
S0
RET
END

图 1-35 控制程序

【程序说明】

（1）X0 由 Off→On 变化时，S20 步进点置位，自动控制流程被执行一次，手动流程被禁止。若需再次执行自动流程，再触发自动按钮一次即可。

（2）机械手执行自动流程 1 次：夹取产品 Y0＝On（释放前动作一直保持）→转移产品 Y1＝On（动作持续 2s）→释放产品 Y0＝Off。

（3）X1 由 Off→On 变化时，S21 步进点置位，执行手动控制流程，自动流程被禁止。

（4）机械手执行手动流程 1 次：按下夹取按钮（X2）将产品从 A 传送带上夹取；按下转移按钮（X3）产品移动到 B 传送带；按下释放按钮（X4）将产品放在 B 传送带上送走。

2

计数器设计范例

2.1 产品的批量包装

范例示意如图 2-1 所示。

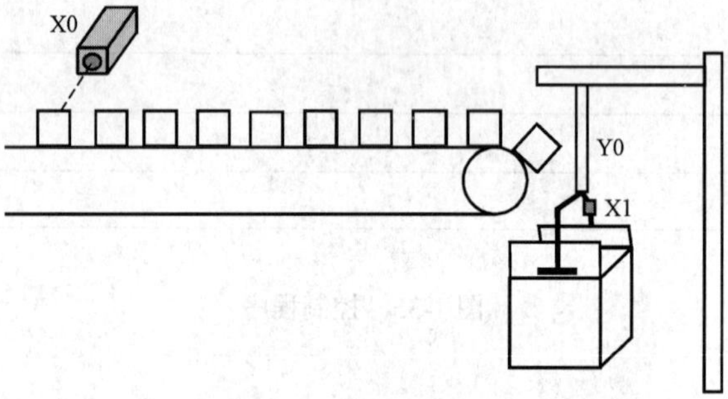
X0
Y0
X1

图 2-1 范例示意

【控制要求】

每检测到 10 个产品，机械手就开始动作，当打包动作完成后，机械手和计数器均被复位。

【元件说明】

元件说明见表 2-1。

表 2-1 元 件 说 明

PLC 软元件	控 制 说 明
X0	产品计数光电传感器，当检测到产品时，X0 状态为 On
X1	机械手动作完成传感器，当动作完成时，X1 状态为 On
C0	一般用 16 位上数计数器
Y0	包装机械手

【控制程序】

控制程序如图 2-2 所示。

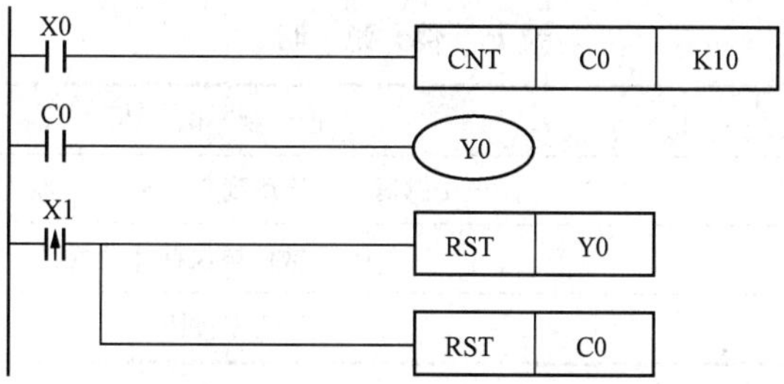
X0
CNT
C0
K10
C0
Y0
X1
RST
Y0
RST
C0

图 2-2　控制程序

【程序说明】

（1）光电开关每检测到一个产品时，X0 就触发一次（Off→On），C0 计数一次。

（2）当 C0 计数达到 10 次时，C0 的动合触点闭合，Y0＝On，机械手执行包装动作。

（3）当机械手包装动作完成后，机械手动作完成传感器将被接通，X1 由 Off→On 变化一次，RST 指令被执行，Y0 和 C0 均被复位，等待下一批产品的包装。

2.2　产品日产量测定（16 位上数停电保持计数器）

范例示意如图 2-3 所示。

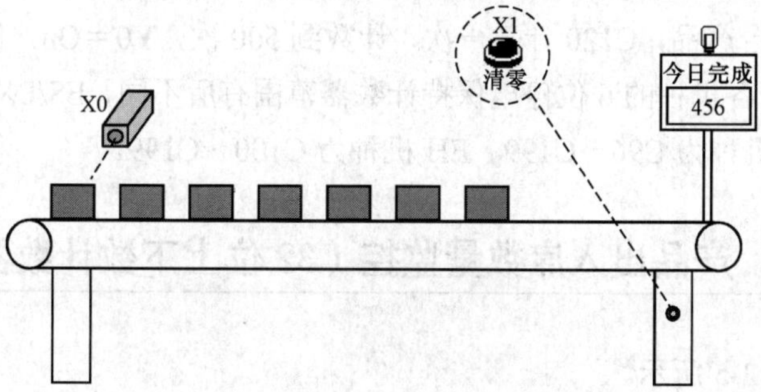
X1
清零
X0
今日完成
456

图 2-3　范例示意

【控制要求】

（1）生产线可能会突然停电或因中午休息关掉电源，在重新开始生产后需从停电前的记录开始对产品进行计数。

（2）产品每天产量超过 500 台时，目标完成指示灯亮，提醒工作人员做好记录。

（3）按下清零按钮将产品产量记录清零，又可从 0 开始对产品数进行计数。

【元件说明】

元件说明见表 2-2。

表 2-2　　元 件 说 明

PLC 软元件	控 制 说 明
X0	光电传感器，当检测到产品时，X0 状态为 On
C120	16 位数停电保持计数器
X1	清零按钮

【控制程序】

控制程序如图 2-4 所示。

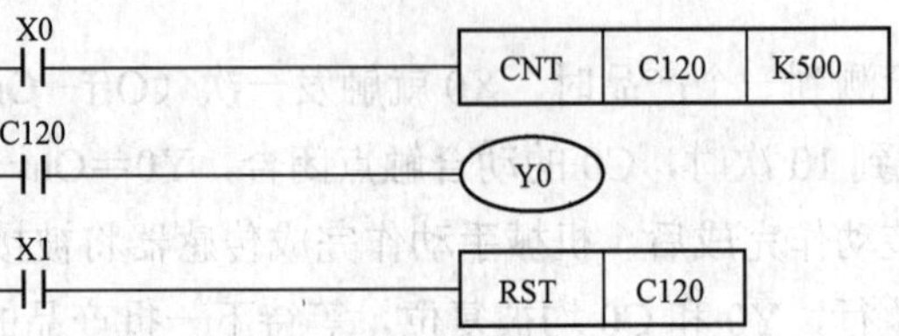
X0
CNT
C120
K500
C120
Y0
X1
RST
C120

图 2-4　控制程序

【程序说明】

（1）在需要停电后仍能保持数据的场合，需要用到停电保持的计数器。

（2）每完成一台产品，C120 计数一次，计数到 500 次，Y0＝On，目标完成指示灯亮。

（3）DVP-PLC 各机种的 6 位停电保持计数器范围有所不同，ES/EX/SS 机种为 C112～C127、SA/SX/SC 机种为 C96～C199、EH 机种为 C100～C199。

2.3　产品出入库数量监控（32 位上下数计数器）

范例示意如图 2-5 所示。

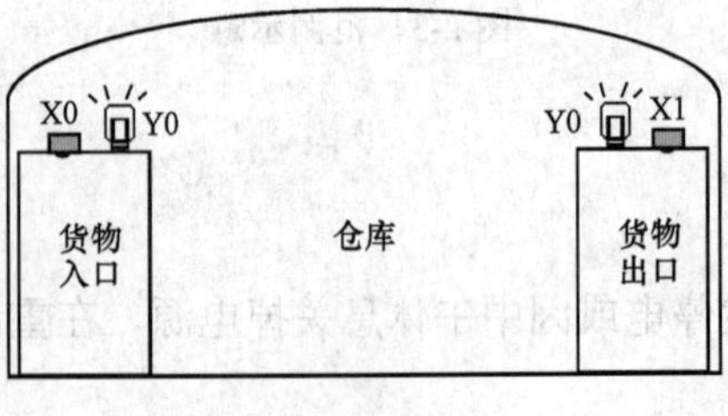
X0
Y0
Y0
X1
货物
入口
仓库
货物
出口

图 2-5　范例示意

【控制要求】

对仓库内的产品数量进行监控，并且当仓库内的产品数量达到 40 000 个时，开始报警。在仓库的入出口处均设置有检测产品的光电传感器。

【元件说明】

元件说明见表 2-3。

表 2-3　　元 件 说 明

PLC 软元件	控 制 说 明
X0	入库检测光电传感器，有产品入库时，X0 状态为 On
X1	出库检测光电传感器，有产品出库时，X1 状态为 On
M1216	C216 计数模式设定（On 时为下计数）
C216	32 位上下数计数器
Y0	报警灯

【控制程序】

控制程序如图 2-6 所示。

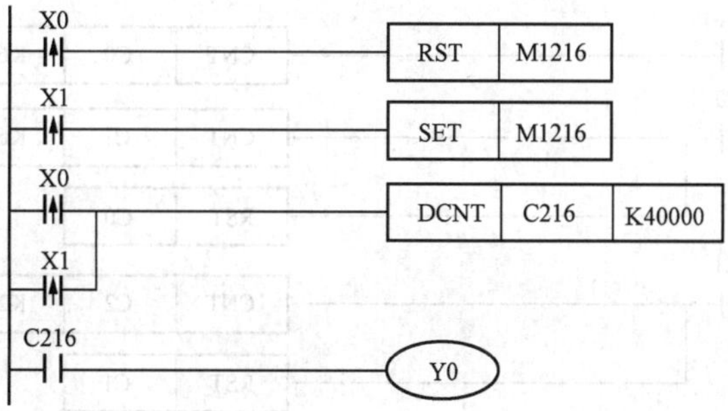
X0
RST
M1216
X1
SET
M1216
X0
DCNT
C216
K40000
X1
C216
Y0

图 2-6　控制程序

【程序说明】

（1）本例的关键是利用 32 位的加减计数标志 M1216 来控制 C216 的上下计数。X0 由 Off→On 变化一次，M1216＝Off，C216 为上计数；X1 由 Off→On 变化一次，M1216＝On，C216 为下计数。

（2）当 C216 的计数现在值到达 40 000 时，C216＝On，Y0 变为 On，警报灯亮。

2.4　3 个计数器构成的 24h 时钟

范例示意如图 2-7 所示。

16:10:51
小时
分
秒

图 2-7　范例示意

【控制要求】

利用 3 个计数器配合 1s 时钟脉冲标志 M1013，构成一个标准 24h 时钟。

【元件说明】

元件说明见表 2-4。

表 2-4　　元　件　说　明

PLC 软元件	控　制　说　明	PLC 软元件	控　制　说　明
C0	秒计数	C2	时计数
C1	分计数	M1013	1s 时钟脉冲

【控制程序】

控制程序如图 2-8 所示。

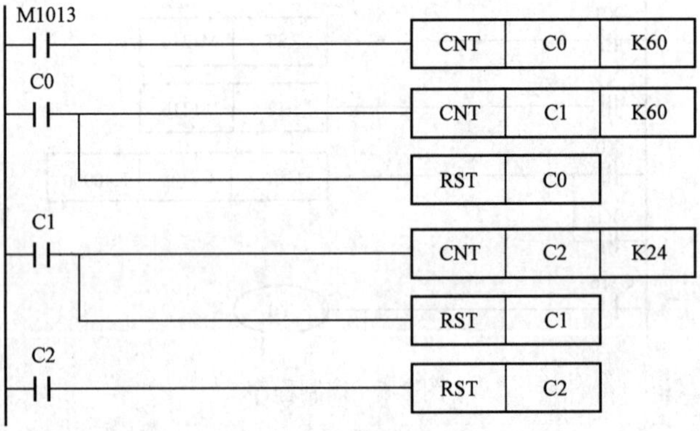
M1013
CNT C0 K60
C0
CNT C1 K60
RST C0
C1
CNT C2 K24
RST C1
C2
RST C2

图 2-8　控制程序

【程序说明】

（1）实现 24h 钟的关键在于 1s 时钟脉冲 M1013 的利用。当程序开始执行，每秒钟 C0 计数 1 次，当计数到 60 次（1min）后 C0＝On，C1 计数 1 次，同时复位 C0；同理，当 C1 计数到 60 次（1h），C1＝On，C2 计数 1 次，同时复位 C1；当完成 24 次计数（24h），复位 C2，又开新的 24h 的计数过程。

（2）通过用 C0 来计“秒”，C1 来计“分”，C2 来计“时”，可以组成一个 24h 的时钟，“时”、“分”、“秒”、分别从 C2、C1、C0 读出。当 C2 的设定值等于 12 时，可得到一个标准的 12h 的时钟。

2.5　A B 相脉冲高速计数

（1）差动输入接线（高速、强干扰时使用）如图 2-9 所示。

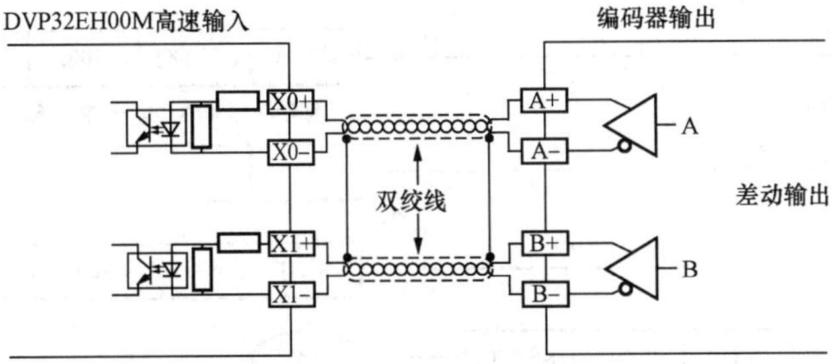
DVP32EH00M高速输入
编码器输出
X0+
X0-
X1+
X1-
A+
A-
B+
B-
A
B
双绞线
差动输出

图 2-9　差动输入接线

（2）差动输出配线如图 2-10 所示。

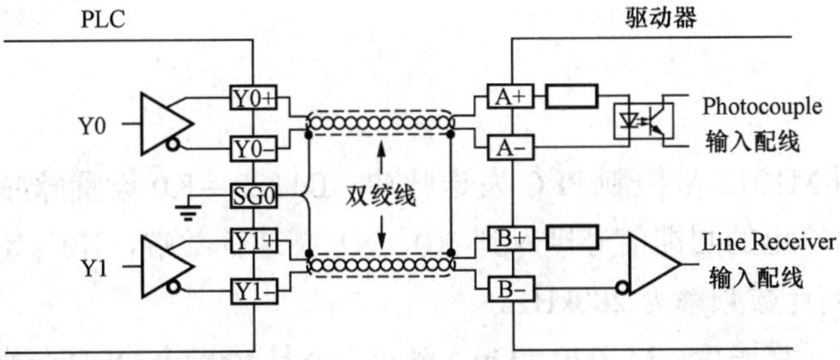
PLC
驱动器
Y0
Y1
Y0+
Y0-
SG0
Y1+
Y1-
A+
A-
B+
B-
双绞线
Photocouple
输入配线
Line Receiver
输入配线

图 2-10　差动输出接线

【控制要求】

DVP32EH00M 发送 AB 相脉冲控制伺服，每秒发送 10 000 个脉冲给伺服，伺服电动机转动距离经编码器编码后接入 PLC 高速计数输入点（差动输入点）。若 PLC 高速计数器计数值与脉冲发送脉冲数目相差 10 个以上时，则报警灯亮。

【元件说明】

元件说明见表 2-5。

表 2-5　　元 件 说 明

PLC 软元件	控 制 说 明
Y0	100kHz 脉冲输出
Y5	报警指示灯
M1013	1s 脉冲
M1029	脉冲发送完毕标志
D1220	第一组脉冲 CH0（Y0，Y1）输出相位设定
C251	硬件高速计数器

【控制程序】

控制程序如图 2-11 所示。

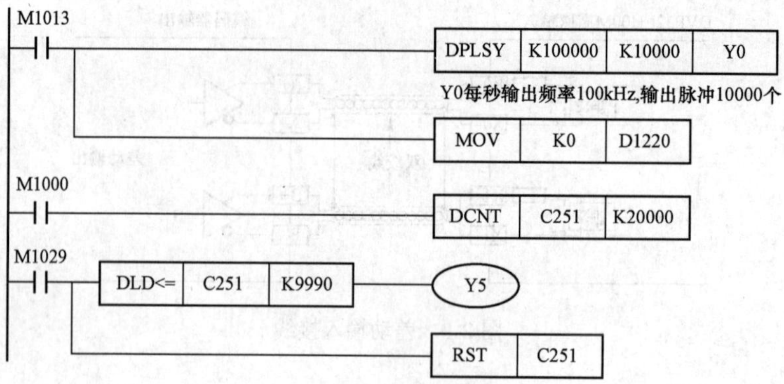

M1013
DPLSY
K100000
K10000
Y0
Y0每秒输出频率100kHz,输出脉冲10000个
MOV
K0
D1220
M1000
DCNT
C251
K20000
M1029
DLD<=
C251
K9990
Y5
RST
C251

图2-11 控制程序

【程序说明】

（1）本范例用M1013来控制PLC发送脉冲，D1220＝K0设置脉冲由Y0输出。将伺服电动机由编码器输出的回馈信号接入到X0、X1高速计数端，X0、X1对应硬件高速计数器C251，其最高计数频率为200kHz。

（2）当脉冲发送完毕后，M1029＝On，触点形态比较指令DLD<=执行。若C251计数值与发送脉冲数目相差10个以上，即为C251计数器值小于等于K9990时，Y5＝On，报警灯亮。

（3）M1029＝On，［RST C251］也被执行，C251被清零，保证PLC在下一次对输入脉冲计数时C251又从0开始计数。

（4）因为伺服编码器输出信号为差分信号，所以本范例需使用支持差分信号输入的DVP32EH00M机种（其X0、X1、X4、X5输入端支持差分信号输入）。

3

定时器设计范例

3.1 延时 Off 程序

【控制要求】

开关拨到 On 状态时，灯立即被点亮，拨到 Off 状态时，5s 过后，指示灯才熄灭，如图 3-1 所示。

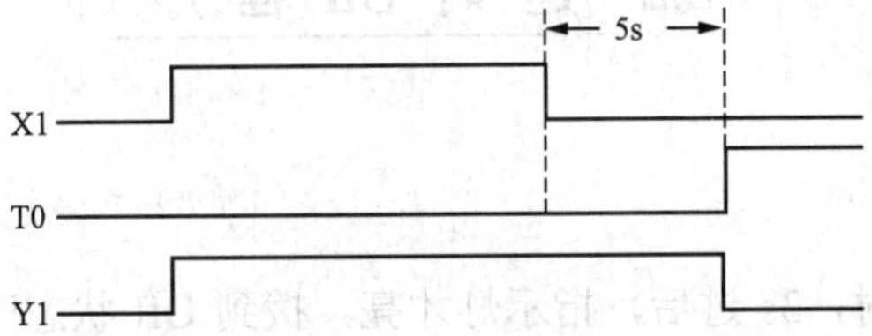
5s
X1
T0
Y1

图 3-1　控制要求

【元件说明】

元件说明见表 3-1。

表 3-1　元 件 说 明

PLC 软元件	控 制 说 明
X1	指示灯开关，当开关拨动到“Off”位置时，X1 状态为 Off
T1	计时 5s 定时器，时基为 100ms 的定时器
Y1	输出指示灯

【控制程序】

控制程序如图 3-2 所示。

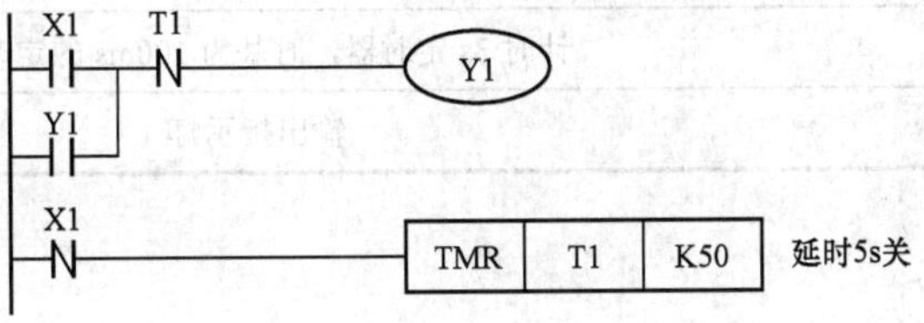
X1
T1
Y1
Y1
X1
TMR
T1
K50
延时5s关

图 3-2　控制程序

【程序说明】

（1）开关拨动到 On 位置时，X1＝On，X1 的动断触点关断，TMR 指令不被执行，定时器 T1 线圈为失电状态，T1 的动断触点闭合，因 X1 动合触点接通，T1 的动断触点接通，所以 Y1＝On 并自保，指示灯被点亮。

（2）开关拨动到 Off 位置时，X1＝Off，X1 的动断触点导通使 TMR 指令执行，在未到达定时器预设时间时，T1 的动断触点仍为导通状态，所以 Y1 通过自保回路仍保持亮的状态。

（3）当定时器到达 5s 的预设值时，T1 线圈得电，T1 动断触点断开，所以 Y1＝Off，指示灯熄灭。

（4）利用 API 65 STMR 指令也可实现延时 Off 功能。

3.2 延 时 On 程 序

【控制要求】

开关拨到 On 状态时，3s 过后，指示灯才亮，拨到 Off 状态时，指示灯立即熄灭，如图 3-3 所示。

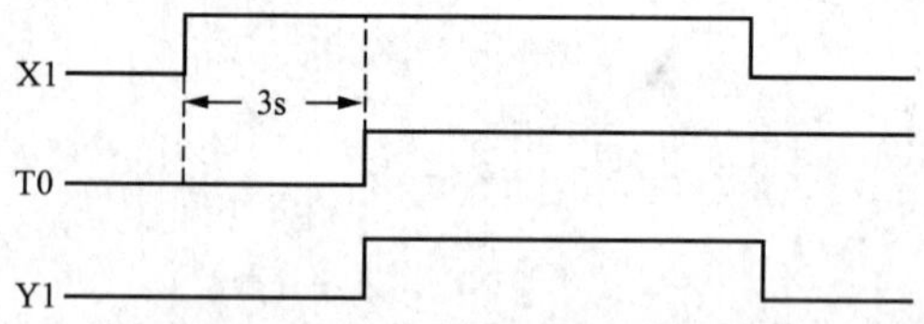
X1
3s
T0
Y1

图 3-3 控制要求

【元件说明】

元件说明见表 3-2。

表 3-2 元 件 说 明

PLC 软元件	控 制 说 明
X1	指示灯开关，当开关拨动到“On”位置时，X1 状态为 On
T1	计时 3s 定时器，时基为 100ms 的定时器
Y1	输出指示灯

【控制程序】

控制程序如图 3-4 所示。

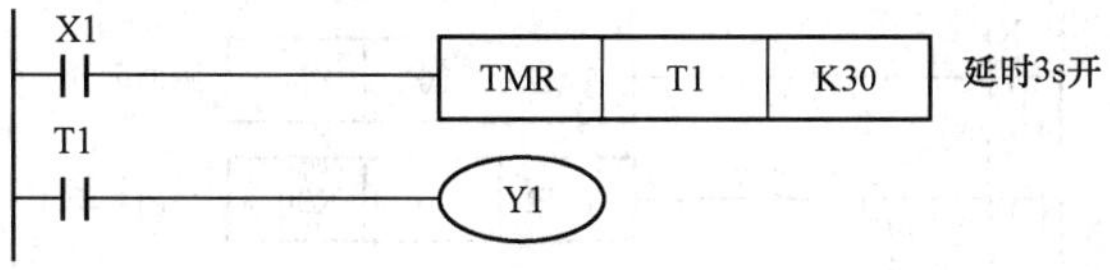
X1
TMR
T1
K30
延时3s开
T1
Y1

图 3-4 控制程序

【程序说明】

（1）当 X1＝On 时，TMR 指令执行，T1 的线圈受电并开始计时。计时到达 3s 的预设值时，T1 的动合触点闭合，Y1＝On，指示灯被点亮。

（2）当 X1＝Off 时，TMR 指令不被执行，T1 的线圈失电，T1 的动合触点断开，Y1＝Off，指示灯熄灭。

3.3 延时 On/Off 程序

【控制要求】

开关由 Off→On 动作时，5s 后指示灯才被点亮；开关由 On→Off 动作时，3s 后指示灯才熄灭。控制要求如图 3-5 所示。

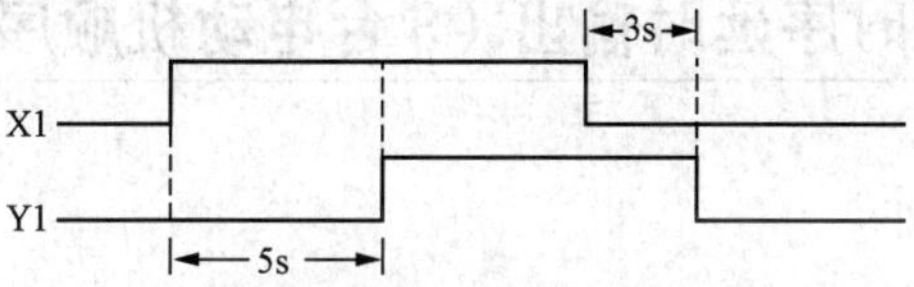
3s
X1
Y1
5s

图 3-5 控制要求

【元件说明】

元件说明见表 3-3。

表 3-3 元 件 说 明

PLC 软元件	控 制 说 明
X1	指示灯开关，当开关拨动到“On”位置，X1 状态为 On
T0	计时 5s 定时器，时基为 100ms 的定时器
T1	计时 3s 定时器，时基为 100ms 的定时器
Y1	输出指示灯

【控制程序】

控制程序如图 3-6 所示。

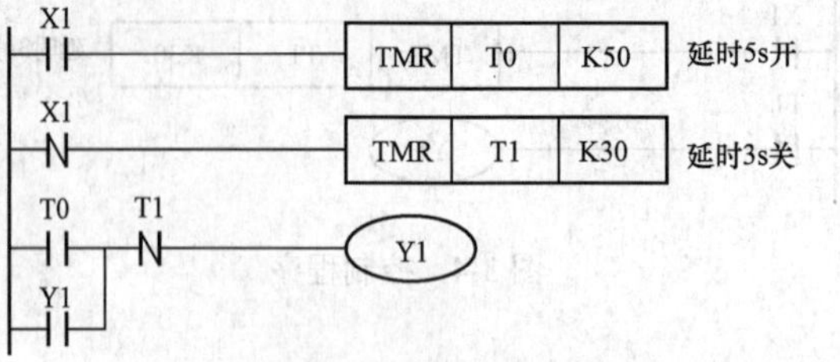
X1
TMR
T0
K50
延时5s开
X1
TMR
T1
K30
延时3s关
T0
T1
Y1
Y1

图 3-6 控制程序

【程序说明】

（1）当 X1＝On 时，T0 定时器开始执行计时，当 T0 计时到达预设值 5s 时，T0＝On，其动合触点导通。而 T1 定时器不计时，其动断触点始终为导通状态。开关由 Off→On 动作 5s 后，T0 的动合触点导通，T1 的动断触点也导通，Y1＝On 并自保，指示灯被点亮。

（2）当 X1＝Off 时，T1 定时器开始执行计时，当 T1 计时到达预设值 3s 时，T1＝On，其动断触点闭合。而 T0 定时器不计时，其动合触点始终为关断状态。开关由 On→Off 动作 3s 后，T0 的动合触点关断，T1 的动断触点也关断，Y1＝Off，指示灯熄灭。

3.4 依时序延时输出（3 台电动机顺序启动）

范例示意如图 3-7 所示。

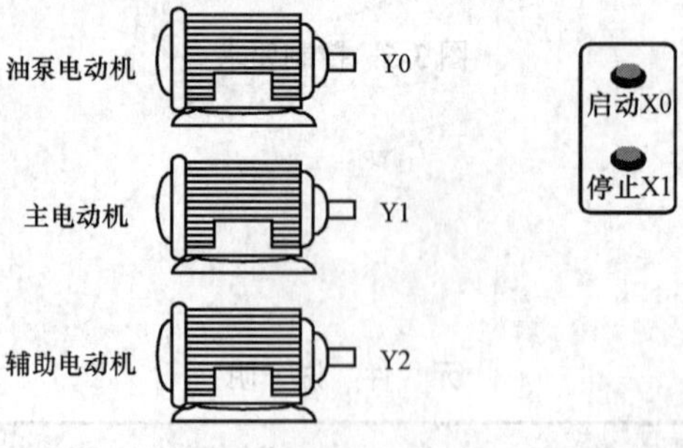
油泵电动机
Y0
主电动机
Y1
辅助电动机
Y2
启动X0
停止X1

图 3-7 范例示意

【控制要求】

按下启动按钮，油泵电动机立即启动，延时 10s 后主电动机启动，又延时 5s 后辅助电动机启动；按下停止按钮，所有电动机立刻停止运行。控制要求如图 3-8 所示。

【元件说明】

元件说明见表 3-4。

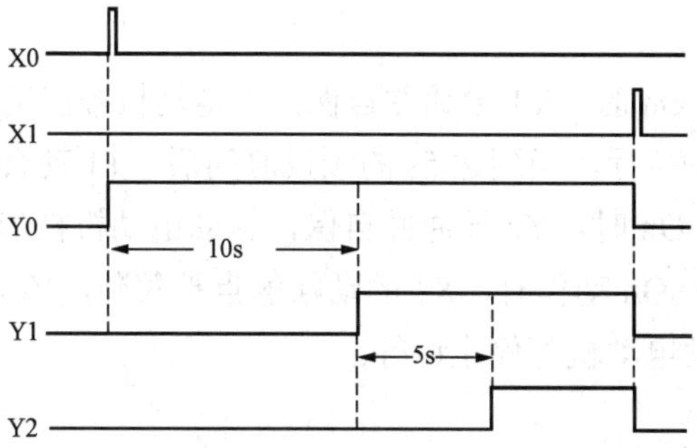
X0
X1
Y0
10s
Y1
5s
Y2

图 3-8　控制要求

表 3-4　　　　　　　　　　　　元 件 说 明

PLC 软元件	控 制 说 明
X0	启动按钮，按下时，X0 状态为 On
X1	停止按钮，按下时，X1 状态为 Off
T0	计时 10s 定时器，时基为 100ms 的定时器
T1	计时 5s 定时器，时基为 100ms 的定时器
Y0	油泵电动机启动信号
Y1	主电动机启动信号
Y2	辅助电动机启动信号

【控制程序】

控制程序如图 3-9 所示。

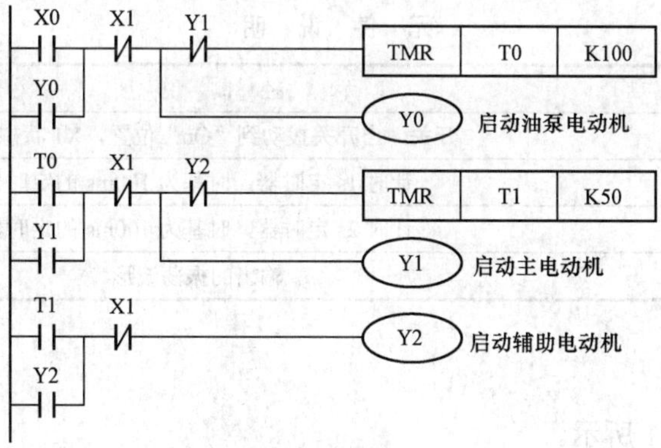
X0
X1
Y1
TMR
T0
K100
Y0
Y0
启动油泵电动机
T0
X1
Y2
TMR
T1
K50
Y1
Y1
启动主电动机
T1
X1
Y2
启动辅助电动机
Y2

图 3-9　控制程序

【程序说明】

（1）按钮 X0 由 Off→On 动作时，X0＝On，X0 的动合触点导通，所以 Y0 导通并自保，油泵电动机立即启动，开始给润滑系统供油；同时，［TMR T0 K100］指令执行，当到达 10s 的预设时间后，T0 动合触点导通。M10＝On 时，［RST　Y0］指令被执行，Y0 被复位为 Off，电磁阀被关断。

（2）当 T0 动合触点 On 时，Y1 导通并自保，主电动机被启动，T0 定时器被关断；同时，［TMR T1 K50］指令执行，当到达 5s 的预设时间后，T1 动合触点导通。

（3）当 T1 动合触点 On 时，Y2 导通并自保，辅助电动机被启动，T1 定时器被关断。

（4）按钮 X1 由 Off→On 动作时，X1 的动断触点被关断，Y0、Y1、Y2 被关断，油泵电动机、主电动机、辅助电动机都停止运行。

3.5 脉波波宽调变

【控制要求】

拨动开关到 On 位置后，可通过在程序中改变定时器的预设时间值，产生脉波波宽调变功能。产生如图 3-10 所示的振荡波形，Y0 状态 On 1s，周期为 2s。

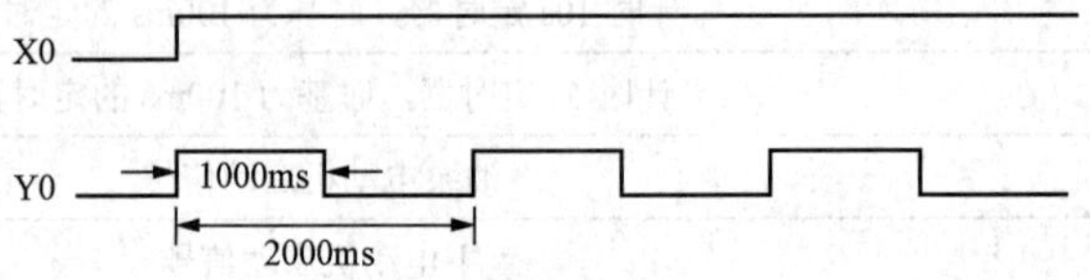
X0
Y0
1000ms
2000ms

图 3-10 振荡波形

【元件说明】

元件说明见表 3-5。

表 3-5 元件说明

PLC 软元件	控制说明
X0	开关，当开关拨动到“On”位置，X1 状态为 On
T0	计时 1s 定时器，时基为 100ms 的定时器
T1	计时 2s 定时器，时基为 100ms 的定时器
Y0	输出的振荡波形

【控制程序】

控制程序如图 3-11 所示。

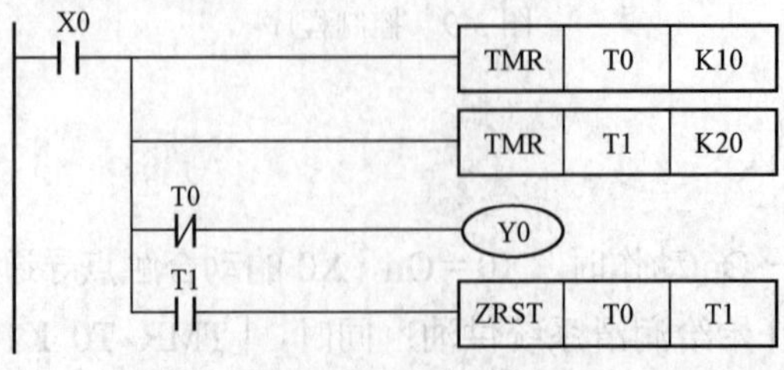
X0
TMR
T0
K10
TMR
T1
K20
T0
Y0
T1
ZRST
T0
T1

图 3-11 控制程序

【程序说明】

（1）当 X0＝On 时，定时器 T0/T1 开始计时，T0 未计时到达前 Y0＝On，当 T0 计时到达时 Y0＝Off，T1 计时到达时将 T0/T1 清除。此时 Y0 会持续输出如图 3-10 所示的振荡波形。当 X0＝Off 时，Y0 输出也变成 Off。

（2）可利用修改定时器的预设时间值产生脉波波宽调变功能。

（3）利用 API 144 GPWM 指令也可实现脉波波宽调变功能，如图 3-12 所示。

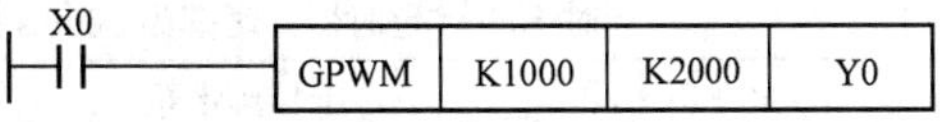
X0
GPWM
K1000
K2000
Y0

图 3-12　利用 API 144 GPWM 指令实现

3.6　人工养鱼池水位监控系统（闪烁电路）

范例示意如图 3-13 所示。

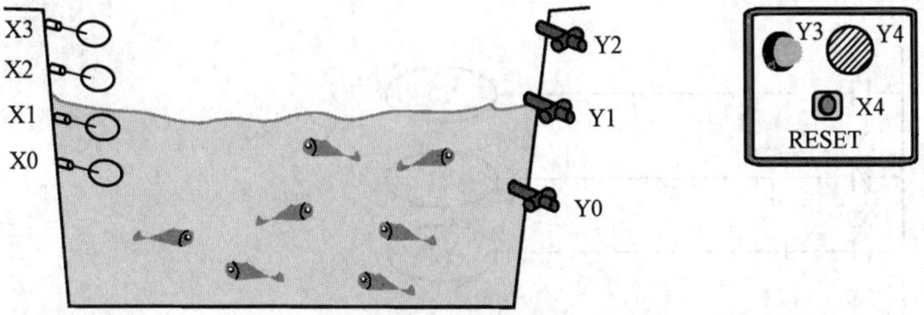
X3
X2
X1
X0
Y2
Y1
Y0
Y3
Y4
X4
RESET

图 3-13　范例示意

【控制要求】

（1）当人工养鱼池水位不在正常水位时，自动启动给水或排水，并且当水位处于警戒水位（过低或过高）时，除了自动启动给排水外，报警器闪烁和报警器鸣叫。

（2）按下 RESET 按钮，报警灯停止闪烁、报警器停止鸣叫。

时序如图 3-14 所示。

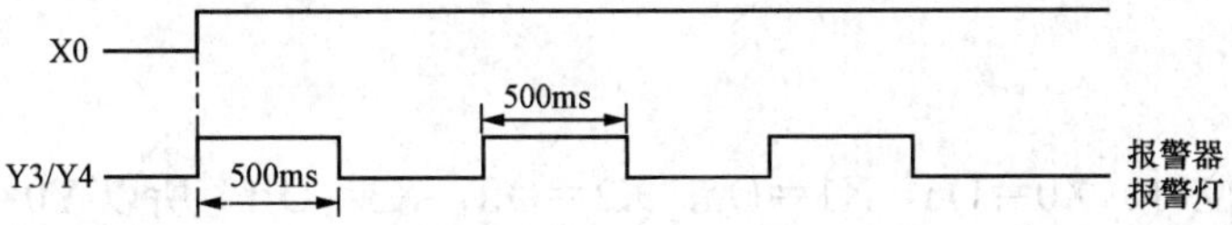
X0
Y3/Y4
500ms
500ms
报警器
报警灯

图 3-14　时序

【元件说明】

元件说明见表 3-6。

表 3-6 元 件 说 明

PLC 软元件	控 制 说 明
X0	最低水位传感器（警戒水位），处于最低水位时，X0 状态为 On
X1	正常水位的下限传感器，处于正常水位的下限时，X1 状态为 On
X2	正常水位的上限传感器，处于正常水位的上限时，X2 状态为 On
X3	最高水位传感器（警戒水位），处于最高水位时，X3 状态为 On
X4	RESET 按钮，按下时 X4 状态为 On
T1	计时 500ms 定时器，时基为 100ms 的定时器
T2	计时 500ms 定时器，时基为 100ms 的定时器
Y0	1 号排水泵
Y1	给水泵
Y2	2 号排水泵
Y3	报警灯
Y4	报警器

【控制程序】

控制程序如图 3-15 所示。

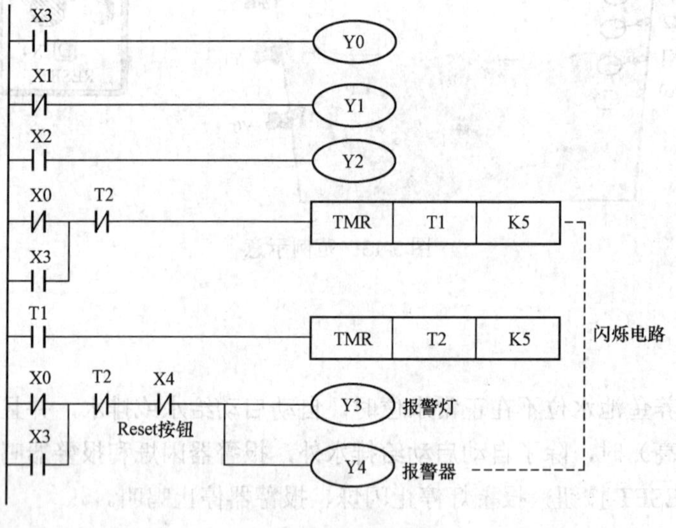
X3
Y0
X1
Y1
X2
Y2
X0
T2
TMR
T1
K5
X3
T1
TMR
T2
K5
闪烁电路
X0
T2
X4
Y3
报警灯
Reset按钮
X3
Y4
报警器

图 3-15 控制程序

【程序说明】

（1）正常水位时：X0＝On，X1＝On，X2＝Off，X3＝Off，所以 Y0＝Off，Y2＝Off，给水泵和排水泵都不工作。

（2）当池内水位低于正常水位时：X0＝On，X1＝Off，X2＝Off，X3＝Off，X4＝Off。因 X1＝Off，其动断触点导通，所以 Y1＝On，启动给水泵向养鱼池内注水。

（3）当池内水位低于最低水位（警戒水位）时：X0＝Off，X1＝Off，X2＝Off，X3＝Off。因 X0＝Off，其动断触点导通，Y1＝On，给水泵启动，同时 X1＝Off，其动断触点导通，报警电路被执行，Y3＝On，Y4＝On，报警灯闪烁，报警器鸣叫。

（4）当池内水位高于正常水位时：X0＝On，X1＝On，X2＝On，X3＝Off。因 X2＝On，其动合触点导通，所以 Y2＝On，1 号排水泵启动，将养鱼池内水排出。

（5）当池内水位高于警戒水位时：X0＝On，X1＝On，X2＝On，X3＝On。因 X2＝On，其动合触点导通，所以 Y2＝On，1 号排水泵启动；同时 X3＝On，其动合触点导通，所以 Y0＝On，2 号排水泵启动，且报警电路也被执行，所以 Y3＝On，Y4＝On，报警灯闪烁，报警器鸣叫。

（6）按下复位按钮，X4＝On，其动断触点关断，所以 Y3＝Off，Y4＝Off，报警器和报警灯停止工作。

3.7 崩应测试系统（延长计时）

范例示意如图 3-16 所示。

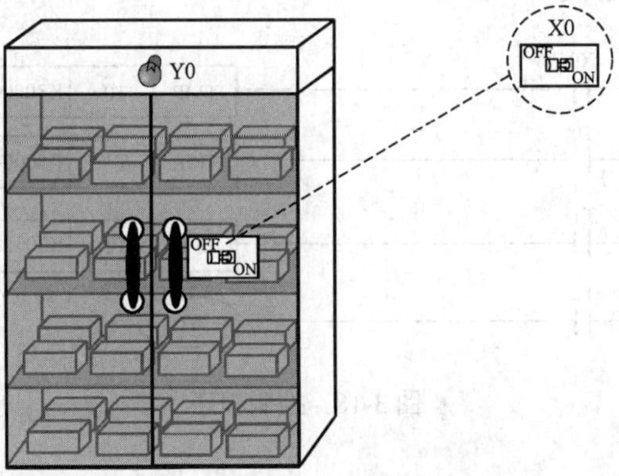
Y0
X0
OFF
ON
OFF
ON

图 3-16 范例示意

【控制要求】

PLC 产品经过 2.5h 崩应测试后，崩应测试完成指示灯亮，提醒作业员从崩应房取出 PLC。控制要求时序如图 3-17 所示。

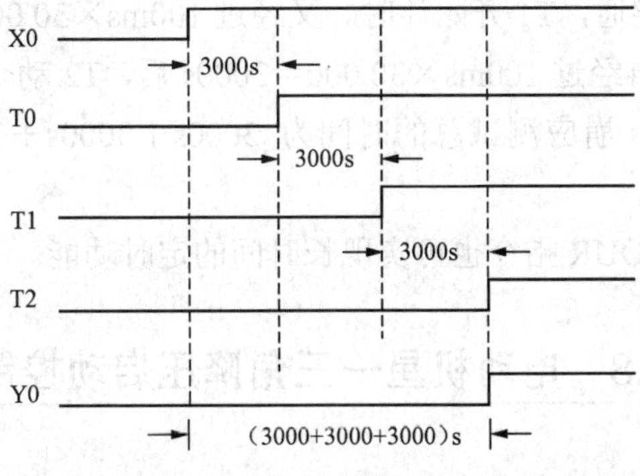
X0
3000s
T0
3000s
T1
3000s
T2
Y0
(3000+3000+3000)s

图 3-17 控制要求时序

【元件说明】

元件说明见表 3-7。

表 3-7 元 件 说 明

PLC 软元件	控 制 说 明
X0	崩应测试启动，当按下时，X0 状态为 On
T0	计时 3000s 定时器，时基为 100ms 的定时器
T1	计时 3000s 定时器，时基为 100ms 的定时器
T2	计时 3000s 定时器，时基为 100ms 的定时器
Y0	崩应测试完成指示灯

【控制程序】

控制程序如图 3-18 所示。

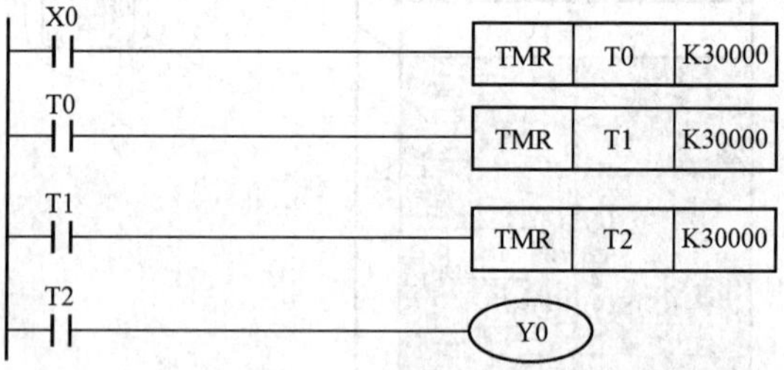
X0
TMR
T0
K30000
T0
TMR
T1
K30000
T1
TMR
T2
K30000
T2
Y0

图 3-18 控制程序

【程序说明】

（1）16 位定时器的最长计时时间为 100ms×32 767＝3276.7s，所以在超过 1h（3600s）的应用场合一个定时器不能满足要求，需用多个定时器来实现计时时间的延长。计时总的时间变为所有定时器计时时间之和。

（2）当按下崩应测试启动按钮后，X0＝On，定时器 T0 开始计时，经过 100ms×30 000＝3000s 后，T0 动合触点导通，T1 开始计时。又经过 100ms×30 000＝3000s 后，T1 动合触点导通，T2 开始计时。再经过 100ms×30 000＝3000s 后，T2 动合触点导通，Y0＝On，崩应测试完成指示灯点亮。崩应测试总的时间为 3000s＋3000s＋3000s＝9000s＝150min＝2.5h。

（3）利用 API 169 HOUR 指令也可实现长时间的定时功能。

3.8 电动机星—三角降压启动控制

电动机星—三角降压启动主电路如图 3-19 所示。PLC 外部接线如图 3-20 所示。

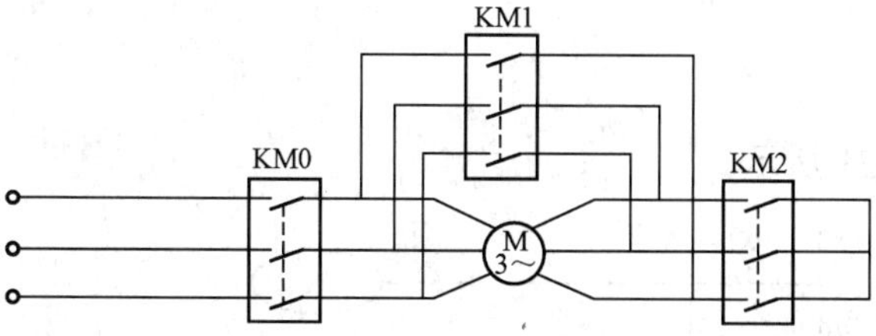
KM1
KM0
KM2
M
3~

图 3-19　电动机星—三角降压启动主电路

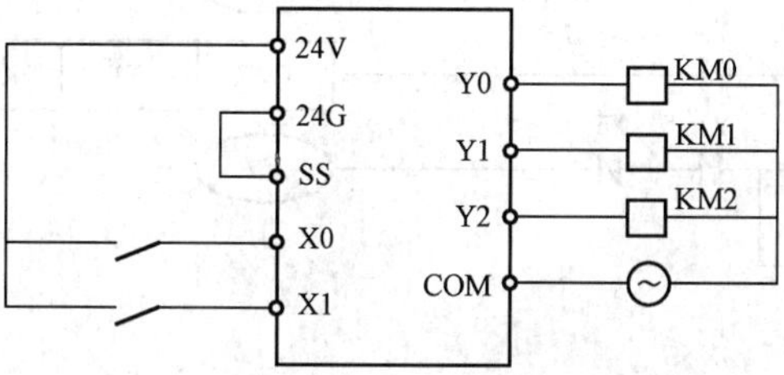
24V
24G
SS
X0
X1
Y0
Y1
Y2
COM
KM0
KM1
KM2

图 3-20　PLC 外部接线

【动作要求】

（1）三相交流异步电动机启动时电流较大，一般为额定电流的 5～7 倍。为了减小启动电流对电网的影响，采用星—三角形降压启动方式。

（2）星—三角形降压启动过程：合上开关后，电动机启动接触器和星形降压方式启动接触器先启动。10s 延时后，星形降压方式启动接触器断开，再经过 1s 延时后将三角形正常运行接触器接通，电动机主电路接成三角形接法正常运行。采用两级延时的目的是确保星形降压方式启动接触器完全断开后才去接通三角形正常运行接触器。

【元件说明】

元件说明见表 3-8。

表 3-8　　元 件 说 明

PLC 软元件	控 制 说 明
X0	START 按钮，按下时，X0 状态为 On
X1	STOP 按钮，按下时，X1 状态为 On
T1	计时 10s 定时器，时基为 100ms 的定时器
T2	计时 1s 定时器，时基为 100ms 的定时器
Y0	电动机启动接触器 KM0
Y1	星形降压方式启动接触器 KM1
Y2	三角形正常运行接触器 KM2

【控制程序】

控制程序如图 3-21 所示。

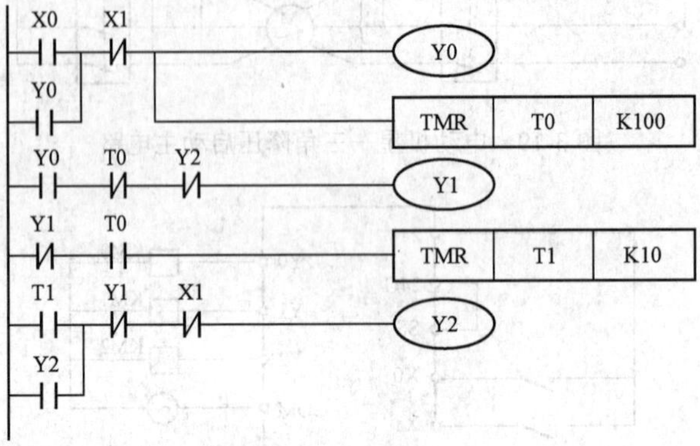
X0
X1
Y0
Y0
TMR
T0
K100
Y0
T0
Y2
Y1
Y1
T0
TMR
T1
K10
T1
Y1
X1
Y2
Y2

图 3-21 控制程序

【程序说明】

（1）按下启动按钮，X0＝On，Y0＝On 并自保，电动机启动接触器 KM0 接通，同时 T0 计时器开始计时，因 Y0＝On，T0＝Off，Y2＝Off，所以 Y1＝On，星形降压方式启动接触器 KM1 导通。

（2）T0 计时器到达 10s 预设值后，T0＝On，Y1＝Off，T1 计时器开始计时，到达 1s 预设值后，T1＝On，所以 Y2＝On，三角形正常运行接触器 KM2 导通。

（3）当按下停止按钮时，X1＝On，无论电动机处于启动状态还是运行状态，Y0、Y1、Y2 都变为 Off，电动机停止运行。

3.9 大厅自动门控制

范例示意如图 3-22 所示。

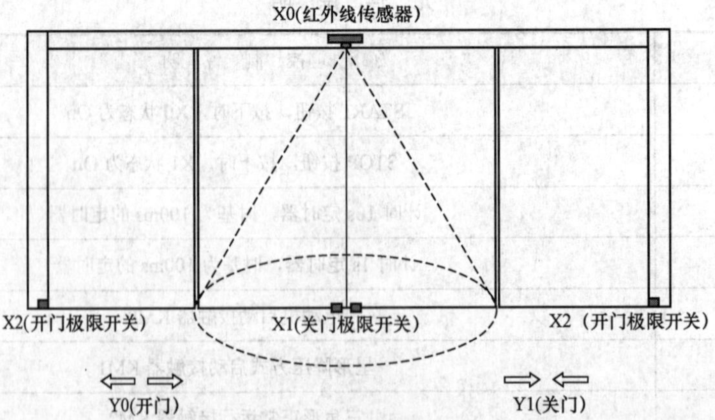
X0(红外线传感器)
X2(开门极限开关)
X1(关门极限开关)
X2（开门极限开关）
Y0(开门)
Y1(关门)

图 3-22 范例示意

【控制要求】

（1）当有人进入红外传感器椭圆区域时，开门电动机启动，门自动打开，直到碰到开门极限开关停止。

（2）到达开门极限处 7s 后，若无人在红外传感器椭圆区域内，关门电动机启动，门自动关上，直到碰到关门极限开关。

（3）若在关门过程中，若有人进入红外传感器椭圆区域，门应立即停止关闭，执行开门的动作。

【元件说明】

元件说明见表 3-9。

表 3-9　　元 件 说 明

PLC 软元件	控 制 说 明
X0	红外线传感器，当有人进入该椭圆区域时，X0 状态为 On
X1	关门极限开关，门碰到该开关时，X1 状态为 On
X2	开门极限开关，门碰到该开关时，X2 状态为 On
T0	计时 7s 定时器，时基为 100ms 的定时器
Y0	开门电动机
Y1	关门电动机

【控制程序】

控制程序如图 3-23 所示。

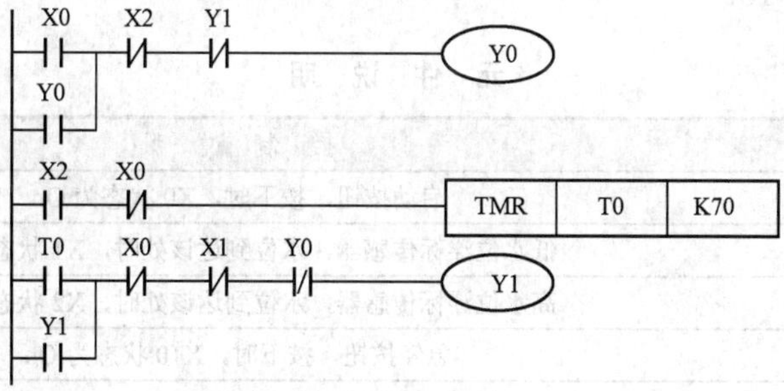
X0
X2
Y1
Y0
Y0
X2
X0
TMR
T0
K70
T0
X0
X1
Y0
Y1
Y1

图 3-23　控制程序

【程序说明】

（1）只要人进入红外传感器椭圆区域，X0＝On，此时只要门未在开门极限开关处（X2＝Off），Y0＝On 并自保，都会执行开门的动作。

（2）门到达开门极限开关处时，X2＝On，此时若无人在红外传感器椭圆区域（X0＝Off），定时器开始计时，7s 后 Y1＝On 并自保，开始执行关门动作。

（3）在关门过程中，若有人进入红外传感器椭圆区域，X0＝On，X0 的动断触点关断，Y1＝Off。因 X0＝On，Y1＝Off，X2＝Off，所以 Y0 导通，又执行开门的过程。

3.10 液体混合自动控制系统

范例示意如图 3-24 所示。

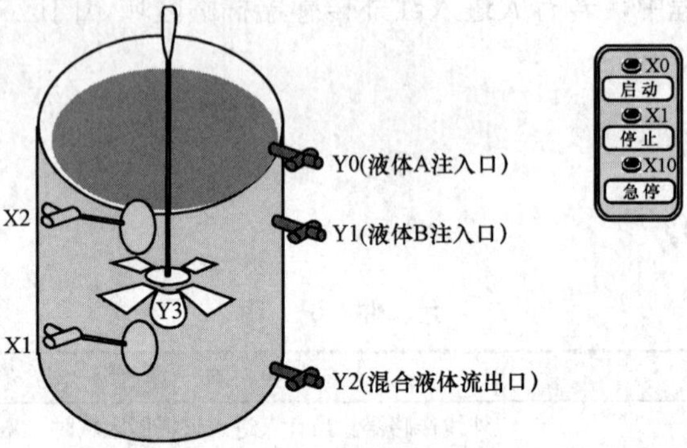

X0
启动
X1
停止
X10
急停
Y0(液体A注入口)
Y1(液体B注入口)
Y2(混合液体流出口)
X2
X1
Y3

图 3-24 范例示意

【控制要求】

按下启动按钮后，自动按顺序向容器注入 A、B 两种液体。到达规定的注入量后，由搅拌机对混合液体进行搅拌。搅拌均匀后打开阀门让混合液体从流出口流出。

【元件说明】

元件说明见表 3-10。

表 3-10 元 件 说 明

PLC 软元件	控 制 说 明
X0	启动按钮，按下时，X0 状态为 On
X1	低水位浮标传感器，水位到达该处时，X1 状态为 On
X2	高水位浮标传感器，水位到达该处时，X2 状态为 On
X10	急停按钮，按下时，X10 状态为 On
T0	计时 120s 定时器，时基为 100ms 的定时器
T1	计时 60s 定时器，时基为 100ms 的定时器
Y0	液体 A 流入阀门
Y1	液体 B 流入阀门
Y2	混合液体流出阀门
Y3	搅拌电动机

【控制程序】

控制程序如图 3-25 所示。

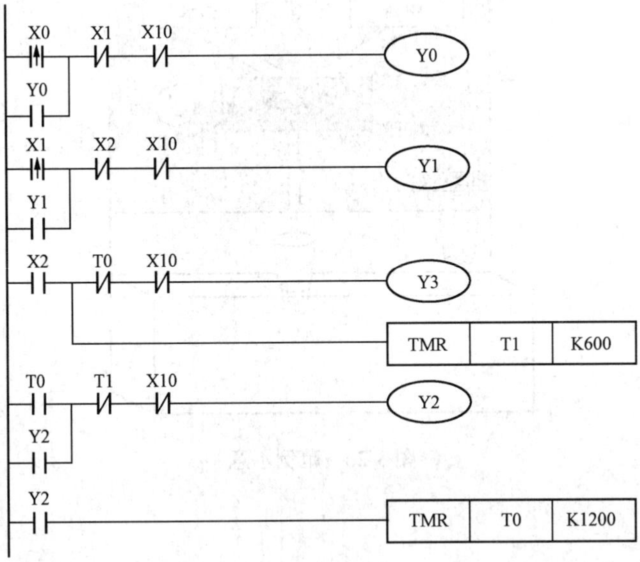
X0
X1
X10
Y0
Y0
X1
X2
X10
Y1
Y1
X2
T0
X10
Y3
TMR
T1
K600
T0
T1
X10
Y2
Y2
Y2
TMR
T0
K1200

图 3-25 控制程序

【程序说明】

（1）按下启动按钮，X0＝On，Y0＝On 并自保，阀门打开注入液体 A，直到碰到低水位浮标传感器后停止液体 A 注入。

（2）碰到低水位浮标传感器后，由 X1 由 Off→On 动作，Y1＝On 并自保，直到碰到高水位浮标传感器后停止液体 B 注入。

（3）碰到低水位浮标传感器后，X2＝On，Y3＝On，搅拌电动机开始工作，同时定时器 T0 开始计时，60s 后，T0＝On，Y3 被关断，搅拌电动机停止工作，Y2＝On 并自保，混合液体开始流出。

（4）Y2＝On 后，定时器 T1 开始执行，到达预设值 120s 后，T1＝On，Y2 被关断，混合液体停止流出。

（5）当系统出现故障时，按下急停按钮，X10＝On，其动断触点关断，所有输出均被关断，系统停止工作。

3.11 自动咖啡冲调机

范例示意如图 3-26 所示。

【控制要求】

投入一枚 1 元硬币后，出纸杯处弹出一个纸杯，同时出咖啡，2s 后出热水，注入一定量热水后，60s 后从咖啡流出口流出冲调好的咖啡。

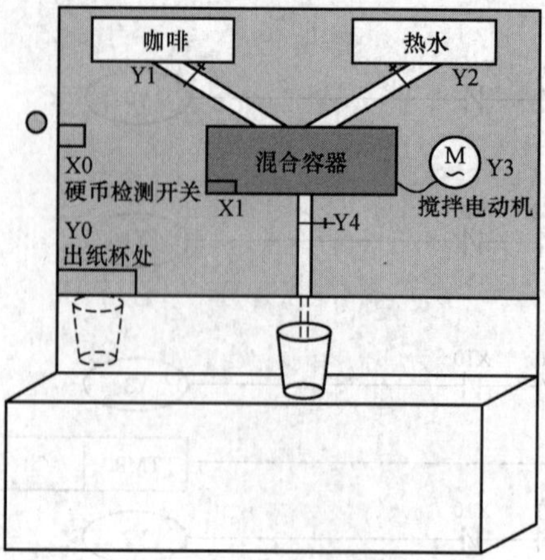
咖啡
热水
Y1
Y2
混合容器
M
Y3
搅拌电动机
X0
硬币检测开关
X1
Y4
Y0
出纸杯处

图 3-26 范例示意

【元件说明】

元件说明见表 3-11。

表 3-11 元 件 说 明

PLC 软元件	控 制 说 明
X0	硬币检测开关，有硬币投入时，X0 状态为 On
X1	压力检测开关，混合容器中水到达一定压力时，X1 状态为 On
T0	计时 2s 定时器，时基为 100ms 的定时器
T1	计时 60s 定时器，时基为 100ms 的定时器
Y0	出纸杯阀门
Y1	出咖啡阀门
Y2	出热水阀门
Y3	振动搅拌电动机
Y4	冲调好的咖啡流出口

【控制程序】

控制程序如图 3-27 所示。

【程序说明】

（1）投入 1 元硬币时，X0 由 Off→On 变化，Y0 和 Y1 被置位并保持，出一个纸杯，同时出咖啡。

（2）Y0 和 Y1 动合触点导通 2s 后，定时器到达预设值，T0 动合触点导通，所以 Y2＝On，出热水阀门导通，同时 Y0、Y1 被复位，出纸杯和咖啡阀门被关闭。

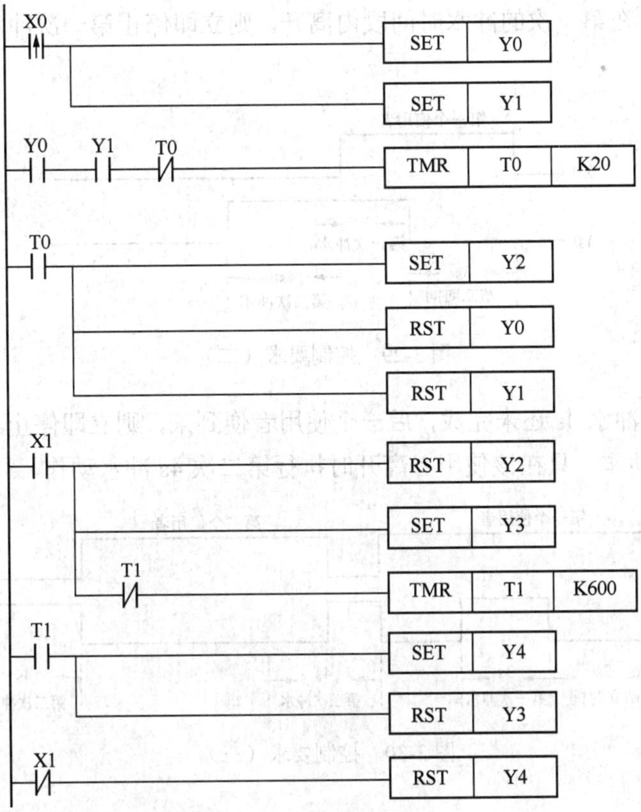
X0
SET Y0
SET Y1
Y0 Y1 T0
TMR T0 K20
T0
SET Y2
RST Y0
RST Y1
X1
RST Y2
SET Y3
T1
TMR T1 K600
T1
SET Y4
RST Y3
X1
RST Y4

图 3-27 控制程序

（3）当混合容器中水的压力达到一定时，X1＝On，Y2 被复位，停止出热水，同时 Y3＝On，搅拌电动机开始工作，直到 T1 到达预设值时 60s 后，T1＝On，Y4 被置位并保持，Y3 被复位，搅拌电动机停止工作，同时咖啡流出口开始流出咖啡。

（4）当调好的咖啡全部流出到纸杯后，X1 闭合，Y4 被复位，咖啡流出口处的阀门被关闭。

3.12 洗手间自动冲水控制程序

【控制要求】

（1）男卫生间小便斗处，使用者必须站满 3s 才会执行冲水动作，冲水 3s 后自动停止（第一次冲水）。使用者离开时，再冲水 4s 后自动停止（第二次冲水）。

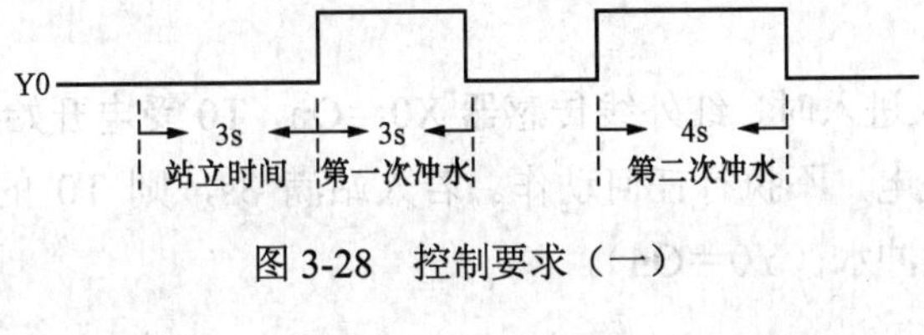
X0
Y0
3s
站立时间
3s
第一次冲水
4s
第二次冲水

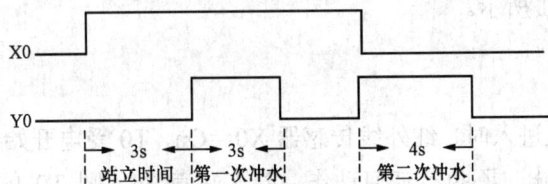

图 3-28 控制要求（一）

（2）若使用者在第一次的冲水时间段内离开，则立即停止第一次冲水，开始第二次4s的冲水。

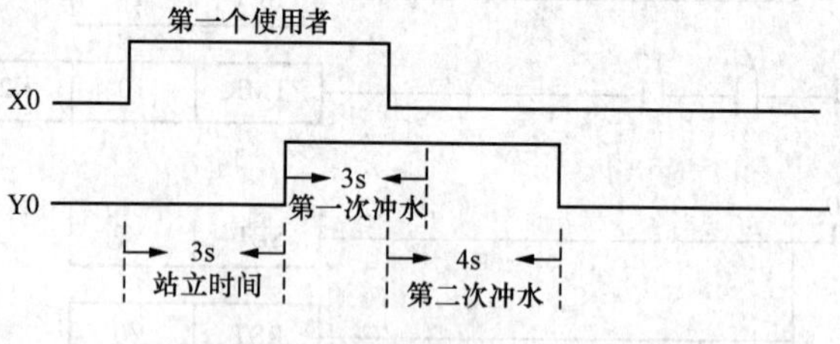
第一个使用者
X0
Y0
3s
第一次冲水
3s
站立时间
4s
第二次冲水

图3-29 控制要求（二）

（3）若前一个冲水4s还未完成，后一个使用者便到来，则立即停止冲水，并且不执行第一次冲水3s的动作，只在该使用者离开时执行第二次4s冲水动作。

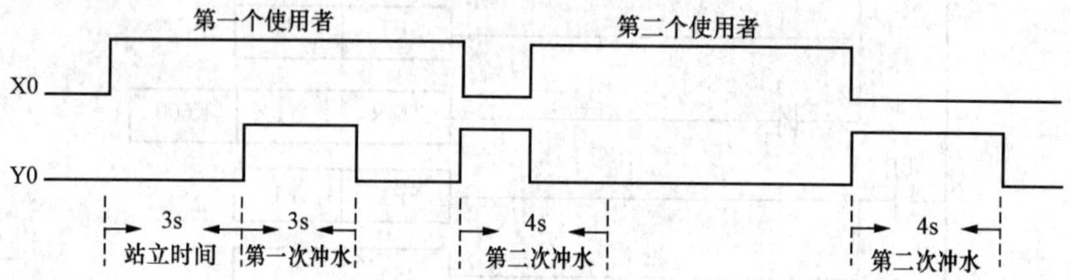
第一个使用者
第二个使用者
X0
Y0
3s
站立时间
3s
第一次冲水
4s
第二次冲水
4s
第二次冲水

图3-30 控制要求（三）

【元件说明】

元件说明见表3-12。

表3-12 元件说明

PLC软元件	控制说明
X0	红外线传感器，当人进入红外传感器检测范围时，X0状态为On
M0～M2	内部辅助继电器
T0	计时3s定时器，时基为100ms的定时器
T1	计时3s定时器，时基为100ms的定时器
T2	计时4s定时器，时基为100ms的定时器
Y0	冲水阀门

【控制程序】

控制程序如图3-31所示。

【程序说明】

（1）当检测到有人进入时，红外线传感器X0＝On，T0受电开始计时。若在3s内人离开（X0＝Off），T0失电，不执行任何动作。若人站满3s，则T0的动合触点闭合，保持M0＝On，开始第一次冲水（Y0＝On）。

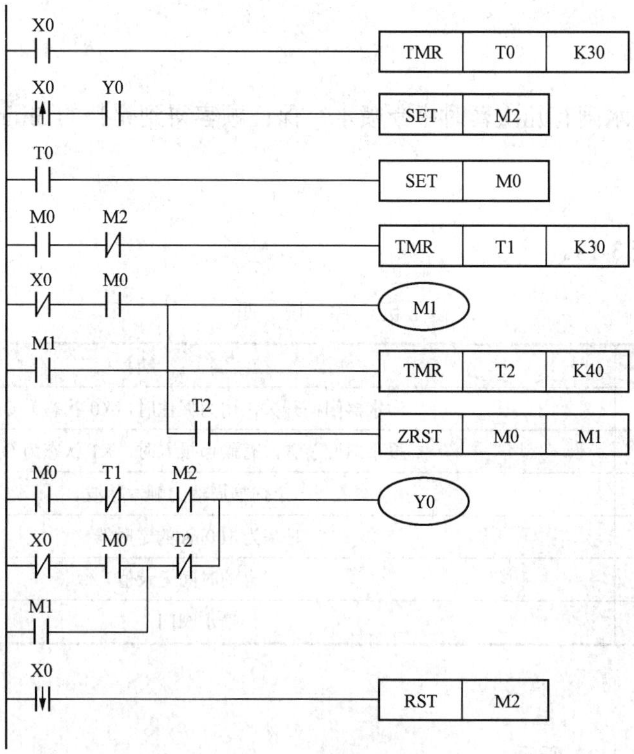
X0
TMR
T0
K30
X0
Y0
SET
M2
T0
SET
M0
M0
M2
TMR
T1
K30
X0
M0
M1
M1
TMR
T2
K40
T2
ZRST
M0
M1
M0
T1
M2
Y0
X0
M0
T2
M1
X0
RST
M2

图 3-31　控制程序

（2）程序中，M1 形成了一个自保电路。当使用者站立时间超过 3s 才离开（动合触点 M0＝On、动断触点 X0＝On）时，M1 保持为 On。开始第二次冲水（Y0＝On），直到冲水 4s 后（T2 的动合触点闭合，动断触点断开），停止冲水（Y0＝Off），M0、M1 被复位。由于 M1 的自保，不论其间 X0 是否发生状态的改变，都会顺利完成第二次冲水动作。

3.13　一般定时器实现累计型功能

范例示意如图 3-32 所示。

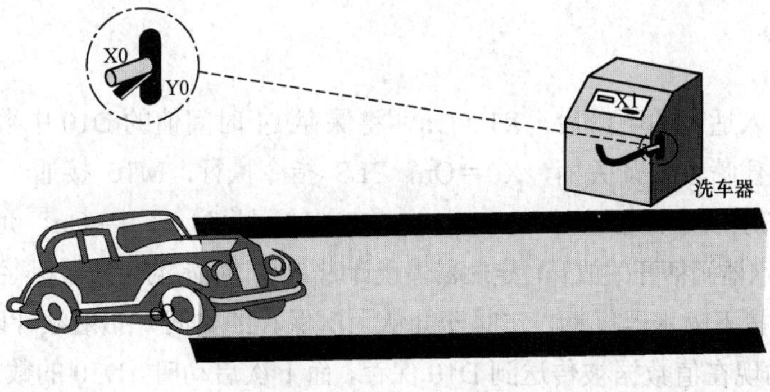
X0
Y0
X1
洗车器

图 3-32　范例示意

【控制要求】

不论洗车器喷水闸有几次暂时中断喷水，保证顾客得到完整的 5min 洗车时间。

【元件说明】

元件说明见表 3-13。

表 3-13 元 件 说 明

PLC 软元件	控 制 说 明
X0	喷水器闸柄开关，用力握住时，X0 状态为 On
X1	投币感应装置，有硬币投入时，X1 状态为 On
M1	一个扫描周期的触发脉波
T1	时基为 100ms 的定时器
D10	保存的时间记录值
Y0	喷水阀门

【控制程序】

控制程序如图 3-33 所示。

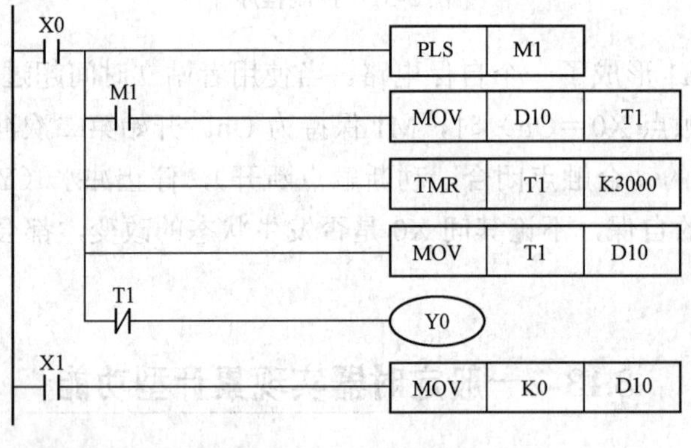
X0
PLS
M1
M1
MOV
D10
T1
TMR
T1
K3000
MOV
T1
D10
T1
Y0
X1
MOV
K0
D10

图 3-33 控制程序

【程序说明】

（1）顾客投入适当的硬币后，X1＝On，将保存 T1 时间值的 D10 中数值清零。

（2）顾客握住喷水器开关柄，X0＝On，PLS 指令执行，M10 接通一个扫描周期，先使 T1 清零，使 T1 从零开始计时 5min（T1＝K3000）。此时，Y0＝On，允许打开喷水阀。

（3）如果喷水器闸柄开关放开，定时器停止计时，当前喷水的时间被保存，暂时中断喷水。

（4）当再次按下喷水器闸柄，定时器会从上次保存的时间开始继续计时。这是因为 T1 在运行时，T1 的现在值数据被传送到 D10 保存，而下次启动时，D10 的数值被传到 T1 中，作为 T1 的现在值。因此，T1 将从停止的地方继续计数。这样即使洗车过程有几次中断，也可以保证顾客得到完整的 5min 洗车时间。

3.14 一般定时器实现示教功能

范例示意如图 3-34 所示。

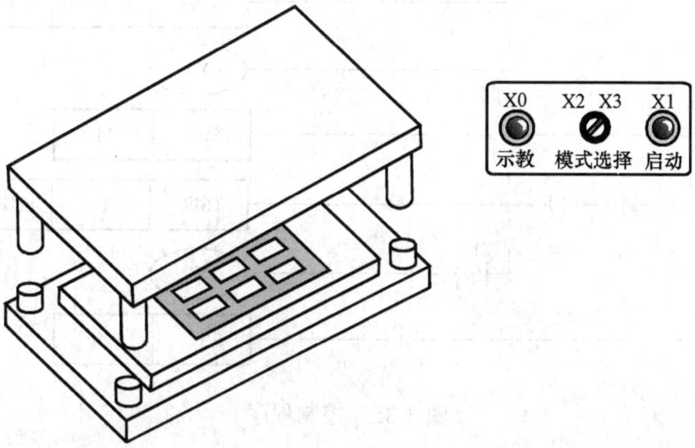
X0
X2 X3
X1
示教
模式选择
启动

图 3-34 范例示意

【控制要求】

（1）在手动模式下，工程师先根据经验手动调整材料冲压时间，其时间长短为按下示教按钮时间。

（2）在自动模式运行情况下，每触发一次启动按钮，就按照示教时设置的时间对材料进行冲压。

【元件说明】

元件说明见表 3-14。

表 3-14 元件说明

PLC 软元件	控制说明
X0	示教按钮，按下时，X0 状态为 On
X1	自动启动按钮，按下时，X1 状态为 On
X2	手动运行模式
X3	自动运行模式
M1	自动启动触发装置
T0	时基为 100ms 的定时器
T1	时基为 100ms 的定时器
D0	记录上一次冲压的结果
Y0	示教运行时启动冲床
Y1	自动运行时启动冲床

【控制程序】

控制程序如图 3-35 所示。

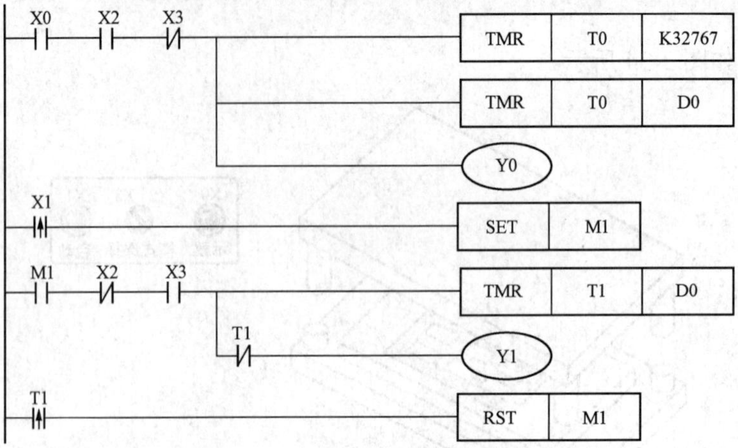
X0
X2
X3
TMR
T0
K32767
TMR
T0
D0
Y0
X1
SET
M1
M1
X2
X3
TMR
T1
D0
T1
Y1
T1
RST
M1

图 3-35 控制程序

【程序说明】

（1）开关旋转到手动模式时，X2＝On，按下示教按钮后，X0＝On，所以 Y0 导通，开始冲压，同时定时器 T0 开始执行，T0 的现在值被传到 D0 当中；当完成材料冲压过程后，松开示教按钮，Y0＝Off，停止冲压。

（2）将开关旋转到自动模式时，X3＝On，每启动一次自动冲压，X1 一直为 On，所以 Y1＝On，开始执行冲压，同时定时器 T1 开始执行，到达预设值（其值大小为 D0 中内容值）后，T1 动合触点导通，所以 Y1＝Off，冲压停止，M1 被复位为 Off。下一次触发冲压时，M1 又变为 On，重复执行上一次冲压的过程。

（3）利用 API 64 TTMR 指令也可实现示教功能。

3.15 “自切断”定时器

范例示意如图 3-36 所示。

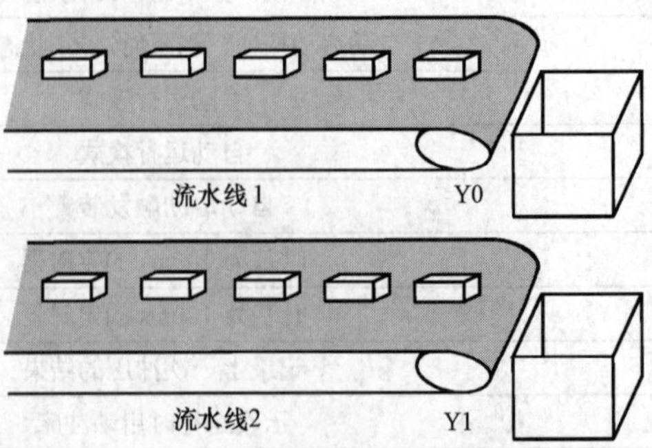
流水线1
Y0
流水线2
Y1

图 3-36 范例示意

【控制要求】

PLC 产品生产线中，一个作业员需同时负责将两条传送带上的产品放入到包装箱里。将一条传送带运行 30s 后，该条流水线停止传送，另外一条流水线开始运行 30s。如此，两条传送带交替运行，保证作业员有足够时间去将产品放入包装箱。

【元件说明】

元件说明见表 3-15。

表 3-15　元　件　说　明

PLC 软元件	控　制　说　明
T0	计时 30s 定时器，时基为 100ms 的定时器
M0	触发电路控制
M1	传送带切换运行的标志
Y0	流水线 1 执行
Y1	流水线 2 执行

【控制程序】

控制程序如图 3-37 所示。

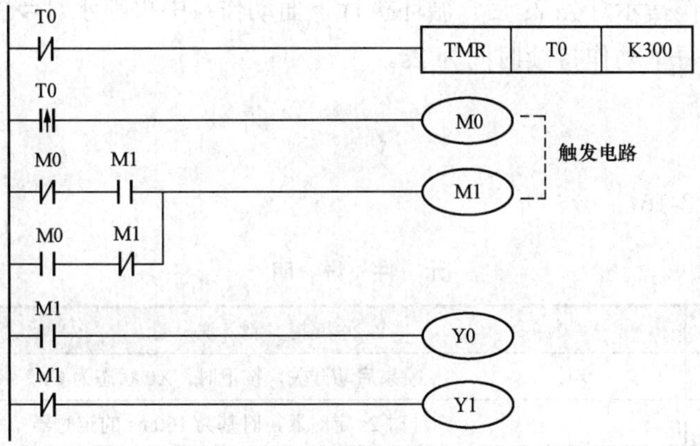
T0
TMR
T0
K300
T0
M0
触发电路
M0
M1
M1
M0
M1
M1
Y0
M1
Y1

图 3-37　控制程序

【程序说明】

（1）程序用定时器 T0 的动断触点作为定时器指令执行的条件，定时器 T0 到达 30s 的预设值时，T0 由 Off→On 变化一次，触发电路执行，M1 的状态改变，一条流水线运行。

（2）T0 变为 On 之后，T0 的动断触点关断，T0 定时器停止执行，T0 接点又变为 Off。在下一个扫描周期，定时器接点又变为 Off，定时器 T0 又开始执行，到达 30s 的预设值后，T0 由 Off→On 变化一次，触发电路执行，触发电路执行，M1 的状态改变，另外一条流水线运行。

（3）程序使用了触发电路来实现 Y0、Y1 的交替导通，使得两条流水线轮流传送产品。

3.16 有趣的喷泉

范例示意如图 3-38 所示。

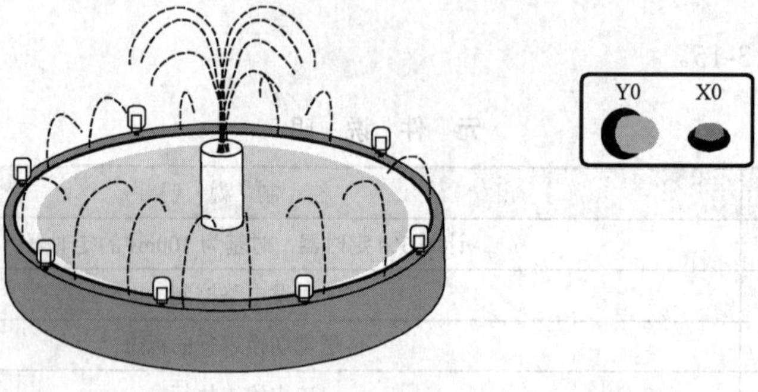
Y0
X0

图 3-38 范例示意

【控制要求】

（1）按下喷泉启动开关后，喷泉工作指示灯一直保持亮的状态。

（2）在喷泉工作指示灯亮 2s 后，循环执行下面动作：中央喷水灯⇨中央喷水阀⇨环状灯⇨环状喷水阀。每个动作持续时间为 2s。

【元件说明】

元件说明见表 3-16。

表 3-16 元 件 说 明

PLC 软元件	控 制 说 明
X0	喷泉启动开关，按下时，X0 状态为 On
T0	计时 2s 定时器，时基为 100ms 的定时器
T1	计时 2s 定时器，时基为 100ms 的定时器
T2	计时 2s 定时器，时基为 100ms 的定时器
T3	计时 2s 定时器，时基为 100ms 的定时器
T4	计时 2s 定时器，时基为 100ms 的定时器
Y0	喷水池工作指示灯
Y1	中央喷水灯
Y2	中央喷水阀
Y3	环状灯
Y4	环状喷水阀

【控制程序】

控制程序如图 3-39 所示。

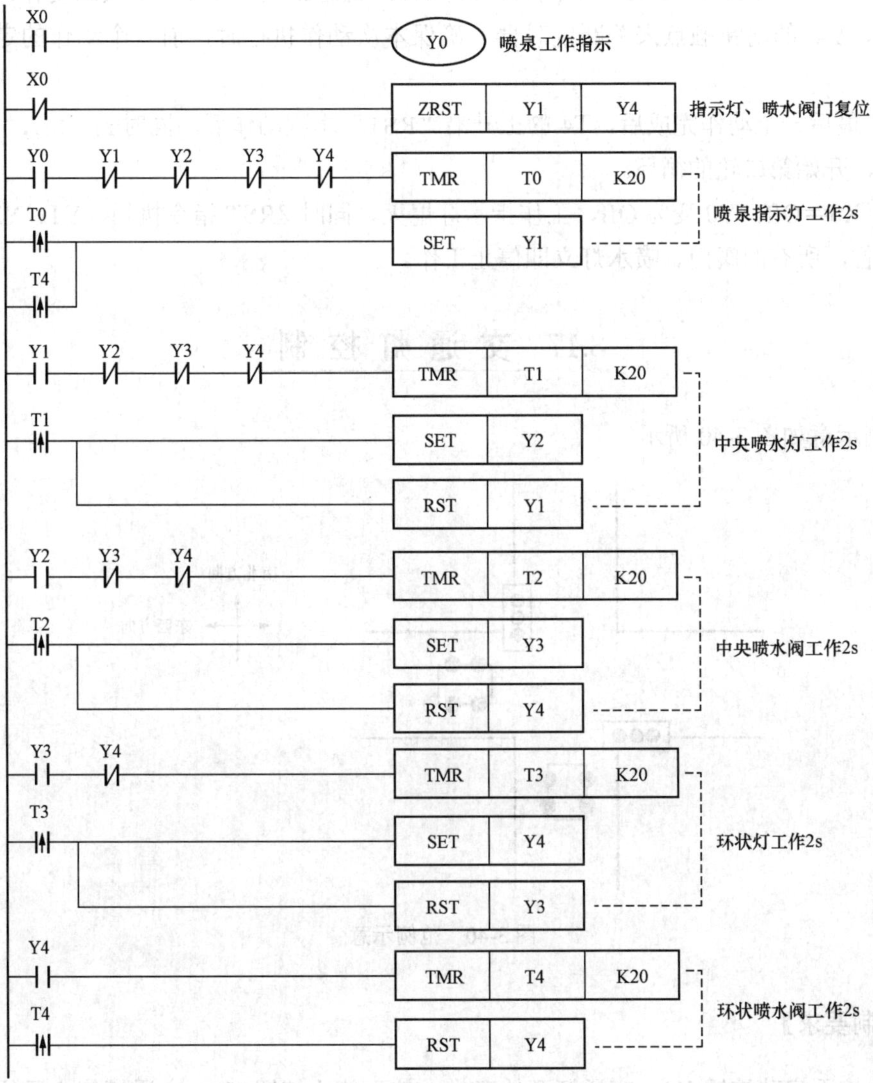
X0
Y0
喷泉工作指示
X0
ZRST
Y1
Y4
指示灯、喷水阀门复位
Y0
Y1
Y2
Y3
Y4
TMR
T0
K20
T0
SET
Y1
喷泉指示灯工作2s
T4
Y1
Y2
Y3
Y4
TMR
T1
K20
T1
SET
Y2
中央喷水灯工作2s
RST
Y1
Y2
Y3
Y4
TMR
T2
K20
T2
SET
Y3
中央喷水阀工作2s
RST
Y4
Y3
Y4
TMR
T3
K20
T3
SET
Y4
环状灯工作2s
RST
Y3
Y4
TMR
T4
K20
T4
RST
Y4
环状喷水阀工作2s

图 3-39 控制程序

【程序说明】

（1）当按下启动开关时，X0=On，Y0 线圈导通，工作指示灯点亮。利用 Y0=On 作为第一个定时器 T0 执行的条件，2s 定时时间到达后，T0 由 Off→On 变化，［SET Y1］指令执行，Y1=On，中央喷水灯打开。因工作指示灯工作过程中一直为亮，所以在 T0 由 Off→On 变化时，只去做［SET Y1］的动作，而不去做［RST Y0］的动作。

（2）同样，用 Y1=On 作为第二个定时器指令 T1 执行的条件，用 Y2=On 作为第三个定时器指令 T2 执行的条件，用 Y3＝On 作为第四个定时器指令 T3 执行的条件，保证 Y1～Y4 的顺序动作。

（3）中央喷水灯、喷水阀、环状喷水灯、环状喷水阀需要顺序动作，所以在 T1、T2、T3 由 Off→On 变化时，"SET" 下次动作的同时，还需去做 "RST" 本次的动作。用 Y1、Y2、Y3、Y4 的动断触点来关断定时器，确保本次动作执行时，前一个动作的定时器被关闭。

（4）最后一个动作完成后，T4 的上升沿 "RST" 本次动作后，同时去 "SET" 第一个动作 Y1，开始第二轮的循环。

（5）X0＝Off，Y0 变为 Off，工作指示灯熄灭，同时 ZRST 指令执行，Y1、Y2、Y3、Y4 被复位，所有的阀门、喷水灯立即停止工作。

3.17 交通灯控制

范例示意如图 3-40 所示。

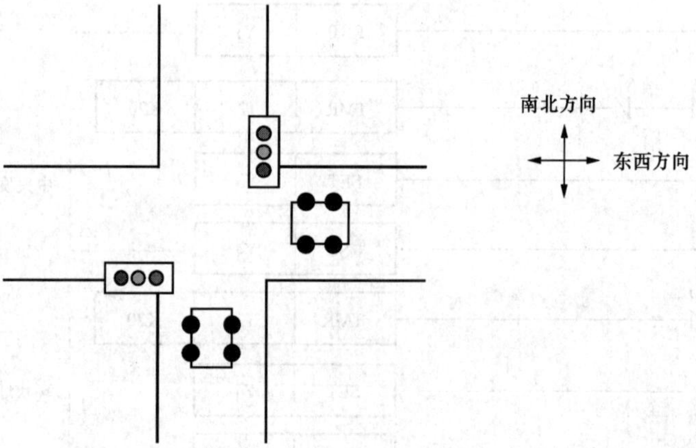
南北方向
东西方向

图 3-40 范例示意

【控制要求】

（1）按下启动按钮 X0，交通灯开始工作；按下停止按钮 X1，交通灯停止运行。

（2）设东西方向车流量较小，红灯亮时间为 60s，而南北方向车流量较大，红灯亮时间为 30s。

（3）东西方向的红灯时间就是南北方向的"绿灯时间＋绿灯闪烁时间＋黄灯时间"；南北方向红灯时间就是东西方向的"绿灯时间＋绿灯闪烁时间＋黄灯时间"。

（4）黄灯亮时车和人不能再通过马路，黄灯亮 5s 的目的是让正在十字路口通行的人和车有时间到达对面马路。

（5）东西方向交通灯状态变化规律如图 3-41 所示。

（6）南北方向交通灯状态变化规律如图 3-42 所示。

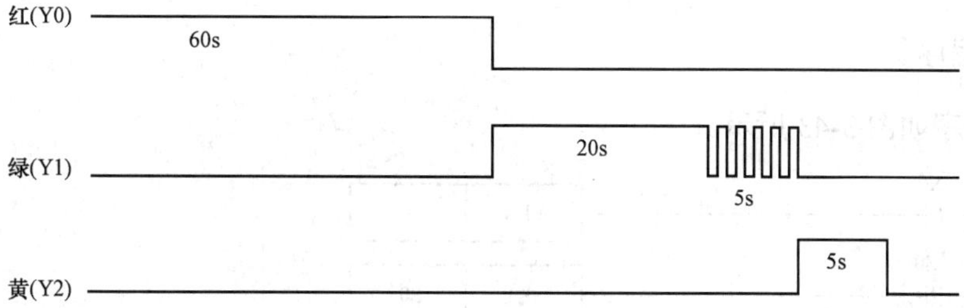
红(Y0)
60s
绿(Y1)
20s
5s
黄(Y2)
5s

图 3-41 东西方向交通灯状态变化规律

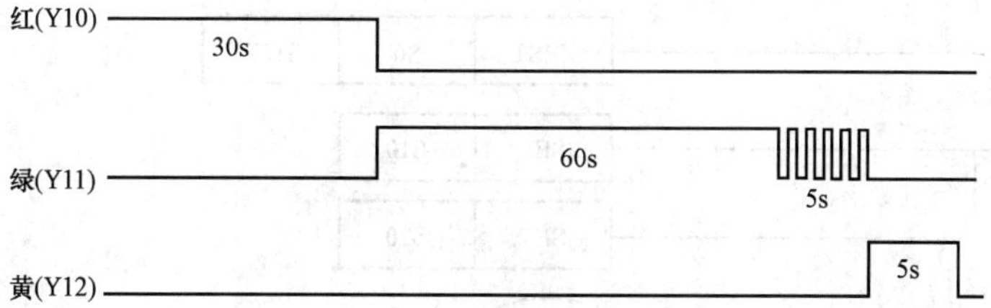
红(Y10)
30s
绿(Y11)
60s
5s
黄(Y12)
5s

图 3-42 南北方向交通灯变化规律

【元件说明】

元件说明见表 3-17。

表 3-17 元 件 说 明

PLC 软元件	控 制 说 明
X0	启动按钮
X1	停止按钮
T0	计时 60s 定时器，时基为 100ms 的定时器
T1	计时 20s 定时器，时基为 100ms 的定时器
T2	计时 5s 定时器，时基为 100ms 的定时器
T10	计时 50s 定时器，时基为 100ms 的定时器
T11	计时 5s 定时器，时基为 100ms 的定时器
T12	计时 5s 定时器，时基为 100ms 的定时器
T13	计时 30s 定时器，时基为 100ms 的定时器
S0	初始步进点
S10～S13	东西向灯号控制
S20～S23	南北向灯号控制
Y0	东西方向红灯
Y1	东西方向绿灯
Y2	东西方向黄灯
Y10	南北方向红灯
Y11	南北方向绿灯
Y12	南北方向黄灯

【控制程序】

控制程序如图 3-43 所示。

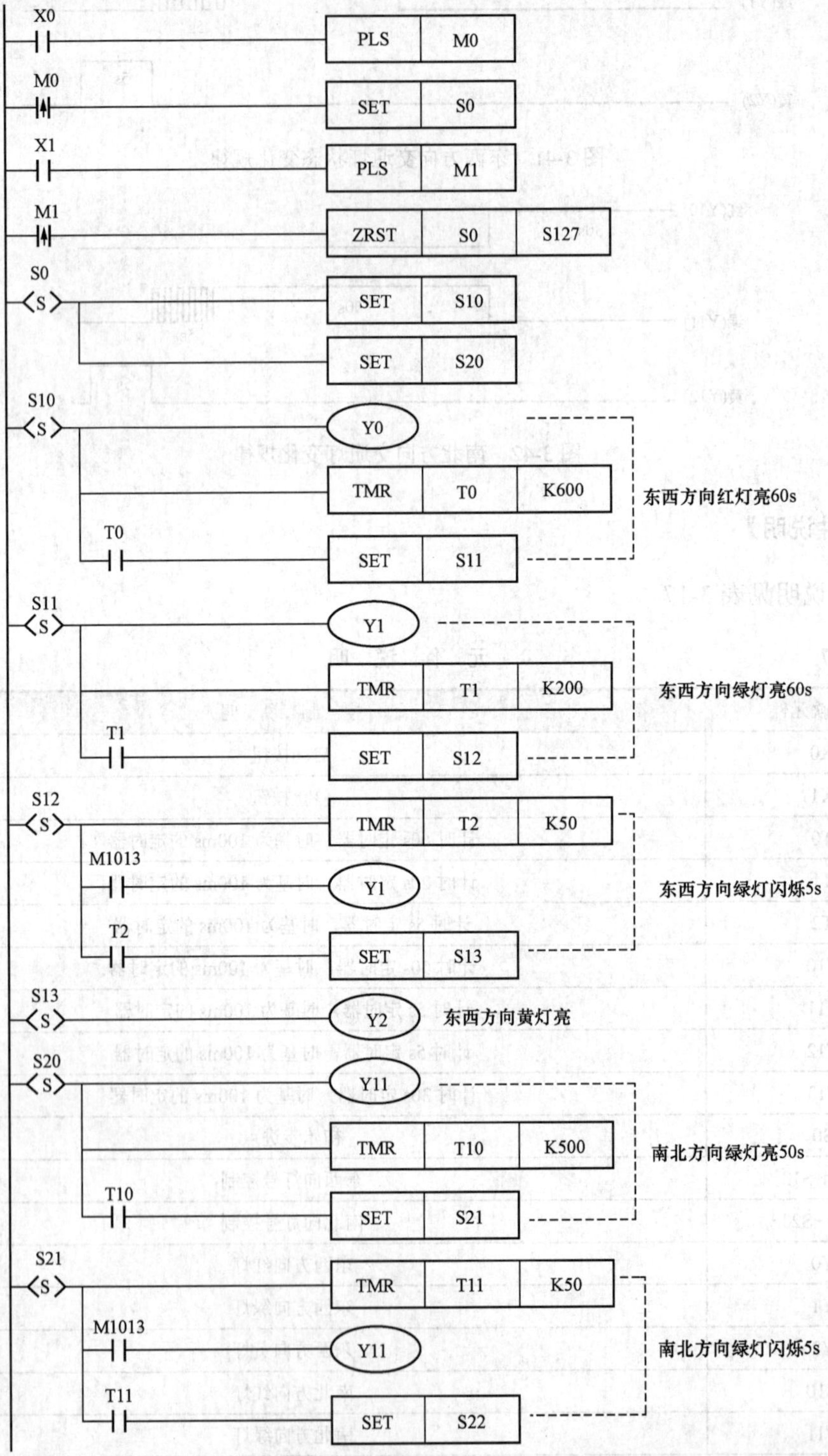
X0
PLS
M0
SET
S0
X1
PLS
M1
ZRST
S0
S127
SET
S10
SET
S20
Y0
TMR
T0
K600
东西方向红灯亮60s
SET
S11
Y1
TMR
T1
K200
东西方向绿灯亮60s
SET
S12
TMR
T2
K50
M1013
东西方向绿灯闪烁5s
SET
S13
Y2
东西方向黄灯亮
Y11
TMR
T10
K500
南北方向绿灯亮50s
SET
S21
TMR
T11
K50
南北方向绿灯闪烁5s
SET
S22

图 3-43　控制程序（一）

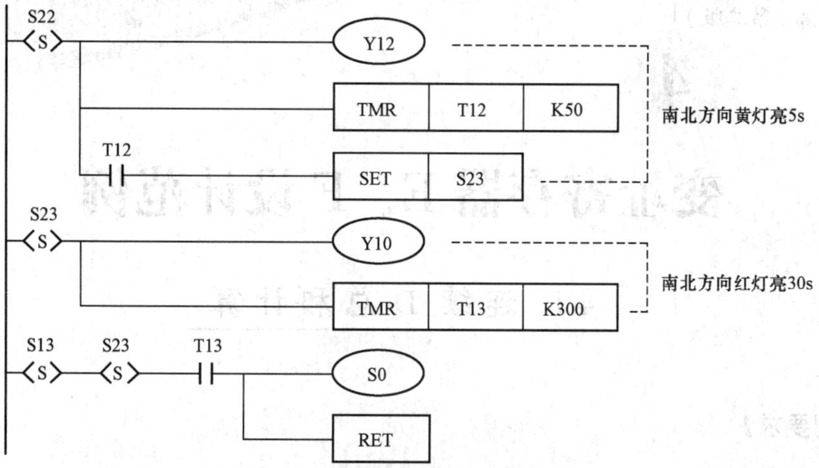
S22
Y12
TMR
T12
K50
南北方向黄灯亮5s
T12
SET
S23
S23
Y10
TMR
T13
K300
南北方向红灯亮30s
S13
S23
T13
S0
RET

图 3-43 控制程序（二）

【程序说明】

（1）按下启动按钮，X0 由 Off→On 动作，PLS 指令执行，M0 产生一个上升沿脉冲，［SET S0］指令执行，进入步进流程。

（2）按下停止按钮，X1 由 Off→On 动作，PLS 指令执行，M1 产生一个上升沿脉冲，［ZRST S0 S127］指令执行，所有的步进点被复位，所有交通灯熄灭。

（3）本例应用并行分支的步进流程来设计，分为东西和南北方向两个流程，两个流程同时进行。

（4）东西方向流程处于红灯状态时，南北方向流程应相应地处在绿灯、绿灯闪烁、黄灯流程。

（5）东西方向流程结束后（红灯熄灭），南北方向流程也应结束（黄灯熄灭），返回初始步进点 S0。

（6）步进点从一个流程转移到另一个流程时，前一个流程的状态（包括步进点和 Y 输出点）相应被复位。

（7）东西方向的黄灯亮时间（Y2）并没有用定时器来控制，这是因为当南北方向红灯亮时间结束后（同时也是东西方向黄灯结束时间），T13＝On，在 S13 和 S23 都为 On 的状态下，返回到步进点 S0，S13 和 S23 步进点对应的 Y 状态被复位，Y2 自然也被复位。

4 变址寄存器 E、F 设计范例

4.1 连续 D 总和计算

【控制要求】

实现从 D101 开始的 *N* 个 D 寄存器总和计算。*N* 长度可以自己定义，计算结果存放在 D100 中，当运算结果小于 K-32768 或大于 K32767 时，对应的借位和进位标志指示灯点亮。

【元件说明】

元件说明见表 4-1。

表 4-1　　元 件 说 明

PLC 软元件	控 制 说 明
Y0	D100 结果小于 K-32768 时指示
Y1	D100 结果大于 K32767 时指示
E1	变址寄存器
D100	存放所有 D 相加的总和
D500	FOR～NEXT 循环次数

【控制程序】

控制程序如图 4-1 所示。

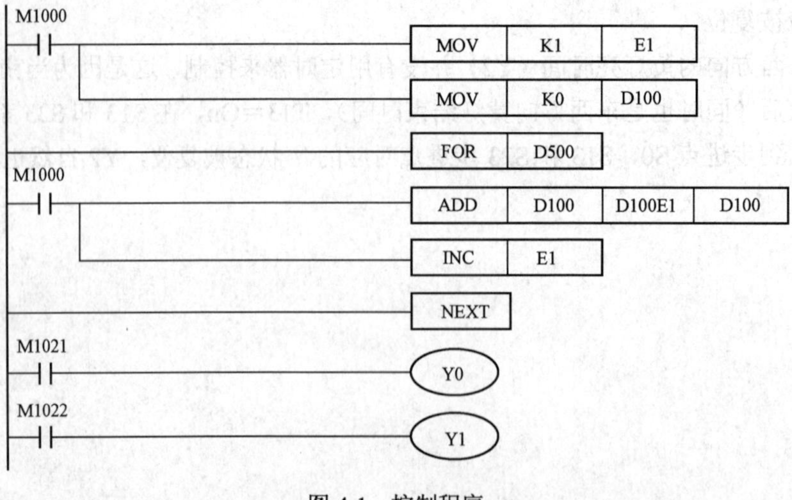
M1000
MOV K1 E1
MOV K0 D100
FOR D500
M1000
ADD D100 D100E1 D100
INC E1
NEXT
M1021
Y0
M1022
Y1

图 4-1　控制程序

【程序说明】

（1）本例的关键是利用变址寄存器E1配合FOR～NEXT循环来实现加数的变化。E1＝K1，加数D100E1代表D101，E1＝K2，加数D100E1代表D102，依此类推，E1＝K10，加数D100E1代表D110。

（2）连续相加的*N*个数由FOR～NEXT循环执行次数决定，而FOR～NEXT循环执行次数由D500值决定，D500小于等于1时，循环执行次数视为1。假设D500＝K10，则FOR～NEXT执行10次，才继续执行NEXT后的程序。

（3）第1次执行FOR～NEXT循环时，E1＝K1，D100E1代表D101，ADD指令执行，D100与D101相加的结果存放在D100中。因被加数D100＝K0，所以存放加法运算结果的D100的内容值就为D101中数值，同时INC指令执行，E1变为K2。

（4）第2次执行FOR～NEXT循环时，E1＝K2，D100E1代表D102，ADD指令执行，D100与D102相加的结果存放在D100中。因被加数D100＝D101，D100的内容值就为D101与D102中数值相加。

（5）依此类推，执行到第10次时，D100内容值为D101、D102、D103、D104、D105、D106、D107、D108、D109、D110中所有数值相加。

（6）当相加结果数值小于K-32768时，M1021＝On，输出线圈Y0导通，借位指示灯亮；当相加结果数值大于K32767时，M1022＝On，输出线圈Y1导通，进位指示灯亮。

4.2 产品配方参数调用

【控制要求】

假设某种产品共有3种型号，对应3组配方参数，每个配方包含10种参数。选择相应的配方组别开关，则加工时以该配方参数作为当前加工执行的配方参数。

【元件说明】

元件说明见表4-2。

表4-2 元件说明

PLC软元件	控制说明	PLC软元件	控制说明
X0	第1组配方开关	D510～D519	第2组配方数据
X1	第2组配方开关	D520～D529	第3组配方数据
X2	第3组配方开关	D100～D109	当前执行的配方参数
D500～D509	第1组配方数据		

【控制程序】

控制程序如图4-2所示。

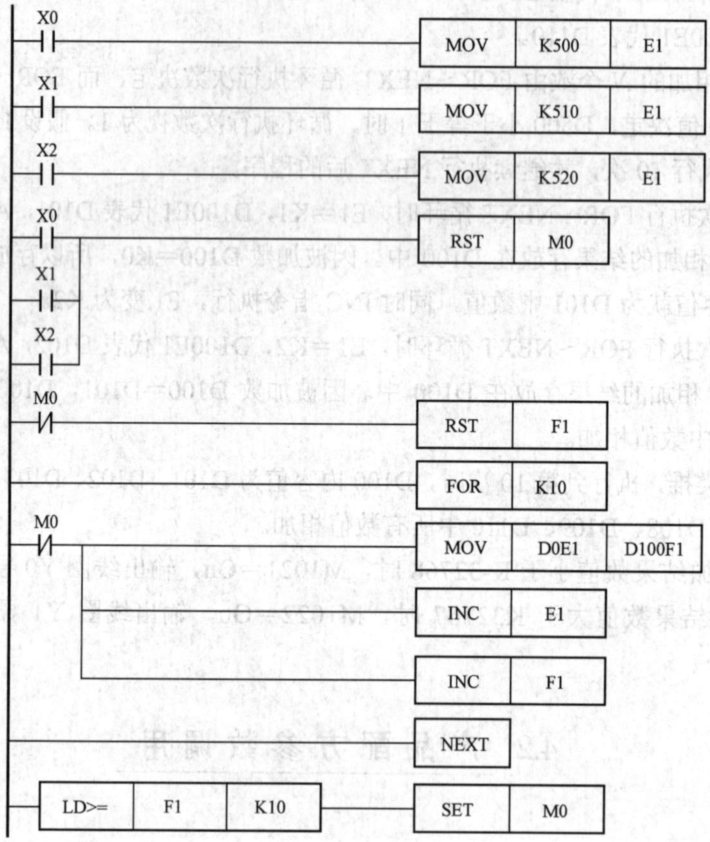
X0
MOV
K500
E1
X1
MOV
K510
E1
X2
MOV
K520
E1
X0
RST
M0
X1
X2
M0
RST
F1
FOR
K10
M0
MOV
D0E1
D100F1
INC
E1
INC
F1
NEXT
LD>=
F1
K10
SET
M0

图4-2　控制程序

【程序说明】

（1）本例的关键是利用E1、F1变址寄存器配合FOR～NEXT循环来实现D编号的变化，将存放配方参数的其中一组寄存器传送到D100～D109，作为当前执行的配方参数。

（2）当选择其中一组配方参数时，X0、X1、X2其中一个将变为On，E1的值将分别对应为K500、K510、K520，D0E1将分别代表D500、D510、D520，同时［RST M0］指令执行，M0复位变为Off，RST F1指令和FOR～NEXT循环将被执行，因F1被复位变为K0，D100F1代表D100。

（3）本例中FOR～NEXT循环执行次数为10次，假设选择的是第一组配方，则D0E1将从D500～D509变化，D100F1将从D100～D109变化，实现第一组配方参数数据的调用。

（4）假设选择的是第一组配方，执行第 1 次循环时，D500 的值将被传送到 D100，执行第 2 次循环时，D501 的值将被传送到 D101……依此类推，执行第 10 次循环时，D509 的值将被传送到 D109 中。

（5）当循环次数到达时，即 F1＝K10，［SET M0］指令将被执行，M0 被置位变为 On，FOR～NEXT 循环中的指令因 M0 的动断触点断开而停止执行。

（6）本例实现的是 10 个参数的 3 组配方数据的传送，通过改变 FOR～NEXT 循环的次数，很容易改变配方中参数个数。而要增加配方的组数时，可在程序中增加一条将存放配方数据 D 的起始编号值“MOV”到 E1 的 MOV 指令即可。

4.3　8 组电位器控制 2 台 04DA 的电压输出

范例示意如图 4-3 所示。

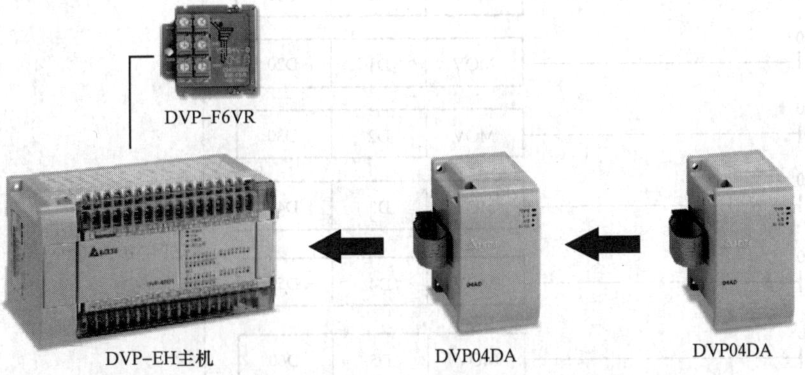
DVP-F6VR
DVP-EH主机
DVP04DA
DVP04DA

图 4-3　范例示意

【控制要求】

EH 机种通过调节台达 EH 机种的 8 组模拟电位器（主机自带 2 组＋DVP-F6VR 扩展 6 组），任意调节 2 台 DVP04DA 的 8 个输出通道的电压在 0～10V 范围内变化。

【元件说明】

元件说明见表 4-3。

表 4-3　元　件　说　明

PLC 软元件	控 制 说 明
X0	模拟电位器值读出启动
X1	第 1 个 DVP04DA 值写入启动
X2	第 2 个 DVP04DA 值写入启动
E0	变址寄存器

【控制程序】

控制程序如图 4-4 所示。

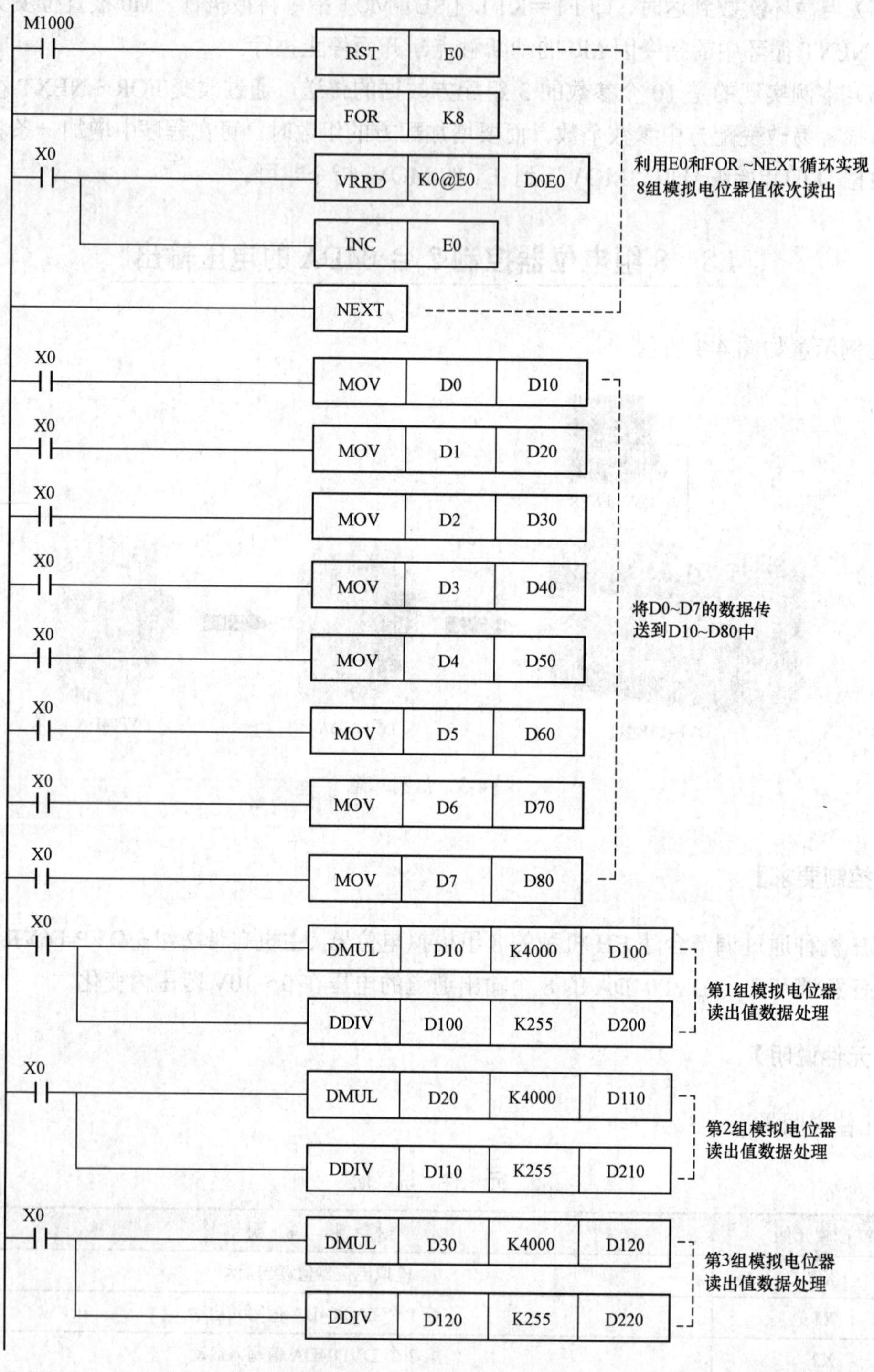
M1000
RST E0
FOR K8
X0
VRRD K0@E0 D0E0
INC E0
NEXT
利用E0和FOR ~NEXT循环实现8组模拟电位器值依次读出
X0
MOV D0 D10
MOV D1 D20
MOV D2 D30
MOV D3 D40
MOV D4 D50
MOV D5 D60
MOV D6 D70
MOV D7 D80
将D0~D7的数据传送到D10~D80中
DMUL D10 K4000 D100
DDIV D100 K255 D200
第1组模拟电位器读出值数据处理
DMUL D20 K4000 D110
DDIV D110 K255 D210
第2组模拟电位器读出值数据处理
DMUL D30 K4000 D120
DDIV D120 K255 D220
第3组模拟电位器读出值数据处理

图 4-4 控制程序（一）

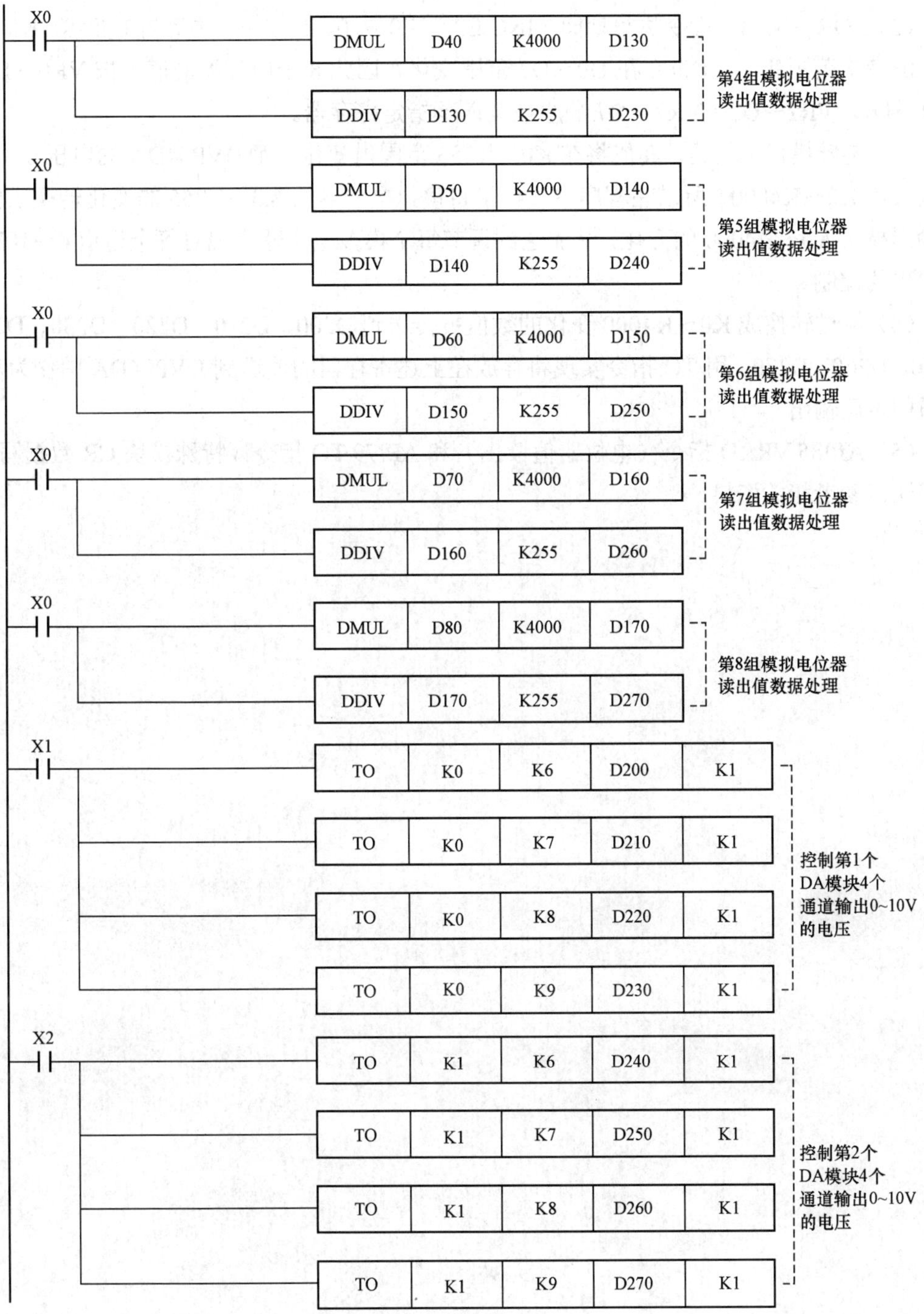
X0
DMUL D40 K4000 D130
DDIV D130 K255 D230
第4组模拟电位器读出值数据处理
X0
DMUL D50 K4000 D140
DDIV D140 K255 D240
第5组模拟电位器读出值数据处理
X0
DMUL D60 K4000 D150
DDIV D150 K255 D250
第6组模拟电位器读出值数据处理
X0
DMUL D70 K4000 D160
DDIV D160 K255 D260
第7组模拟电位器读出值数据处理
X0
DMUL D80 K4000 D170
DDIV D170 K255 D270
第8组模拟电位器读出值数据处理
X1
TO K0 K6 D200 K1
TO K0 K7 D210 K1
TO K0 K8 D220 K1
TO K0 K9 D230 K1
控制第1个DA模块4个通道输出0~10V的电压
X2
TO K1 K6 D240 K1
TO K1 K7 D250 K1
TO K1 K8 D260 K1
TO K1 K9 D270 K1
控制第2个DA模块4个通道输出0~10V的电压

图 4-4　控制程序（二）

【程序说明】

（1）本范例利用 E0 变址寄存器配合 FOR～NEXT 循环来实现模拟电位器组别编号和存放读出内容值 D 的编号变化。

（2）FOR～NEXT 指令执行期间（INC E0），E0 从 0、1、2…7 往上加 1 变化，K0@E0 在 K0～K7 范围变化，D0E0 在 D0～D7 范围变化，因此 8 个电位器的值也按 VR0→D0，VR1→D1，VR2→D2…VR7→D7 顺序被读入至指定寄存器。

（3）旋转模拟电位器，其值将在 K0～K255 范围内变化，而 DVP04DA 的电压 0～10V 对应数值 K0～K4000，所以在程序中设计了将模拟电位器的 K0～K255 的变化转换成模拟量输出模块 K0～K4000 的变化，从而达到调节每个模拟电位器实现对每个通道 0～10V 电压输出的控制。

（4）经过转换成 K0～K4000 变化的数值被传送到 D200、D210、D220、D230、D240、D250、D260、D270，用 TO 指令实现将存放在上述寄存器的值送到 DVP04DA 中作为对应通道的电压输出。

（5）API85 VRRD 指令（电位器值读出）和 API79 TO 指令（特殊模块 CR 数据写入）的用法请参考相关资料。

5 应用指令程序流程设计范例

5.1 CJ 指令实现配方调用

范例示意如图 5-1 所示。

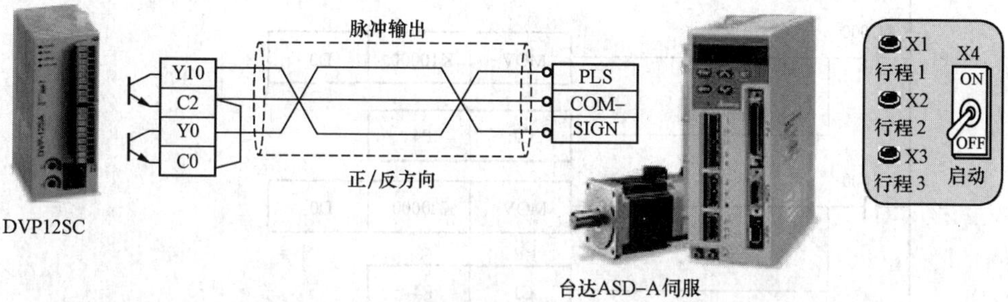
脉冲输出
Y10
C2
Y0
C0
PLS
COM-
SIGN
正/反方向
DVP12SC
台达ASD-A伺服
X1
行程 1
X2
行程 2
X3
行程 3
X4
ON
OFF
启动

图 5-1　范例示意

【控制要求】

台达 DVP12SC PLC 发送脉冲控制台达 ASD-A 伺服，有 3 种工作行程距离，可通过三个开关任意选择，满足不同的工作需要。

【元件说明】

元件说明见表 5-1。

表 5-1　　元　件　说　明

PLC 软元件	控　制　说　明
X1	行程选择开关 1，按下时，X1 状态为 On
X2	行程选择开关 2，按下时，X2 状态为 On
X3	行程选择开关 3，按下时，X3 状态为 On
X4	伺服定位启动开关，按下时，X4 状态为 On
Y0	PLC 脉冲方向控制
Y10	PLC 脉冲输出点

【控制程序】

控制程序如图 5-2 所示。

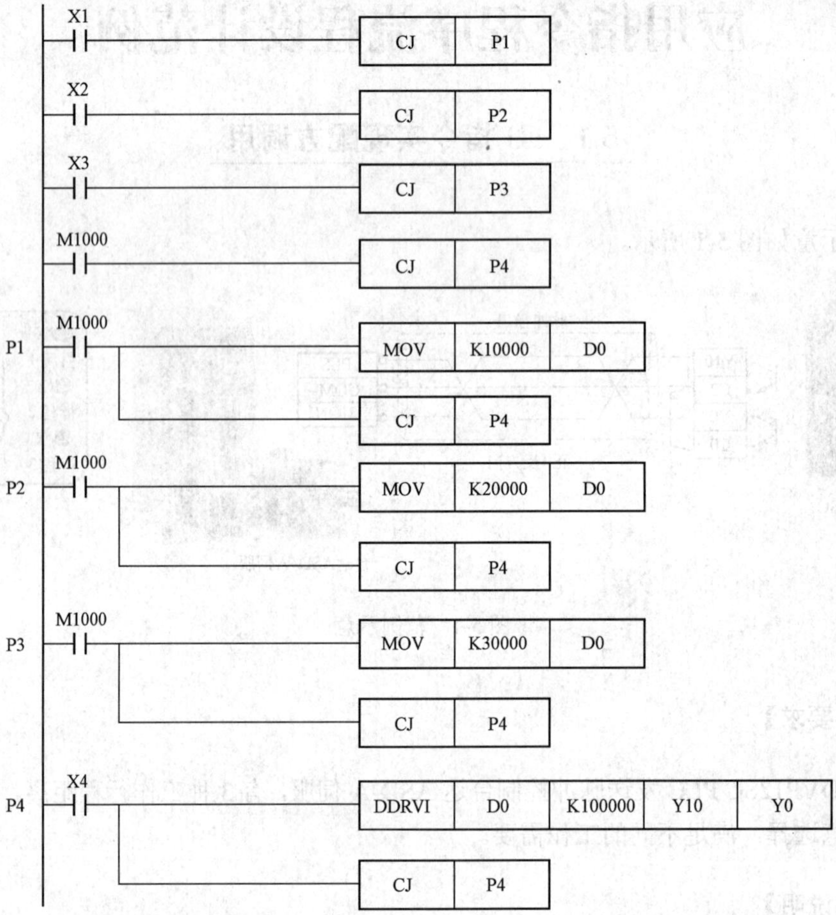
X1
CJ
P1
X2
CJ
P2
X3
CJ
P3
M1000
CJ
P4
P1
M1000
MOV
K10000
D0
CJ
P4
P2
M1000
MOV
K20000
D0
CJ
P4
P3
M1000
MOV
K30000
D0
CJ
P4
P4
X4
DDRVI
D0
K100000
Y10
Y0
CJ
P4

图 5-2　控制程序

【程序说明】

（1）开关 X1 闭合，X2、X3 断开时，程序由［CJ P1］跳转到 P1 处，把常数值 K10000 放入 D0，即选定了第一种行程距离。然后跳到指针 P4，准备脉冲的输出。

（2）开关 X2 闭合，X1、X3 断开时，程序由［CJ P2］跳转到 P2 处，把常数值 K20000 放入 D0，即选定了第二种行程距离。然后跳到指针 P4，准备脉冲的输出。

（3）开关 X3 闭合，X1、X2 断开时，程序由［CJ P3］跳转到 P3 处，把常数值 K30000 放入 D0，即选定了第三种行程距离。然后跳到指针 P4，准备脉冲的输出。

（4）若 X1、X2、X3 均不闭合（不选择行程），则程序第四行被执行，直接跳转到指针 P4，准备脉冲的输出。

（5）开关 X4 闭合时，指令［DDRVI D0 K10000 Y10 Y0］被执行，即 Y10 输出一定数

量的脉冲（频率为 100kHz，D0 内容值作为脉冲输出数目），Y0 为脉冲方向控制，伺服电动机运转的距离与接收到的脉冲个数成比例，控制 PLC 脉冲输出数目就可达到控制伺服电动机运转距离的目的。

5.2 水库水位自动控制

范例示意如图 5-3 所示。

Y10
Y11
X0
Y1
Y0
X1

图 5-3 范例示意

【控制要求】

（1）水库水位上升超过上限时，水位异常警报灯报警，并进行泄水动作。

（2）水库水位下降低于下限时，水位异常警报灯报警，并进行灌水动作。

（3）若泄水动作执行 10min 后，水位上限传感器 X0 仍为 On，则机械故障报警灯报警。

（4）若灌水动作执行 5min 后，水位下限传感器 X1 仍为 On，则机械故障报警灯报警。

（5）处于正常水位时，所有报警灯熄灭且泄水及灌水阀门自动被复位。

【元件说明】

元件说明见表 5-2。

表 5-2 元件说明

PLC 软元件	控制说明
X0	水位上限传感器，到达上限时，X0 状态为 On
X1	水位下限传感器，到达下限时，X1 状态为 On
Y0	水库泄水阀门
Y1	水库灌水阀门
Y10	水位异常报警灯
Y11	机械故障报警灯

【控制程序】

控制程序如图 5-4 所示。

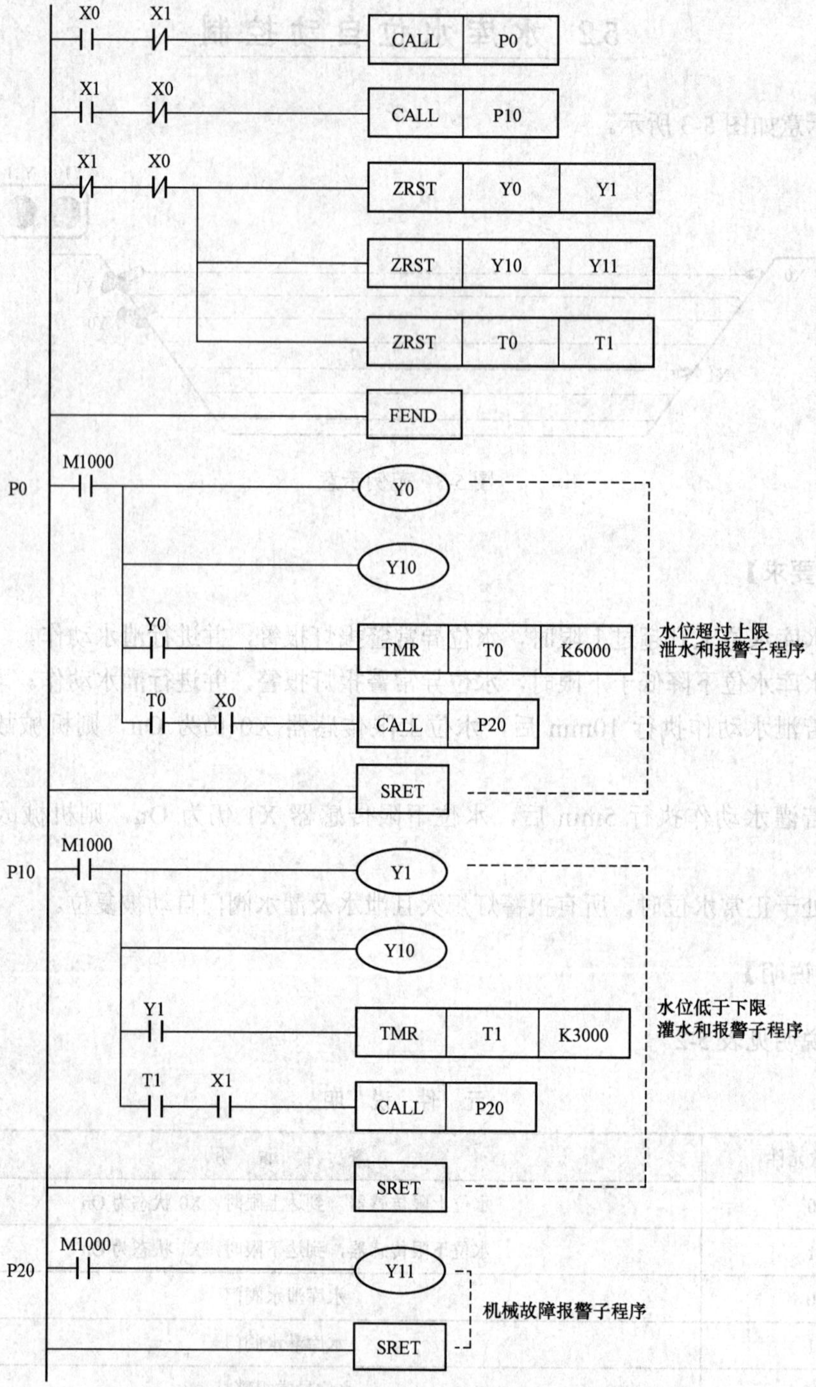
X0
X1
CALL
P0
X1
X0
CALL
P10
X1
X0
ZRST
Y0
Y1
ZRST
Y10
Y11
ZRST
T0
T1
FEND
M1000
P0
Y0
Y10
Y0
TMR
T0
K6000
水位超过上限
泄水和报警子程序
T0
X0
CALL
P20
SRET
M1000
P10
Y1
Y10
Y1
TMR
T1
K3000
水位低于下限
灌水和报警子程序
T1
X1
CALL
P20
SRET
M1000
P20
Y11
机械故障报警子程序
SRET

图 5-4 控制程序

【程序说明】

（1）当水位超过上限时，X0＝On，CALL P0 指令执行，将跳转到指针 P0 处，执行 P0 子程序，线圈 Y0 和 Y10 都为 On，进行泄水动作并且水位异常报警灯报警。直到 X0 变为 Off，即水位低于上限水位时，才停止 P0 子程序。

（2）当水位低于上限时，X1＝On，CALL P10 指令执行，将跳转到指针 P10 处，执行 P10 子程序，线圈 Y1 和 Y10 都为 On，进行泄水动作并水位异常报警灯报警。直到 X1 变为 Off，即水位高于下限水位时，才停止 P10 子程序。

（3）在 P0 和 P10 子程序中嵌套了 CALL P20 子程序，如果进行泄水动作 10min 后水位上限传感器仍为 On，则执行 P20 子程序，Y11 线圈导通，机械故障指示灯报警。

（4）同样，如果进行灌水动作 10min 后水位下限传感器仍为 On，则执行 P20 子程序，Y11 线圈导通，机械故障指示灯报警。

（5）如果水库处于正常水位，即 X0 和 X1 都为 Off，则 ZRST 指令执行，Y0、Y1、Y10、Y11、T0、T1 都被复位，泄水和灌水阀门和报警灯都不动作。

5.3 办公室火灾报警（中断应用）

【控制要求】

（1）当感热警报器感应到高温（可能发生火灾）时，警铃响起，喷水阀立刻开始喷水。

（2）当警报解除后，按下警报解除按钮，喷水阀停止喷水，警铃声灭。

【元件说明】

元件说明见表 5-3。

表 5-3　元件说明

PLC 软元件	控制说明
X0	感热警报器，当温度过高时，X0 状态为 On
X1	警报解除按钮，按下时，X1 状态为 On
Y0	喷水阀
Y1	火灾警铃

【控制程序】

控制程序如图 5-5 所示。

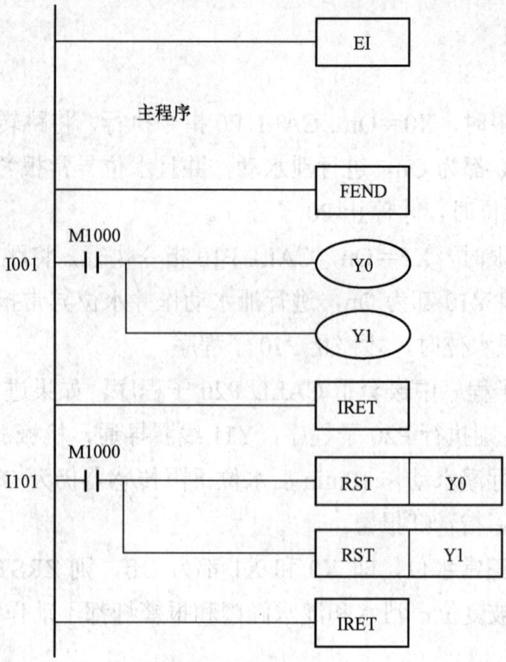
EI
主程序
FEND
M1000
I001
Y0
Y1
IRET
M1000
I101
RST
Y0
RST
Y1
IRET

图 5-5 控制程序

【程序说明】

（1）程序中中断指针 I001、I101 分别对应于外部输入点 X0、X1。X0、X1 上升沿触发时，执行对应的 I001 和 I101 中断。

（2）办公室内的温度正常时，感热警报器不动作，X0 为 Off，无中断信号产生，中断子程序不执行。

（3）当办公室内的温度过高时，感热警报器动作，X0 由 Off→On 变化时，PLC 立即停止主程序的执行，转而执行中断子程序 I001，打开喷水阀（Y0）和警铃（Y1）。I001 执行完毕后，再返回主程序并从断点处继续往下执行。

（4）当警报解除时，按下警报解除按钮，X1 由 Off→On 变化，PLC 立即停止主程序执行，转而执行中断子程序 I101，关闭喷水阀（Y0）和警铃（Y1）。I101 执行完毕后，再返回主程序从断点处继续往下执行。

5.4 超市钱柜安全控制（FOR ~ NEXT）

范例示意如图 5-6 所示。

【控制要求】

超市因火灾及抢劫等情况发生报警时，将所有区域钱柜的现金抽屉锁住，直至警报解除。

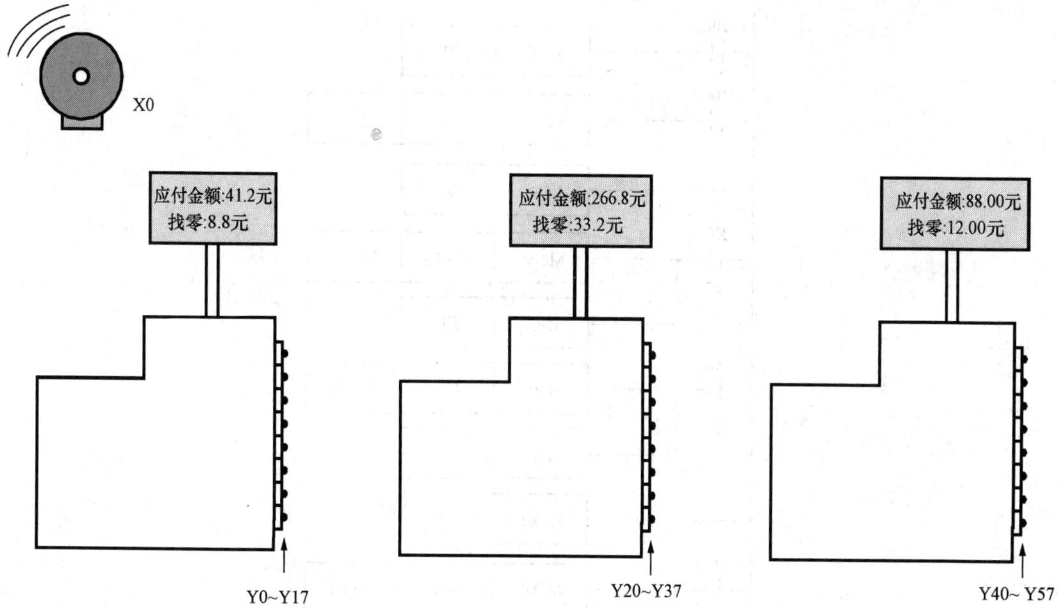
X0
应付金额:41.2元
找零:8.8元
应付金额:266.8元
找零:33.2元
应付金额:88.00元
找零:12.00元
Y0~Y17
Y20~Y37
Y40~ Y57

图 5-6 范例示意

【元件说明】

元件说明见表 5-4。

表 5-4 元 件 说 明

PLC 软元件	控 制 说 明
X0	报警器信号，报警器响时，X0 状态为 On
D0	钱柜数量
D10	目的寄存器首地址

【控制程序】

控制程序如图 5-7 所示。

【程序说明】

（1）通过控制 D0 可以控制 FOR～NEXT 循环的次数，从而决定控制钱柜的数量，每个钱柜有 16 个抽屉。本例中 D0＝K3，即可对 3 个钱柜的 48 个抽屉进行控制。

（2）F0＝K0 时，D10F1 代表 D10；F0＝K1 时，D10F1 代表 D11；F0＝K2 时，D10F1 代表 D12；F0＝K3 时，D10F1 代表 D13。

（3）当警报响时，X0＝On，FOR～NEXT 循环执行 3 次，HFFFF 被依次送到 D10～D12 中，FOR～NEXT 循环执行完毕后，D10～D12 的值被送到外部 Y 输出点，所有 Y 输出被置位为 On，将每个钱柜抽屉锁住。

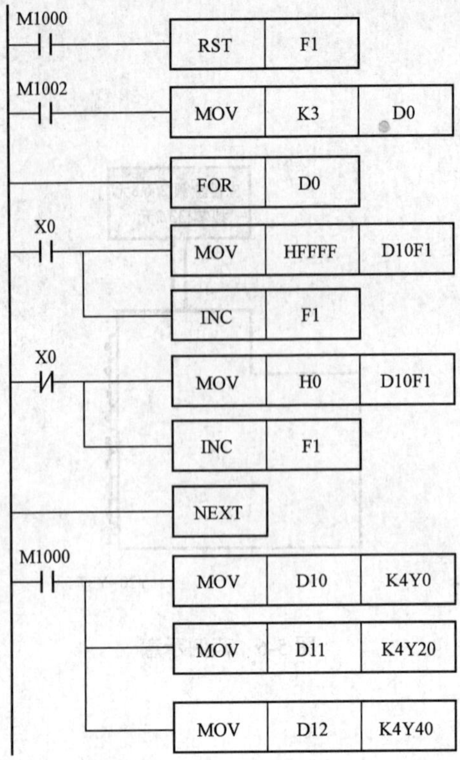
M1000
RST
F1
M1002
MOV
K3
D0
FOR
D0
X0
MOV
HFFFF
D10F1
INC
F1
X0
MOV
H0
D10F1
INC
F1
NEXT
M1000
MOV
D10
K4Y0
MOV
D11
K4Y20
MOV
D12
K4Y40

图5-7 控制程序

（4）当警报解除时，X0＝Off，FOR～NEXT循环执行3次，H0被依次送到D10～D12中，FOR～NEXT循环执行完毕后，D10～D12的值被送到外部Y输出点，所有Y输出被复位为Off，每个钱柜抽屉可以打开。

（5）本例中利用变址寄存器F1实现将单一值装入一个数据堆栈（连续D区域），用户可以根据自己需要来使用这个区域的数据，比如用于定时器、计数器等方面的控制。

6

应用指令传送比较控制设计范例

6.1 原料渗混机（CMP）

【控制要求】

有一原料渗混机有A料及B料，当系统启动（X0）后，系统启动灯（Y0）亮，当按下加工启动开关（X1）后，A料控制阀（Y1）开始送料，且搅拌器电动机（Y3）开始转动。设置时间（D0）到达后换由B料控制阀（Y2）开始送料，且搅拌器电动机（Y3）持续转动，直到工作时间（D1）到达。

【元件说明】

元件说明见表6-1。

表6-1 元件说明

PLC软元件	控制说明
X0	系统启动开关，按下时，X0状态为On
X1	加工启动开关，按下时，X1状态为On
Y0	系统启动灯
Y1	A料出口阀
Y2	B料出口阀
Y3	搅拌器电动机
D0	A料送料的时间
D1	A料+B料送料的总时间

【控制程序】

控制程序如图6-1所示。

【程序说明】

（1）按下启动按钮后，X0＝On，Y0线圈导通，待机灯（Y0）亮。

（2）按下加工开关后，X1由Off→On变化，SET指令执行，Y3被置位，TMR指令执行，T0开始计时。

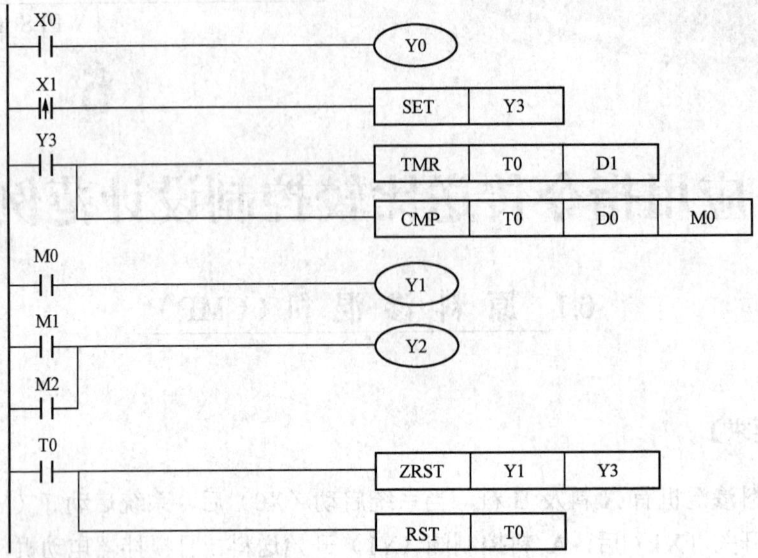
X0
Y0
X1
SET
Y3
Y3
TMR
T0
D1
CMP
T0
D0
M0
M0
Y1
M1
Y2
M2
T0
ZRST
Y1
Y3
RST
T0

图 6-1 控制程序

（3）同时，CMP 指令也被执行，当 T0 现在值小于 D0 时，M0 为 On，Y1 导通，开始送 A 料；当 T0 现在值大于等于 D0 的内容值时，M1 及 M2 变为 On，而 M0 变为 Off，此时 Y2 导通，Y1 关闭，开始送 B 料，停止送 A 料。

（4）当 T0 现在值等于 D1（送料总时间）时，T0 动合触点变为 On，ZRST 和 RST 指令执行，Y1～Y3、T0 被复位，搅拌机停止工作，直到再次按下加工开关。

6.2 水塔水位高度警示控制（ZCP）

【控制要求】

大型公用水塔利用模拟式液位高度测量仪（0～10V 电压输出）测量水位高度，进行水位的控制。水位处于正常高度时，水位正常指示灯亮；水塔剩 1/4 水量时进行给水动作；水位到达上限时，报警并停止给水。

【元件说明】

元件说明见表 6-2。

表 6-2 元 件 说 明

PLC 软元件	控 制 说 明
Y0	给水阀开关（下限设置值 K1000）
Y1	水位正常指示灯
Y2	水位到达警报器（上限设置值 K4000）
D0	模拟式液位高度测量值（K0～K4000）

【控制程序】

控制程序如图 6-2 所示。

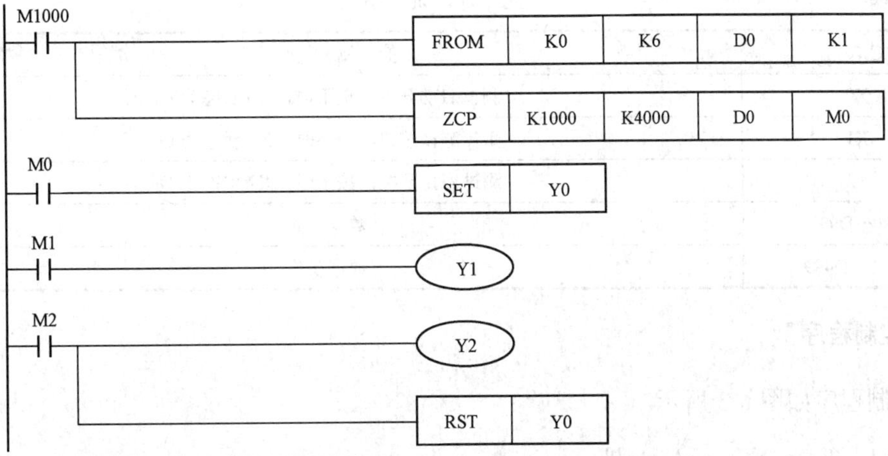
M1000
FROM
K0
K6
D0
K1
ZCP
K1000
K4000
D0
M0
M0
SET
Y0
M1
Y1
M2
Y2
RST
Y0

图 6-2　控制程序

【程序说明】

（1）利用模拟式液位高度测量仪（0～10V 电压输出）测量水位高度，经台达 DVP04AD 扩充模块转换成数值 K0～K4000 存放在 D0 中，通过对 D0 的值进行判断来控制水面处于正常高度。

（2）当 D0 值小于 K1000 时，水位偏低，M0＝On，SET 指令执行，Y0 被置位，给水阀开关打开，开始给水。

（3）当 D0 的值在 K1000～K4000 之间时，水位正常，M1＝On，Y1 被导通，水位正常指示灯亮。

（4）当 D0 的值大于 K4000 时，水位到达上限，M2＝On，Y2 被导通，水位到达警报器响；同时 RST 指令执行，Y0 被复位，给水阀关闭，停止给水。

（5）API78 FROM 指令（特殊模块 CR 数据读出）的用法请参考相关资料。

6.3　多笔历史数据备份（BMOV）

【控制要求】

使用 DVP-PLC 搭建一个测试实验台，对待测设备的数据进行记录，并将记录的数据依次放入寄存器 D0～D99 中，每间隔 30min 将 D0～D99 的数据转移到其他寄存器中，以便 D0～D99 重新接收新数据。待测设备的一个测试周期为 2h。

【元件说明】

元件说明见表 6-3。

表 6-3 元 件 说 明

PLC 软元件	控 制 说 明
X0	测试启动开关，按下时，X0 状态为 On
X1	重复测试按钮，按下时，X1 状态为 On
X2	测试停止开关，按下时，X2 状态为 On
D0～D99	数据收集
D100～D499	数据备份

【控制程序】

控制程序如图 6-3 所示。

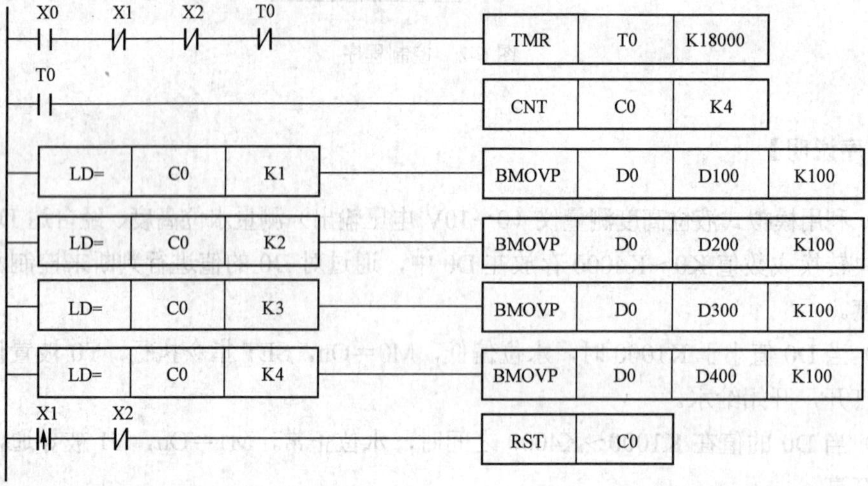

X0
X1
X2
T0
TMR
T0
K18000
T0
CNT
C0
K4
LD=
C0
K1
BMOVP
D0
D100
K100
LD=
C0
K2
BMOVP
D0
D200
K100
LD=
C0
K3
BMOVP
D0
D300
K100
LD=
C0
K4
BMOVP
D0
D400
K100
X1
X2
RST
C0

图 6-3 控制程序

【程序说明】

（1）当 X0＝On 时，T0 定时器开始执行计时，每隔 30min 定时器的动合触点由 Off→On 动作一次。

（2）采用计数器 C0 对定时器的动合触点进行计数。当 C0＝1 时，将 D0～D99 的数据传送到 D100～D199；当 C0＝2 时，将 D0～D99 的数据传送到 D200～D299；当 C0＝3 时，将 D0～D99 的数据传送到 D300～D399；当 C0＝4 时，将 D0～D99 的数据传送到 D400～D499。至此，整个测试过程结束。

（3）如果需要对待测设备进行重复测试，只要将 X1 由 Off→On 动作一次即可。

（4）当 X2＝On 时，停止测试，PLC 不再对待测设备采集数据，同时清除计数器 C0。

6.4 单笔数据多点传送（FMOV）

范例示意如图 6-4 所示。

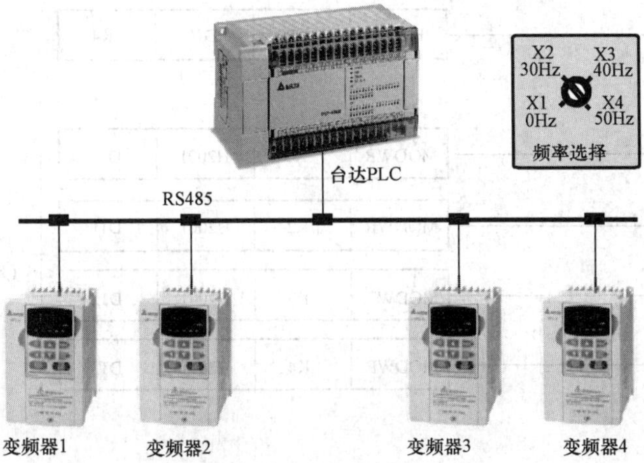
X2
30Hz
X3
40Hz
X1
0Hz
X4
50Hz
频率选择
台达PLC
RS485
变频器1
变频器2
变频器3
变频器4

图 6-4 范例示意

【控制要求】

使用一台台达 PLC 通过 RS-485 通信，控制多台台达变频器时，有时需要多台变频器运转频率相同。假设通过内部程序使得 PLC 的 D10～D13 分别对应 4 台变频器驱动频率。此时，只需旋转旋钮开关，4 台变频器被设置相同的运转频率。

【元件说明】

元件说明见表 6-4。

表 6-4 元 件 说 明

PLC 软元件	控 制 说 明
X1	选择 0Hz 频率，旋转到“0Hz”时，X1 状态为 On
X2	选择 30Hz 频率，旋转到“30Hz”时，X2 状态为 On
X3	选择 40Hz 频率，旋转到“40Hz”时，X3 状态为 On
X4	选择 50Hz 频率，旋转到“50Hz”时，X4 状态为 On
D10	变频器 1 驱动频率
D11	变频器 2 驱动频率
D12	变频器 3 驱动频率
D13	变频器 4 驱动频率

【控制程序】

控制程序如图 6-5 所示。

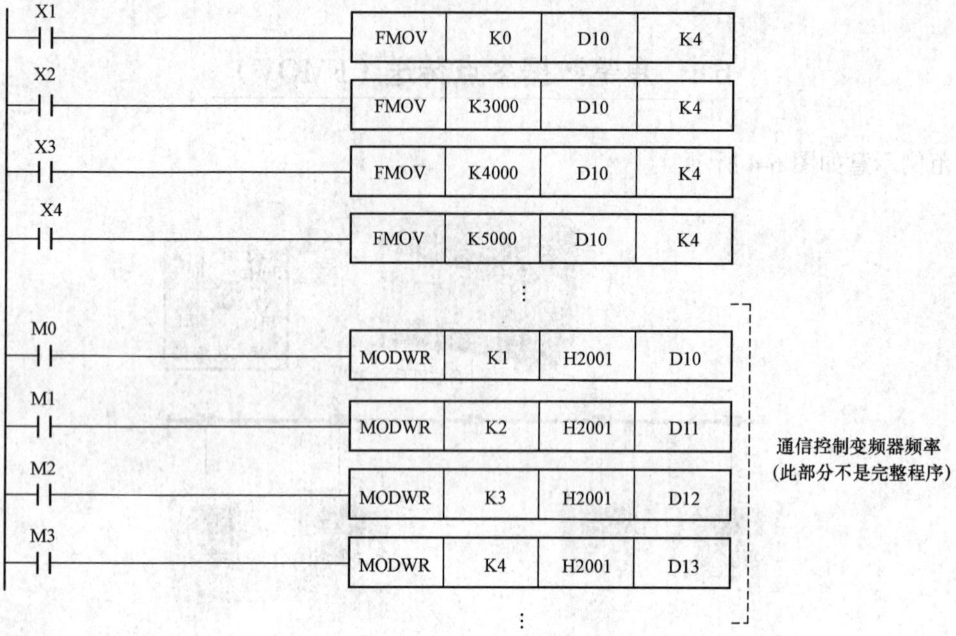
X1
FMOV K0 D10 K4
X2
FMOV K3000 D10 K4
X3
FMOV K4000 D10 K4
X4
FMOV K5000 D10 K4
M0
MODWR K1 H2001 D10
M1
MODWR K2 H2001 D11
M2
MODWR K3 H2001 D12
M3
MODWR K4 H2001 D13
通信控制变频器频率
(此部分不是完整程序)

图 6-5 控制程序

【程序说明】

（1）当 X1＝On 时，将 0 传送到寄存器 D10～D13，变频器的运转频率为 0Hz。

（2）当 X2＝On 时，将 K3000 传送到寄存器 D10～D13，变频器的运转频率为 30Hz。

（3）当 X3＝On 时，将 K4000 传送到寄存器 D10～D13，变频器的运转频率为 40Hz。

（4）当 X4＝On 时，将 K5000 传送到寄存器 D10～D13，变频器的运转频率为 50Hz。

（5）以通信写入变频器的频率。需注意的是 4 个 MODWR 指令不能同时执行，否则会产生通信冲突，多笔通信的范例请参考 12 章。

6.5 彩灯交替闪烁（CML）

范例示意如图 6-6 所示。

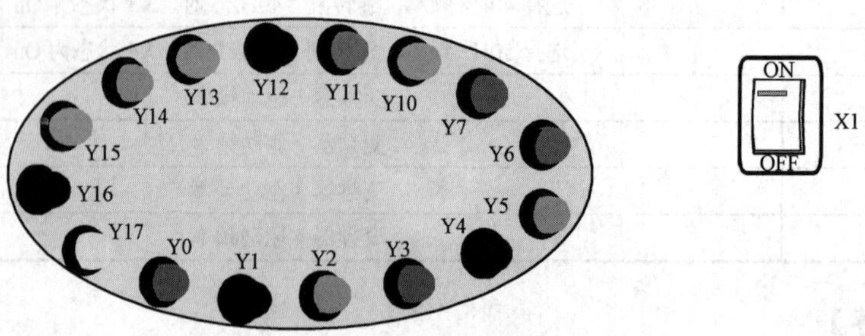
Y13
Y12
Y11
Y10
Y14
Y7
Y15
Y6
Y16
Y5
Y17
Y4
Y0
Y1
Y2
Y3
ON
OFF
X1

图 6-6 范例示意

【控制要求】

（1）按下开关到On状态后，偶数编号和奇数编号的彩灯交替亮1s。
（2）按下开关到Off状态后，所有彩灯熄灭。

【元件说明】

元件说明见表6-5。

表6-5　　元　件　说　明

PLC软元件	控　制　说　明
X1	彩灯闪烁启动开关，拨动到“On”位置时，X1状态为On
M1013	1s时钟脉冲
Y0～Y17	16个彩灯

【控制程序】

控制程序如图6-7所示。

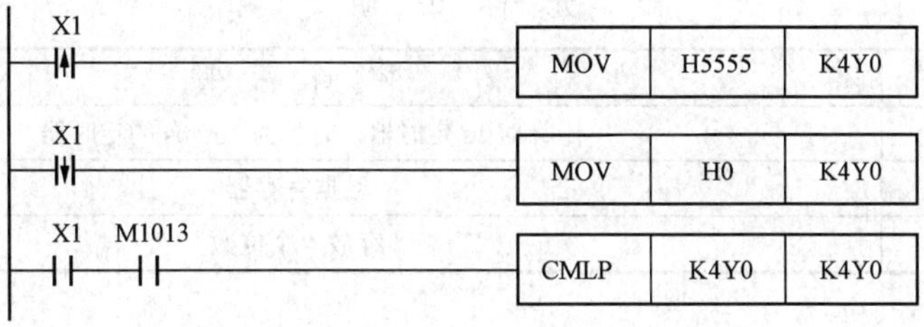
X1
MOV
H5555
K4Y0
X1
MOV
H0
K4Y0
X1
M1013
CMLP
K4Y0
K4Y0

图6-7　控制程序

【程序说明】

（1）开关由Off→On状态变化时，K4Y0＝H5555，Y17～Y0的状态为0101 0101 0101 0101，即偶数编号的彩灯亮。当M1013＝On时，CMLP指令执行，K4Y0的状态被反转，Y17～Y0的状态为1010 1010 1010 1010，即奇数编号的彩灯亮，此状态将保持1s。

（2）当M1013再次由Off→On时，CMLP指令又执行，K4Y0状态又被反转，偶数编号的彩灯亮。

（3）每当M1013由Off→On时，Y0～Y17状态被反转1次，且反转后的状态被保持1s，如此反复循环。

6.6　实现一个寄存器上下8位的位数交换（XCH）

【控制要求】

一个D的数据长度为word（16位），而一个word由4个位数“Nibble”组成。实现每隔 1s D0 的 NB0/NB1、NB2/NB3 数据互换。控制要求如图 6-8 所示。

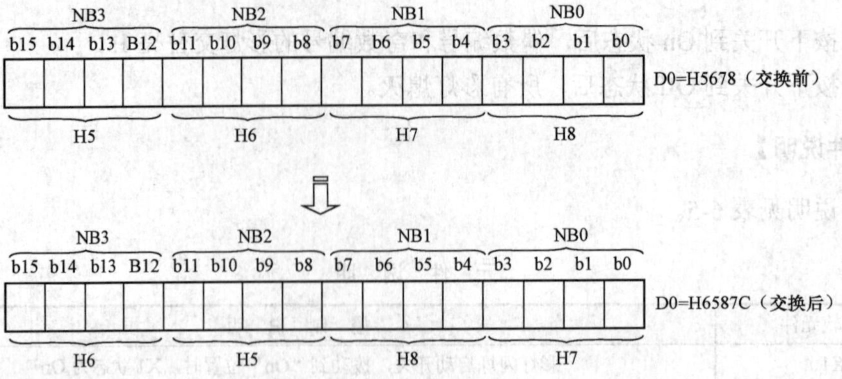
NB3
NB2
NB1
NB0
b15 b14 b13 B12 b11 b10 b9 b8 b7 b6 b5 b4 b3 b2 b1 b0
D0=H5678（交换前）
H5
H6
H7
H8
NB3
NB2
NB1
NB0
b15 b14 b13 B12 b11 b10 b9 b8 b7 b6 b5 b4 b3 b2 b1 b0
D0=H6587C（交换后）
H6
H5
H8
H7

图 6-8 控制要求

【元件说明】

元件说明见表 6-6。

表 6-6 元 件 说 明

PLC 软元件	控 制 说 明
T0	计时 1s 定时器，时基为 100ms 的定时器
D0	数据寄存器
Y0～Y17	存放 4 个位数

【控制程序】

控制程序如图 6-9 所示。

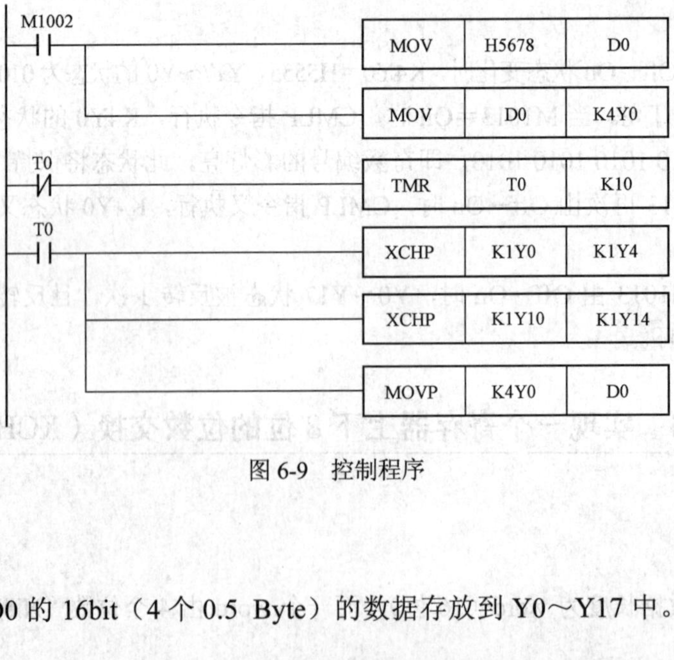
M1002
MOV H5678 D0
MOV D0 K4Y0
T0
TMR T0 K10
T0
XCHP K1Y0 K1Y4
XCHP K1Y10 K1Y14
MOVP K4Y0 D0

图 6-9 控制程序

【程序说明】

程序先将 D0 的 16bit（4 个 0.5 Byte）的数据存放到 Y0～Y17 中。当 1s 的定时时间到后，T0 由 Off→On 变化，XCHP 指令执行一次，K1Y0 与 K1Y4、K1Y10 与 K1Y14 进行数据交换，交换完成后的数据再传送到 D0，完成 D0 的 NB0/NB1、NB2/NB3 资料互换。

6.7 指拨开关输入及 7 段显示器输出程序

范例示意如图 6-10 所示。

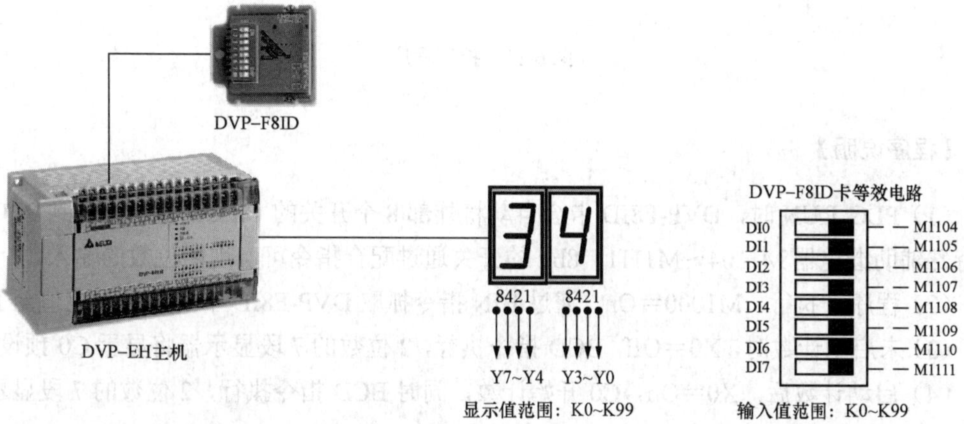
DVP-F8ID
DVP-EH主机
8421
8421
Y7~Y4
Y3~Y0
显示值范围：K0~K99
DVP-F8ID卡等效电路
DI0
DI1
DI2
DI3
DI4
DI5
DI6
DI7
M1104
M1105
M1106
M1107
M1108
M1109
M1110
M1111
输入值范围：K0~K99

图 6-10　范例示意

【控制要求】

利用台达 EH 机种的 DVP-F8ID 扩充卡实现对计数器 C0 预设值 K0～K99 的设置，并且通过七段译码显示器将计数器 C0 现在值（K0～K99）显示出来。

【元件说明】

元件说明见表 6-7。

表 6-7　元 件 说 明

PLC 软元件	控 制 说 明
X0	启动 C0 的显示
M1104～M1111	外部 8 个开关的 On/Off 状态映射
D0	C0 预设值
Y0～Y7	C0 显示值
Y10	C0 计数到达

【控制程序】

控制程序如图 6-11 所示。

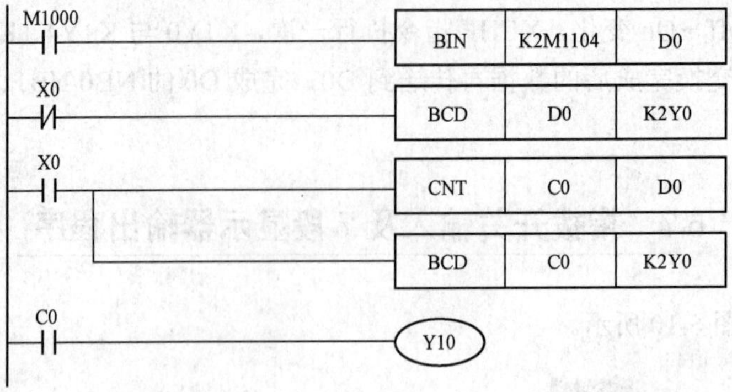

M1000
BIN
K2M1104
D0
X0
BCD
D0
K2Y0
X0
CNT
C0
D0
BCD
C0
K2Y0
C0
Y10

图 6-11 控制程序

【程序说明】

（1）PLC RUN 时，DVP-F8ID 卡会自动将外部 8 个开关的 On/Off 状态映射到 PLC 内部特殊辅助继电器 M1104～M1111，8bit 的开关通过配合指令可实现两位数的输入。

（2）程序一执行，M1000＝On，通过 BIN 指令抓取 DVP-F8ID 卡的计数设置值至 D0。

（3）未启动计数时，X0＝Off，BCD 指令执行，2 位数的 7 段显示器将显示 C0 预设值。

（4）启动计数后，X0＝On，C0 开始计数，同时 BCD 指令执行，2 位数的 7 段显示器将显示 C0 的现在值。

（5）假设 2 位数 7 段显示器从左到右显示为“34”，则 DVP-F8ID 卡 DI7～DI0 开关状态为 0011 0100。

（6）当 C0 计数值到达计数预设值 D0 后，C0 动合触点导通，Y10＝On。

7

应用指令四则运算设计范例

7.1 水管流量精确计算

范例示意如图 7-1 所示。

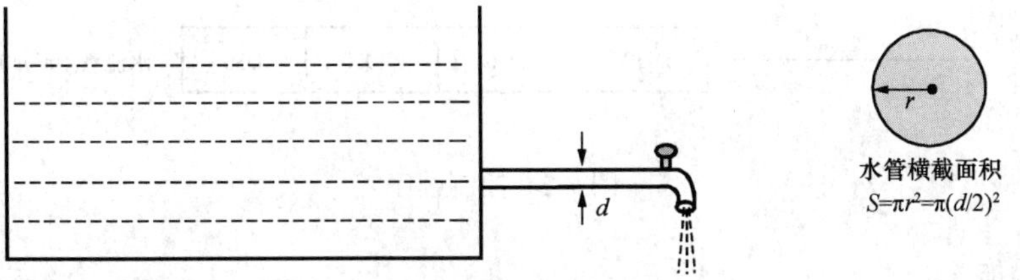
d
r
水管横截面积
S=πr²=π(d/2)²

图 7-1 范例示意

【控制要求】

水管直径以 mm 为单位，水的流速以 dm/s（分米/秒）为单位，水流量以 cm^3/s（毫升/秒）为单位。水管横截面积 $S=\pi r^2=\pi（d/2）^2$，水流量＝水管横截面积×流速。要求水流量的计算结果精确到小数点后的第 2 位。

【元件说明】

元件说明见表 7-1。

表 7-1 元件说明

PLC 软元件	控制说明
X0	启动计算
D0	水管直径（单位：mm，假设为 10mm）
D6	水管横截面积运算结果（单位：mm^2）
D10	水管流速（单位：dm/s，假设为 25dm/s）
D20	水管流量运算结果（单位：mm^3/s）
D30	水管流量运算结果（单位：cm^3/s）

【控制程序】

控制程序如图 7-2 所示。

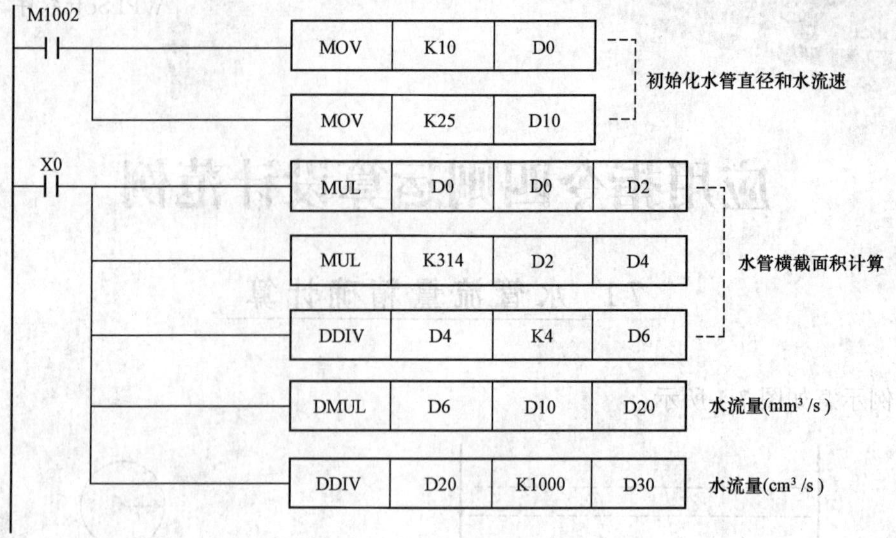
M1002
MOV K10 D0
MOV K25 D10
初始化水管直径和水流速
X0
MUL D0 D0 D2
MUL K314 D2 D4
DDIV D4 K4 D6
水管横截面积计算
DMUL D6 D10 D20
水流量(mm³ /s)
DDIV D20 K1000 D30
水流量(cm³ /s)

图 7-2　控制程序

【程序说明】

（1）涉及小数点的精确运算时，一般需用浮点数运算指令，但用浮点数运算指令需要转换，比较繁琐。本例用整型四则运算指令实现小数点的精确运算。

（2）本程序中 mm、cm、dm 都有用到，所以必须统一单位，保证符合结果需要，程序中先将所有单位统一成 mm，最后将单位变成需要的 cm^3。

（3）计算水管横截面积时需要用到 π，π≈3.14，在程序中没有将 dm/s（分米/秒）扩大 100 倍，变成 mm 单位，而却把 π 扩大了 100 倍，变为 K314，这样做的目的可以使运算精确到小数后的两位。

（4）最后将运算结果 mm^3/s 除以 1000 变成 cm^3/s。$1cm^3$＝1mL，1L＝1000mL＝$1000cm^3$＝$1dm^3$。

（5）假设水管直径 D0 为 10mm，水流速 D10 为 25dm/s，则水管水流量运算结果为 $196cm^3/s$。

7.2　加减寸动微调（INC/DEC）

【控制要求】

假设某一定位控制系统中，每发送 100 个脉冲可移动 1mm 距离，按寸动左移开关 X0 一下往左移动 1mm，按寸动右移开关 X1 一下往右移动 1mm，输出脉冲由 PLC 输出点 Y0 提供。

【元件说明】

元件说明见表 7-2。

表 7-2　　元 件 说 明

PLC 软元件	控 制 说 明	PLC 软元件	控 制 说 明
X0	寸动左移开关	D2	移动到位置所需的脉冲数
X1	寸动右移开关	Y0	脉冲输出端
D0	将移动到的位置	Y5	方向信号输出端

【控制程序】

控制程序如图 7-3 所示。

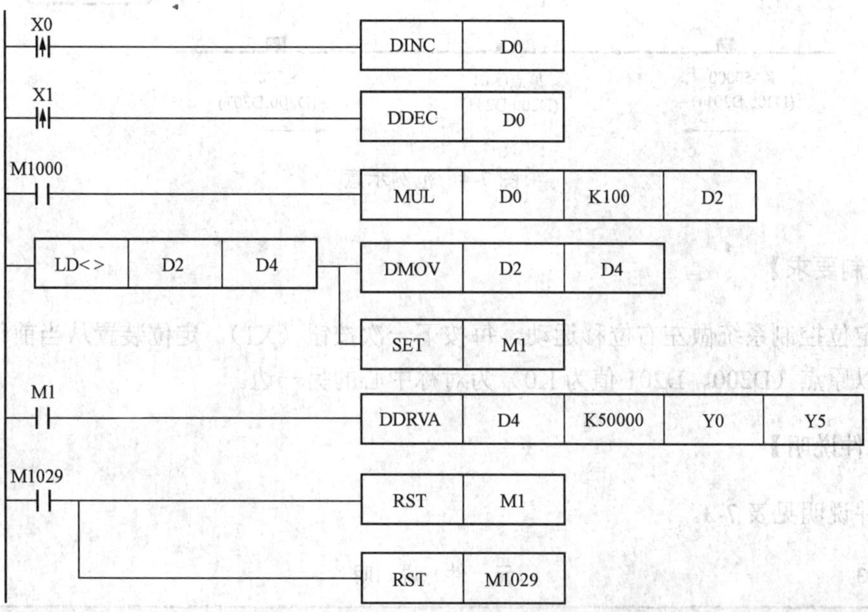
X0
DINC
D0
X1
DDEC
D0
M1000
MUL
D0
K100
D2
LD<>
D2
D4
DMOV
D2
D4
SET
M1
M1
DDRVA
D4
K50000
Y0
Y5
M1029
RST
M1
RST
M1029

图 7-3　控制程序

【程序说明】

（1）按下寸动左移开关 1 次，X0 由 Off→On 变化，DINC 指令执行一次，D0 内容增加 1。同样，按下寸动左移开关一次，X1 由 Off→On 变化，DDEC 指令执行一次，D0 内容减少 1。

（2）假设 D0 和 D4 初始值为 0，按下寸动左移开关，D0 变为 K1，其结果乘上 K100 转换成脉冲数存放到 D2。此时 D2 的值与 D4 的不等，D2 的值（K100）会被传送到 D4，作为绝对定位（DDRVA）的目标位置值，同时 M1 被置位为 On，DDRVA 指令执行。

（3）DDRVA 指令执行的结果是，Y0 输出 100 个 50kHz 的脉冲，系统从起初位置（D4＝K0）跑到目标位置（D4＝D2＝K100），左移 1mm。

（4）若是再次按下寸动左移开关 1 次，D2＝K200，与此前 D4 值 K100 不等，D2 的值（K200）会被传送到 D4，作为绝对定位（DDRVA）的目标位置值。同时 M1 被置位为 On，DDRVA 指令执行，系统从上次位置（D4＝K100）跑到目标位置（D4＝D2＝K200），再次左移 1mm。

（5）依此类推，右移的情况与此相似，只要按下右移寸动开关一次，将右移 1mm。

7.3 位移反转控制（NEG）

范例示意如图 7-4 所示。

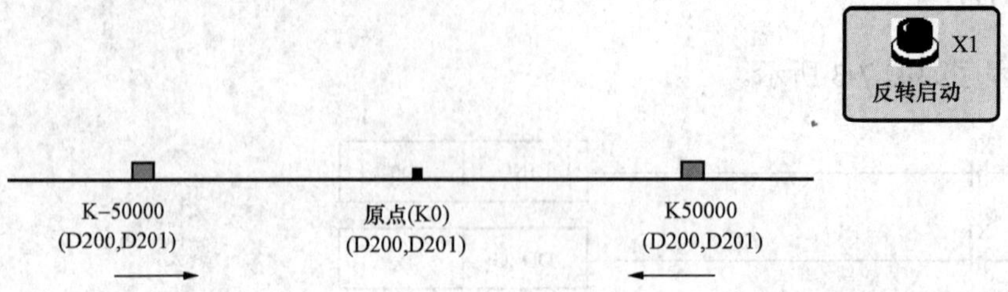
X1
反转启动
K-50000
(D200,D201)
原点(K0)
(D200,D201)
K50000
(D200,D201)

图 7-4 范例示意

【控制要求】

一定位控制系统做左右位移运动，每按下一次按钮（X1），定位装置从当前位置反转移动到以原点（D200、D201 值为 K0）为对称中心的另一边。

【元件说明】

元件说明见表 7-3。

表 7-3 元 件 说 明

PLC 软元件	控 制 说 明	PLC 软元件	控 制 说 明
X1	反转启动按钮	Y5	旋转方向端
Y0	脉冲输出端	D200、D201	绝对定位目标值

【控制程序】

控制程序如图 7-5 所示。

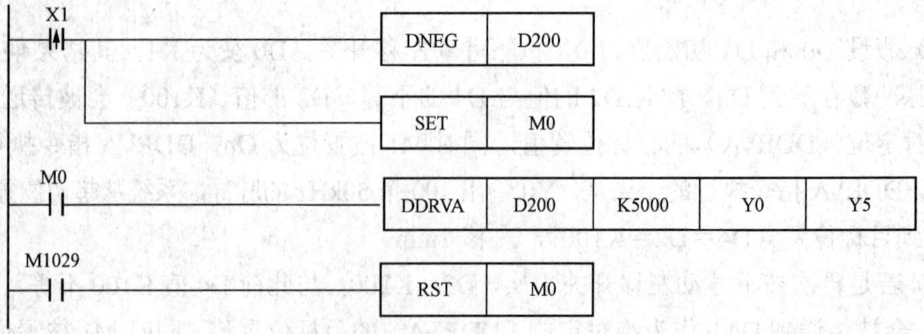
X1
DNEG
D200
SET
M0
M0
DDRVA
D200
K5000
Y0
Y5
M1029
RST
M0

图 7-5 控制程序

【程序说明】

（1）假设 D200、D201（32 位数据）的初始内容值为 K50000，按下一次按钮后，即 X1 由 Off→On 变化，D200、D201（32 位数据）的内容值变为 K-50000。同时，M0 被置位为 On，DDRVA 指令执行，以 5kHz（K5000）的频率向绝对目标位置 K-50000 移动。目标位置到达后，M1029＝On，M0 被复位为 Off，Y0 停止发送脉冲。

（2）再次按下按钮，即 X1 由 Off→On 变化，D200、D201（32 位数据）的内容值由 K-50000 变为 K50000，同时 M0 被置位为 On，开始执行到绝对目标位置 K50000 的定位运动，直到到达目标位置才停止。

（3）如此，按下一次按钮（X1），定位装置就会从当前位置移动到以原点为对称中心点的另一边。

8

应用指令旋转位移设计范例

8.1 霓虹灯设计（ROL/ROR）

范例示意如图 8-1 所示。

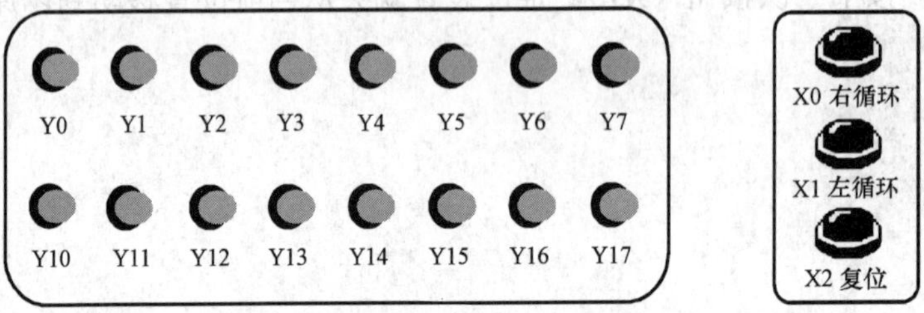
Y0
Y1
Y2
Y3
Y4
Y5
Y6
Y7
Y10
Y11
Y12
Y13
Y14
Y15
Y16
Y17
X0 右循环
X1 左循环
X2 复位

图 8-1　范例示意

【控制要求】

（1）按下右循环按钮，16 个霓虹灯按照由小到大的编号（Y0～Y7、Y10～Y17）依次各亮 200ms 后熄灭。

（2）按下左循环按钮，16 个霓虹灯按照由大到小的编号（Y17～Y10、Y7～Y0）依次各亮 200ms 后熄灭。

（3）左右循环工作状态可直接按下对应的按钮切换，不必先按下复位按钮停止霓虹灯运行。

（4）按下复位按钮，不管霓虹灯是处在左循环还是右循环工作状态，所有霓虹灯都将熄灭。

【元件说明】

元件说明见表 8-1。

表 8-1　　元 件 说 明

PLC 软元件	控 制 说 明
X0	右循环按钮，按下时，X0 状态为 On
X1	左循环按钮，按下时，X1 状态为 On
X2	复位按钮，按下时，X2 状态为 On
T0/T1	计时 200ms 定时器，时基为 100ms 的定时器
Y0～Y17	16 个霓虹灯

【控制程序】

控制程序如图 8-2 所示。

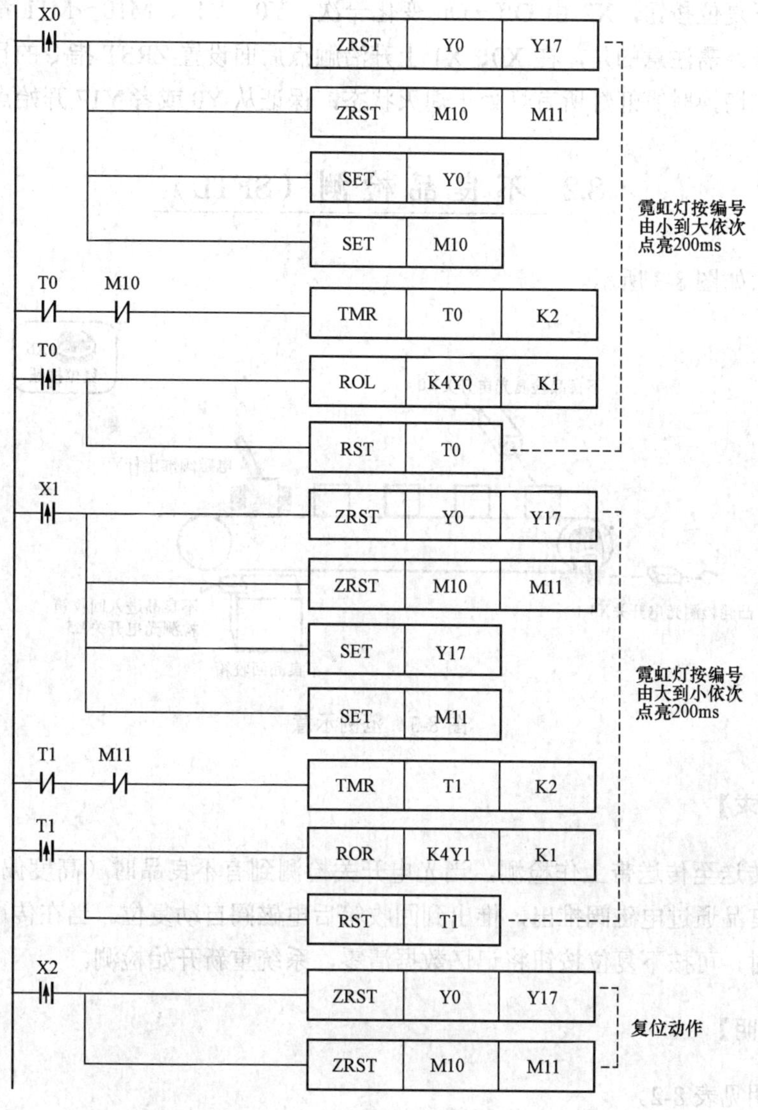
X0
ZRST
Y0
Y17
ZRST
M10
M11
SET
Y0
SET
M10
T0
M10
TMR
T0
K2
T0
ROL
K4Y0
K1
RST
T0
霓虹灯按编号
由小到大依次
点亮200ms
X1
ZRST
Y0
Y17
ZRST
M10
M11
SET
Y17
SET
M11
T1
M11
TMR
T1
K2
T1
ROR
K4Y1
K1
RST
T1
霓虹灯按编号
由大到小依次
点亮200ms
X2
ZRST
Y0
Y17
ZRST
M10
M11
复位动作

图 8-2　控制程序

【程序说明】

（1）按下右循环按钮，X0 由 Off→On 变化一次，ZRST 指令执行，Y0～Y17、M10～M11 先被复位为 Off 状态，接着 SET 指令执行，Y0、M10 被置位为 On。M10＝On，TMR 指令执行，T0 开始计时，200ms 后 T0 由 X0 由 Off→On 变化一次，ROL 指令执行一次，Y0 为 On 的状态被移位到 Y1，接着 RST 指令被执行，T0 复位。

（2）从下一个扫描周期开始，T0 又开始计时，200ms 后 ROL 指令又执行一次，Y1 为

On 的状态被移位到 Y2。如此，Y0～Y17 将依次各亮 200ms 后熄灭，反复循环进行。

（3）按下左循环按钮的工作流程与右移类似，不同的是用 ROR 指令代替了 ROL 指令，霓虹灯将由大到小的编号依次点亮 200ms。

（4）按下复位按钮，X2 由 Off→On 变化一次，Y0～Y17、M10～M11 都被复位，霓虹灯停止工作。需注意的是，在 X0、X1 上升沿触点后面设置 ZRST 指令的目的是使每次左右循环状态切换时霓虹灯所有灯处于熄灭状态，保证从 Y0 或者 Y17 开始点亮。

8.2 不良品检测（SFTL）

范例示意如图 8-3 所示。

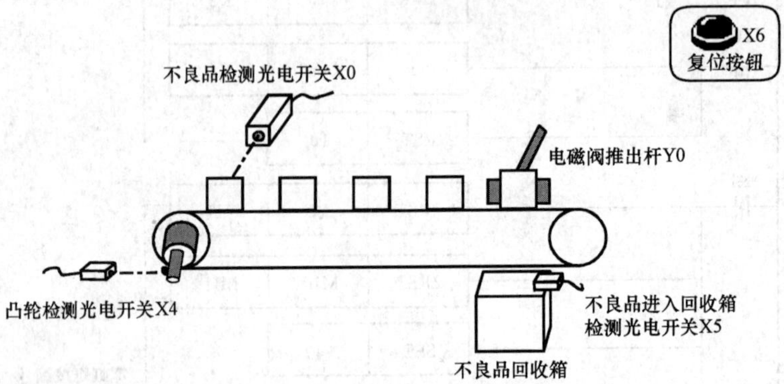
X6
复位按钮
不良品检测光电开关X0
电磁阀推出杆Y0
凸轮检测光电开关X4
不良品进入回收箱
检测光电开关X5
不良品回收箱

图 8-3 范例示意

【控制要求】

产品被传送至传送带上作检测，当光电开关检测到有不良品时（高度偏高），在第 5 个定点将不良品通过电磁阀推出，推出到回收箱后电磁阀自动复位。当在传送带上的不良品记忆错乱时，可按下复位按钮将记忆数据清零，系统重新开始检测。

【元件说明】

元件说明见表 8-2。

表 8-2 元 件 说 明

PLC 软元件	控 制 说 明	PLC 软元件	控 制 说 明
X0	不良品检测光电开关	X6	复位按钮
X4	凸轮检测光电开关	Y0	电磁阀推出杆
X5	进入回收箱检测光电开关		

【控制程序】

控制程序如图 8-4 所示。

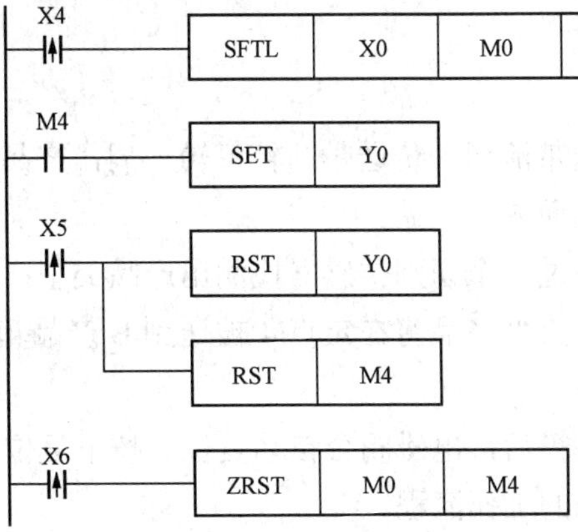
X4
SFTL
X0
M0
K5
K1
M4
SET
Y0
X5
RST
Y0
RST
M4
X6
ZRST
M0
M4

图 8-4　控制程序

【程序说明】

（1）当凸轮每转一圈，产品从一个定点移到另外一个定点，X4 由 Off→On 变化一次，SFTL 指令被执行一次，M0～M4 的内容往左移位一位，X0 的状态被传到 M0。

（2）当 X0＝On，即有不良品产生时（产品高度偏高），“1”的数据进入 M0，移位 4 次后到达第 5 个定点，M4＝On，［SET Y0］指令执行，Y0＝On 且被保持，电磁阀动作，不良品被推到回收箱。

（3）当不良品确认已经被排出，X5 由 Off→On 变化一次，即［RST Y0］及［RST M4］指令被执行，M4 及 Y0 将被复位为 Off，电磁阀被复位，直到下一次有不良品产生时才又动作。

（4）当按下复位按钮，X6 由 Off→On 变化一次，M0～M4 的内容被全部复位为“0”，保证传送带上产品发生不良品记忆错乱时能重新开始检测。

8.3　混合产品自动分类（WSFL）

范例示意如图 8-5 所示。

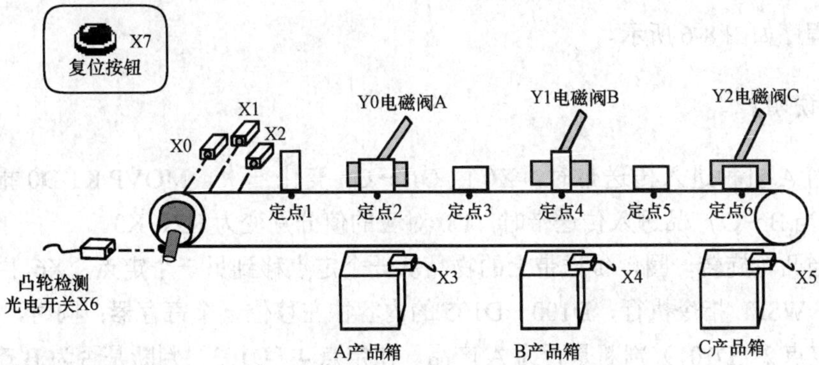
X7
复位按钮
X1
X0
X2
Y0电磁阀A
Y1电磁阀B
Y2电磁阀C
定点1
定点2
定点3
定点4
定点5
定点6
X3
X4
X5
凸轮检测
光电开关X6
A产品箱
B产品箱
C产品箱

图 8-5　范例示意

【控制要求】

（1）A、B、C 3 种产品在传送带流通，传送带凸轮每转一周，产品从一个定点移动到另外一个定点，传送带上共可以流通 6 个产品。

（2）产品进入传送带前自动通过三个识别传感器检测出产品类型：A 类型产品将在定点 2 通过电磁阀送到 A 产品箱；B 类型产品将在定点 4 被送到 B 产品箱；C 类型产品将在定点 6 被送到 C 产品箱。

（3）确认每个产品被送到产品箱后，电磁阀会自动复位。按下复位按钮，所有记忆数据清零，系统重新开始检测和分类的工作流程。

【元件说明】

元件说明见表 8-3。

表 8-3　元 件 说 明

PLC 软元件	控 制 说 明
X0	A 产品识别传感器，A 产品进入传送带时，X0 状态为 On
X1	B 产品识别传感器，B 产品进入传送带时，X1 状态为 On
X2	C 产品识别传感器，C 产品进入传送带时，X2 状态为 On
X3	A 产品确认传感器，A 产品进入 A 产品箱时，X3 状态为 On
X4	B 产品确认传感器，B 产品进入 B 产品箱时，X4 状态为 On
X5	C 产品确认传感器，C 产品进入 C 产品箱时，X5 状态为 On
X6	凸轮检测光电开关，检测到凸轮时，X6 状态由 Off→On 变化一次
X7	复位按钮，按下时，X7 状态为 On
Y0	电磁阀 A
Y1	电磁阀 B
Y2	电磁阀 C

【控制程序】

控制程序如图 8-6 所示。

【程序说明】

（1）当 A 机种进入传送带时，X0 由 Off→On 变化一次，MOVP K1 D0 指令执行，D0＝K1。当 B～C 产品进入传送带时，D0 对应的值分别变为 K2、K3。

（2）当凸轮旋转一圈，传送带上的物品从一个定点移到另一个定点，X6 由 Off→On 变化一次，WSFL 指令执行，D100～D105 的内容往左移位一个寄存器；同时，CMP 指令执行，在定点 2（D101）判断是否为 A 产品、在定点 4（D103）判断是否为 B 产品、在定点 6（D105）判断是否为 C 产品，每次比较完成后，RST 指令被执行，D0 被复位。

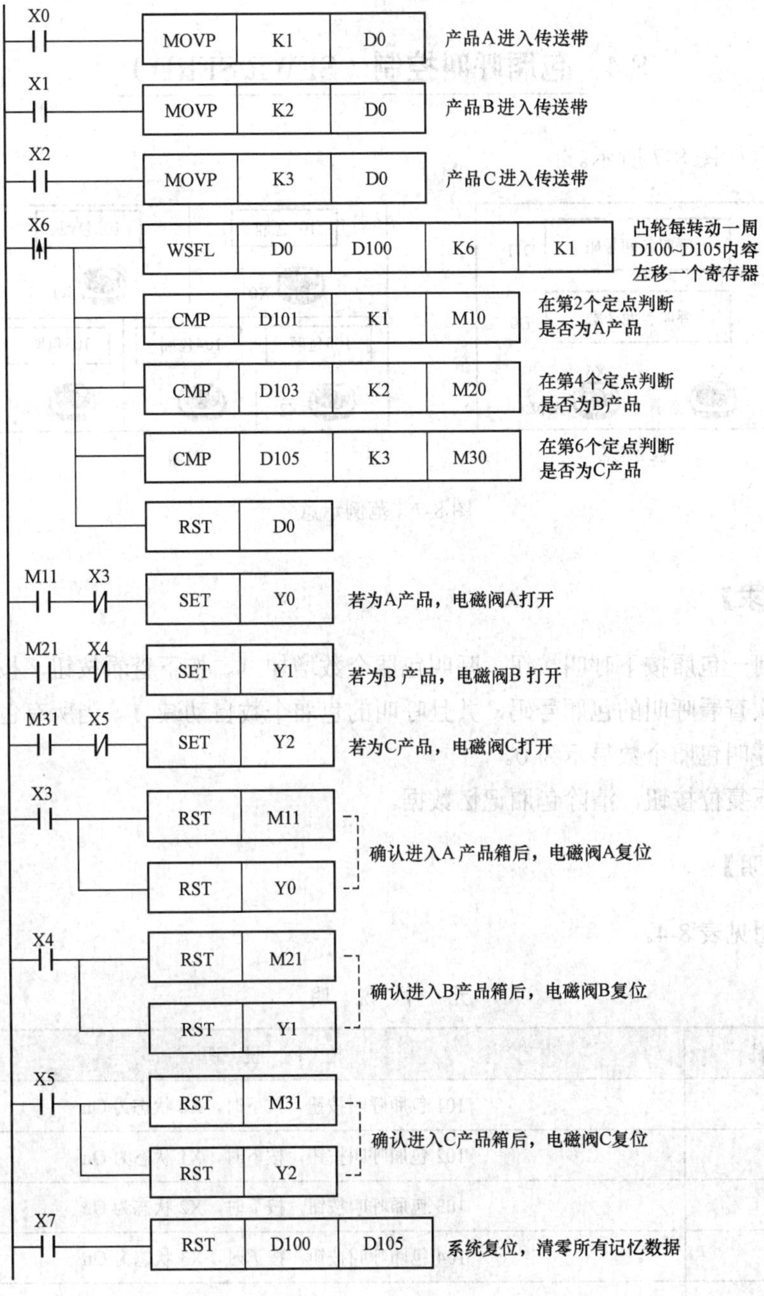
X0
MOVP K1 D0
产品A进入传送带
X1
MOVP K2 D0
产品B进入传送带
X2
MOVP K3 D0
产品C进入传送带
X6
WSFL D0 D100 K6 K1
凸轮每转动一周
D100~D105内容
左移一个寄存器
CMP D101 K1 M10
在第2个定点判断
是否为A产品
CMP D103 K2 M20
在第4个定点判断
是否为B产品
CMP D105 K3 M30
在第6个定点判断
是否为C产品
RST D0
M11 X3
SET Y0
若为A产品，电磁阀A打开
M21 X4
SET Y1
若为B 产品，电磁阀B 打开
M31 X5
SET Y2
若为C产品，电磁阀C打开
X3
RST M11
RST Y0
确认进入A 产品箱后，电磁阀A复位
X4
RST M21
RST Y1
确认进入B产品箱后，电磁阀B复位
X5
RST M31
RST Y2
确认进入C产品箱后，电磁阀C复位
X7
RST D100 D105
系统复位，清零所有记忆数据

图 8-6 控制程序

（3）当在 2、4、6 定点检测到有 A、B、C 产品其中之一时，对应的 M11、M21、M31 将为 On，SET 指令执行，对应的 A、B、C 电磁阀将导通，产品被推到产品箱中。

（4）当已确认将产品推到产品箱时，X3、X4、X5 将为 On，此时 RST 指令执行，对应的 A、B、C 电磁阀将被复位。

（5）按下复位按钮，X7＝On，ZRST 指令执行，D100～D105 中的内容被清除为 0，记忆数据被清除。

8.4 包厢呼叫控制（SFWR/SFRD）

范例示意如图8-7所示。

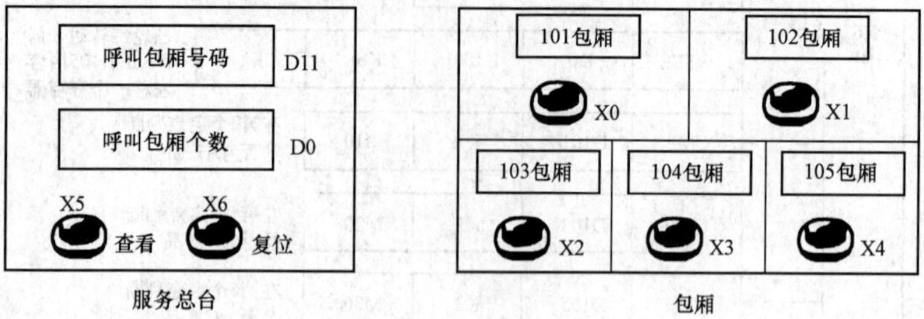
呼叫包厢号码
D11
呼叫包厢个数
D0
X5
X6
查看
复位
服务总台
101包厢
102包厢
X0
X1
103包厢
104包厢
105包厢
X2
X3
X4
包厢

图8-7 范例示意

【控制要求】

（1）任何一包厢按下呼叫按钮，呼叫包厢个数增加1。按下查看按钮，按从早到晚的呼叫顺序依次查看呼叫的包厢号码，并且呼叫的包厢个数自动减1。当所有包厢号码都被查看完后，呼叫包厢个数显示为0。

（2）按下复位按钮，清除包厢记忆数据。

【元件说明】

元件说明见表8-4。

表8-4 元 件 说 明

PLC软元件	控 制 说 明
X0	101包厢呼叫按钮，按下时，X0状态为On
X1	102包厢呼叫按钮，按下时，X1状态为On
X2	103包厢呼叫按钮，按下时，X2状态为On
X3	104包厢呼叫按钮，按下时，X3状态为On
X4	105包厢呼叫按钮，按下时，X4状态为On
X5	查看按钮，按下时，X5状态为On
X6	复位按钮，按下时，X6状态为On
D0	呼叫包厢的个数
D1～D9	未被查看的呼叫包厢号码
D10	最近呼叫的包厢号码
D11	正被查看的呼叫包厢号码

【控制程序】

控制程序如图 8-8 所示。

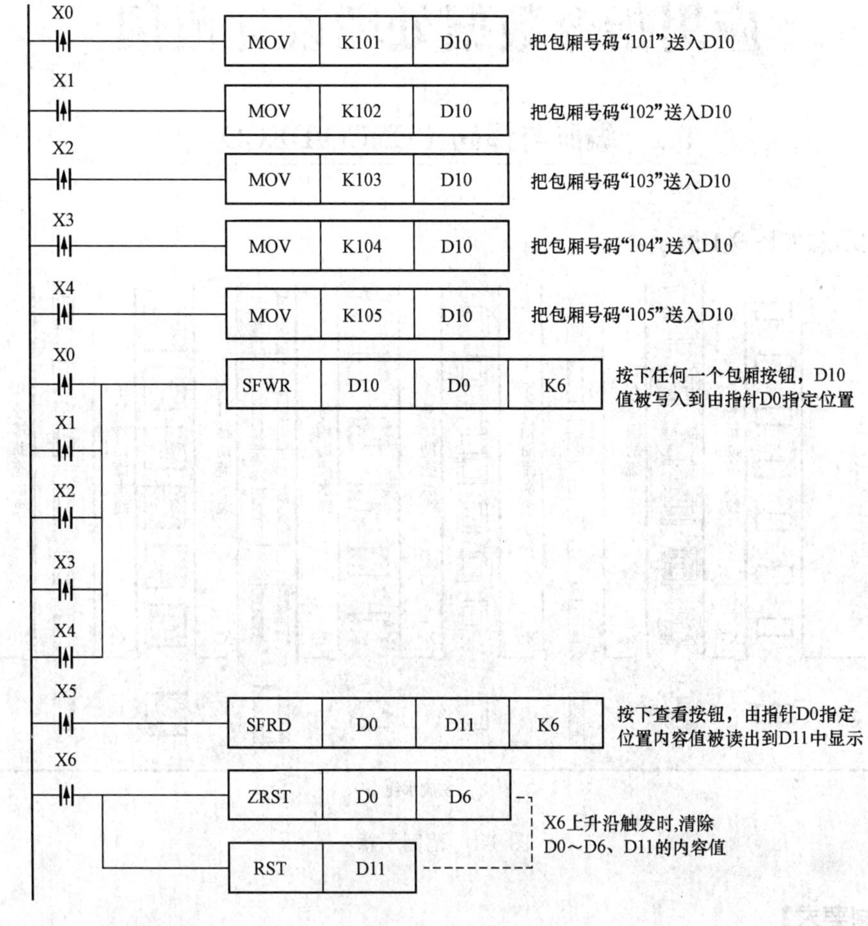
X0
MOV K101 D10
把包厢号码"101"送入D10
X1
MOV K102 D10
把包厢号码"102"送入D10
X2
MOV K103 D10
把包厢号码"103"送入D10
X3
MOV K104 D10
把包厢号码"104"送入D10
X4
MOV K105 D10
把包厢号码"105"送入D10
X0
SFWR D10 D0 K6
按下任何一个包厢按钮，D10
值被写入到由指针D0指定位置
X1
X2
X3
X4
X5
SFRD D0 D11 K6
按下查看按钮，由指针D0指定
位置内容值被读出到D11中显示
X6
ZRST D0 D6
RST D11
X6上升沿触发时,清除
D0～D6、D11的内容值

图 8-8　控制程序

【程序说明】

（1）本程序利用 API38 SFWR 与 API39 SFRD 指令的配合使用，实现先进先出的数据堆栈读写控制。在本例中即是先呼叫的包厢号码先被查看。

（2）按下包厢呼叫按钮，5 个包厢的号码先被暂存于 D10，然后按照呼叫先后顺序被放入数据堆栈 D1～D5 中的某个位置。

（3）按下查看按钮，最早呼叫的包厢号码被读出到 D11，而呼叫包厢个数则与指针 D0 对应，利用台达的 TP04 文本显示器可方便的监控 PLC 内部寄存器 D0（呼叫包厢个数）和 D11（即将查看的包厢号码）的数值。

（4）程序最后用 ZRST 和 RST 指令将 D0～D6 及 D11 清零，在 TP04 显示器上呼叫包厢个数和呼叫包厢号码都将显示为 0。

9

应用指令数据处理设计范例

9.1 编码与译码（ENCO/DECO）

范例示意如图9-1所示。

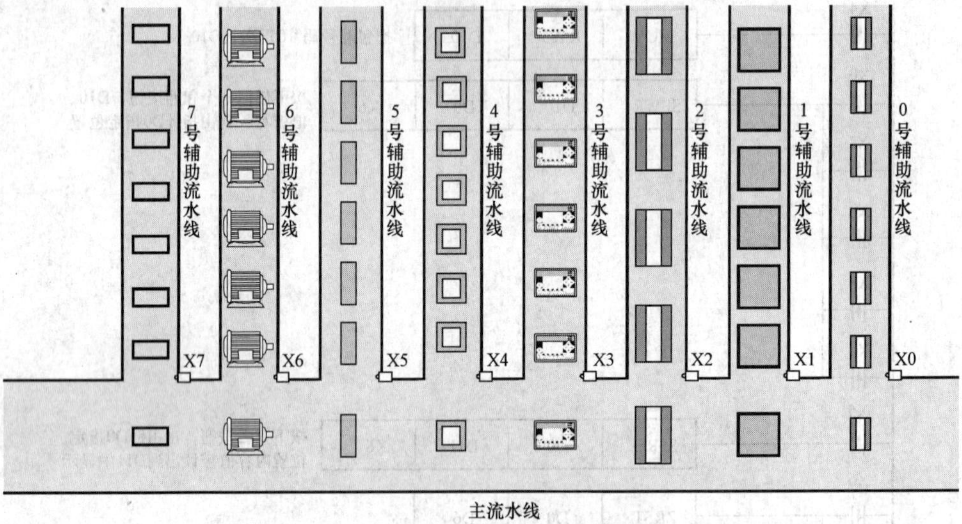
7号辅助流水线
6号辅助流水线
5号辅助流水线
4号辅助流水线
3号辅助流水线
2号辅助流水线
1号辅助流水线
0号辅助流水线
X7
X6
X5
X4
X3
X2
X1
X0
主流水线

图9-1 范例示意

【控制要求】

（1）有编号为0～7的8条辅助流水线，分别传送8种不同的产品，通过监控D0（流水线编号）的值可知目前哪个编号的辅助流水线上的产品正在进入主流水线。

（2）设置D10（流水线暂停设置）为K0～K7之间的值，可对编号0～7中的某条辅助流水线进行暂停运行的操作。

【元件说明】

元件说明见表9-1。

表9-1 元件说明

PLC软元件	控制说明
X0～X7	进入主流水线检测开关，当产品进入时，对应的X输入点状态为On
Y0～Y7	停止编号0～7的流水线运行

续表

PLC 软元件	控 制 说 明
M10	编码指令启动
M11	译码指令启动
D0	当前进入主流水线的产品
D10	暂停运行的辅助流水线

【控制程序】

控制程序如图 9-2 所示。

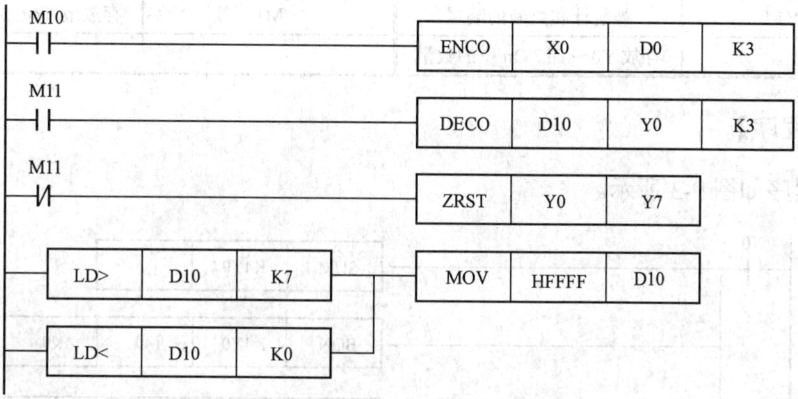
M10
ENCO
X0
D0
K3
M11
DECO
D10
Y0
K3
M11
ZRST
Y0
Y7
LD>
D10
K7
MOV
HFFFF
D10
LD<
D10
K0

图 9-2 控制程序

【程序说明】

（1）当 M10＝On 时，执行 ENCO 指令，任何一辅助流水线有产品进入主流水线，其产品线号码会被编码到 D0，监控 D0 内容值可知是哪种产品正进入主流水线。

（2）当 M11＝On 时，执行 DECO 指令，设置 D10 的值，D10 的值会被译码到 Y0～Y7 中之一，从而使对应的辅助流水线暂停。例如，D0＝K5，则译码得到 Y5＝On，编号 5 的辅助流水线将暂停运行。当 M11＝Off 时，ZRST 指令执行，Y0～Y7 都为 Off，所有的流水线都正常运行。

（3）D10 的设置值不在 K0～K7 范围时，D10 也被写入 HFFFF，保证不会因 D10 写入其他值也能使 Y0～Y7 动作而导致辅助流水线暂停工作。

9.2 “1”个数统计和判断（SUM/BON）

【控制要求】

（1）当 X0＝On 时，执行 SUM 指令，统计 Y0～Y17（＝K4Y0）中 On 位的数量，存放于 D0。

（2）当X0＝On时，执行BON指令，对Y0～Y17的最低位和最高位进行判断，判断的结果分别存于M0和M1。

（3）显示判断结果：D0的值和M0与M1的状态。

【元件说明】

元件说明见表9-2。

表9-2 元 件 说 明

PLC软元件	控 制 说 明	PLC软元件	控 制 说 明
X0	启动SUM和BON指令	M0	存放最低位On/Off的结果
Y0～Y17	被统计和判断的装置	M1	存放最高位On/Off的结果
D0	存放Y0～Y17 On位的数量		

【控制程序】

控制程序如图9-3所示。

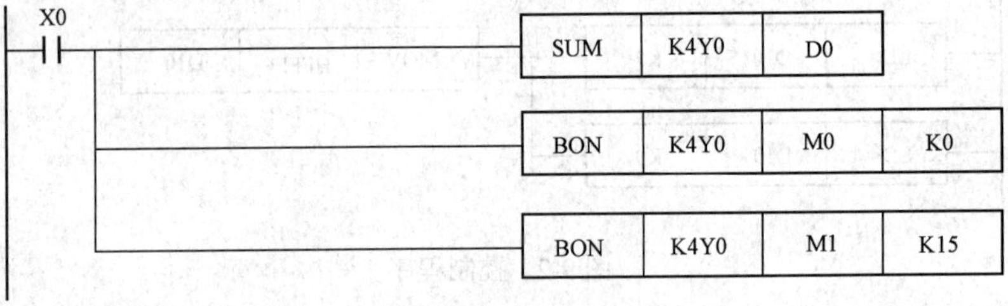
X0
SUM
K4Y0
D0
BON
K4Y0
M0
K0
BON
K4Y0
M1
K15

图9-3 控制程序

【程序说明】

X0＝On，实现对Y0～Y17的16个输出进行“1”个数的统计和最高位与最低位是否为“1”的判断。

9.3 平均值与平方根（MEAN/SQR）

【控制要求】

（1）当X0＝On时，将D0～D9等10笔历史数据平均值存于D200，D200开平方后存于D250。

（2）当X1＝On时，将D100～D163等64笔历史数据平均值存于D300，D300开平方后存于D350。

【元件说明】

元件说明见表9-3。

表 9-3 元 件 说 明

PLC 软元件	控 制 说 明
X0	启动连续 10 笔数据的 MEAN/SQR 计算
X1	启动连续 64 笔数据的 MEAN/SQR 计算
D0～D9	历史数据
D200	平均值
D250	平均值开平方
D100～D163	历史数据
D300	平均值
D350	平均值开平方

【控制程序】

控制程序如图 9-4 所示。

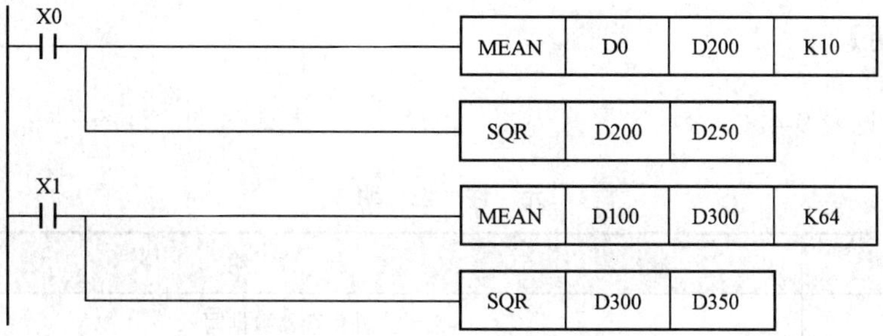
X0
MEAN
D0
D200
K10
SQR
D200
D250
X1
MEAN
D100
D300
K64
SQR
D300
D350

图 9-4 控制程序

【程序说明】

MEAN 指令数据平均笔数不能超过 64 笔，SQR 指令不能指定负数，否则 PLC 会视为指令运算错误。

9.4 文件寄存器访问（MEMR/MEMW）

范例示意如图 9-5 所示。

【控制要求】

（1）在 PLC 电源上电时，自动将编号为 0～49 的文件寄存器的 50 笔数据传送到 D4000～D4099。

（2）X0＝On 时，将 D2000～D2099 的 100 笔历史数据写入编号为 0～99 的文件寄存器。

（3）X1＝On 时，将编号为 0～99 的文件寄存器的 100 笔数据读出到 D3000～D3099。

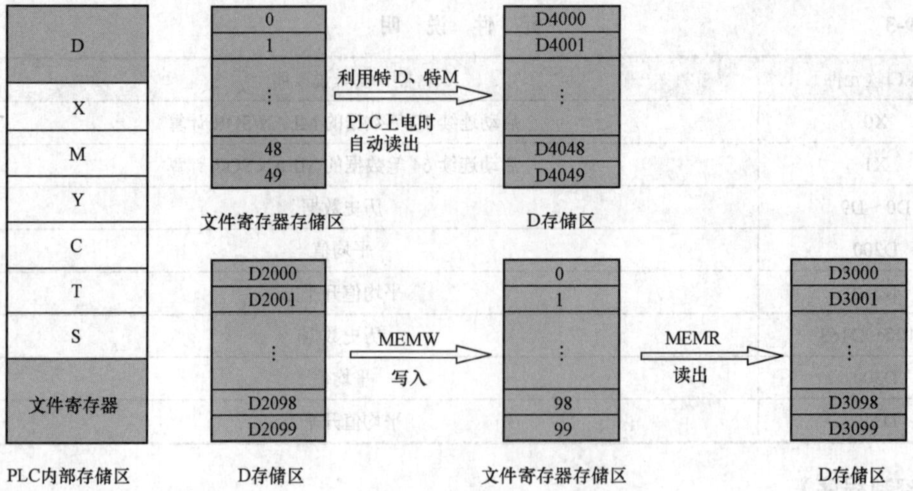
D
X
M
Y
C
T
S
文件寄存器
PLC内部存储区
0
1
48
49
文件寄存器存储区
利用特D、特M
PLC上电时
自动读出
D4000
D4001
D4048
D4049
D存储区
D2000
D2001
D2098
D2099
D存储区
MEMW
写入
0
1
98
99
文件寄存器存储区
MEMR
读出
D3000
D3001
D3098
D3099
D存储区

图 9-5 范例示意

【元件说明】

元件说明见表 9-4。

表 9-4 元 件 说 明

PLC 软元件	控 制 说 明
X0	启动文件寄存器数据写入
X1	启动文件寄存器数据读出

【控制程序】

控制程序如图 9-6 所示。

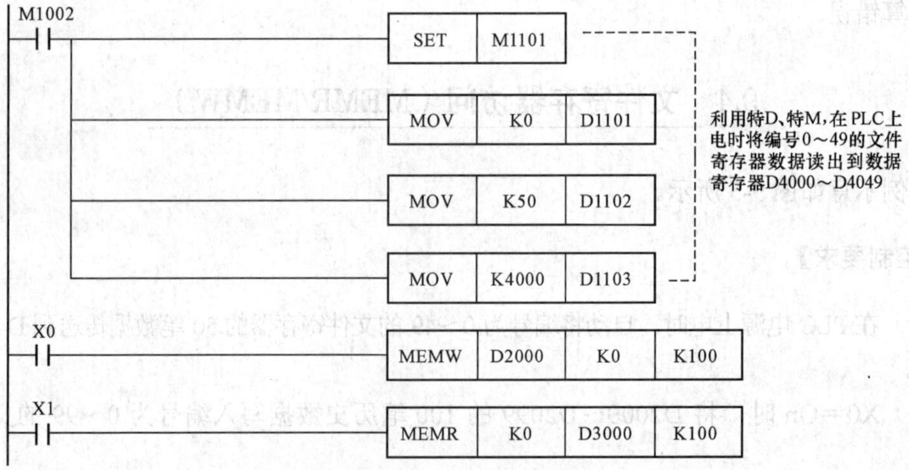
M1002
SET M1101
MOV K0 D1101
MOV K50 D1102
MOV K4000 D1103
利用特D、特M，在PLC上电时将编号0～49的文件寄存器数据读出到数据寄存器D4000～D4049
X0
MEMW D2000 K0 K100
X1
MEMR K0 D3000 K100

图 9-6 控制程序

【程序说明】

（1）PLC 内部的文件寄存器区跟数据寄存器区 D 一样，都是以 word 为单位的数据存储区，不同的是文件寄存器区不能作为操作数，不能用一般的指令（例如 MOV）进行访问，需用专门的指令 MEMW/MEMR 来访问。

（2）PLC 在上电时（不管 PLC 是 RUN 还是 STOP 状态），若检测到 M1101＝On，则会按照由 D1101 指定的起始文件寄存器编号、由 D1102 指定的读出笔数、由 D1103 指定的存放读出数据起始 D 编号，将指定笔数的文件寄存器数据自动读到数据寄存器区。需注意的是，PLC 仅在上电时才会根据特 M、特 D 做这个读取的动作。

9.5　液面高度监控报警系统（ANS/ANR）

范例示意如图 9-7 所示。

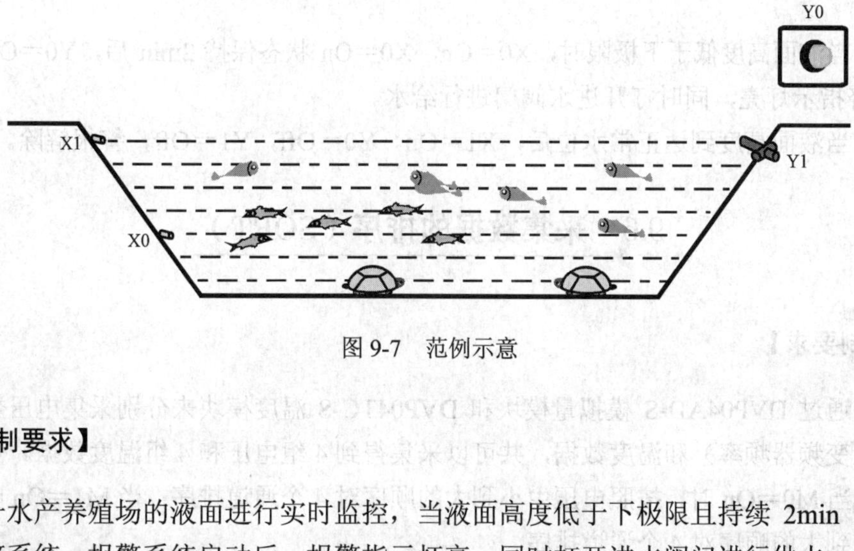
Y0
X1
Y1
X0

图 9-7　范例示意

【控制要求】

对一水产养殖场的液面进行实时监控，当液面高度低于下极限且持续 2min 时，开始启动报警系统。报警系统启动后，报警指示灯亮，同时打开进水阀门进行供水。当水位到达正常水位后，警报解除。

【元件说明】

元件说明见表 9-5。

表 9-5　元件说明

PLC 软元件	控制说明	PLC 软元件	控制说明
X0	液面下极限水位传感器	Y0	报警指示灯
X1	正常水位传感器	Y1	进水阀门

【控制程序】

控制程序如图9-8所示。

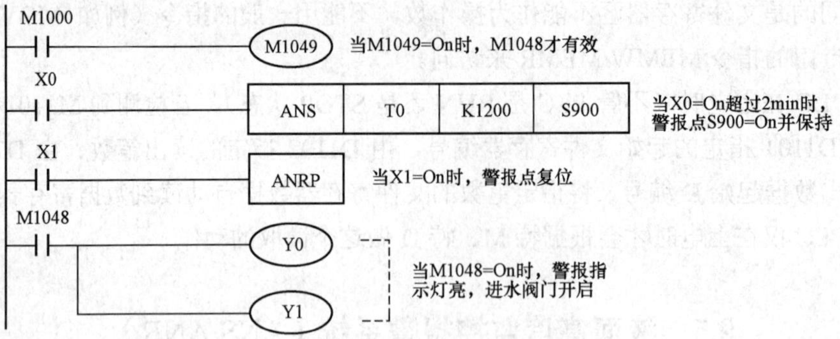
M1000
M1049
当M1049=On时，M1048才有效
X0
ANS
T0
K1200
S900
当X0=On超过2min时，
警报点S900=On并保持
X1
ANRP
当X1=On时，警报点复位
M1048
Y0
当M1048=On时，警报指
示灯亮，进水阀门开启
Y1

图9-8 控制程序

【程序说明】

（1）当液面高度低于下极限时，X0＝On，X0＝On状态保持2min后，Y0＝On，Y1＝On，报警指示灯亮，同时打开进水阀门进行给水。

（2）当液面高度到达正常水位后，X1＝On，Y0＝Off，Y1＝Off，警报解除。

9.6 采集数据的排序（SORT）

【控制要求】

（1）通过DVP04AD-S模拟量模块和DVP04TC-S温度模块来分别采集电压数据（假设为对应变频器频率）和温度数据，共可以采集得到4组电压和4组温度数据。

（2）当M0＝On时，按照电压由小到大的顺序对4个通道排序；当M1＝On时，按照温度由小到大的顺序对4个通道排序。

（3）实现数据排序和温度排序的启动及结果的显示。

【元件说明】

元件说明见表9-6。

表9-6 元件说明

PLC软元件	控制说明	PLC软元件	控制说明
M0	启动电压数据排序	D208～D211	4组采集的温度数据
M1	启动温度数据排序	D220～D231	电压数据排序结果
D200～D203	4个采集通道编号	D240～D251	温度数据排序结果
D204～D207	4组采集的电压数据		

【控制程序】

控制程序如图 9-9 所示。

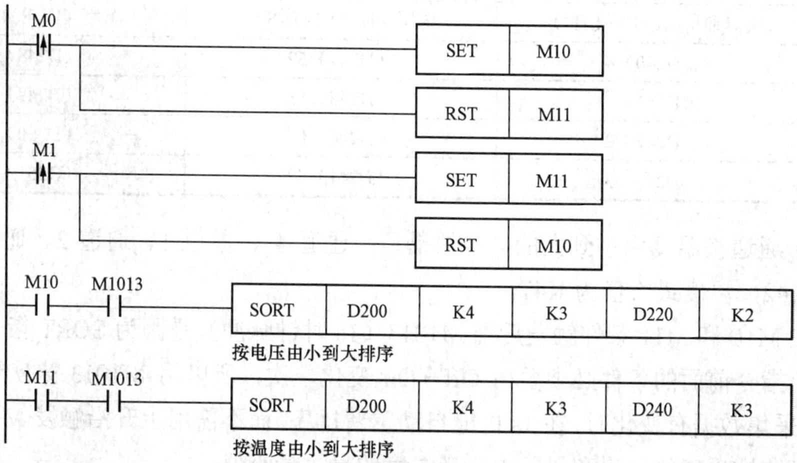
M0
SET M10
RST M11
M1
SET M11
RST M10
M10 M1013
SORT D200 K4 K3 D220 K2
按电压由小到大排序
M11 M1013
SORT D200 K4 K3 D240 K3
按温度由小到大排序

图 9-9 控制程序

【程序说明】

（1）假设排序前的采集数据见表 9-7。

表 9-7 排序前的采集数据

列＼行	1 采集通道（CH1～CH4）	2 电压（DVP04AD-S）	3 温度（DVP04TC-S）
1	（D200）1	（D204）57	（D208）47
2	（D201）2	（D205）59	（D209）42
3	（D202）3	（D206）55	（D210）46
4	（D203）4	（D207）53	（D211）43

1）当 M0 由 Off→On 变化时，则按电压的由小到大排序，排序后的数据见表 9-8。

表 9-8 按电压由小到大排序

列＼行	1 采集通道（CH1～CH4）	2 电压（DVP04AD-S）	3 温度（DVP04TC-S）
1	（D220）4	（D224）53	（D228）43
2	（D221）3	（D225）55	（D229）46
3	（D222）1	（D226）57	（D230）47
4	（D223）2	（D227）59	（D231）42

即 4 个通道按电压由小到大的排序结果是：通道 4 、通道 3、通道 1、通道 2。电压最小值为 K53，电压最大值为 K59。

2）当 M1 由 Off→On 变化时，则按温度由小到大排序，排序后的数据见表 9-9。

表 9-9 按温度由小到大排序

行 列	1 采集通道（CH1～CH4）	2 电压（DVP04AD-S）	3 温度（DVP04TC-S）
1	（D240）4	（D244）59	（D248）42
2	（D241）1	（D245）53	（D249）43
3	（D242）2	（D246）55	（D250）46
4	（D243）3	（D247）57	（D251）47

即 4 个通道按温度由小到大的排序结果是：通道 4 、通道 1、通道 2、通道 3。温度最小值为 K42，温度最大值为 K47。

（2）在 M10 和 M11 条件触发后用 M1013（1s 时钟脉冲）是因为 SORT 指令要重新执行排序时，指令前面的条件必须要由 Off→On 变化一次，所以用 M1013 来实现 Off→On 变化，保证采集数据有变化时，在 1s 内能自动重新排序，而不需用上升沿触发 M10 和 M11。

（3）可监控排序的结果和显示电压及温度的最大最小值。

9.7 房间温度监控（SER）

【控制要求】

（1）某房间数为 20 的办公大楼通过中央空调来控制温度。采集每个房间的当前温度与目标温度值比较，若每个房间的温度值与目标温度值相等个数较多，则说明中央空调总体的温度控制效果较好，反之则温度控制效果较差。

（2）实现自动监控每个房间当前温度与目标温度相等的个数，以便快速判断中央空调温度控制效果，同时自动监控温度最低和温度最高的房间号码，以便快速找到这些房间对其温度控制设施进行适当调整。

（3）通过台达 TP04 文本显示器来实现温度数据搜索的启动和显示。

【元件说明】

元件说明见表 9-10。

表 9-10 元件说明

PLC 软元件	控制说明
X1	启动 SER 指令（数据搜索）
D50～D53	第 1 个温度模块采集温度数据（单位：℃）
D54～D57	第 2 个温度模块采集温度数据（单位：℃）
D58～D61	第 3 个温度模块采集温度数据（单位：℃）
D62～D65	第 4 个温度模块采集温度数据（单位：℃）

续表

PLC 软元件	控 制 说 明
D66～D69	第 5 个温度模块采集温度数据（单位：℃）
D100	目标温度比较值
D200～D204	温度数据搜索结果值

【控制程序】

控制程序如图 9-10 所示。

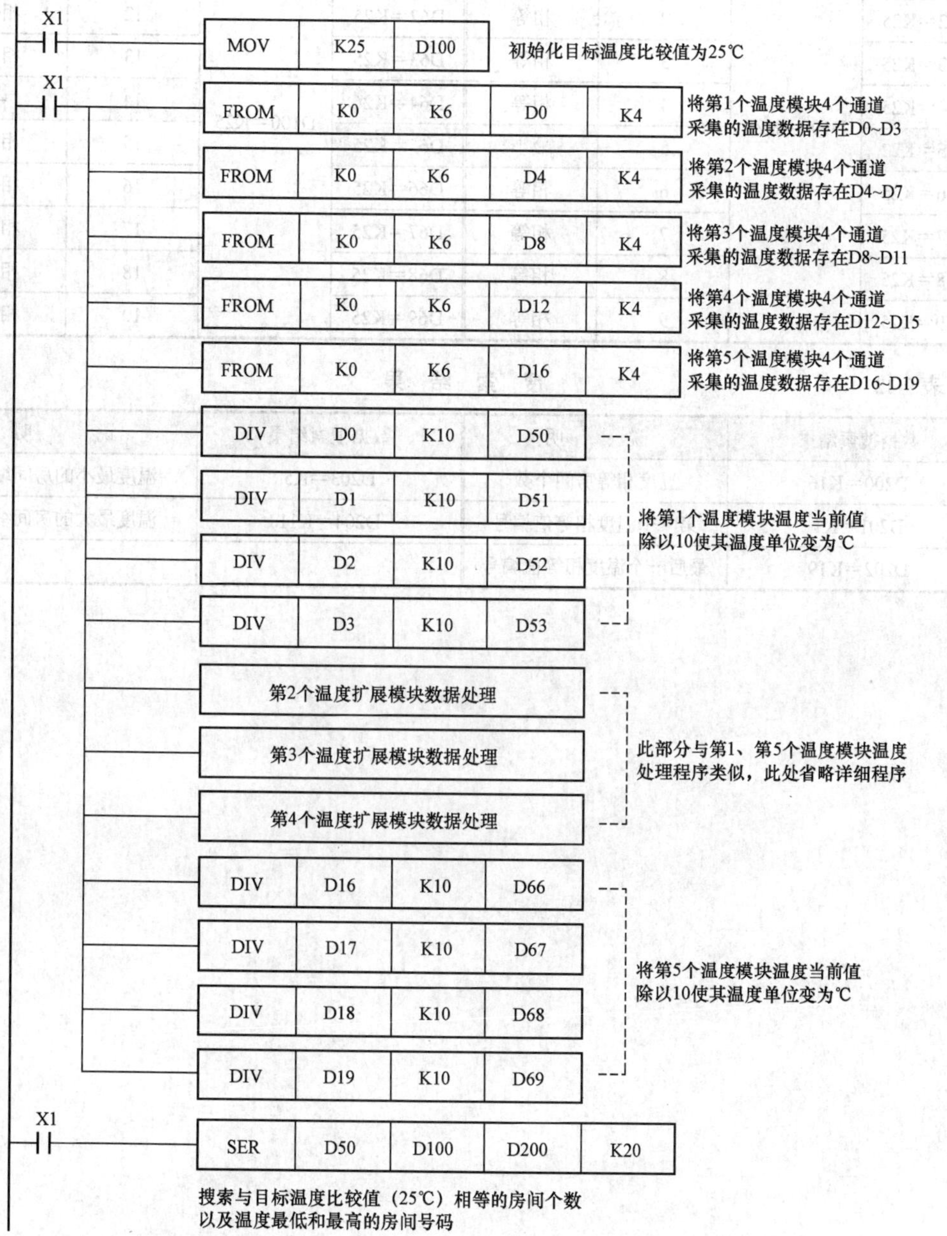
X1
MOV K25 D100
初始化目标温度比较值为25℃
X1
FROM K0 K6 D0 K4
将第1个温度模块4个通道采集的温度数据存在D0~D3
FROM K0 K6 D4 K4
将第2个温度模块4个通道采集的温度数据存在D4~D7
FROM K0 K6 D8 K4
将第3个温度模块4个通道采集的温度数据存在D8~D11
FROM K0 K6 D12 K4
将第4个温度模块4个通道采集的温度数据存在D12~D15
FROM K0 K6 D16 K4
将第5个温度模块4个通道采集的温度数据存在D16~D19
DIV D0 K10 D50
DIV D1 K10 D51
DIV D2 K10 D52
DIV D3 K10 D53
将第1个温度模块温度当前值除以10使其温度单位变为℃
第2个温度扩展模块数据处理
第3个温度扩展模块数据处理
第4个温度扩展模块数据处理
此部分与第1、第5个温度模块温度处理程序类似，此处省略详细程序
DIV D16 K10 D66
DIV D17 K10 D67
DIV D18 K10 D68
DIV D19 K10 D69
将第5个温度模块温度当前值除以10使其温度单位变为℃
X1
SER D50 D100 D200 K20
搜索与目标温度比较值（25℃）相等的房间个数以及温度最低和最高的房间号码

图 9-10 控制程序

【程序说明】

采集的20个房间温度数据及搜索结果分别见表9-11和表9-12。

表9-11 温 度 数 据

房间温度值	比较温度值	编 号	比较结果	房间温度值	比较温度值	编 号	比较结果
D50=K24	D100=K25	0	—	D60=K25	D100=K25	10	相等
D51=K25		1	相等	D61=K27		11	最大
D52=K25		2	相等	D62=K25		12	相等
D53=K25		3	相等	D63=K25		13	相等
D54=K25		4	相等	D64=K26		14	—
D55=K22		5	最小	D65=K25		15	相等
D56=K25		6	相等	D66=K25		16	相等
D57=K25		7	相等	D67=K25		17	相等
D58=K25		8	相等	D68=K25		18	相等
D59=K25		9	相等	D69=K25		19	相等

表9-12 搜 索 结 果

数据搜索结果	说 明	数据搜索结果	说 明
D200=K16	温度相等房间个数	D203=K5	温度最小的房间编号
D201=K1	第一个温度相等值编号	D204=K11	温度最大的房间编号
D202=K19	最后一个温度相等值编号		

10 应用指令高速输入/输出设计范例

10.1 DI/DO立即刷新及DI滤波时间设置（REF/REFF）

【控制要求】

（1）当M0＝On时，立即刷新X0～X17的状态，并将其状态值传送到D0；当M1＝On时，将D100的值传送到Y0～Y17，并立即将其输出到输出端，不必等到END指令结束才将Y0～Y17状态输出到输出端。

（2）根据现场干扰信号的情况，设置D200值在不同范围，可分别设置输入点（DI）的滤波时间为0（实际只能为50μs）或10、20、30ms。

（3）实现DI/DO状态的立即更新操作及DI滤波时间的设置和显示。

【元件说明】

元件说明见表10-1。

表10-1 元件说明

PLC软元件	控制说明
M0	启动立即刷新X0～X17状态
M1	启动立即刷新Y0～Y17状态
D200	输入点滤波时间设置

【控制程序】

控制程序如图10-1所示。

【程序说明】

（1）通常在程序扫描开始时更新输入X的状态，在END指令结束时更新输出Y的状态，当在程序执行过程中需要最新的X状态和立即输出Y状态时，需用REF指令来实现。

（2）由于工作环境恶劣，PLC的DI信号经常会受到干扰，导致PLC误动作。干扰信号通常不会维持太长的时间，在应用中可以给DI信号加入一个大约的延时滤波，在通常情况下对防止干扰都是有效的。

（3）当D200＜K10时，DI信号的滤波时间为0（实际只能到50μs）；当K10≤D200＜K20时，DI信号的滤波时间为10ms；当K20≤D200＜K30时，DI信号的滤波时间为

20ms；当 K30＜D200 时，DI 信号的滤波时间为 30ms。本程序中在 PLC 一上电 RUN 时设置 D200＝K10，PLC DI 信号的滤波时间被设置为 10ms。

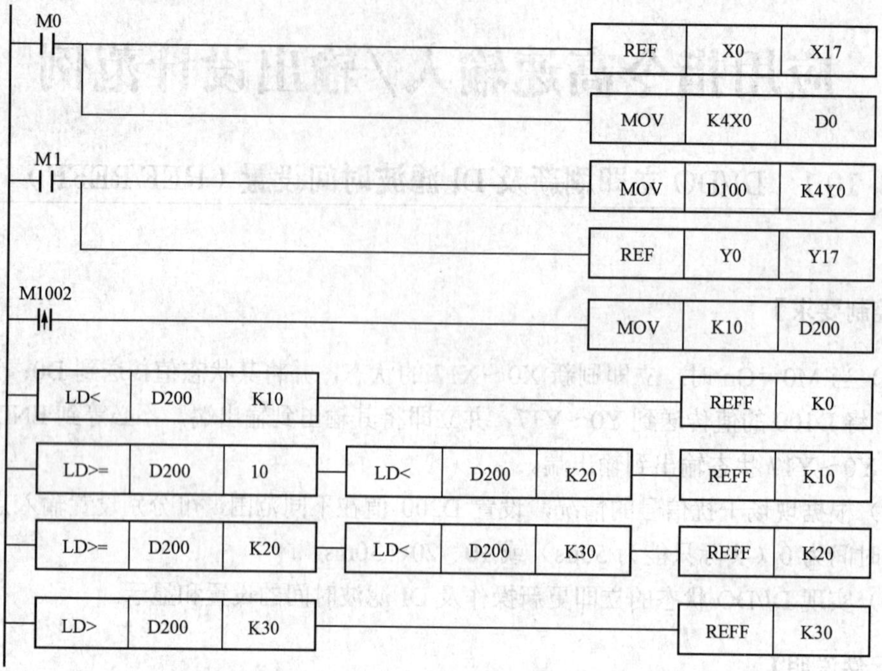
M0
REF
X0
X17
MOV
K4X0
D0
M1
MOV
D100
K4Y0
REF
Y0
Y17
M1002
MOV
K10
D200
LD<
D200
K10
REFF
K0
LD>=
D200
10
LD<
D200
K20
REFF
K10
LD>=
D200
K20
LD<
D200
K30
REFF
K20
LD>
D200
K30
REFF
K30

图 10-1 控制程序

（4）DI 信号滤波时间可通过 MOV 指令将设置值移到 D1020（对应 X0～X7）及 D1021（对应 X10～X17）内。

（5）程序执行中使用 REFF 指令变更 DI 滤波时间后，在下次扫描周期才会调整过来。

10.2 切割机控制（DHSCS）

范例示意如图 10-2 所示。

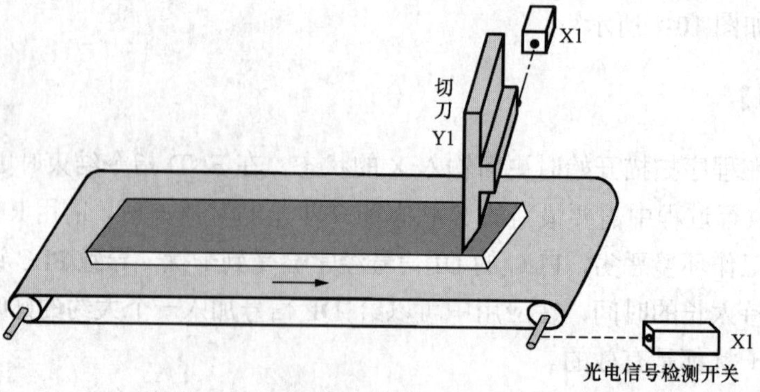
X1
切
刀
Y1
X1
光电信号检测开关

图 10-2 范例示意

【控制要求】

传送带滚轴转动一次，X0 计数一次。当 C235 计数到 1000 次时，切刀 Y1 动作一次，完成一次切割过程。

【元件说明】

元件说明见表 10-2。

表 10-2 元 件 说 明

PLC 软元件	控 制 说 明
X0	光电信号检测开关，滚轴每转动一周，X0 由 Off→On 变化 1 次
X1	光电信号检测开关，切刀动作完成时（Y1＝Off），X1 状态为 On
Y1	切刀
C235	传送带滚轴转数

【控制程序】

控制程序如图 10-3 所示。

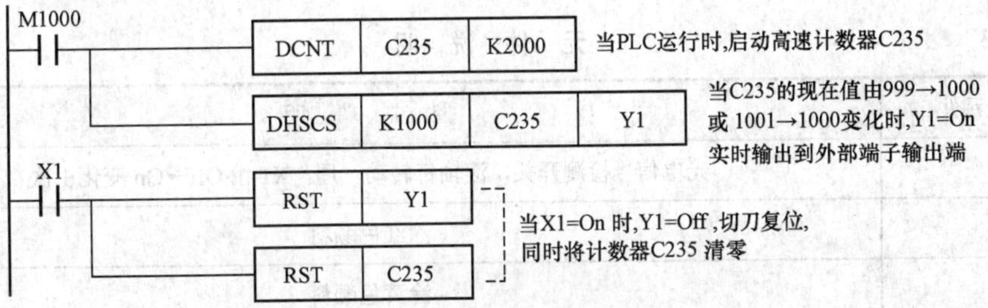
M1000
DCNT C235 K2000
当PLC运行时,启动高速计数器C235
DHSCS K1000 C235 Y1
当C235的现在值由999→1000
或 1001→1000变化时,Y1=On
实时输出到外部端子输出端
X1
RST Y1
RST C235
当X1=On 时,Y1=Off ,切刀复位,
同时将计数器C235 清零

图 10-3 控制程序

【程序说明】

（1）光电开关 X0 为高速计数器 C235 的外部计数输入点。传送带滚轴每转一周，X0 由 Off→On 变化一次，C235 计数一次。

（2）在 DHSCS 指令中，当 C235 计数达到 1000 时（即传送带滚轴转动 1000 转），Y1＝On，且以中断的方式立即将 Y1 的状态输出到外部输出端，使切刀下切。

（3）切刀下切，切割动作完成时，X1＝On。则 C235 被清零，Y1 被复位，切刀归位，X1＝Off。这样，C235 又重新计数，重复上述动作，如此反复循环。

10.3 多区段涂料机控制（DHSZ/DHSCR）

范例示意图如图 10-4 所示。

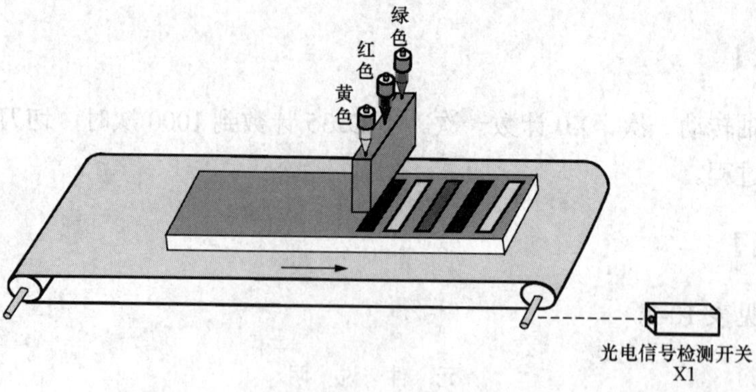
绿色
红色
黄色
光电信号检测开关
X1

图 10-4　范例示意

【控制要求】

用红、黄、绿三种颜料对传送带上的产品进行涂料操作。传送带滚轴每转动 1000 圈，换一种喷涂颜料，三种颜料循环使用。例如：红、黄、绿、红、黄、绿、红……

【元件说明】

元件说明见表 10-3。

表 10-3　　元　件　说　明

PLC 软元件	控　制　说　明
X1	光电信号检测开关，滚轴每转动一周，X1 由 Off→On 变化 1 次
Y1	涂红色颜料
Y2	涂黄色颜料
Y3	涂绿色颜料
C236	传送带滚轴转数

【控制程序】

控制程序如图 10-5 所示。

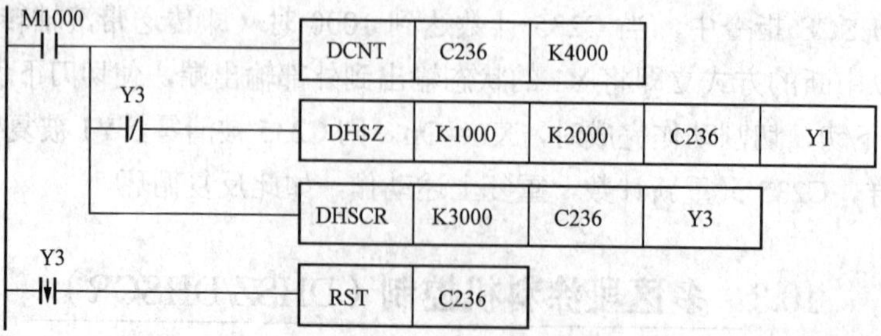
M1000
DCNT C236 K4000
Y3
DHSZ K1000 K2000 C236 Y1
DHSCR K3000 C236 Y3
Y3
RST C236

图 10-5　控制程序

【程序说明】

（1）光电开关 X1 为高速计数器 C236 的外部计数输入点。传送带滚轴每转一周，X0 由 Off→On 变化一次，C236 计数一次。

（2）当 C236 现在值＜K1000 时（即传送带滚轴未转满 1000 转），Y1＝On，执行涂红色颜料动作。

（3）当 K1000≤C236 现在值≤K2000 时（即传送带滚轴转数大于等于 1000 转，但未超过 2000 转），则 Y1＝Off，Y2＝On，执行涂黄色颜料动作。

（4）当 K2000＜C236 现在值＜K3000 时（即传送带滚轴转数超过 2000 转，但未超过 3000 转），则 Y1＝Y2＝Off，Y3＝On，执行涂绿色颜料动作。Y3＝On 使得其动断触点断开，DHSZ 指令不再被执行，但 Y3＝On 的状态被保持。

（5）当 C236 现在值≥K3000 时，HSCR 指令执行，Y3 被复位为 Off。在 Y3 由 On→Off 变化时，C236 被清零。Y3＝Off，Y3 的动断触点闭合，DHSZ 指令又被执行，C236 又重新从零开始计数，又根据 C236 的现在值范围执行涂红、黄、绿颜料，如此反复循环。

10.4 汽车车轮测速（SPD）

范例示意如图 10-6 所示。

脉冲检测
光电开关

图 10-6 范例示意

【控制要求】

通过测量输入脉冲的频率，根据运算公式计算出汽车车轮的转速。

【元件说明】

元件说明见表 10-4。

表 10-4 元 件 说 明

PLC 软元件	控 制 说 明
X1	脉冲检测光电开关
X7	SPD 指令启动控制

【控制程序】

控制程序如图10-7所示。

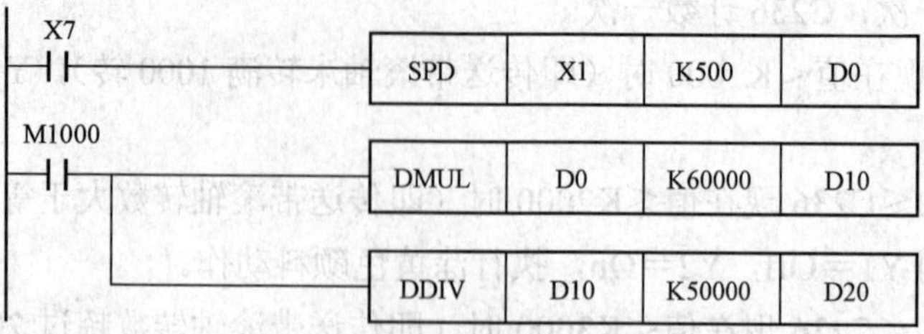
X7
SPD
X1
K500
D0
M1000
DMUL
D0
K60000
D10
DDIV
D10
K50000
D20

图10-7 控制程序

【程序说明】

（1）当X7＝On时，SPD指令执行，D2开始计算由X1所输入的高速脉冲，500ms之后将测得的脉冲数目存于D0、D1当中。

（2）根据下式计算出汽车转速

$$N=\frac{D0}{nt}\times 60\times 10^3$$

式中 N——车轮转速，r/min；

n——汽车车轮转一圈所产生的脉冲数；

t——接收脉冲的时间，ms。

假设汽车车轮转动一圈产生脉冲数目为K100，在500ms内测得脉冲数目D0＝K750，则可算出汽车车轮转速

$$N=\frac{D0}{nt}\times 60\times 10^3=\frac{750\times 60\times 10^3}{100\times 500}=900(\text{r/min})$$

（3）汽车车轮的转速N存放于D20、D21中。

10.5 产线流水作业控制程序（PLSY）

范例示意如图10-8所示。

【控制要求】

当光电开关感应到有产品进入传送带上时，伺服电动机将旋转5圈，将产品送到盖章处进行盖章，盖章动作持续时间为2s。

【元件说明】

元件说明见表10-5。

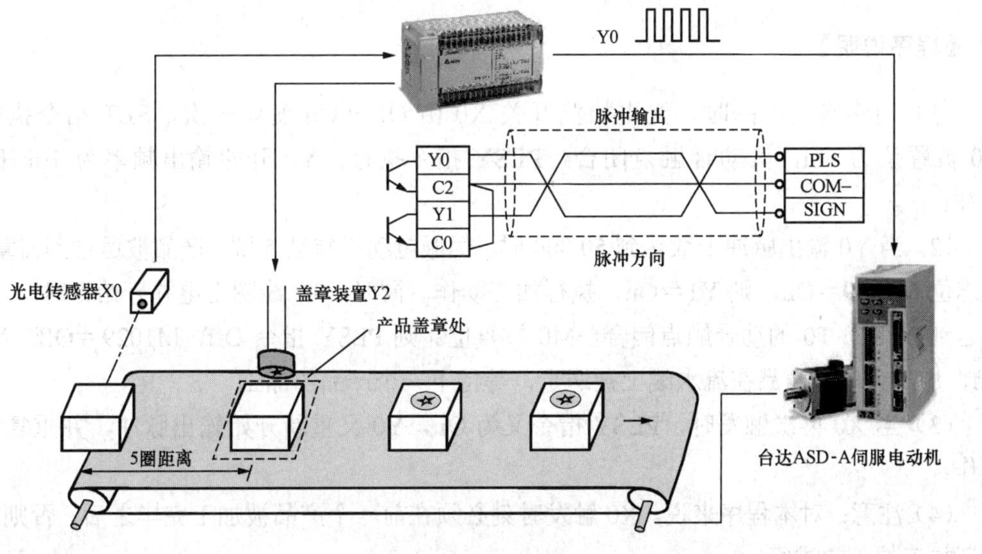
Y0
脉冲输出
Y0
C2
Y1
C0
PLS
COM–
SIGN
脉冲方向
光电传感器X0
盖章装置Y2
产品盖章处
5圈距离
台达ASD-A伺服电动机

图 10-8 范例示意

表 10-5 元 件 说 明

PLC 软元件	控 制 说 明
X0	光电传感器，遮挡时，X0 状态为 On
Y0	脉冲输出
Y1	脉冲方向
Y2	盖章动作
T0	盖章时间设置

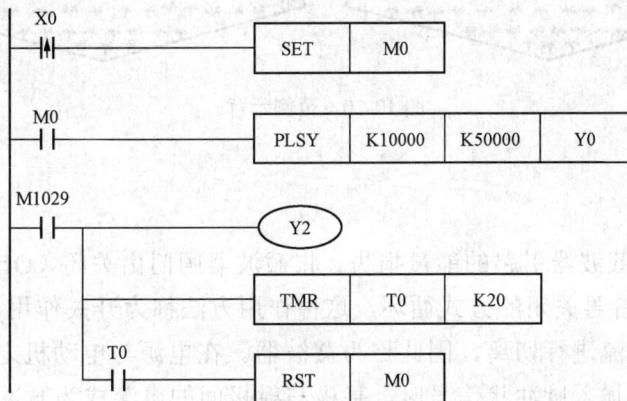

【控制程序】

控制程序如图 10-9 所示。

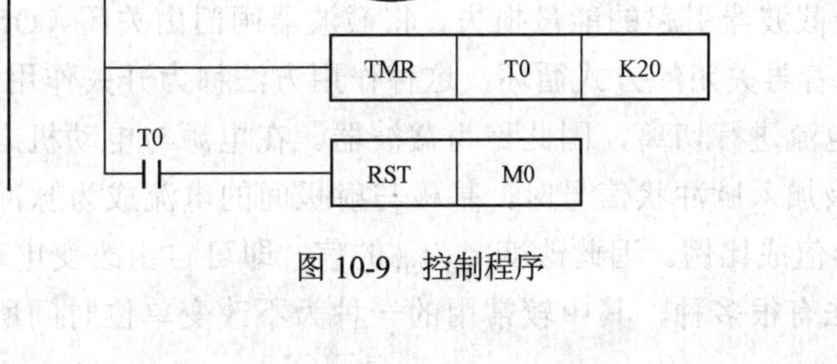
X0
SET
M0
M0
PLSY
K10000
K50000
Y0
M1029
Y2
TMR
T0
K20
T0
RST
M0

图 10-9 控制程序

【程序说明】

（1）当感应到产品时，光电检测开关 X0 由 Off→On 变化一次，SET 指令执行，M0 被置位为 On，其动合触点闭合，PLSY 指令执行，Y0 开始输出频率为 10kHz 的脉冲。

（2）当 Y0 输出脉冲个数达到 50 000 时，伺服电动机转动 5 圈，产品被运送到盖章处，标志位 M1029＝On，则 Y1＝On，执行加工动作。同时，T0 线圈得电并开始计时，T0 计时达到 2s 时，T0 的动合触点闭合，M0 被复位。则 PLSY 指令 Off，M1029＝Off，Y1＝Off，加工完毕，产品在流水线上被送走，等待下一个产品的加工。

（3）当 X0 再次触发时，PLSY 指令又为 On，Y0 又重新开始输出脉冲，并重复上述动作。

（4）注意：对本程序来说，X0 触发时刻必须在前一个产品被加工完毕之后，否则不能保证加工的正常进行。

10.6 水闸门控制程序（PWM）

范例示意如图 10-10 所示。

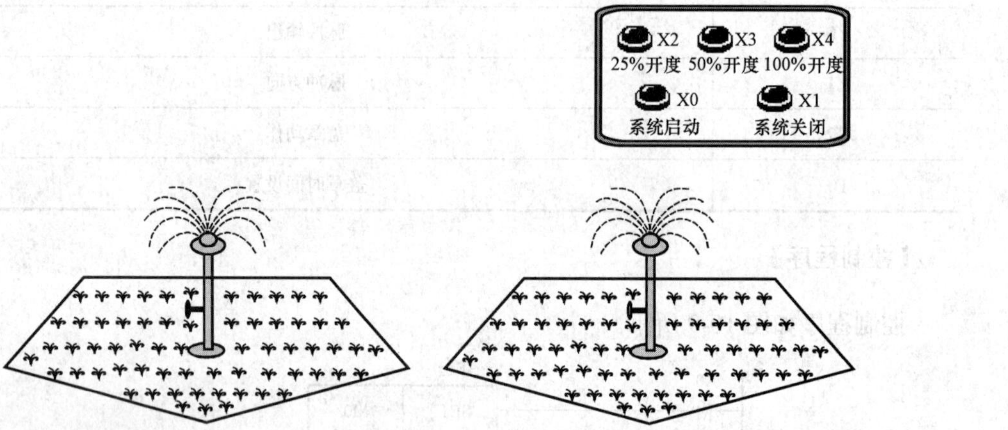
X2
X3
X4
25%开度
50%开度
100%开度
X0
X1
系统启动
系统关闭

图 10-10 范例示意

【控制要求】

（1）尽量降低截波器引起的能量损失，将截波器闸门由关闭（Off）的状态于一瞬间全开（On），接着再关闭的方式循环，这种作用方法称为开关作用（switching）。由于此作用如同将电流进行切离，因此称为截波器。在电源与电动机之间插入晶体管，在此晶体管的基极加入脉冲状信号时，基极与射极间的电流成为脉冲状。电动机的输入电压与 t_{on}/t_{off} 的值成比例。因此改变 t_{on}/t_{off} 的值，即可自由改变电动机的输入电压。改变此比值的方法有很多种，其中较常用的一种为不改变单位时间所发生的 On 次数而改变 On 状态的时间长度，此方法称为脉冲宽度调制（Pulse-Width Modulation，PWM）。

（2）本例将 PWM 技术应用于控制喷水闸门的开度，其闸门控制器可接受 24V 的 PWM 控制，控制闸门开度范围为 25%、50%、100%，闸门的开度由 PWM 的 t_{on}/t_{off} 来决定。

【元件说明】

元件说明见表 10-6。

表 10-6 元 件 说 明

PLC 软元件	控 制 说 明
X0	系统启动按钮，按下时，X0 状态为 On
X1	系统关闭按钮，按下时，X1 状态为 On
X2	25%开度按钮，按下时，X2 状态为 On
X3	50%开度按钮，按下时，X3 状态为 On
X4	100%开度按钮，按下时，X4 状态为 On
Y1	阀门位置的驱动输出
D0	喷水阀门开度寄存器

【控制程序】

控制程序如图 10-11 所示。

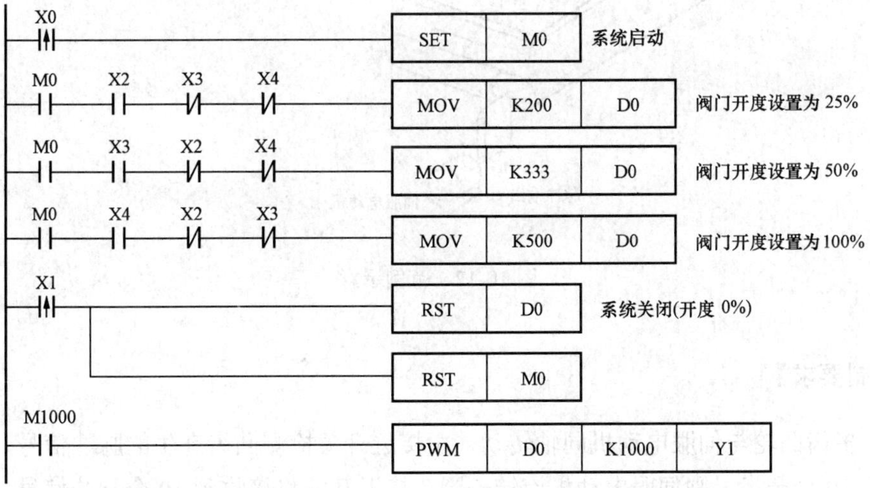
X0
SET
M0
系统启动
M0
X2
X3
X4
MOV
K200
D0
阀门开度设置为 25%
M0
X3
X2
X4
MOV
K333
D0
阀门开度设置为 50%
M0
X4
X2
X3
MOV
K500
D0
阀门开度设置为 100%
X1
RST
D0
系统关闭(开度 0%)
RST
M0
M1000
PWM
D0
K1000
Y1

图 10-11 控制程序

【程序说明】

（1）本例中通过设置 D0 值的大小来控制喷水阀门的开度，阀门开度$=t_{on}/t_{off}=$D0/

(K1000－D0)。

（2）按下系统启动按钮，X0 由 Off→On 变化一次，M0 被置位为 On，自动浇水系统启动，再按下对应的开度按钮即可进行浇水动作。

（3）按下 25%开度按钮，X2＝On，D0 值为 K200，D0/（K1000－D0）＝0.25，喷水阀门打开至 25%开度位置。

（4）按下 50%开度按钮，X3＝On，D0 值为 K333，D0/（K1000－D0）＝0.5，喷水阀门打开至 50%开度位置。

（5）按下 100%开度按钮，X4＝On，D0 值为 K500，D0/（K1000－D0）＝1，喷水阀门打开至 100%开度位置。

（6）按下系统关闭按钮，X1 由 Off→On 变化一次，D0 值被清零，D0/（K1000－D0）＝0，开度为 0，喷水阀门停止喷水，同时系统启动标志 M0 也被复位为 Off。

10.7 加减速控制伺服电动机（PLSR）

范例示意如图 10-12 所示。

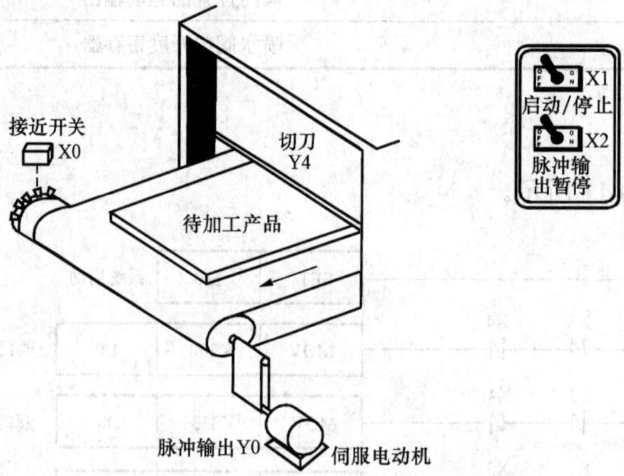
接近开关
X0
切刀
Y4
待加工产品
脉冲输出Y0
伺服电动机
X1
启动/停止
X2
脉冲输
出暂停

图 10-12 范例示意

【控制要求】

（1）多齿凸轮与伺服电动机同轴转动，由接近开关检测凸齿产生的脉冲信号，传送带凸轮上有 10 个凸齿，则伺服电动机旋转一圈，接近开关将接收到 10 个脉冲信号。

（2）当伺服电动机旋转 10 圈后（产生 100 个脉冲信号），传送带停止，切刀执行切割产品动作，1s 后切刀复位。由于伺服电动机所带的负载较大，因此伺服电动机在运动过程中需要有一个加减速过程，加减速时间设置为 200ms，时序如图 10-13 所示。

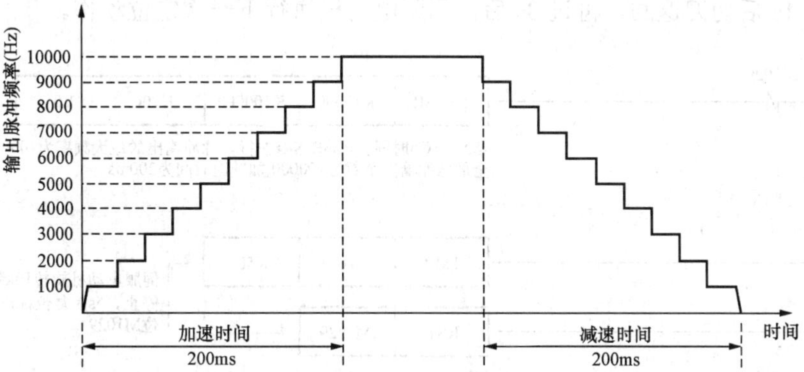
输出脉冲频率(Hz)
10000
9000
8000
7000
6000
5000
4000
3000
2000
1000
加速时间
200ms
减速时间
200ms
时间

图 10-13　时序

【元件说明】

元件说明见表 10-7。

表 10-7　　　　元　件　说　明

PLC 软元件	控　制　说　明
X0	接近开关（检测脉冲信号），检测到凸齿时，X0 状态为 On
X1	启动开关，按下时，X1 状态为 On
X2	脉冲暂停开关，按下时，X2 状态为 On
Y0	高速脉冲输出
Y4	切刀
C235	高速计数器

【控制程序】

控制程序如图 10-14 所示。

【程序说明】

（1）当启动开关闭合后，X1＝On，伺服电动机以 0.1r/s（f＝1000Hz）的速度开始旋转，每隔 20ms 伺服电动机的转速增加 0.1r/min，经过 200ms 后，转速增加到 1r/s（f＝10000Hz），伺服电动机开始以 1r/s 的速度匀速旋转。快到达目标位置时，伺服电动机开始作减速动作，到达目标位置后，伺服电动机停止运转。

（2）当脉冲暂停开关闭合后，X2＝On，伺服电动机停止运转，但脉冲计数值不会被保持。当 X2＝Off 时，伺服电动机继续旋转，到达目标位置后停止运转。

（3）由于伺服电动机每旋转一周，接近开关会接收到 10 个脉冲信号，当伺服电动机到达目标位置时，接近开关会接收 100 个脉冲信号，此时伺服电动机停止运转，切刀执行切割动作，1s 后切刀返回，再过 3s 后，伺服电动机执行下一次定位动作。

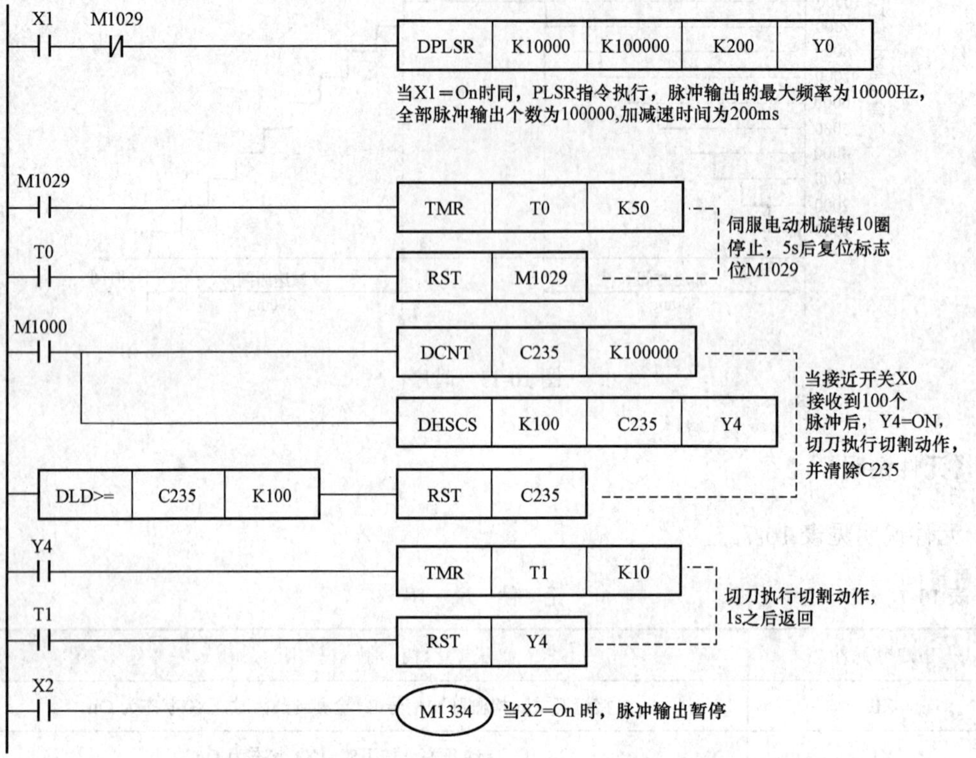
X1
M1029
DPLSR
K10000
K100000
K200
Y0
当X1＝On时间，PLSR指令执行，脉冲输出的最大频率为10000Hz，全部脉冲输出个数为100000,加减速时间为200ms
M1029
TMR
T0
K50
伺服电动机旋转10圈停止，5s后复位标志位M1029
T0
RST
M1029
M1000
DCNT
C235
K100000
DHSCS
K100
C235
Y4
当接近开关X0接收到100个脉冲后，Y4=ON，切刀执行切割动作，并清除C235
DLD>=
C235
K100
RST
C235
Y4
TMR
T1
K10
切刀执行切割动作，1s之后返回
T1
RST
Y4
X2
M1334
当X2=On 时，脉冲输出暂停

图 10-14 控制程序

11 应用指令浮点数运算设计范例

11.1 整数与浮点数混合的四则运算

范例示意如图 11-1 所示。

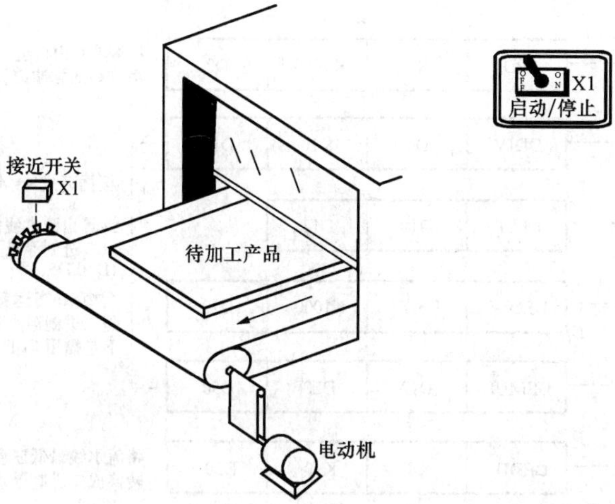
X1
启动/停止
接近开关
X1
待加工产品
电动机

图 11-1 范例示意

【控制要求】

（1）流水线作业中，生产管理人员需要对流水线的速度进行实时监控，流水线正常运行目标速度为 1.8m/s。

（2）电动机与多齿凸轮同轴转动，凸轮上有 10 个凸齿，电动机每旋转一周，接近开关接收到 10 个脉冲信号，流水线前进 0.325m。电动机转速（r/min）＝接近开关每分钟接收到的脉冲数/10，流水线速度＝电动机每秒旋转圈数×0.325＝（电动机转速/60）×0.325。

（3）流水线速度低于 0.8m/s 时，速度偏低灯亮；当流水线速度在 0.8～1.8m/s 之间时，速度正常灯亮；当流水线速度高于 1.8m/s 时，速度偏高灯亮。

（4）显示出流水线的速度以进行监控。

【元件说明】

元件说明见表 11-1。

表 11-1　　　元 件 说 明

PLC 软元件	控 制 说 明
X0	脉冲频率检测启动按钮，按下时，X0 状态为 On
X1	接近开关（检测脉冲），检测到凸齿，X1 产生一个脉冲
D0	测得脉冲频率
D50	流水线当前速度

【控制程序】

控制程序如图 11-2 所示。

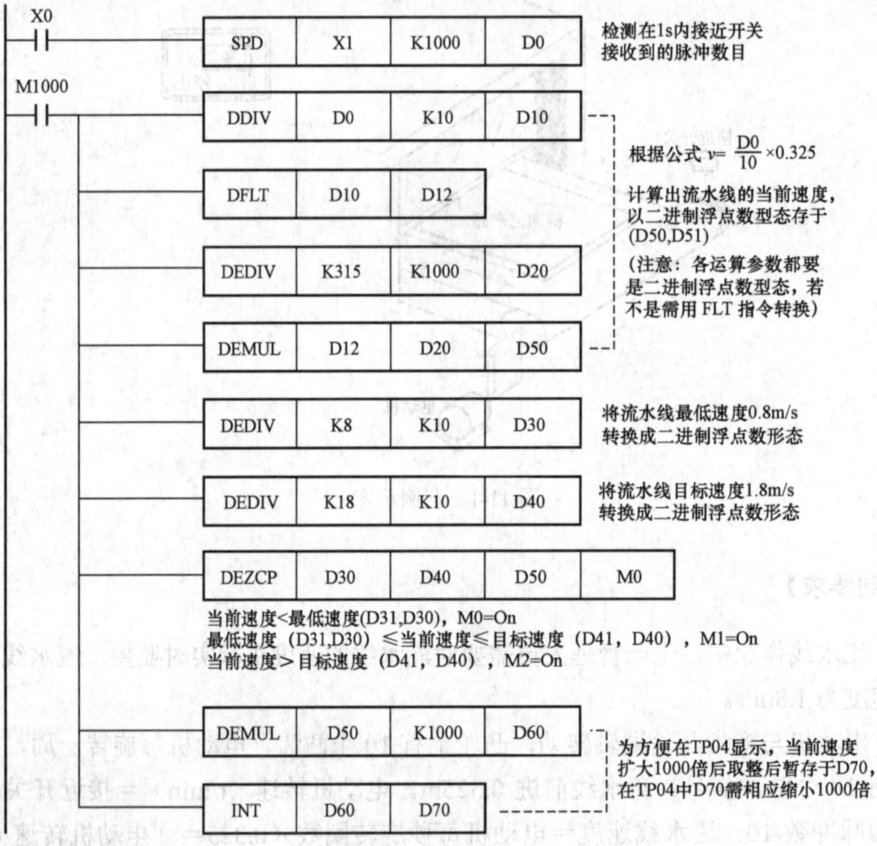
X0
SPD X1 K1000 D0
检测在1s内接近开关
接收到的脉冲数目
M1000
DDIV D0 K10 D10
根据公式 v= D0/10 ×0.325
计算出流水线的当前速度，
以二进制浮点数型态存于
(D50,D51)
(注意：各运算参数都要
是二进制浮点数型态，若
不是需用 FLT 指令转换)
DFLT D10 D12
DEDIV K315 K1000 D20
DEMUL D12 D20 D50
DEDIV K8 K10 D30
将流水线最低速度0.8m/s
转换成二进制浮点数形态
DEDIV K18 K10 D40
将流水线目标速度1.8m/s
转换成二进制浮点数形态
DEZCP D30 D40 D50 M0
当前速度<最低速度(D31,D30)，M0=On
最低速度（D31,D30）≤当前速度≤目标速度（D41，D40），M1=On
当前速度>目标速度（D41，D40），M2=On
DEMUL D50 K1000 D60
INT D60 D70
为方便在TP04显示，当前速度
扩大1000倍后取整后暂存于D70，
在TP04中D70需相应缩小1000倍

图 11-2　控制程序

【程序说明】

（1）利用 SPD 指令测得接近开关的脉冲频率（D0）来计算出电动机的转速。电动机转速（r/min）＝每分钟内测得的脉冲数目/10＝（脉冲频率×60）/10＝（D0×60）/10。

（2）再利用测得的频率 D0 计算出流水线速度

$$v=\frac{N}{60}\times 0.325=\frac{D0\times 60/10}{60}\times 0.325(m/s)=\frac{D0}{10}\times 0.325(m/s)$$

式中 v——流水线速度，m/s；

N——电动机转速，r/min；

D0——脉冲频率。

假设 SPD 指令测得的脉冲频率 D0＝K50，则根据上式可计算出流水线速度＝50/10×0.325m/s＝1.625m/s。

（3）计算流水线当前速度时运算参数含有小数点，所以需用二进制浮点数运算指令来实现。

（4）通过 DEZCP 指令来判断流水线当前速度与上下限速度的关系，判断结果反应在 M0～M2。

（5）程序中计算流水线速度涉及整型数和浮点型数的混合运算，在执行二进制浮点数运算指令之前各运算参数均需转换成二进制浮点数，若不是，需用 FLT 指令转换，然后才能用二进制浮点数指令进行运算。

（6）程序最后将当前速度扩大 1000 倍后再取整，目的是方便监控。

11.2 全为浮点数的四则运算

【控制要求】

使用台达的二进制浮点数运算指令完成（1.236＋1.324）×2.5÷10.24 的运算。

【元件说明】

元件说明见表 11-2。

表 11-2 元 件 说 明

PLC 软元件	控 制 说 明	PLC 软元件	控 制 说 明
X0	初始化开关	X1	运算执行控制开关

【控制程序】

控制程序如图 11-3 所示。

【程序说明】

（1）当 X0＝On 时，将相应的整型十进制数值传送到 D0～D7，组成 4 个十进制浮点数。

（2）当 X1＝On 时，执行二进制浮点数加减乘除四则混合运算。

（3）由于二进制浮点数表示不直观，通常需将二进制浮点数运算的最终结果转换成直观的十进制浮点数。本例中二进制浮点数结果（D105，D104）转换成十进制浮点数存放于（D107，D106）中，转换的结果为得 D106＝K6250，D107＝K－4，即代表 10 进制浮点数 $6250\times10^{-4}=0.625$。

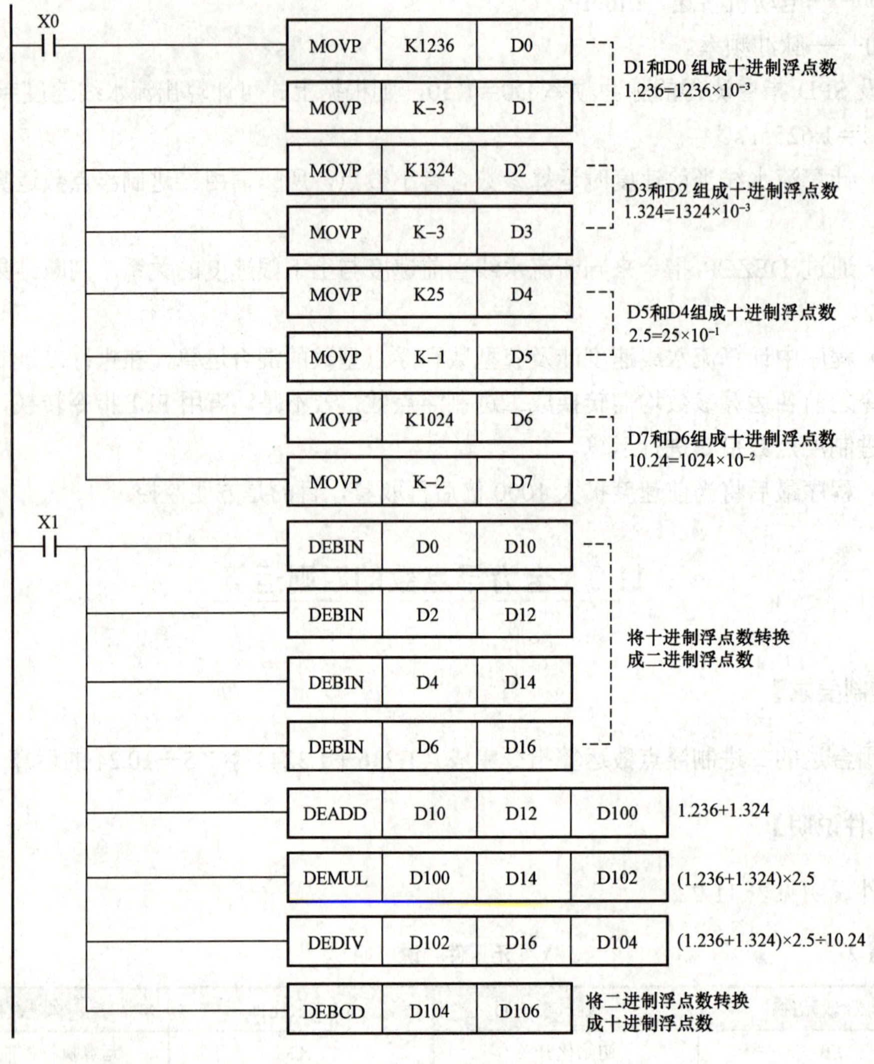
X0
MOVP K1236 D0
MOVP K-3 D1
D1和D0 组成十进制浮点数
1.236=1236×10⁻³
MOVP K1324 D2
MOVP K-3 D3
D3和D2 组成十进制浮点数
1.324=1324×10⁻³
MOVP K25 D4
MOVP K-1 D5
D5和D4组成十进制浮点数
2.5=25×10⁻¹
MOVP K1024 D6
MOVP K-2 D7
D7和D6组成十进制浮点数
10.24=1024×10⁻²
X1
DEBIN D0 D10
DEBIN D2 D12
DEBIN D4 D14
DEBIN D6 D16
将十进制浮点数转换
成二进制浮点数
DEADD D10 D12 D100
1.236+1.324
DEMUL D100 D14 D102
(1.236+1.324)×2.5
DEDIV D102 D16 D104
(1.236+1.324)×2.5÷10.24
DEBCD D104 D106
将二进制浮点数转换
成十进制浮点数

图 11-3 控制程序

12 应用指令通信设计范例

RS-232 / RS-485 通信在硬件配线上需遵守联机长度尽量短、远离强干扰源的原则。RS-232 通信界面为 1 对 1 联机且联机长度通常较短，一般采用市售标准通信线或台达提供的通信线，均不致发生问题。但对于高速 RS-485 网络，因其距离长、通信速率快、站数多、信号衰减大，再加上接地电位不良、终端阻抗匹配、噪声干扰、配线方式等问题，若不加以处理，将造成通信品质低劣，甚至完全不能工作的情形。因此特别针对 RS-485 通信在硬件配线上需特别注意的事项条例进行说明，使用时应注意。

一、站数限制

DVP-PLC 的通信站数虽多达 254 站，但 RS-485 界面的硬件驱动能力最多为 16 站，若超过 16 站就必须使用 RS-485 再生器（IFD-8510），每一再生器可再加挂 16 站，直到达到站数限制 254 台为止。

二、距离限制

在使用 RS-485 接口时，对于特定的传输线经，从发生器到负载的数据信号传输允许最大电缆长度是数据信号速率的函数，这个长度数据主要是受信号失真及噪声等影响所限制。图 12-1 所示的最大电缆长度与信号速率的关系曲线是使用 24AWG 铜芯双绞电话电缆（线径为 0.51mm）、线间旁路电容为 52.5pF/m、终端负载电阻为 100Ω 时所得出的（曲线引自 GB 11014—89 附录 A）。由图 12-1 可知，当数据信号速率降低到 90kbit/s 以下时，假定最大允许的信号损失为 6dBV 时，则电缆长度被限制在 1200m（4kft）。实际上，图 12-1

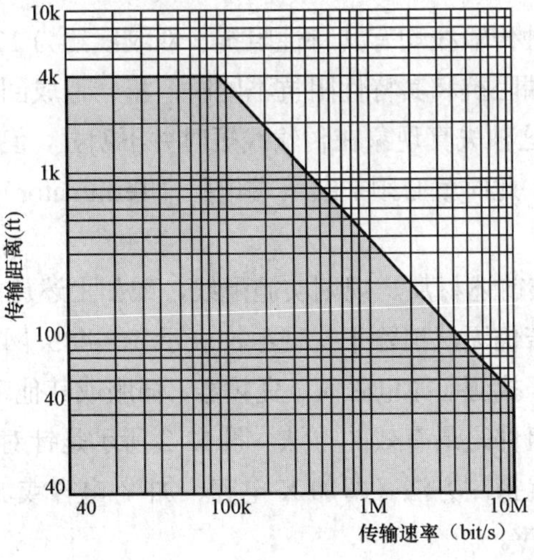
10k
4k
1k
100
40
40
40
100k
1M
10M
传输距离 (ft)
传输速率（bit/s）

图 12-1　RS-485 标准界面传输速率（bit/s）与传输距离关系

中的曲线是很保守的，在实用时完全可以取比它大的电缆长度。使用不同线径的电缆，则取得的最大电缆长度不相同。例如：当数据信号速率为 600kbit/s 时，采用 24AWG 电缆，由图 12-1 可知最大电缆长度是 200m，若采用 19AWG 电缆（线径为 0.91mm）则电缆长度将可以大于 200m；若采用 28AWG 电缆（线径为 0.32mm）则电缆长度只能小于 200m。

三、传输线限制

必须使用具有外层屏蔽被覆的双绞线（Twisted Pair）。传输线的质量对传输信号影响极大。质量不佳的双绞线（如 PVC 介质双绞线）在传输速率高时信号衰减极大，传输距离将大幅缩短，且其抗干扰能力较差。在传输速率高、距离远或干扰大的场合，应使用高质量的双绞线（Polyethylene 介质双绞线），其介质损失和 PVC 介质双绞线的损失相差可达 1000 倍，但在低传输速率且低干扰场合，PVC 双绞线则为可接受又经济的选择。若传输距离过长导致信号衰减太大，也可用 RS-485 再生器（IFD-8510）放大信号。

四、接线拓扑（Topology）

RS-485 接线中 485 节点要尽量减少与主干之间的距离，一般建议 RS-485 总线采用手牵手的总线拓扑结构。拓扑（Topology）即传输连结图形结构，RS-485 接线拓扑必须为一站串一站方式，即所有传输线必须由第一站接至第二站，再由第二站接至第三站……依序逐一地接至最后一站。不容许星状连接及环状连接。

五、SG 接地

虽然 RS-485 网络可以使用两条线连接，但较易受干扰，而且先决条件是任一站与站之间的接地电位差（共模电位）不得超过 RS-485 传输 IC 可容许的最大共模电压，否则 RS-485 将无法正常工作。

使用上无论接地电位如何，均建议使用具有外层屏蔽地网包覆的双绞线，而将各站的 SG 均由此外层包覆地线予以连接，以清除共模电位，并提供传输信号的最短回路，能有效提高抗噪声性。

六、终端电阻

信号传输电路中各种传输线均有其特性阻抗（双绞线约为 120Ω）。当信号在传输线中传输至终端时，若其终端阻抗和其特性阻抗不同时，将会造成回波反射信号，而使信号波形失真（凹陷或凸出）。这种失真现象在传输线短时并不明显，但随着传输线加长会越发严重，致使无法正确传输，此时就必须加装终端电阻（Terminator）。

七、干扰对策

当 RS-485 网络已依前述材质、规则实施配线，或如上述施加 120Ω 终端电阻后，即可消除绝大多数干扰。若仍无法消除干扰现象，表示 RS-485 网络附近有强干扰，解决办法除使传输线尽量远离干扰源（如电磁阀、变频器、伺服或其他动力装置）及其电力线外，对干扰源施加干扰抑制组件是最有效的方法。图 12-2 所示是针对变频器、伺服或其他强干扰动力设备所采取的干扰抑制方法（即加 X 电容、加 Y 电容或加 X+Y 电容三种方式）。C=0.22～0.47μF/AC 630V。

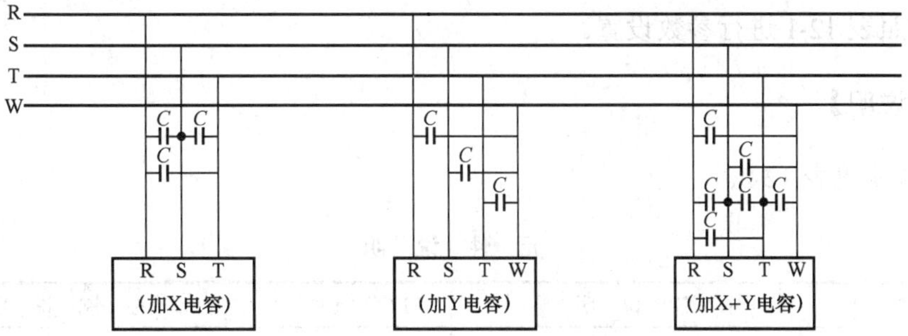
R
S
T
W
C
R S T
(加X电容)
R S T W
(加Y电容)
R S T W
(加X+Y电容)

图 12-2 干扰抑制方法

一般 RS-485 通信线由两根双绞线组成，它是通过两根通信线之间的电压差来传递信号，因此称为差分电压传输。差模干扰在两根信号线之间传输，属于对称性干扰。消除差模干扰的方法是在电路中增加一个偏值电阻，并采用双绞线。共模干扰在信号线与地之间传输，属于非对称性干扰。消除共模干扰的方法包括以下几种：

（1）采用屏蔽双绞线并有效接地。

（2）强电场的地方还要考虑采用镀锌管屏蔽。

（3）布线时远离高压线，更不能将高压电源线和信号线捆在一起走线。

（4）采用线性稳压电源或高质量的开关电源（纹波干扰小于 50mV）。

12.1 PLC 与台达 VFD-M 系列变频器通信（MODRD/MODWR）

【控制要求】

（1）读取 VFD-M 系列变频器主频率（频率指令）、输出频率，并将其分别存于 D0、D1 中（MODRD 指令实现）。

（2）设置变频器以主频率为 40Hz 正方向启动（MODWR 指令实现）。

【VFD-M 变频器参数必要设置】

VFD-M 变频器参数必要设置见表 12-1。

表 12-1　　VFD-M 变频器参数必要设置

参数	设置值	说　明
P00	03	主频率输入由串行通信控制（RS-485）
P01	03	运转指令由通信控制，键盘 STOP 有效
P88	01	VFD-M 系列变频器的通信地址为 1
P89	01	通信传送速度 Baud rate 9600
P92	01	MODBUS　ASCII 模式，资料格式<7，E，1>

当出现变频器因参数设置错乱而导致不能正常运行时，可先设置 P76＝10（回归出厂

值），再按照表 12-1 进行参数设置。

【元件说明】

元件说明见表 12-2。

表 12-2 元 件 说 明

PLC 软元件	控 制 说 明	PLC 软元件	控 制 说 明
M0	执行 MODRD 指令	M2	执行第 2 个 MODWR 指令
M1	执行第 1 个 MODWR 指令		

【控制程序】

控制程序如图 12-3 所示。

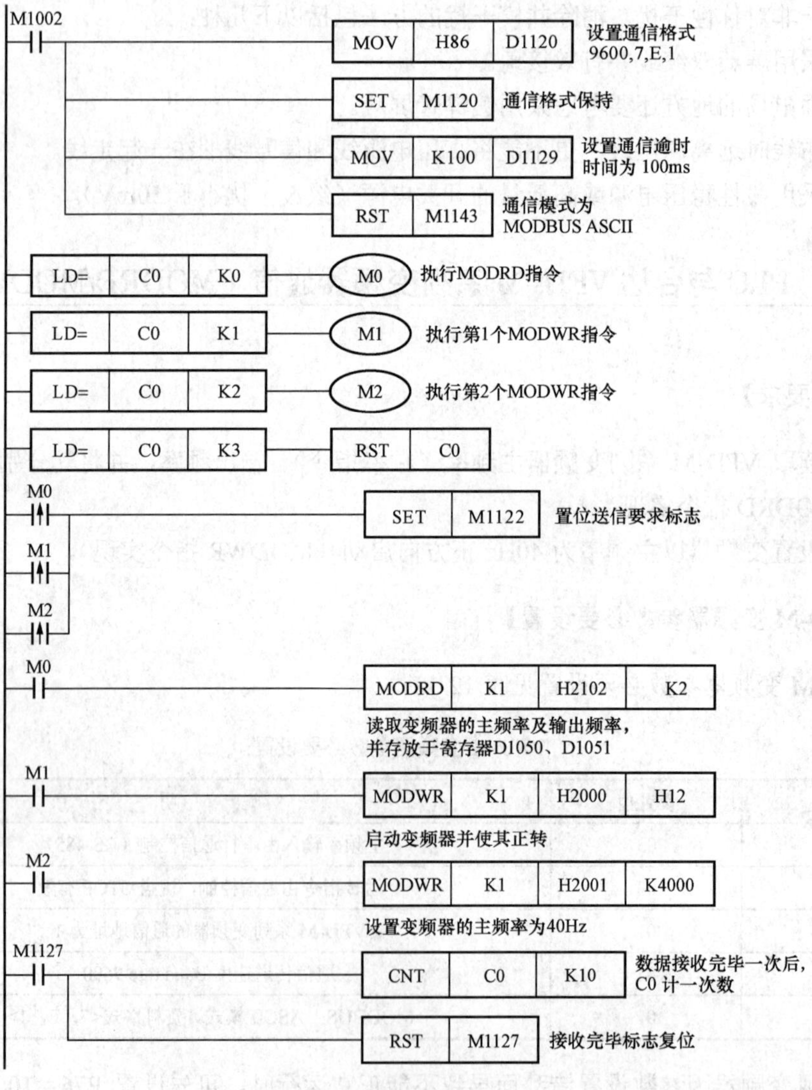

M1002
MOV H86 D1120
设置通信格式 9600,7,E,1
SET M1120
通信格式保持
MOV K100 D1129
设置通信逾时时间为 100ms
RST M1143
通信模式为 MODBUS ASCII
LD= C0 K0
M0
执行MODRD指令
LD= C0 K1
M1
执行第1个MODWR指令
LD= C0 K2
M2
执行第2个MODWR指令
LD= C0 K3
RST C0
M0
M1
M2
SET M1122
置位送信要求标志
M0
MODRD K1 H2102 K2
读取变频器的主频率及输出频率，并存放于寄存器D1050、D1051
M1
MODWR K1 H2000 H12
启动变频器并使其正转
M2
MODWR K1 H2001 K4000
设置变频器的主频率为40Hz
M1127
CNT C0 K10
数据接收完毕一次后，C0 计一次数
RST M1127
接收完毕标志复位

图 12-3 控制程序（一）

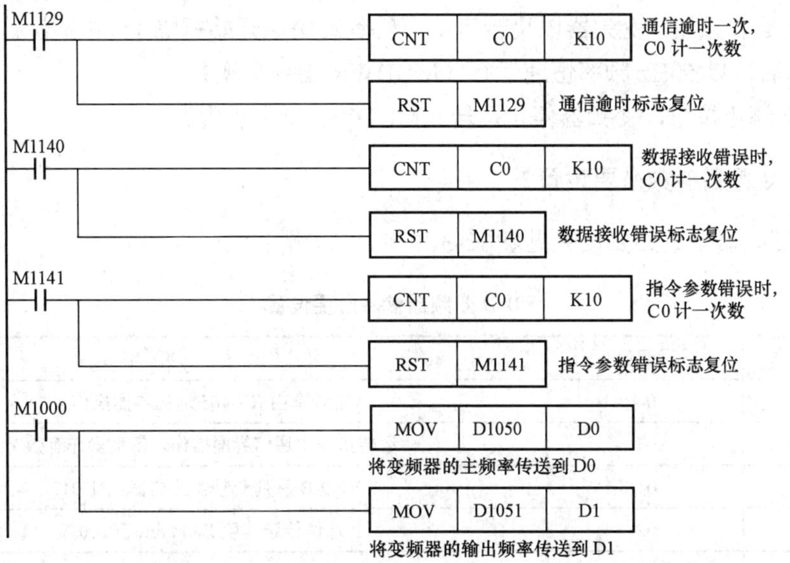
M1129
CNT C0 K10
通信逾时一次，
C0 计一次数
RST M1129
通信逾时标志复位
M1140
CNT C0 K10
数据接收错误时，
C0 计一次数
RST M1140
数据接收错误标志复位
M1141
CNT C0 K10
指令参数错误时，
C0 计一次数
RST M1141
指令参数错误标志复位
M1000
MOV D1050 D0
将变频器的主频率传送到 D0
MOV D1051 D1
将变频器的输出频率传送到 D1

图 12-3 控制程序（二）

【程序说明】

（1）对 PLC RS-485 通信口进行初始化，使其通信格式为 MODBUS ASCII，9600，7，E，1。变频器 RS485 通信口通信格式需与 PLC 通信格式一致。

（2）MODBUS 通信只会出现 4 种情况，正常通信完成对应通信标志 M1127，通信错误对应通信标志 M1129、M1140、M1141，所以，在程序中通过对这 4 个通信标志信号的 On/Off 状态进行计数，再利用 C0 的数值来控制 3 个 MODBUS 指令的依次执行，保证通信的可靠性。

（3）当 M0＝On 时，［MODRD K1 H2102 K2］指令被执行，PLC 读取变频器的“主频率”和“输出频率”，以 ASCII 码字符形式存放在 D1073～D1076，并自动将其内容转化成 16 进制数值储存至 D1050、D1051 中。

（4）当 M1＝On 时，［MODWR K1 H2000 H12］指令被执行，变频器启动并正方向运转。

（5）当 M2＝On 时，［MODWR K1 H2001 K4000］指令被执行，将变频器的主频率设置为 40Hz。

（6）程序的最后两行：［MOV D1050 D0］是将变频器的主频率存储在 D0 中；［MOV D1051 D1］是把变频器的输出频率存储于 D1 中。

（7）PLC 一开始 RUN，比较 C0＝0，就一直反复地对变频器进行通信的读写。

12.2 PLC 与台达 VFD-B 系列变频器通信（MODRD/MODWR）

【控制要求】

（1）读取 VFD-B 系列变频器的主频率（频率指令）、输出频率 （MODRD 指令实现）。

（2）按下运行按钮，变频器以反转启动，频率从 0Hz 开始每隔 1s 频率增大 1Hz，当频率到达 50Hz 后，以 50Hz 频率恒速运行（MODWR 指令实现）。

（3）按下停止按钮，变频器停止运转（MODWR 指令实现）。

【VFD-B 变频器参数必要设置】

VFD-B 变频器参数必要设置见表 12-3。

表 12-3　　VFD-B 变频器参数必要设置

参数	设置值	说　　明
02-00	04	主频率由 RS-485 通信界面操作
02-01	03	运转指令由通信界面操作，键盘操作有效
09-00	01	VFD-B 系列变频器的通信地址 01
09-01	02	通信传送速度 Baud rate 19200
09-04	03	MODBUS　RTU 模式，资料格式<8，N，2>

当出现变频器因参数设置错乱而导致不能正常运行时，可先设置 P00-02＝10（回归出厂值），再按照表 12-3 进行参数设置。

【元件说明】

元件说明见表 12-4。

表 12-4　　元　件　说　明

PLC 软元件	控　制　说　明	PLC 软元件	控　制　说　明
X0	启动按钮	M1	执行第 1 个 MODWR 指令
X1	停止按钮	M2	执行第 2 个 MODWR 指令
M0	执行 MODRD 指令		

【控制程序】

控制程序如图 12-4 所示。

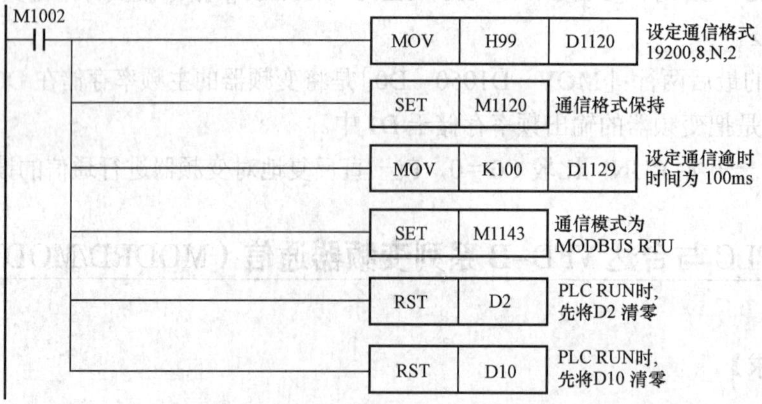
M1002
MOV
H99
D1120
设定通信格式
19200,8,N,2
SET
M1120
通信格式保持
MOV
K100
D1129
设定通信逾时
时间为 100ms
SET
M1143
通信模式为
MODBUS RTU
RST
D2
PLC RUN时,
先将D2 清零
RST
D10
PLC RUN时,
先将D10 清零

图 12-4　控制程序（一）

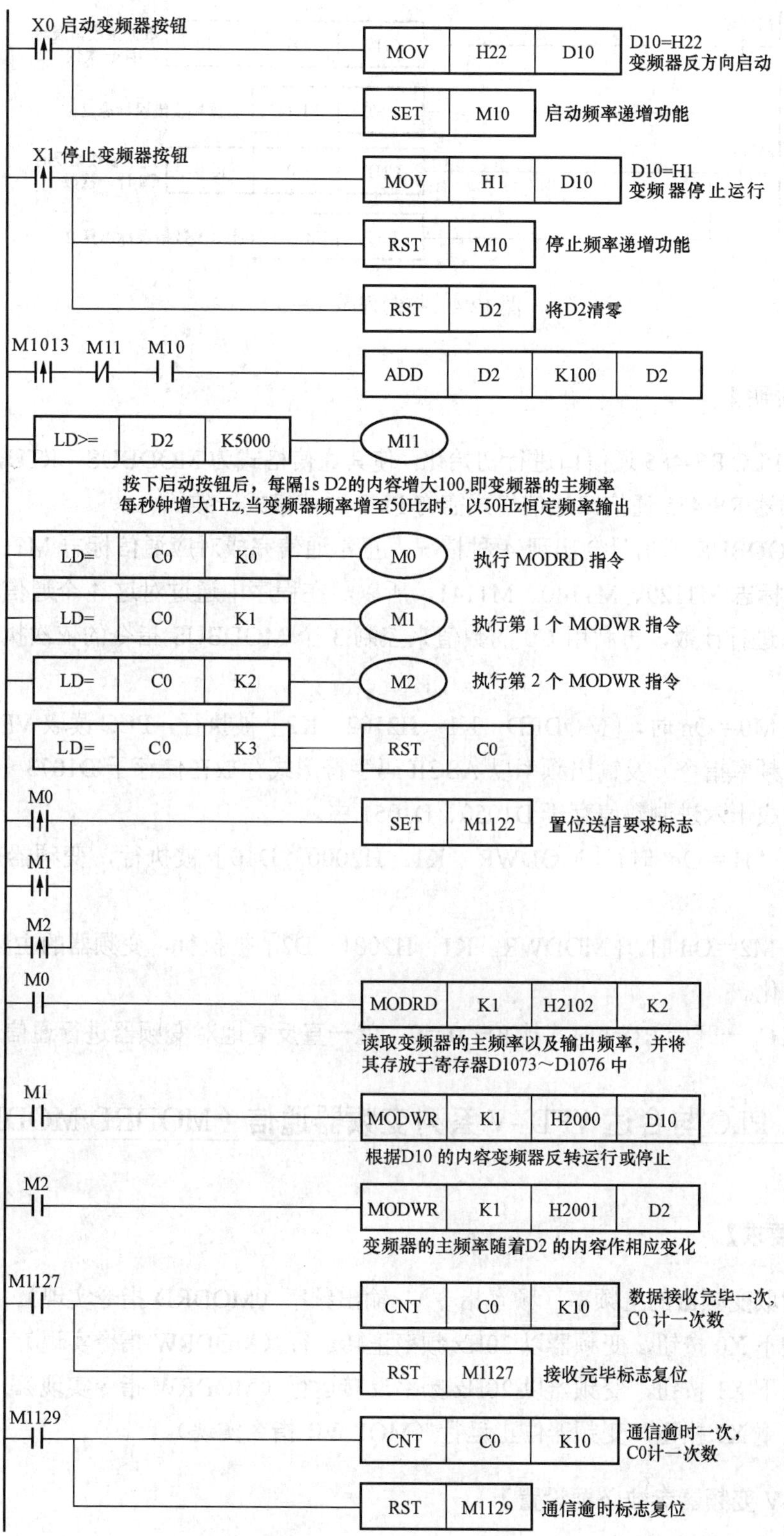
X0 启动变频器按钮
MOV H22 D10
D10=H22
变频器反方向启动
SET M10
启动频率递增功能
X1 停止变频器按钮
MOV H1 D10
D10=H1
变频器停止运行
RST M10
停止频率递增功能
RST D2
将D2清零
M1013 M11 M10
ADD D2 K100 D2
LD>= D2 K5000
M11
按下启动按钮后，每隔1s D2的内容增大100,即变频器的主频率
每秒钟增大1Hz,当变频器频率增至50Hz时，以50Hz恒定频率输出
LD= C0 K0
M0
执行 MODRD 指令
LD= C0 K1
M1
执行第 1 个 MODWR 指令
LD= C0 K2
M2
执行第 2 个 MODWR 指令
LD= C0 K3
RST C0
M0
M1
M2
SET M1122
置位送信要求标志
M0
MODRD K1 H2102 K2
读取变频器的主频率以及输出频率，并将
其存放于寄存器D1073～D1076 中
M1
MODWR K1 H2000 D10
根据D10 的内容变频器反转运行或停止
M2
MODWR K1 H2001 D2
变频器的主频率随着D2 的内容作相应变化
M1127
CNT C0 K10
数据接收完毕一次,
C0 计一次数
RST M1127
接收完毕标志复位
M1129
CNT C0 K10
通信逾时一次，
C0计一次数
RST M1129
通信逾时标志复位

图 12-4 控制程序（二）

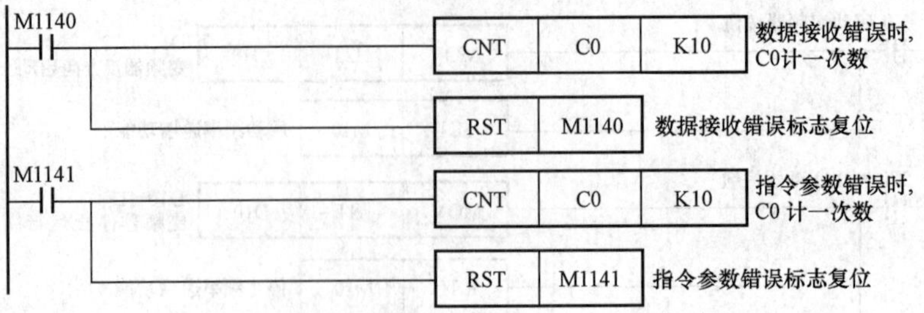
M1140
CNT
C0
K10
数据接收错误时，
C0计一次数
RST
M1140
数据接收错误标志复位
M1141
CNT
C0
K10
指令参数错误时，
C0 计一次数
RST
M1141
指令参数错误标志复位

图 12-4 控制程序（三）

【程序说明】

（1）对 PLC RS-485 通信口进行初始化，使其通信格式为 MODBUS RTU，19200，8，N，2。变频器 RS-485 通信口通信格式需与 PLC 通信格式一致。

（2）MODBUS 通信只会出现 4 种情况，正常通信完成对应通信标志 M1127，通信错误对应通信标志 M1129、M1140、M1141，所以，在程序中通过对这 4 个通信标志信号的 On/Off 状态进行计数，再利用 C0 的数值来控制 3 个 MODBUS 指令的依次执行，保证通信的可靠性。

（3）当 M0＝On 时，［MODRD K1 H2102 K2］被执行，PLC 读取 VFD-B 变频器的主频率（频率指令）及输出频率以 ASCII 码字符形式存放在储存于 D1073～D1076 中，并自动转换成十六进制数值存于 D1050、D1051 中。

（4）当 M1＝On 时，［MODWR K1 H2000 D10］被执行，变频器启动反方向运转。

（5）当 M2＝On 时，［MODWR K1 H2001 D2］被执行，变频器的主频率随着 D2 值变化而变化。

（6）PLC 一开始 RUN 时，比较 C0＝0，就一直反复地对变频器进行通信读写。

12.3 PLC 与台达 VFD-V 系列变频器通信（MODRD/MODRW）

【控制要求】

（1）读取变频器的主频率（频率指令）、输出频率（MODRD 指令实现）。
（2）按下 X0 按钮，变频器以 30Hz 频率正转运行（MODRW 指令实现）。
（3）按下 X1 按钮，变频器以 20Hz 频率反转运行（MODRW 指令实现）。
（4）按下 X2 按钮，变频器停止运行（MODWR 指令实现）。

【VFD-V 变频器参数必要设置】

VFD-V 变频器参数必要设置见表 12-5。

表 12-5　　　　**VFD-V 变频器参数必要设置**

参数	设置值	说　明
00-20	1	主频率由 RS-485 通信界面操作
00-21	0	运转指令由通信界面操作，键盘操作有效
09-00	01	VFD-V 系列变频器的通信地址 01
09-01	9.6	通信传送速度 Baud rate　9600
09-04	02	ASCII 模式，资料格式<7，E，1>

当出现变频器因参数设置错乱而导致不能正常运行时，可先设置 P00-02＝10（回归出厂值），再按照表 12-5 进行参数设置。

【元件说明】

元件说明见表 12-6。

表 12-6　　　　**元　件　说　明**

PLC 软元件	控制说明	PLC 软元件	控制说明
X0	正转运行按钮	M0	执行 MODRD 指令
X1	反转运行按钮	M1	执行 MODWR 指令
X2	停止按钮		

【控制程序】

控制程序如图 12-5 所示。

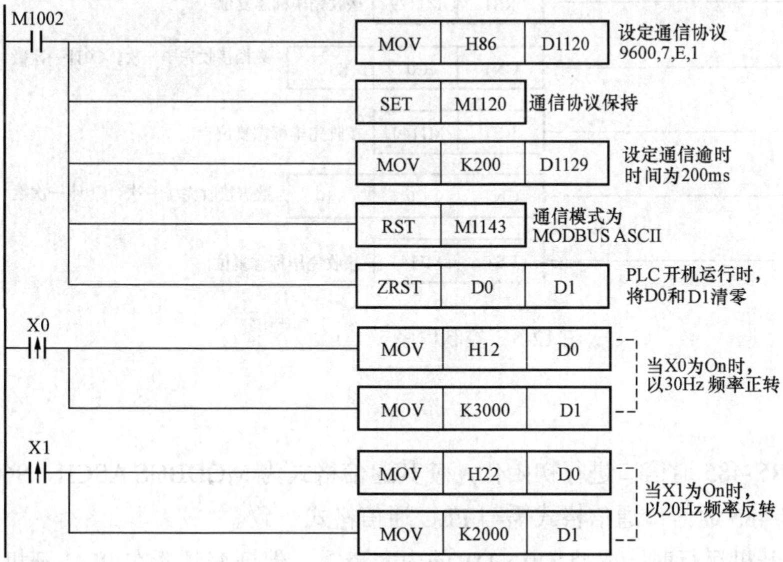
M1002
MOV H86 D1120
设定通信协议
9600,7,E,1
SET M1120
通信协议保持
MOV K200 D1129
设定通信逾时
时间为200ms
RST M1143
通信模式为
MODBUS ASCII
ZRST D0 D1
PLC开机运行时，
将D0和D1清零
X0
MOV H12 D0
MOV K3000 D1
当X0为On时，
以30Hz 频率正转
X1
MOV H22 D0
MOV K2000 D1
当X1为On时，
以20Hz频率反转

图 12-5　控制程序（一）

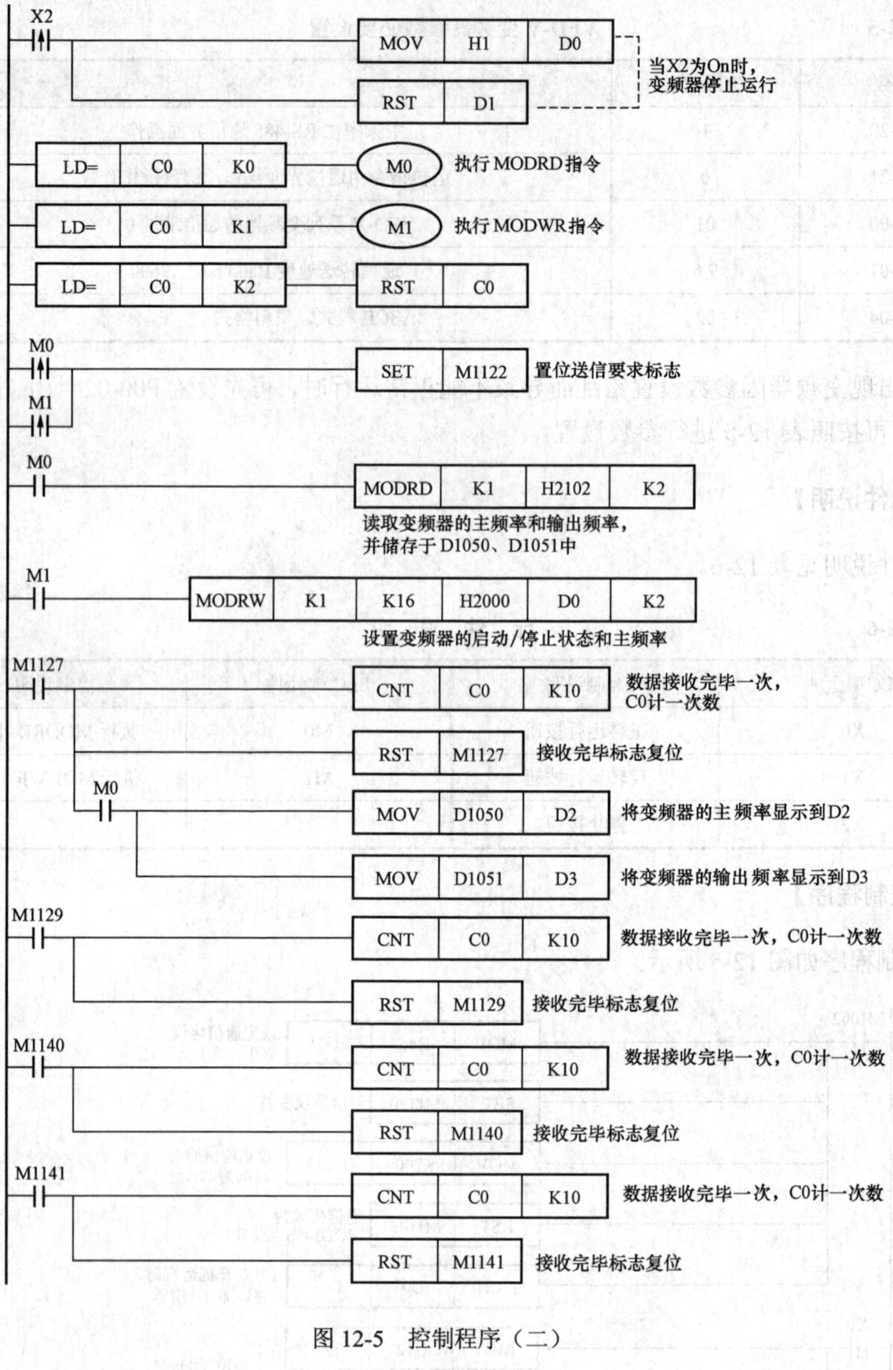
X2
MOV H1 D0
RST D1
当X2为On时，
变频器停止运行
LD= C0 K0
M0
执行MODRD指令
LD= C0 K1
M1
执行MODWR指令
LD= C0 K2
RST C0
M0
M1
SET M1122
置位送信要求标志
M0
MODRD K1 H2102 K2
读取变频器的主频率和输出频率，
并储存于D1050、D1051中
M1
MODRW K1 K16 H2000 D0 K2
设置变频器的启动/停止状态和主频率
M1127
CNT C0 K10
数据接收完毕一次，
C0计一次数
RST M1127
接收完毕标志复位
M0
MOV D1050 D2
将变频器的主频率显示到D2
MOV D1051 D3
将变频器的输出频率显示到D3
M1129
CNT C0 K10
数据接收完毕一次，C0计一次数
RST M1129
接收完毕标志复位
M1140
CNT C0 K10
数据接收完毕一次，C0计一次数
RST M1140
接收完毕标志复位
M1141
CNT C0 K10
数据接收完毕一次，C0计一次数
RST M1141
接收完毕标志复位

图12-5 控制程序（二）

【程序说明】

（1）对PLC RS-485通信口进行初始化，使其通信格式为MODBUS ASCII，9600，7，E，1。变频器RS-485通信口通信格式需与PLC通信格式一致。

（2）在PLC开机运行时，先将D0、D1的内容清零，保证变频器在PLC开机时处于停止状态。

（3）当 X0 被触发时，变频器以正转启动，运行频率为 30Hz。

（4）当 X1 被触发时，变频器以反转启动，运行频率为 20Hz。

（5）当 X2 被触发时，变频器停止运行。

（6）MODBUS 通信只会出现 4 种情况，正常通信完成对应通信标志 M1127，通信错误对应通信标志 M1129、M1140、M1141，所以，在程序中通过对这 4 个通信标志信号的 On/Off 状态进行计数，再利用 C0 的数值来控制 3 个 MODBUS 指令的依次执行，保证通信的可靠性。

（7）将读出来放在 D1050、D1051 中的主频率和输出频率传送到 D2、D3。

（8）PLC 一开始 RUN，比较 C0＝0，就一直反复地对变频器进行通信的读写。

12.4 PLC 与 ASD-A 伺服驱动器通信（位置控制，MODRD/MODRW）

伺服控制指示面板如图 12-6 所示。

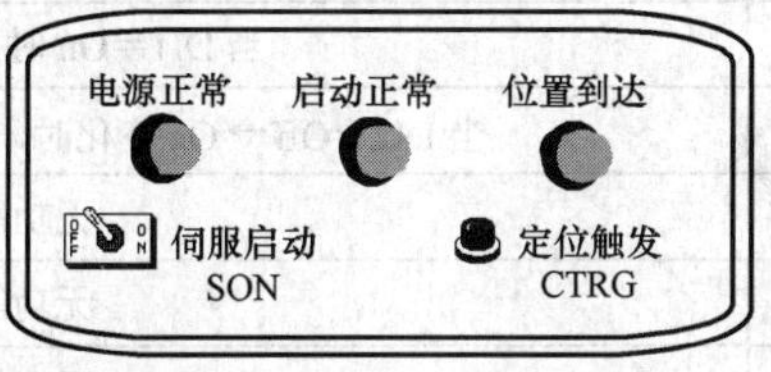
电源正常
启动正常
位置到达
伺服启动
SON
定位触发
CTRG

图 12-6 伺服控制指示面板

台达 ASD-A 伺服硬件接线如图 12-7 所示。

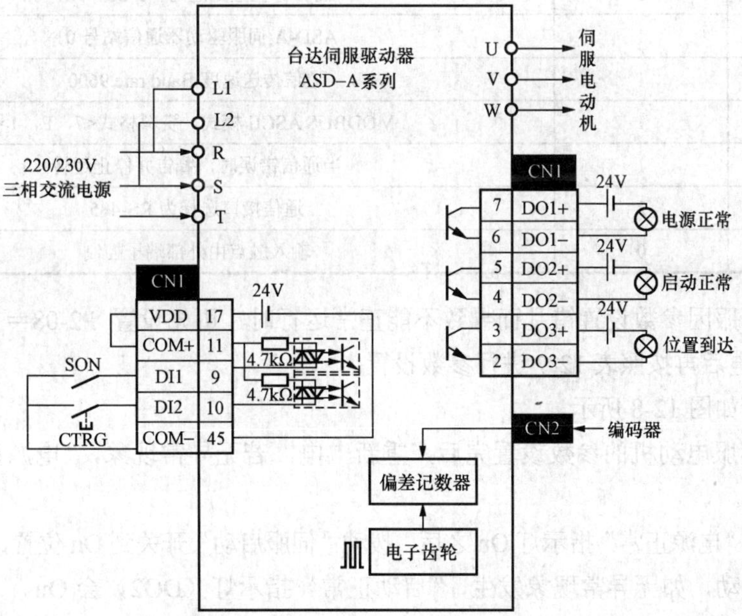
台达伺服驱动器
ASD–A系列
L1
L2
R
S
T
220/230V
三相交流电源
U
V
W
伺服电动机
CN1
24V
7 DO1+
6 DO1−
5 DO2+
4 DO2−
3 DO3+
2 DO3−
电源正常
启动正常
位置到达
VDD 17
COM+ 11
DI1 9
DI2 10
COM− 45
SON
CTRG
4.7kΩ
CN2
编码器
偏差记数器
电子齿轮

图 12-7 台达 ASD-A 伺服硬件接线

【控制要求】

（1）读取伺服驱动器的目标位置（增量型位置）（MODRD 指令实现）。

（2）设置伺服驱动器的目标位置（增量型位置）（MODRW 指令实现）。

（3）按下对应开关和按钮，伺服启动和定位动作被触发（利用伺服 DI1～DI2 输入点）。

（4）将伺服的状态通过面板上指示灯显示出来（利用伺服 DO1～DO3 输出点）。

【ASD-A 伺服驱动器参数必要设置】

ASD-A 伺服驱动器参数必要设置见表 12-7。

表 12-7　ASD-A 伺服驱动器参数必要设置

参数	设置值	说　明
P1-01	1	位置控制模式（命令由内部寄存器控制）
P1-33	1	增量型位置控制（相对定位）
P2-10	101	当 DI1＝On 时，伺服启动
P2-11	108	当 DI2＝Off→On 变化时，CTRG 内部命令被触发
P2-15	0	无功能
P2-16	0	无功能
P2-17	0	无功能
P2-18	101	当电源输入后，若没有异常发生，DO1＝On
P2-19	102	当伺服启动后，若没有异常发生，DO2＝On
P2-20	105	当目标位置到达时，DO3＝On
P3-00	1	ASD-A 伺服驱动器通信站号 01
P3-01	1	通信传送速度 Baud rate 9600
P3-02	1	MODBUS ASCII 模式，资料格式<7，E，1>
P3-03	1	当通信错误时，警告并停止运转
P3-05	2	通信接口选择为 RS-485
P3-06	0	输入触点由外部端子控制

当出现伺服因参数设置错乱而导致不能正常运行时，可先设置 P2-08＝10（回归出厂值），重新上电后再按照表 12-7 进行参数设置。

操作步骤如图 12-8 所示。

（1）将伺服电动机的参数设置完后，重新上电，若无异常现象，“电源正常”指示灯（DO1）会 On。

（2）等待“电源正常”指示灯 On 之后，拨动“伺服启动”开关到 On 位置，使 DI1＝On，伺服电动机启动，如无异常现象发生，“启动正常”指示灯（DO2）会 On。

（3）等待“启动正常”指示灯 On 之后，按下“定位触发”按钮，DI2 被触发一次，伺服电动机转动 10.5 圈，完成后“位置到达”指示灯（对应 DO3）会 On。

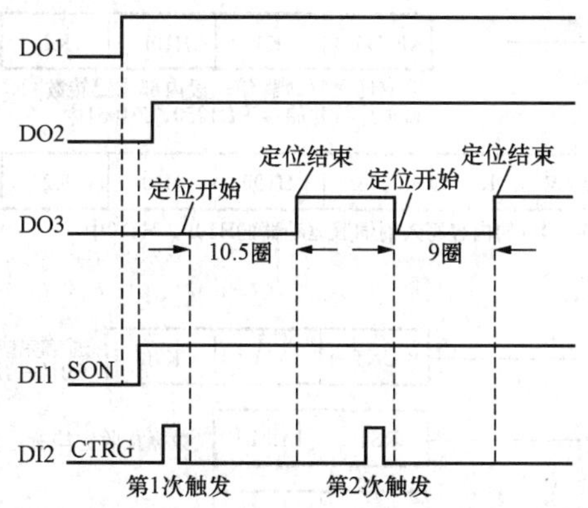
DO1
电源正常
DO2
启动正常
定位结束
定位开始
定位开始
定位结束
DO3
位置到达
10.5圈
9圈
DI1 SON
启动伺服
DI2 CTRG
触发定位
第1次触发
第2次触发

图 12-8 操作步骤

【元件说明】

元件说明见表 12-8。

表 12-8 元 件 说 明

PLC 软元件	控制说明	PLC 软元件	控制说明
M0	执行 MODRD 指令	M1	执行 MODRW 指令

【控制程序】

控制程序如图 12-9 所示。

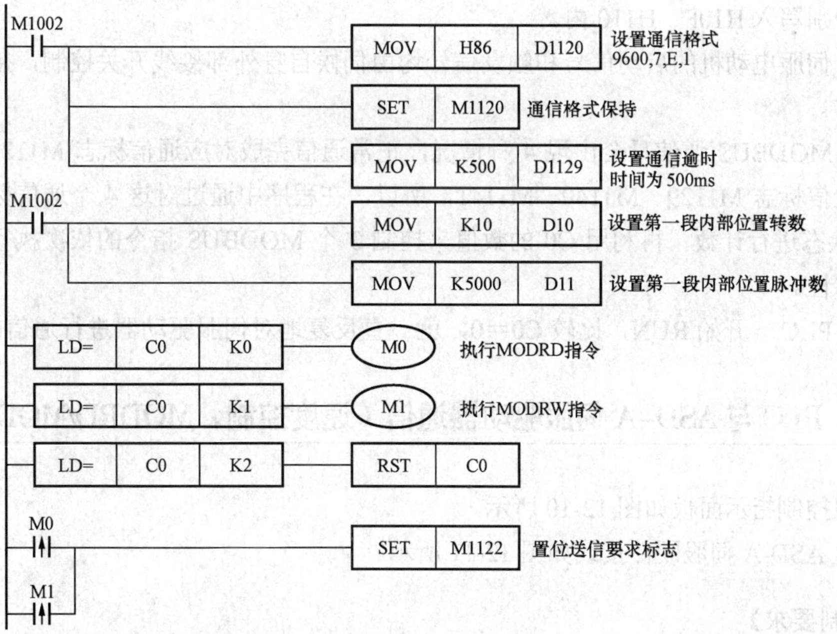
M1002
MOV H86 D1120
设置通信格式
9600,7,E,1
SET M1120
通信格式保持
MOV K500 D1129
设置通信逾时
时间为500ms
M1002
MOV K10 D10
设置第一段内部位置转数
MOV K5000 D11
设置第一段内部位置脉冲数
LD= C0 K0
M0
执行MODRD指令
LD= C0 K1
M1
执行MODRW指令
LD= C0 K2
RST C0
M0
SET M1122
置位送信要求标志
M1

图 12-9 控制程序（一）

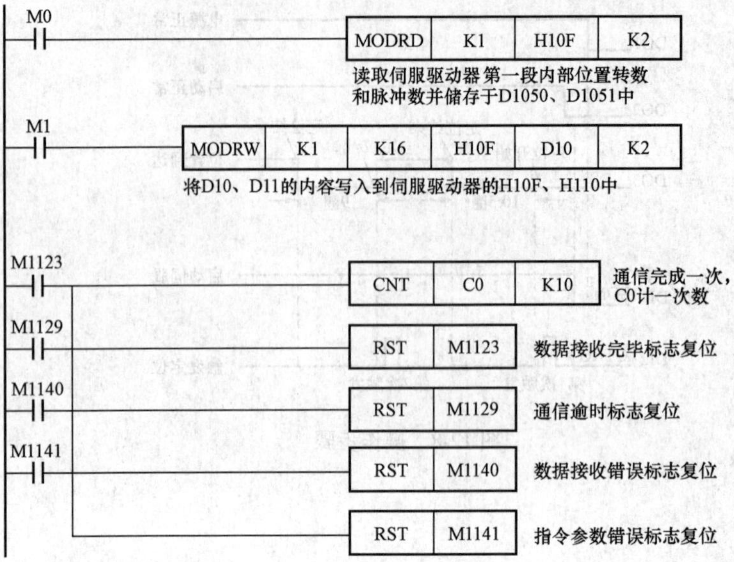
M0
MODRD
K1
H10F
K2
读取伺服驱动器第一段内部位置转数和脉冲数并储存于D1050、D1051中
M1
MODRW
K1
K16
H10F
D10
K2
将D10、D11的内容写入到伺服驱动器的H10F、H110中
M1123
CNT
C0
K10
通信完成一次，C0计一次数
M1129
RST
M1123
数据接收完毕标志复位
M1140
RST
M1129
通信逾时标志复位
M1141
RST
M1140
数据接收错误标志复位
RST
M1141
指令参数错误标志复位

图 12-9　控制程序（二）

【程序说明】

（1）对 PLC RS-485 通信口进行初始化，使其通信格式为 MODBUS　ASCII，9600，7，E，1。ASD-A 系列伺服驱动器的通信格式与 PLC 通信口保持一致。

（2）当 M0＝On 时，［MODRD　K1　H10F　K2］被执行，将第一段内部位置的转数和脉冲数读出并自动存放到 D1050、D1051 中。

（3）当 M1＝On 时，［MODWR　K1　K16　H10F　D10　K2］被执行，将 D10、D11 的内容分别写入 H10F、H110 内。

（4）伺服电动机的启动信号和触发信号均由伺候自身外部接线开关控制，接线方式参考图 12-7。

（5）MODBUS 通信只会出现 4 种情况，正常通信完成对应通信标志 M1127，通信错误对应通信标志 M1129、M1140、M1141，所以，在程序中通过对这 4 个通信标志信号的 On/Off 状态进行计数，再利用 C0 的数值来控制 3 个 MODBUS 指令的依次执行，保证通信的可靠性。

（6）PLC 一开始 RUN，比较 C0＝0，就一直反复地对伺服驱动器进行通信的读写。

12.5　PLC 与 ASD-A 伺服驱动器通信（速度控制，MODRD/MODRW）

伺服控制指示面板如图 12-10 所示。

台达 ASD-A 伺服硬件接线如图 12-11 所示。

【控制要求】

（1）读取伺服电动机的转速并传送到 D0 中显示（MODRD 指令实现）。

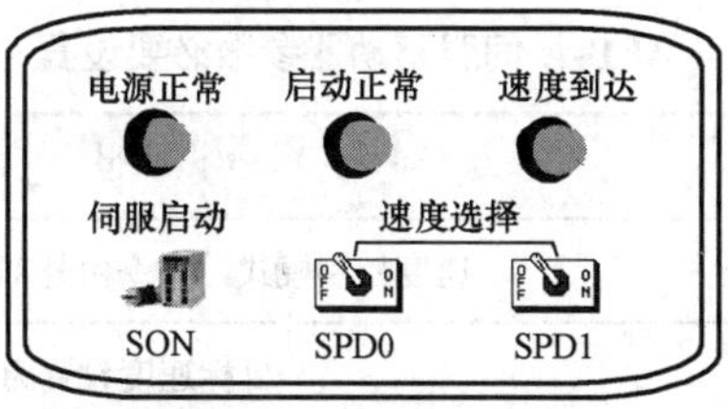

电源正常
启动正常
速度到达
伺服启动
速度选择
SON
SPD0
SPD1

图 12-10 伺服控制指示面板

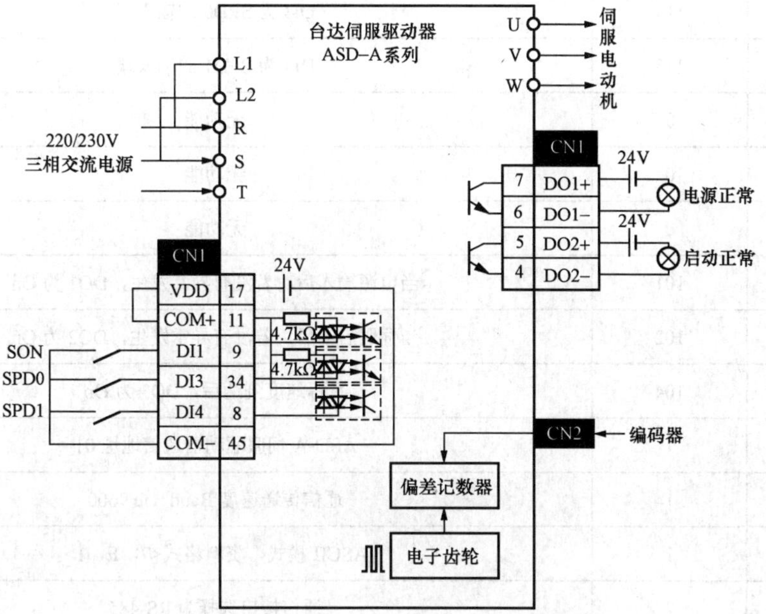

台达伺服驱动器
ASD–A系列
L1
L2
R
S
T
220/230V
三相交流电源
U
V
W
伺服电动机
CN1
24V
DO1+
DO1–
DO2+
DO2–
电源正常
启动正常
VDD
COM+
DI1
DI3
DI4
COM–
SON
SPD0
SPD1
4.7kΩ
CN2
编码器
偏差记数器
电子齿轮

图 12-11 台达 ASD-A 伺服硬件接线

（2）实现两种固定转速和任意转速的运行（MODRW 指令配合开关 SPD0、SPD1 实现）。

（3）伺服速度选择开关的定义见表 12-9。

表 12-9　　伺服速度选择开关的定义

SPD0 状态	SPD1 状态	功 能 说 明
On	Off	将 SPD0 拨动到 On 的位置，选择 P1-09 中设置的第 1 段速度（速度值由 D9 决定，程序中 D9 的值固定为 K1500，电动机将固定以 1500r/min 正转运行）
Off	On	将 SPD1 拨动到 On 的位置，选择 P1-10 中设置的第 2 段速度（速度值由 D10 决定，程序中 D10 的值固定为 K－1500，则固定以 1500r/min 反转运行）
On	On	将 SPD0 和 SPD1 都拨动到 On 的位置，选择 P1-11 中设置的第 3 段速度（速度值由 D11 决定，可通过改变 D11 的值实现任意速度的运转）

（4）将伺服的状态通过控制面板上的指示灯显示出来（利用伺服 DO1～DO3 输出点）。

【ASD-A 伺服驱动器参数必要设置】

ASD-A 伺服驱动器参数必要设置见表 12-10。

表 12-10 ASD-A 伺服驱动器参数必要设置

参数	设置值	说　明
P1-01	2	速度控制模式，命令由外部端子/内部寄存器控制
P1-39	1500	目标速度设置为 1500r/min
P2-10	101	当 DI1＝On 时，SON 伺服启动
P2-12	114	DI3 为 SPD0 的输入端
P2-13	115	DI4 为 SPD1 的输入端
P2-15	0	无功能
P2-16	0	无功能
P2-17	0	无功能
P2-18	101	当电源输入后，若没有异常发生，DO1 为 On
P2-19	102	当伺服启动后，若没有异常发生，DO2 为 On
P2-20	104	目标速度到达后，DO3 为 On
P3-00	1	ASD-A 伺服驱动器通信地址 01
P3-01	1	通信传送速度 Baud rate 9600
P3-02	1	ASCII 模式，资料格式<7，E，1>
P3-05	2	通信接口选择为 RS-485
P3-06	0	输入接点设置为外部控制

当出现伺服因参数设置错乱而导致不能正常运行时，可先设置 P2-08＝10（回归出厂值），重新上电后再按照表 12-10 进行参数设置。

操作步骤如图 12-12 所示。

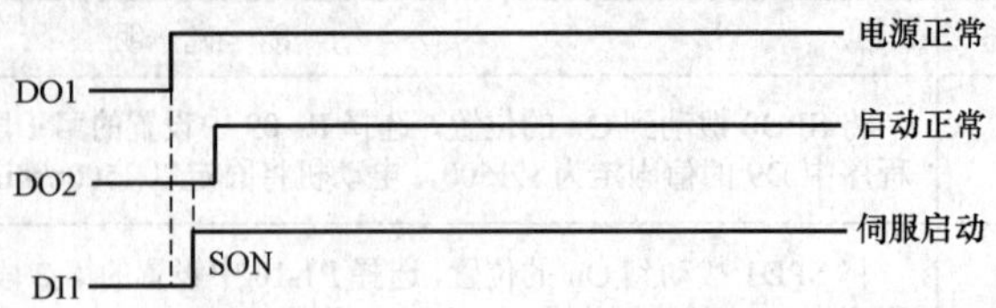
电源正常
DO1
启动正常
DO2
伺服启动
SON
DI1

图 12-12 操作步骤

（1）将伺服的参数设置完后重新上电，若无异常现象，“电源正常”指示灯（DO1）会 On。

（2）等待“电源正常”指示灯 On 之后，拨动“伺服启动”开关到 On 位置，使 DI1＝On，伺服被启动，如无异常现象发生，“启动正常”指示灯（DO2）会 On。

（3）等待“启动正常”指示灯 On 之后，若仅拨动 SPD0 开关到 On 位置，则执行参数

P1-09 中设置的速度；若仅拨动 SPD1 开关到 On 位置，则执行参数 P1-10 中设置的速度；若 SPD0 开关和 SPD1 开关都拨动到 On 位置，则执行参数 P1-11 中设置的速度。

【元件说明】

元件说明见表 12-11。

表 12-11　　元　件　说　明

PLC 软元件	控制说明
M0	执行 MODRD 指令
M1	执行 MODWR 指令

【控制程序】

控制程序如图 12-13 所示。

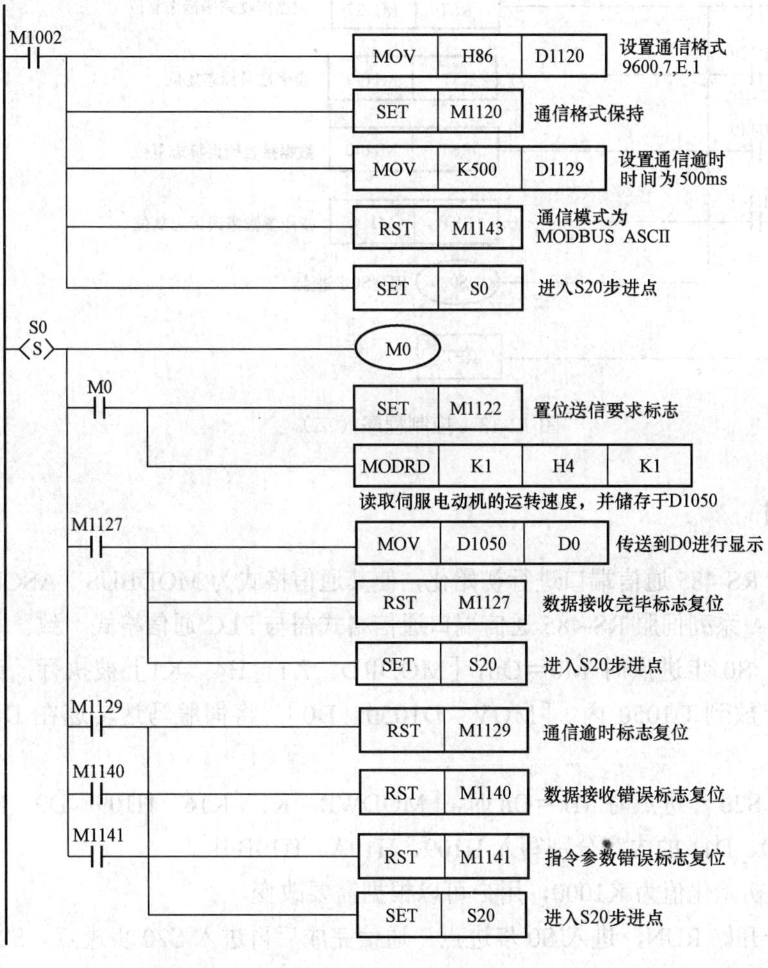
M1002
MOV H86 D1120
设置通信格式 9600,7,E,1
SET M1120
通信格式保持
MOV K500 D1129
设置通信逾时时间为500ms
RST M1143
通信模式为 MODBUS ASCII
SET S0
进入S20步进点
S0
S
M0
M0
SET M1122
置位送信要求标志
MODRD K1 H4 K1
读取伺服电动机的运转速度，并储存于D1050
M1127
MOV D1050 D0
传送到D0进行显示
RST M1127
数据接收完毕标志复位
SET S20
进入S20步进点
M1129
RST M1129
通信逾时标志复位
M1140
RST M1140
数据接收错误标志复位
M1141
RST M1141
指令参数错误标志复位
SET S20
进入S20步进点

图 12-13　控制程序（一）

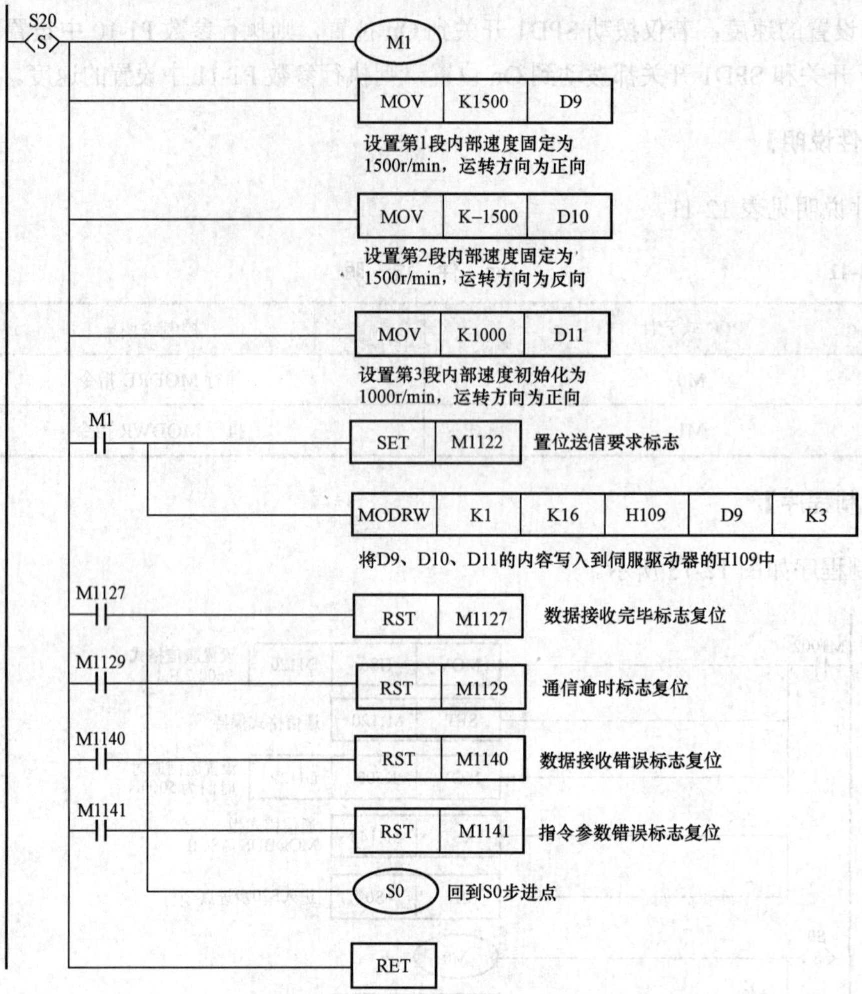
S20
S
M1
MOV K1500 D9
设置第1段内部速度固定为
1500r/min，运转方向为正向
MOV K-1500 D10
设置第2段内部速度固定为
1500r/min，运转方向为反向
MOV K1000 D11
设置第3段内部速度初始化为
1000r/min，运转方向为正向
M1
SET M1122
置位送信要求标志
MODRW K1 K16 H109 D9 K3
将D9、D10、D11的内容写入到伺服驱动器的H109中
M1127
RST M1127
数据接收完毕标志复位
M1129
RST M1129
通信逾时标志复位
M1140
RST M1140
数据接收错误标志复位
M1141
RST M1141
指令参数错误标志复位
S0
回到S0步进点
RET

图 12-13　控制程序（二）

【程序说明】

（1）对PLC RS-485通信端口进行初始化，使其通信格式为MODBUS　ASCII，9600，7，E，1。ASD-A系列伺服RS-485通信端口通信格式需与PLC通信格式一致。

（2）当进入S0步进点时M0＝On，［MODRD　K1　H4　K1］被执行，读取伺服电动机转速并存放到D1050内。［MOV　D1050　D0］，将伺服马达转速在D0中进行显示。

（3）当进入S20步进点时M1＝On时，［MODWR　K1　K16　H109　D9　K3］被执行，将D9、D10、D11的内容分别写入H109、H10A、H10B中。

（4）D11的初始化值为K1000，用户可以根据需要改变。

（5）PLC一开始RUN，进入S0步进点，通信完成后再进入S20步进点。S20步进点通信完成后再回到S0步进点，就一直反复地对伺服驱动器进行通信的读写。

12.6 PLC 与台达 DTA 系列温控器通信（MODRD/MODWR）

【控制要求】

（1）读取温控器的目标温度、现在温度（通信地址 H4700，MODRD 指令实现）。

（2）设置温控器的目标温度为 24℃（通信地址 H4701，MODWR 指令实现）。

（3）设置加热/冷却控制周期为 20s（通信地址 H4712，MODWR 指令实现）。

（4）设置控制方式为冷却控制模式（通信地址 H4718，MODWR 指令实现）。

【DTA 温控器参数必要设置】

DTA 温控器参数必要设置见表 12-12。

表 12-12　　DTA 温控器参数必要设置

参　数	参 数 说 明	设置值
CoSH	C WE：通信写入功能禁止/允许	On
C-SL	C-SL：ASCII、RTU 通信格式选择	ASCII
C-no	C NO：通信地址设置	1
bPS	BPS：通信传输速率设置	9600
LEn	LENGTH：通信位长度值设置	7
PrtY	PARITY：通信奇偶校验位设置	E
StoP	STOP BIT：通信停止位设置	1
tPUn	UNIT：选择显示温度单位℃或者℉	℃

当出现温控器因参数设置错乱而导致不能正常通信时，应将温控器回归出厂值后再按表 12-12 进行参数设置。回归出厂值方法如下：

（1）主画面中按[↺]键进入[LoC/oFF]页面，调整[∧]键选择为[LoC/LoC1]，按下[SET]键完成按键锁定的设置。

（2）同时按压[∨]键及[∧]键约 1s，进入工厂设置模式（此模式下务必不能进行其他操作，否则会造成设置值错误，需送回工厂校正）。

（3）此时会出现[ZoLd]参数，按[↺]键至[PASS/432]参数选项，将此参数调整为[PASS/1357]，再按[SET]键确定。

（4）关闭温控器电源后重新上电。

（6）DTA系列温控器通信规格如下：

1）支持MODBUS ASCII/RTU通信格式，支持波特率2400，4800，9600，19 200，38 400。

2）支持功能码03H（读多笔）、06H（写入1笔），不支持10H（写多笔）。

3）ASCII模式下不支持7，N，1或8，O，2或8，E，2通信格式。

4）RTU模式下支持8，N，1或8，N，2或8，O，1或8，E，1通信格式。

5）通信地址设置范围为1～255，通信地址0为广播地址。

【元件说明】

元件说明见表12-13。

表12-13　元件说明

PLC软元件	控制说明	PLC软元件	控制说明
M0	执行MODRD指令	M2	执行第2个MODWR指令
M1	执行第1个MODWR指令	M3	执行第3个MODWR指令

【控制程序】

控制程序如图12-14所示。

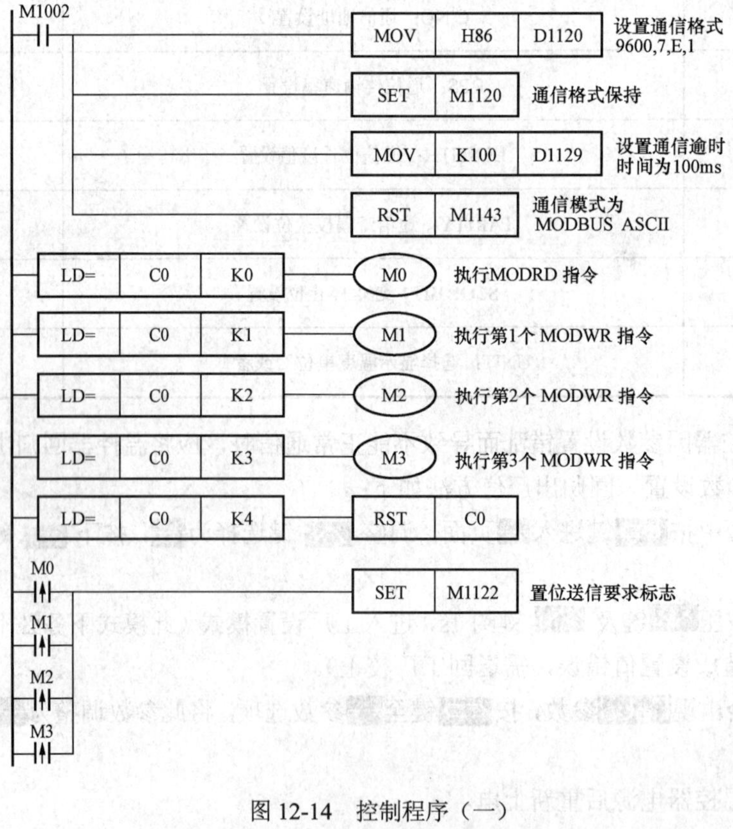

M1002
MOV H86 D1120
设置通信格式 9600,7,E,1
SET M1120
通信格式保持
MOV K100 D1129
设置通信逾时时间为100ms
RST M1143
通信模式为 MODBUS ASCII
LD= C0 K0
M0
执行MODRD指令
LD= C0 K1
M1
执行第1个MODWR指令
LD= C0 K2
M2
执行第2个MODWR指令
LD= C0 K3
M3
执行第3个MODWR指令
LD= C0 K4
RST C0
M0
M1
M2
M3
SET M1122
置位送信要求标志

图12-14　控制程序（一）

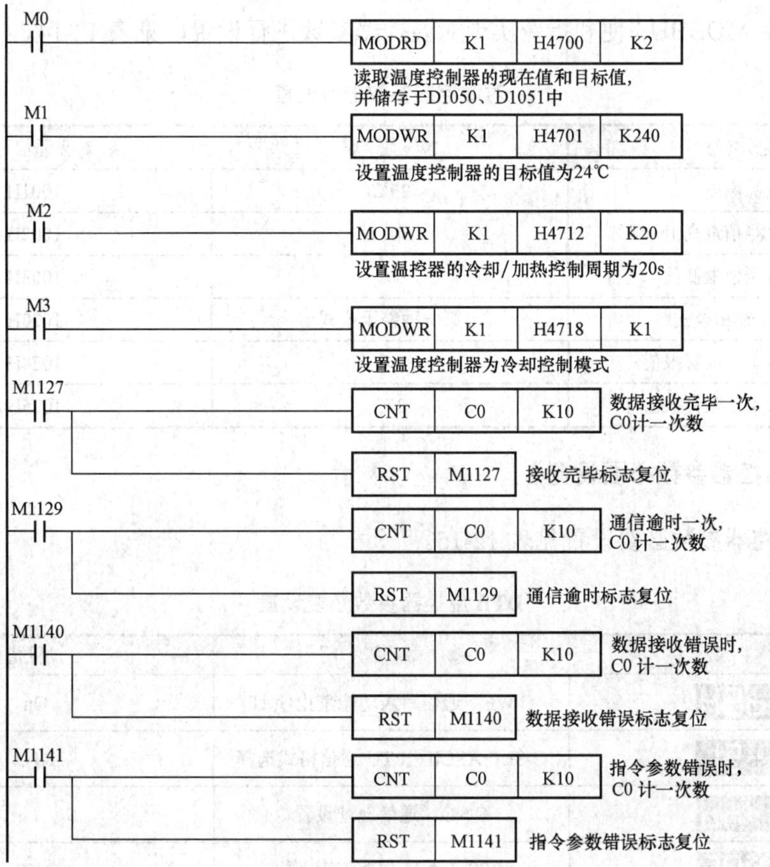
M0
MODRD K1 H4700 K2
读取温度控制器的现在值和目标值，
并储存于D1050、D1051中
M1
MODWR K1 H4701 K240
设置温度控制器的目标值为24℃
M2
MODWR K1 H4712 K20
设置温控器的冷却/加热控制周期为20s
M3
MODWR K1 H4718 K1
设置温度控制器为冷却控制模式
M1127
CNT C0 K10
数据接收完毕一次，
C0计一次数
RST M1127
接收完毕标志复位
M1129
CNT C0 K10
通信逾时一次，
C0计一次数
RST M1129
通信逾时标志复位
M1140
CNT C0 K10
数据接收错误时，
C0计一次数
RST M1140
数据接收错误标志复位
M1141
CNT C0 K10
指令参数错误时，
C0计一次数
RST M1141
指令参数错误标志复位

图 12-14　控制程序（二）

【程序说明】

（1）对 PLC RS-485 通信端口进行初始化，使其通信格式为 MODBUS　ASCII，9600，7，E，1。温控器 RS-485 通信端口通信格式需与 PLC 通信格式一致。

（2）因为 DTA 系列温控器不支持功能码 10H （写入多笔连续地址的数据），因此使用 MODWR 指令 3 次来写入 3 笔地址数据。

（3）MODBUS 通信只会出现 4 种情况，正常通信完成对应通信标志 M1127，通信错误对应通信标志 M1129、M1140、M1141，所以，在程序中通过对这 4 个通信标志信号的 On/Off 状态进行计数，再利用 C0 的数值来控制 4 个 MODBUS 指令的依次执行，保证通信的可靠性。

（4）PLC 一开始 RUN，比较 C0＝0，就一直反复地对温控器进行通信的读写。

12.7　PLC 与台达 DTB 系列温控器通信（MODRD/MODWR/MODRW）

【控制要求】

（1）利用 MODBUS 便利指令将温控器的目标温度值、现在温度值读出到显示装置。

（2）利用 MODBUS 便利指令实现对温控器参数进行设置，见表 12-14。

表 12-14　对温控器参数进行设置

参数名称	参　数　值	对应通信地址
目标温度	26℃	1001H
温度检测值最高值	50℃	1002H
温度检测值最低值	0℃	1003H
警报 1 输出模式	第一种警报模式	1020H
警报输出 1 上限警报值	5℃	1024H
警报输出 1 下限警报值	3℃	1025H

【DTB 温控器参数必要设置】

DTB 温控器参数必要设置见表 12-15。

表 12-15　DTB 温控器参数必要设置

参　数	参 数 说 明	设置值
CoSH	C WE：通信写入功能禁止/允许	On
C-SL	C-SL：ASCII、RTU 通信格式选择	RTU
C-no	C NO：通信地址设置	1
bPS	BPS：通信传输速率设置	9600
LEn	LENGTH：通信位元长度值设置	8
PrtY	PARITY：通信奇偶校验位设置	N
StoP	STOP BIT：通信停止位设置	2
tPUn	UNIT：选择显示温度单位℃或者℉	℃

当出现温控器因参数设置错乱而导致不能正常通信时，应将温控器回归出厂值，重新上电后再按照表 12-15 进行参数设置。DTB 温控器与 DTA 温控器回归出厂值的方法相同。

DTB 系列温控器通信规格如下：

（1）支持 MODBUS　ASCII/RTU 通信格式，支持波特率 2400，4800，9600，19 200，38 400。

（2）支持功能码 03H（读多笔）、06H（写入 1 笔），支持 10H（写多笔）。

（3）ASCII 模式下不支持 7，N，1 或 8，O，2 或 8，E，2 通信格式。

（4）RTU 模式下支持 8，N，1 或 8，N，2 或 8，0，1 或 8，E，1 通信格式。

（5）通信地址设置范围为 1～255，通信地址 0 为广播地址。

【元件说明】

元件说明见表 12-16。

表 12-16 元件说明

PLC 软元件	控制说明	PLC 软元件	控制说明
M0	执行 MODRD 指令	M3	执行第 1 个 MODRW 指令
M1	执行第 1 个 MODWR 指令	M4	执行第 2 个 MODRW 指令
M2	执行第 2 个 MODWR 指令		

【控制程序】

控制程序如图 12-15 所示。

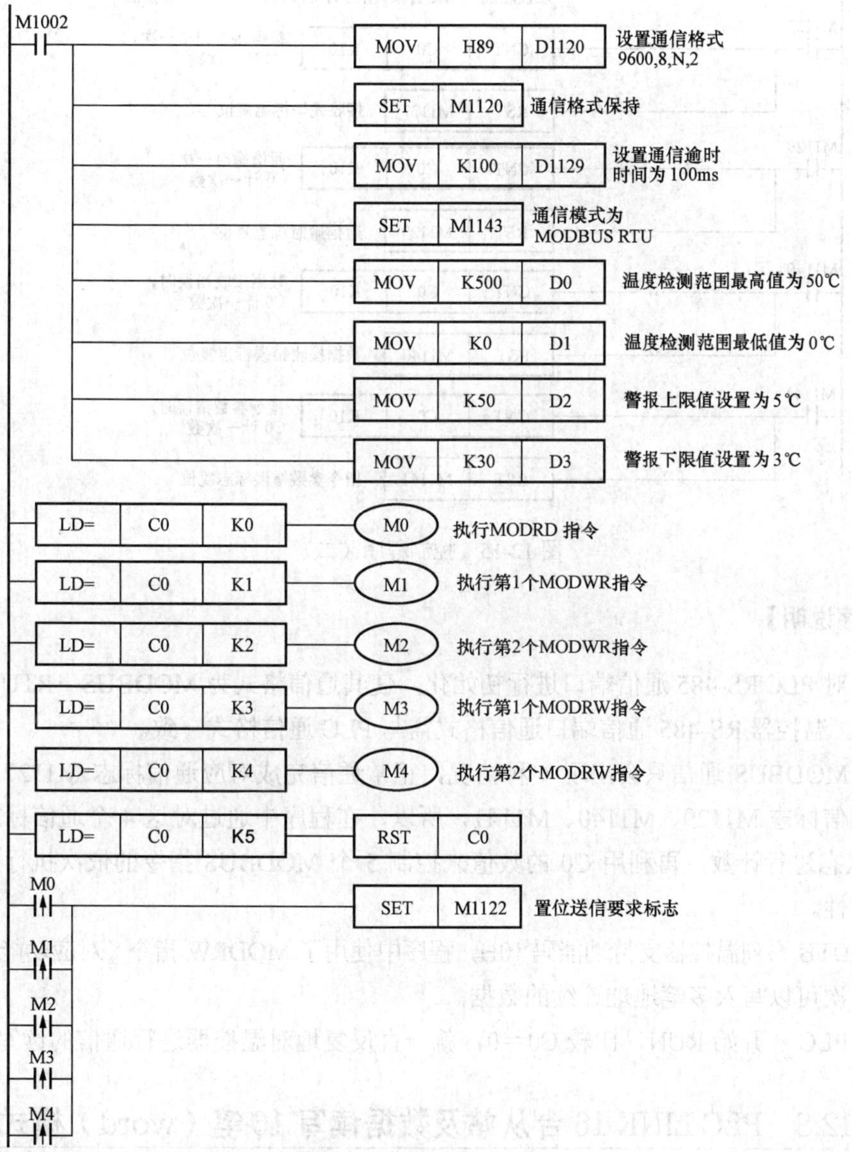
M1002
MOV H89 D1120
设置通信格式 9600,8,N,2
SET M1120
通信格式保持
MOV K100 D1129
设置通信逾时时间为100ms
SET M1143
通信模式为 MODBUS RTU
MOV K500 D0
温度检测范围最高值为50℃
MOV K0 D1
温度检测范围最低值为0℃
MOV K50 D2
警报上限值设置为5℃
MOV K30 D3
警报下限值设置为3℃
LD= C0 K0
M0
执行MODRD 指令
LD= C0 K1
M1
执行第1个MODWR指令
LD= C0 K2
M2
执行第2个MODWR指令
LD= C0 K3
M3
执行第1个MODRW指令
LD= C0 K4
M4
执行第2个MODRW指令
LD= C0 K5
RST C0
M0
M1
M2
M3
M4
SET M1122
置位送信要求标志

图 12-15 控制程序（一）

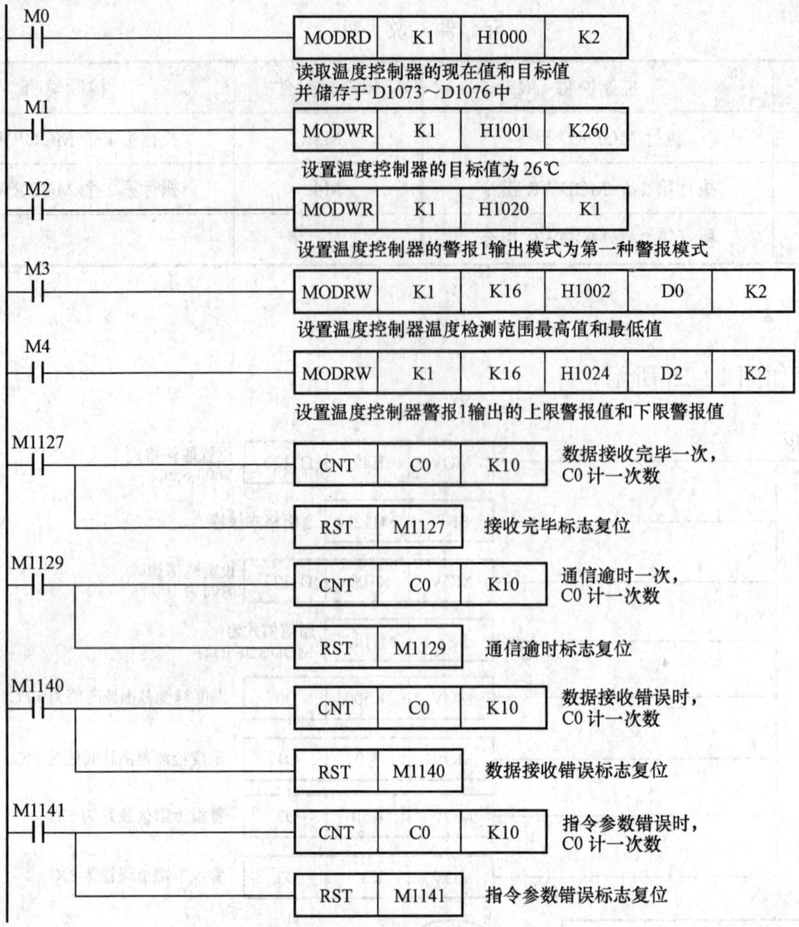
M0
MODRD K1 H1000 K2
读取温度控制器的现在值和目标值
并储存于D1073～D1076中
M1
MODWR K1 H1001 K260
设置温度控制器的目标值为26℃
M2
MODWR K1 H1020 K1
设置温度控制器的警报1输出模式为第一种警报模式
M3
MODRW K1 K16 H1002 D0 K2
设置温度控制器温度检测范围最高值和最低值
M4
MODRW K1 K16 H1024 D2 K2
设置温度控制器警报1输出的上限警报值和下限警报值
M1127
CNT C0 K10
数据接收完毕一次，
C0计一次数
RST M1127
接收完毕标志复位
M1129
CNT C0 K10
通信逾时一次，
C0计一次数
RST M1129
通信逾时标志复位
M1140
CNT C0 K10
数据接收错误时，
C0计一次数
RST M1140
数据接收错误标志复位
M1141
CNT C0 K10
指令参数错误时，
C0计一次数
RST M1141
指令参数错误标志复位

图 12-15　控制程序（二）

【程序说明】

（1）对 PLC RS-485 通信端口进行初始化，使其通信格式为 MODBUS　RTU，9600，8，N，2。温控器 RS-485 通信端口通信格式需与 PLC 通信格式一致。

（2）MODBUS 通信只会出现 4 种情况，正常通信完成对应通信标志 M1127，通信错误对应通信标志 M1129、M1140、M1141，所以，在程序中通过对这 4 个通信标志信号的 On/Off 状态进行计数，再利用 C0 的数值来控制 5 个 MODBUS 指令的依次执行，保证通信的可靠性。

（3）DTB 系列温控器支持功能码 10H，程序中使用了 MODRW 指令（对应功能码 10H），该指令一次可以写入多笔地址连续的数据。

（4）PLC 一开始 RUN，比较 C0＝0，就一直反复地对温控器进行通信的读写。

12.8　PLC LINK 16 台从站及数据读写 16 笔（word）模式

范例示意如图 12-16 所示。

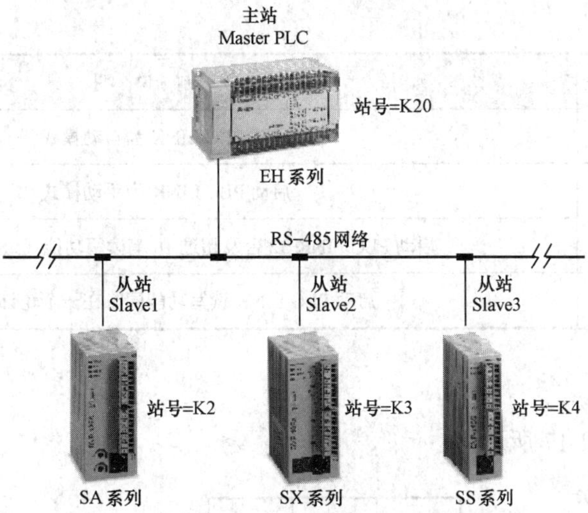
主站
Master PLC
站号=K20
EH系列
RS-485网络
从站
Slave1
从站
Slave2
从站
Slave3
站号=K2
站号=K3
站号=K4
SA系列
SX系列
SS系列

图 12-16　范例示意

【动作要求】

主站（Master PLC）与 3 台从站（Slave PLC）通过 PLC LINK 方式完成 PLC 之间 16 笔（word）数据交换。

【PLC 参数必要设置】

PLC 参数必要设置见表 12-17。

表 12-17　PLC 参数必要设置

主从站	站　号	通 信 格 式
主站	K20（D1121＝K20）	ASCII ，9600，7，E，1（D1120＝H86），从站 PLC 与主站 PLC 通信格式须一致
从站 1	K2（D1121＝K2）	
从站 2	K3（D1121＝K3）	
从站 3	K4（D1121＝K4）	

当出现 PLC 因参数设置错乱而导致通信异常时，可先在 WPL 编程软件菜单中点选：通信（C）⇨PLC 程序及内存清除（M）⇨回归出厂值，使 PLC 回归出厂值后，再按照表 12-17 进行设置。

【元件说明】

元件说明见表 12-18。

表 12-18　元 件 说 明

PLC 软元件	控 制 说 明
X0	PLC LINK 启动控制
M1350	启动 PLC LINK 功能

续表

PLC 软元件	控 制 说 明
M1351	启动 PLC LINK 为自动模式
M1352	启动 PLC LINK 为手动模式
M1353	启动 PLC LINK 32 台及超过 16 笔读写功能（最大 100 笔）
M1354	启动 PLC LINK 读写功能同时在一个轮询时间

【控制程序】

控制程序如图 12-17 所示。

M1002
MOV K20 D1121
设置主站站号
MOV H86 D1120
设置主站COM2 通信格式
SET M1120
通信格式保持
MOV K200 D1129
设置通信逾时时间为200ms
MOV K2 D1399
设置起始从站的站号为K2
MOV H1064 D1355
读取从站1的起始地址为D100
MOV K16 D1434
读取从站1的笔数为16笔
MOV H10C8 D1415
写入从站1的起始地址为D200
MOV K16 D1450
写入从站1的笔数为16笔
MOV H1078 D1356
读取从站2的起始地址为D120
MOV K16 D1435
读取从站2的笔数为16笔
MOV H10DC D1416
写入从站2的起始地址为D220
MOV K16 D1451
写入从站2的笔数为16笔
MOV H108C D1357
读取从站3的起始地址为D140
MOV K16 D1436
读取从站3的笔数为16笔
MOV H10F0 D1417
写入从站3的起始地址为D240
MOV K16 D1452
写入从站3的笔数为16笔
X0
SET M1351
自动模式
SET M1350
启动PLC LINK 功能

图 12-17 控制程序

【程序说明】

（1）当 X0＝On 时，将通过 PLC LINK 的方式自动完成主站 PLC 与 3 台从站 PLC 的数据交换，即将从站 1 的 D100～D115 数据读到主站的 D1480～D1495，主站的 D1496～D1511 数据写到从站 1 的 D200～D215；从站 2 的 D120～D135 数据读到主站的 D1512～D1527，主站的 D1528～D1543 数据写到从站 2 的 D220～D235；从站 3 数据的 D140～D155 读到主站的 D1544～D1559，主站的 D1560～D1575 数据写到从站的 D240～D255。数据交换见表 12-19。

表 12-19　数据交换

主站 PLC（1 台）	读写状态	从站 PLC（3 台）
D1480～D1495	读出 ←	从站 PLC（站号＝K2）的 D100～D115
D1496～D1511	写入 →	从站 PLC（站号＝K2）的 D200～D215
D1512～D1527	读出 ←	从站 PLC（站号＝ K3）的 D120～D135
D1528～D1543	写入 →	从站 PLC（站号＝ K3）的 D220～D235
D1544～D1559	读出 ←	从站 PLC（站号＝ K4）的 D140～D155
D1560～D1575	写入 →	从站 PLC（站号＝ K4）的 D240～D255

假设 PLC LINK 启动前（M1350＝Off），主站和从站用于交换数据的寄存器 D 中的数据见表 12-20。

表 12-20　PLC LINK 启动前 D 中的数据

主站 PLC	内容值	从站 PLC	内容值
D1480～D1495	内容全为 0	从站 1 的 D100～D115	内容全为 1
D1496～D1511	内容全为 100	从站 1 的 D200～D215	内容全为 0
D1512～D1527	内容全为 0	从站 2 的 D120～D135	内容全为 2
D1528～D1543	内容全为 200	从站 2 的 D220～D235	内容全为 0
D1544～D1559	内容全为 0	从站 3 的 D140～D155	内容全为 3
D1560～D1575	内容全为 300	从站 3 的 D240～D255	内容全为 0

则 PLC LINK 启动后（M1350＝On），主站和从站用于交换数据的寄存器 D 中的数据见表 12-21。

表 12-21　　PLC LINK 启动后 D 中的数据

主站 PLC	内容值	从站 PLC	内容值
D1480～D1495	内容全为 1	从站 1 的 D100～D115	内容全为 1
D1496～D1511	内容全为 100	从站 1 的 D200～D215	内容全为 100
D1512～D1527	内容全为 2	从站 2 的 D120～D135	内容全为 2
D1528～D1543	内容全为 200	从站 2 的 D220～D235	内容全为 200
D1576～D1591	内容全为 3	从站 3 的 D140～D155	内容全为 3
D1592～D1607	内容全为 300	从站 3 的 D240～D255	内容全为 300

（2）在主站 PLC 里设置从站的起始站号（D1399＝K2），即站号＝K2 的 PLC 对应从站 1，站号＝K3 的 PLC 对应从站 2，站号＝K4 的 PLC 对应从站 3。

（3）从站的站号需连续，且与主站站号不能重复，仅 SA/SX/SC/SV/EH/EH2 机种可做主站，所有的 DVP-PLC 都可作从站。

（4）X0 由 Off→On 启动 PLC LINK 功能，若启动失败 M1350/M1351 会变为 Off 状态，应重新再启动 X0 由 Off→On。

12.9　PLC LINK 32 台从站及数据读写 100 笔（word）模式

范例示意如图 12-18 所示。

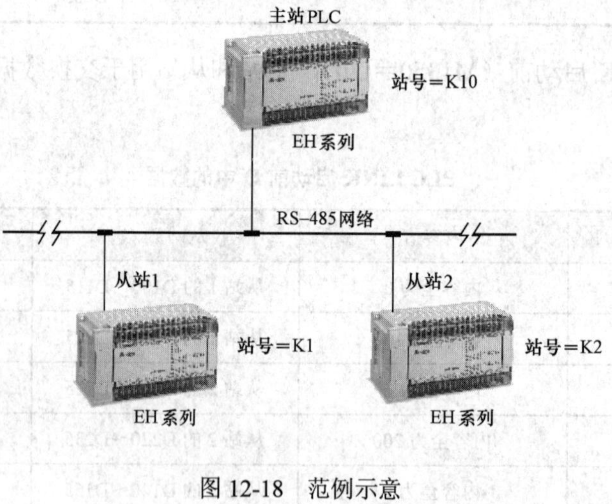
主站PLC
站号＝K10
EH系列
RS-485网络
从站1
从站2
站号＝K1
站号＝K2
EH系列
EH系列

图 12-18　范例示意

【控制要求】

主站（Master PLC）与 2 台从站（Slave PLC）通过 PLC LINK 方式完成 PLC 之间 100

笔（word）数据交换。

【PLC 参数必要设置】

PLC 参数必要设置见表 12-22。

表 12-22　　PLC 参数必要设置

主/从站	站　号	通 信 格 式
主站	K20（D1121＝K20）	RTU，19200，8，N，2（D1120＝H99），从站 PLC 与主站 PLC 通信格式须一致
从站 1	K2（D1121＝K2）	
从站 2	K3（D1121＝K3）	

当出现 PLC 因参数设置错乱而导致通信异常时，可先在 WPL 编程软件菜单中点选：通信（C）⇨PLC 程序及内存清除（M）⇨回归出厂值，使 PLC 回归出厂值后，再按照表 12-22 进行设置。

【元件说明】

元件说明见表 12-23。

表 12-23　　元 件 说 明

PLC 软元件	控 制 说 明
X0	PLC LINK 启动控制
M1350	启动 PLC LINK 功能
M1351	启动 PLC LINK 为自动模式
M1352	启动 PLC LINK 为手动模式
M1353	启动 PLC LINK 32 台及超过 16 笔读写功能（最大 100 笔）
M1354	启动 PLC LINK 读写功能同时在一个轮询时间

【控制程序】

控制程序如图 12-19 所示。

【程序说明】

（1）当 X0＝On 时，将通过 PLC LINK 的方式自动完成主站 PLC 与 2 台从站 PLC 的数据交换：将从站 1 的 D0～D99 读到主站的 D0～D99，主站的 D100～D199 写到从站 1 的 D100～D199；将从站 2 的 D200～D299 读到主站 D200～D299，主站的 D300～D399 写到从站 2 的 D300～D399。数据交换见表 12-24。

M1002
MOV K10 D1121
设置主站站号为K10
MOV H99 D1120
设置主站COM2 的通信格式为19200,8,N,2
SET M1120
通信格式保持
MOV K1000 D1129
设置通信逾时时间为1000ms
SET M1143
设置主站的通信模式为Modbus RTU
MOV K1 D1399
设置起始从站的站号为K1
MOV H1000 D1355
读取从站1的起始地址为D0
MOV K100 D1434
读取从站1的数据笔数为100笔
MOV K0 D1480
主站存放从从站1的D0～D99读回来的数据,起始地址为D0
MOV H1064 D1415
写入从站1的起始地址为D100
MOV K100 D1450
写入从站1的数据笔数为100笔
MOV K100 D1496
主站D100起始的连续100个寄存器中数据将被写入到从站1的D200～D299
MOV H10C8 D1356
读取从站2的起始地址为D200
MOV K100 D1435
读取从站2的数据笔数为200笔
MOV K200 D1481
主站存放从从站2的D200～D299读回来的数据,起始地址为D200
MOV H112C D1416
写入从站2的起始地址为D300
MOV K100 D1451
写入从站2的数据笔数为100笔
MOV K300 D1497
主站D300起始的连续100个寄存器中数据将被写入到从站3的D400～D399
SET M1353
启动32台连接以及超过16笔读写功能
X0
SET M1351
自动模式
SET M1350
启动PLC LINK 功能

图 12-19　控制程序

表 12-24　　　　数　据　交　换

主站 PLC（1台）	读写状态	从站 PLC（2台）
D0～D99	读出 ←	从站 PLC（站号＝K1）的 D0～D99
D100～D199	写入 →	从站 PLC（站号＝K1）的 D1100～D199

续表

主站 PLC（1 台）	读写状态	从站 PLC（2 台）
D200～D299	读出 ←	从站 PLC（站号＝K2）的 D200～D299
D300～D399	写入 ⇒	从站 PLC（站号＝K2）的 D300～D399

假设 PLC　LINK 启动前（M1350＝Off），主站的从站用于交换的寄存器 D 中的数据见表 12-25。

表 12-25　　PLC LINK 启动前 D 中的数据

主站 PLC	预设值	从站 PLC	预设值
D0～D99	内容全为 0	从站 1 的 D0～D99	内容全为 1
D100～D199	内容全为 100	从站 1 的 D100～D199	内容全为 0
D200～D299	内容全为 0	从站 2 的 D200～D299	内容全为 2
D300～D399	内容全为 200	从站 2 的 D300～D399	内容全为 0

则 PLC LINK 启动后（M1350＝On），主站和从站用于交换数据的寄存器 D 中的数据见表 12-26。

表 12-26　　PLC LINK 启动后 D 中的数据

主站 PLC	内容值	从站 PLC	内容值
D0～D99	内容全为 1	从站 1 的 D0～D99	内容全为 1
D100～D199	内容全为 100	从站 1 的 D100～D199	内容全为 100
D200～D299	内容全为 2	从站 2 的 D200～D299	内容全为 2
D300～D399	内容全为 200	从站 2 的 D300～D399	内容全为 200

（2）在主站 PLC 里设置从站的起始站号（D1399＝K1），即站号＝K1 的 PLC 对应从站 1，站号＝K2 的 PLC 对应从站 2。

（3）从站的站号需连续，且与主站站号不能重复，此种模式下，仅 SV/EH/EH2 机种可作主站，所有的 DVP-PLC 都可作从站。

（4）X0 由 Off→On 启动 PLC LINK 功能，若启动失败 M1350/M1351 会变为 Off 状态，应重新再启动 X0 由 Off→On。

12.10　DVP-PLC 与台达变频器、伺服驱动器 LINK

DVP-PLC 与台达变频器、伺服驱动器 LINK 如图 12-20 所示。

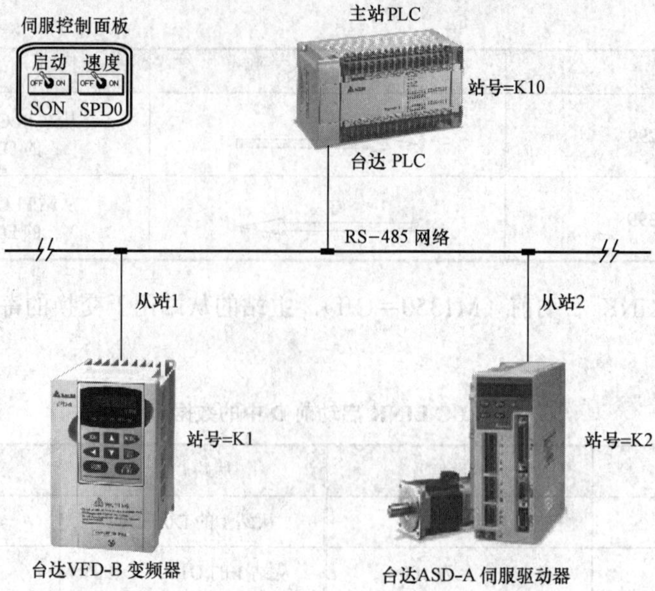
主站PLC
伺服控制面板
启动 速度
OFF ON
SON SPD0
站号=K10
台达 PLC
RS-485 网络
从站1
从站2
站号=K1
站号=K2
台达VFD-B 变频器
台达ASD-A 伺服驱动器

图 12-20 DVP-PLC 与台达变频器、伺服驱动器 LINK

台达 ASD-A 伺服硬件接线如图 12-21 所示。

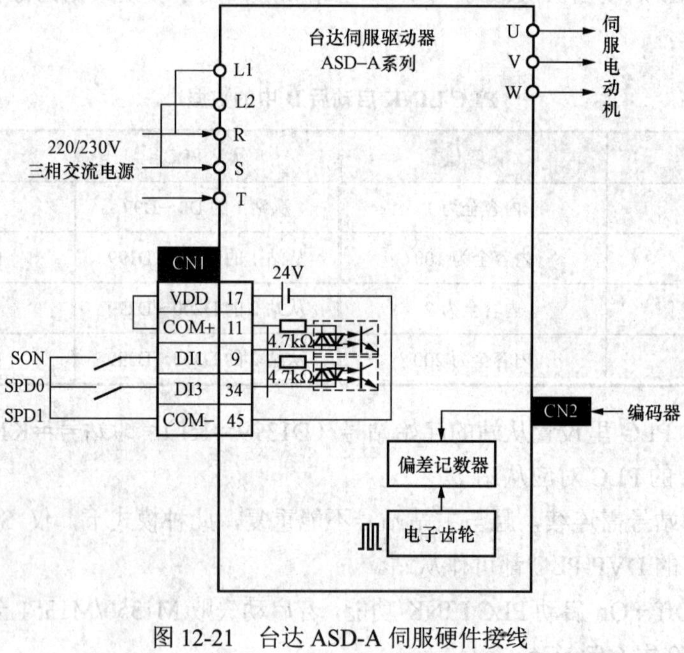
台达伺服驱动器
ASD-A系列
L1
L2
R
S
T
U
V
W
伺服电动机
220/230V
三相交流电源
CN1
24V
VDD 17
COM+ 11
DI1 9
DI3 34
COM- 45
4.7kΩ
4.7kΩ
SON
SPD0
SPD1
CN2
编码器
偏差记数器
电子齿轮

图 12-21 台达 ASD-A 伺服硬件接线

【控制要求】

（1）设置和读取变频器频率，控制变频器的启动/停止、正/反转。

（2）设置和读取伺服电动机的转速。

【变频器参数必要设置】

变频器参数必要设置见表 12-27。

表 12-27　　变频器参数必要设置

参数	设置值	说　明
02-00	04	主频率由 RS-485 通信界面操作
02-01	03	运转指令由通信界面操作，键盘操作有效
09-00	01	VFD-B 系列变频器的通信地址 01
09-01	01	通信传送速度 Baud rate 9600
09-04	01	Modbus　ASCII 模式，资料格式<7，E，1>

当出现变频器因参数设置错乱而导致不能正常运行时，可先设置 P00-02＝10（回归出厂值），再按照表 12-27 进行参数设置。

【伺服驱动器参数必要设置】

伺服驱动器参数必要设置见表 12-28。

表 12-28　　伺服驱动器参数必要设置

参数	设置值	说　明
P0-02	6	伺服驱动器面板上显示为电动机转速（r/min）
P0-04	6	伺服电动机转速现在值寄存器（r/min）
P1-01	2	速度控制模式，命令由外部端子/内部寄存器控制
P2-10	101	当 DI1＝On 时，SON 伺服启动
P2-12	114	DI3 为 SPD0 的输入端
P2-15～17	0	无功能
P3-00	2	ASD-A 伺服驱动器通信站号 02
P3-01	1	通信传送速度 Baud rate 9600
P3-02	1	Modbus ASCII 模式，资料格式<7，E，1>
P3-05	2	通信接口选择为 RS-485

当出现伺服因参数设置错乱而导致不能正常运行时，可先设置 P2-08＝10（回归出厂值），重新上电后再按照表 12-28 进行参数设置。

【元件说明】

元件说明见表 12-29。

表 12-29　　　　元 件 说 明

PLC 软元件	控 制 说 明
X0	PLC LINK 启动控制
M1350	启动 PLC LINK 功能
M1351	启动 PLC LINK 为自动模式
M1352	启动 PLC LINK 为手动模式
M1353	启动 PLC LINK 32 台及超过 16 笔读写功能（最大 100 笔）
M1354	启动 PLC LINK 读写功能同时在一个轮询时间

【控制程序】

控制程序如图 12-22 所示。

M1002
MOV K20 D1121 设置主站站号
MOV H86 D1120 设置主站COM2通信格式
SET M1120 通信格式保持
MOV K200 D1129 设置通信逾时时间为200ms
MOV K1 D1399 设置起始从站的站号为K1
MOV H2102 D1355 读取变频器起始参数地址为H2102
MOV K2 D1434 读取变频器的笔数为2笔
MOV H2000 D1415 写入变频器起始参数地址为H2000
MOV K2 D1450 写入变频器的笔数为2笔
MOV H0004 D1356 读取伺服驱动器起始参数地址为H0004
MOV K1 D1435 读取伺服驱动器的笔数为1笔
MOV H0109 D1416 写入伺服驱动器起始参数地址为H0109
MOV K1 D1451 写入伺服驱动器的笔数为1笔
X0
M1351 自动模式
M1350 启动PLC LINK功能

图 12-22　控制程序

【程序说明】

（1）PLC 的 D1480～D1481 对应变频器的 H2102～H2103 参数，当 X0＝On，LINK 功

能启动，H2102～H2103 参数数据将显示在 D1480～D1481 中。

（2）PLC 的 D1496～D1497 对应变频器的 H2000～H2001 参数，当 X0＝On，LINK 功能启动，H2000～H2001 参数值将由 D1496～D1497 值决定。

（3）改变 PLC 的 D1496 即可下达命令给变频器（例：D1496＝H12→变频器正转启动；D1496＝H1→变频器停止）。

（4）改变 PLC 的 D1497 即可改变变频器的频率（例：D1497＝K4000 →变频器频率变为 40Hz）。

（5）PLC 与伺服电动机通过 LINK 方式交换数据之前，须先拨动“SON”开关到 On，启动伺服，然后拨动“SPD0”开关到 On，使内部寄存器速度控制方式有效。

（6）PLC 的 D1512 对应伺服驱动器的 H004 参数，当 X0＝On 时，LINK 功能启动，H004 参数的数据将显示在 D1512 中。

（7）PLC 的 D1528 对应伺服驱动器的 H0109 参数，当 X0＝On 时，LINK 功能启动，H0109 参数值将由 D1528 决定。

（8）改变 D1528 的值即可改变伺服电动机的转速（例：D1528＝K3000→伺服电动机转速变为 3000r/min）。

（9）从站的站号需连续，且与主站站号不能重复，仅 SA/SX/SC/EH 机种可作主站，ES/EX/SS 不能作为 LINK 的主站。

（10）X0 由 Off→On 启动 PLC LINK 功能，若启动失败 M1350/M1351 会变为 Off 状态，应重新再启动 X0 由 Off→On。

12.11 PLC 与台达 DTA、DTB 温控器 LINK

PLC 与台达 DTA、DTB 温控器 LINK 如图 12-23 所示。

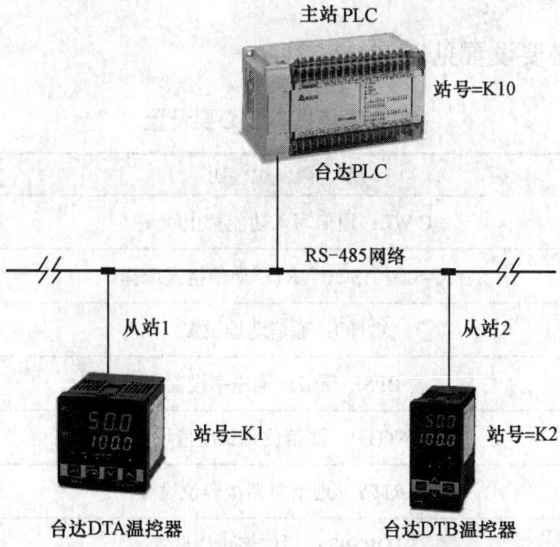
主站 PLC
站号=K10
台达PLC
RS-485网络
从站1
从站2
站号=K1
站号=K2
台达DTA温控器
台达DTB温控器

图 12-23 PLC 与台达 DTA、DTB 温控器 LINK

【控制要求】

（1）设置 DTA 温控器的目标温度；读取 DTA 温控器的现在温度和目标温度。

（2）设置 DTB 温控器的目标温度、温度检测范围最高值、温度检测范围最低值；读取 DTB 温控器的现在温度和目标温度。

【DTA 温控器参数必要设置】

DTA 温控器参数必要设置见表 12-30。

表 12-30　　DTA 温控器参数必要设置

参　数	参　数　说　明	设置值
CoSH	C WE：通信写入功能禁止/允许	On
C-SL	C-SL：ASCII、RTU 通信格式选择	ASCII
C-no	C NO：通信地址设置	1
bPS	BPS：通信传输速率设置	9600
LEn	LENGTH：通信位长度值设置	7
PrtY	PARITY：通信奇偶校验位设置	E
StoP	STOP BIT：通信停止位设置	1
tPUn	UNIT：选择显示温度单位℃或者℉	℃

当出现 DTA 温控器因参数设定错乱而导致不能正常通信时，可先回归出厂值后，重新上电后再按照表 12-30 进行参数设定。DTA 温控器不支持多笔写入功能，因此写入笔数须定为 1 笔。

【DTB 温控器参数必要设置】

DTB 温控器参数必要设置见表 12-31。

表 12-31　　DTB 温控器参数必要设置

参　数	参　数　说　明	设置值
CoSH	C WE：通信写入功能禁止/允许	On
C-SL	C-SL：ASCII、RTU 通信格式选择	ASCII
C-no	C NO：通信地址设置	2
bPS	BPS：通信传输速率设置	9600
LEn	LENGTH：通信位元长度值设置	7
PrtY	PARITY：通信奇偶校验位设置	E
StoP	STOP BIT：通信停止位设置	1
tPUn	UNIT：选择显示温度单位℃或者℉	℃

当出现 DTB 温控器因参数设置错乱而导致不能正常通信时，可先回归出厂值后，重新上电后再按照表 12-31 进行参数设置，其回归出厂值的方法与 DTA 温控器相同。

【元件说明】

元件说明见表 12-32。

表 12-32 元 件 说 明

PLC 软元件	控 制 说 明
X0	PLC LINK 启动控制
M1350	启动 PLC LINK 功能
M1351	启动 PLC LINK 为自动模式
M1352	启动 PLC LINK 为手动模式
M1353	启动 PLC LINK 32 台及超过 16 笔读写功能（最大 100 笔）
M1354	启动 PLC LINK 读写功能同时在一个轮询时间

【控制程序】

控制程序如图 12-24 所示。

【程序说明】

（1）PLC 的 D1480～D1481 对应 DTA 温控器的 H4700～H4701 参数，当 X0＝On 时，LINK 功能启动，H4700～H4701 参数的数据（目标温度和现在温度）将显示在 D1480～D1481 中。

（2）PLC 的 D1496 对应 DTA 温控器的 H4701 参数，当 X0＝On 时，LINK 功能启动，H4701 参数值将由 D1496 决定。

（3）改变 D1496 值即可改变 DTA 温控器的目标温度（例：D1496＝K300→DTA 温控器的目标温度为 30℃）。

（4）PLC 的 D1512～D1513 对应 DTB 温控器的 H1000～H1001 参数，当 X0＝On 时，LINK 功能启动，H1000～H1001 参数的数据（目标温度和现在温度）将显示在 D1512～D1513 中。

（5）PLC 的 D1528～D1530 对应 DTB 温控器的 H1001～H1003 参数，当 X0＝On 时，LINK 功能启动，H1001～H1003 参数值将由 D1528～D1530 决定。

（6）改变 D1528 值即可改变 DTB 温控器的目标温度（例：D1528＝K400→DTA 温控器目标温度为 40℃）。

（7）改变 D1529～D1530 的值即可改变 DTB 温控器温度检测范围最高值和最低值（例：D1529＝K500→DTB 温控器温度检测范围最高值 50℃；D1530＝K10→DTB 温控器

温度检测范围最低值 1℃）。

M1002
MOV K10 D1121
设置主站站号
MOV H86 D1120
设置主站COM2通信格式
SET M1120
通信格式保持
MOV K200 D1129
设置通信逾时时间为200ms
MOV K1 D1399
设置起始从站的站号为K1
MOV H4700 D1355
读取DTA温控器的起始
参数地址为H4700
MOV K2 D1434
读取DTA温控器的数据笔数为2笔
MOV H4701 D1415
写入DTA 温控器的起始
参数地址为H4701
MOV K1 D1450
写入DTA温控器的数据笔数为1笔
MOV H1000 D1356
读取DTB温控器的起始
参数地址为H1000
MOV K2 D1435
读取DTB温控器的数据笔数为2笔
MOV H1001 D1416
写入DTB系列温控器的起始
地址为H1001
MOV K3 D1451
写入DTB温控器的数据笔数为3笔
X0
SET M1351
自动模式
SET M1350
启动PLC LINK功能

图 12-24 控制程序

（8）从站的站号需连续，且与主站站号不能重复，仅 SA/SX/SC/SV/EH/EH2 机种可做主站，ES/EX/SS 不能作为 LINK 的主站。

（9）X0 由 Off→On 启动 PLC LINK 功能，若启动失败 M1350/M1351 会变为 Off 状态，应重新再启动 X0 由 Off→On。

12.12 通信控制 2 台台达 PLC 的启动/停止（RS 指令）

通信控制 2 台台达 PLC 的启动/停止如图 12-25 所示。

【控制要求】

主站 PLC 以通信的方式控制 2 台从站 PLC 的启动和停止。

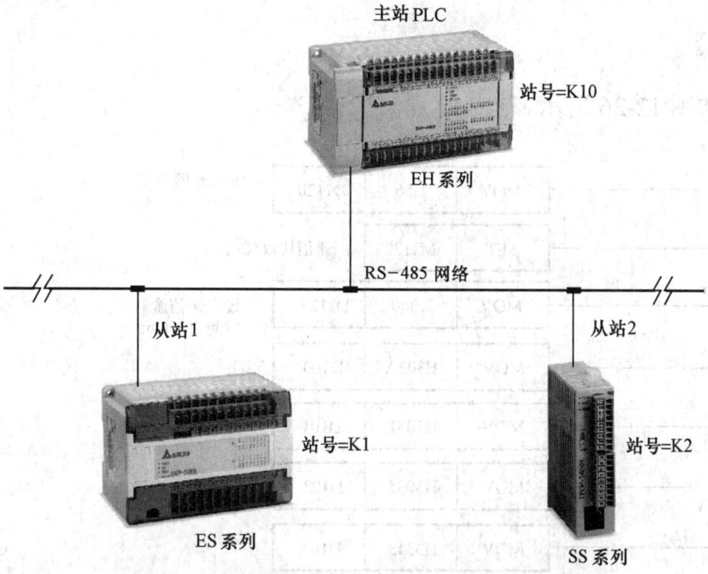
主站PLC
站号=K10
EH系列
RS-485 网络
从站1
从站2
站号=K1
站号=K2
ES系列
SS系列

图 12-25　通信控制 2 台台达 PLC 的启动/停止

【PLC 参数必要设置】

PLC 参数必要设置见表 12-33。

表 12-33　　PLC 参数必要设置

主/从站	站　号	通 信 格 式
主站	K10（D1121＝K10）	ASCII，9600，7，E，1（D1120＝H86）。从站 PLC 与主站 PLC 通信格式需一致
从站 1	K1（D1121＝K1）	
从站 2	K2（D1121＝K2）	

当出现 PLC 因参数设置错乱而导致通信异常时，可先在 WPL 编程软件菜单中点选：通信（C）⇨PLC 程序及内存清除（M）⇨回归出厂值，使 PLC 回归出厂值后，再按照表 12-33 进行设置。

【元件说明】

元件说明见表 12-34。

表 12-34　　元 件 说 明

PLC 软元件	控制说明	PLC 软元件	控制说明
X0	启动/停止从站 1	M0/M1	Slave 1 RS 指令送信要求
X1	启动/停止从站 2	M2/M3	Slave 2 RS 指令送信要求
M0	执行第 1 条 RS 指令	M4	通信逾时重试 MODRW 指令送信要求
M1	执行第 2 条 RS 指令		

【控制程序】

控制程序如图 12-26 所示。

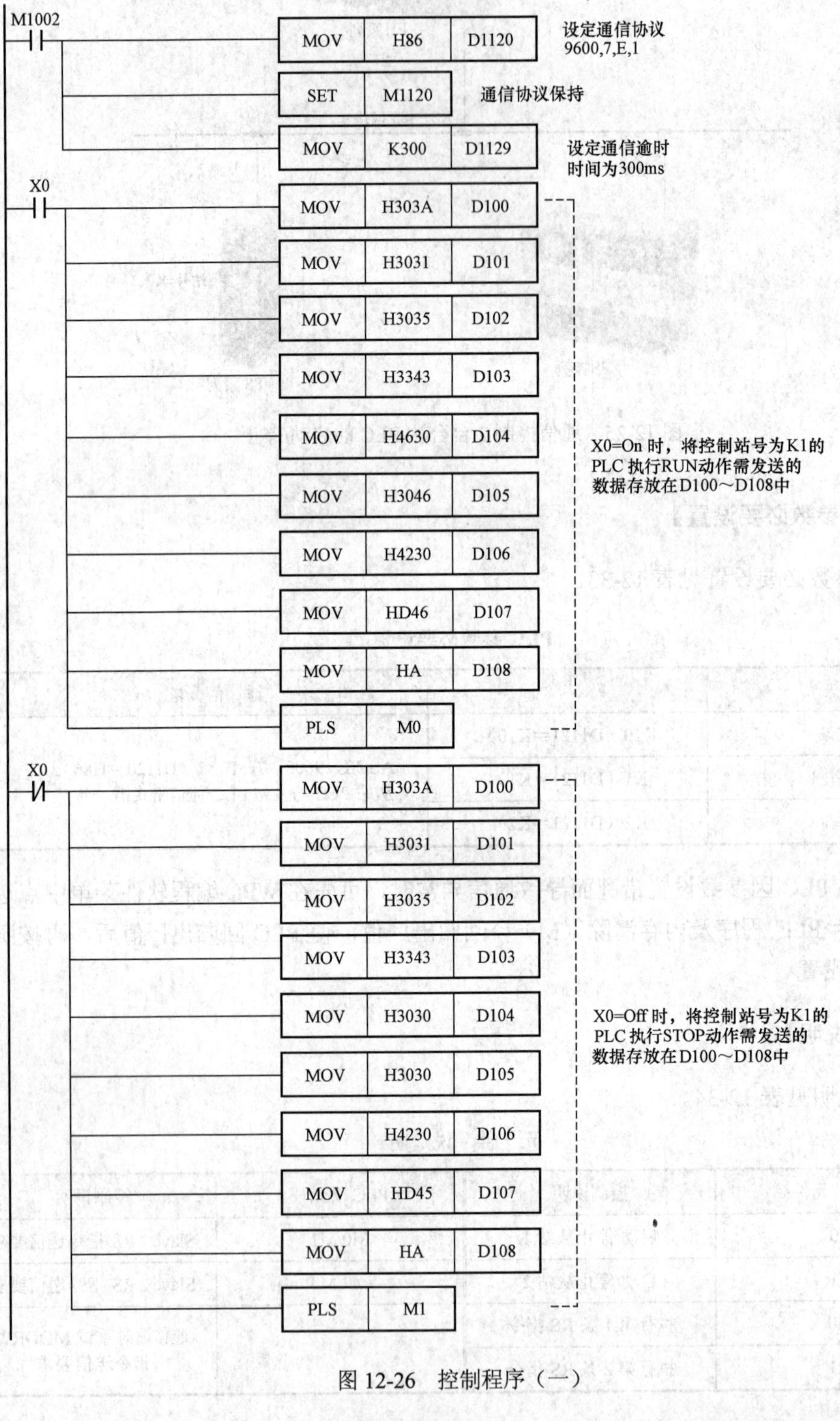
M1002
MOV H86 D1120
设定通信协议
9600,7,E,1
SET M1120
通信协议保持
MOV K300 D1129
设定通信逾时
时间为300ms
X0
MOV H303A D100
MOV H3031 D101
MOV H3035 D102
MOV H3343 D103
MOV H4630 D104
MOV H3046 D105
MOV H4230 D106
MOV HD46 D107
MOV HA D108
PLS M0
X0=On 时，将控制站号为K1的
PLC 执行RUN动作需发送的
数据存放在D100～D108中
X0
MOV H303A D100
MOV H3031 D101
MOV H3035 D102
MOV H3343 D103
MOV H3030 D104
MOV H3030 D105
MOV H4230 D106
MOV HD45 D107
MOV HA D108
PLS M1
X0=Off 时，将控制站号为K1的
PLC 执行STOP动作需发送的
数据存放在D100～D108中

图 12-26 控制程序（一）

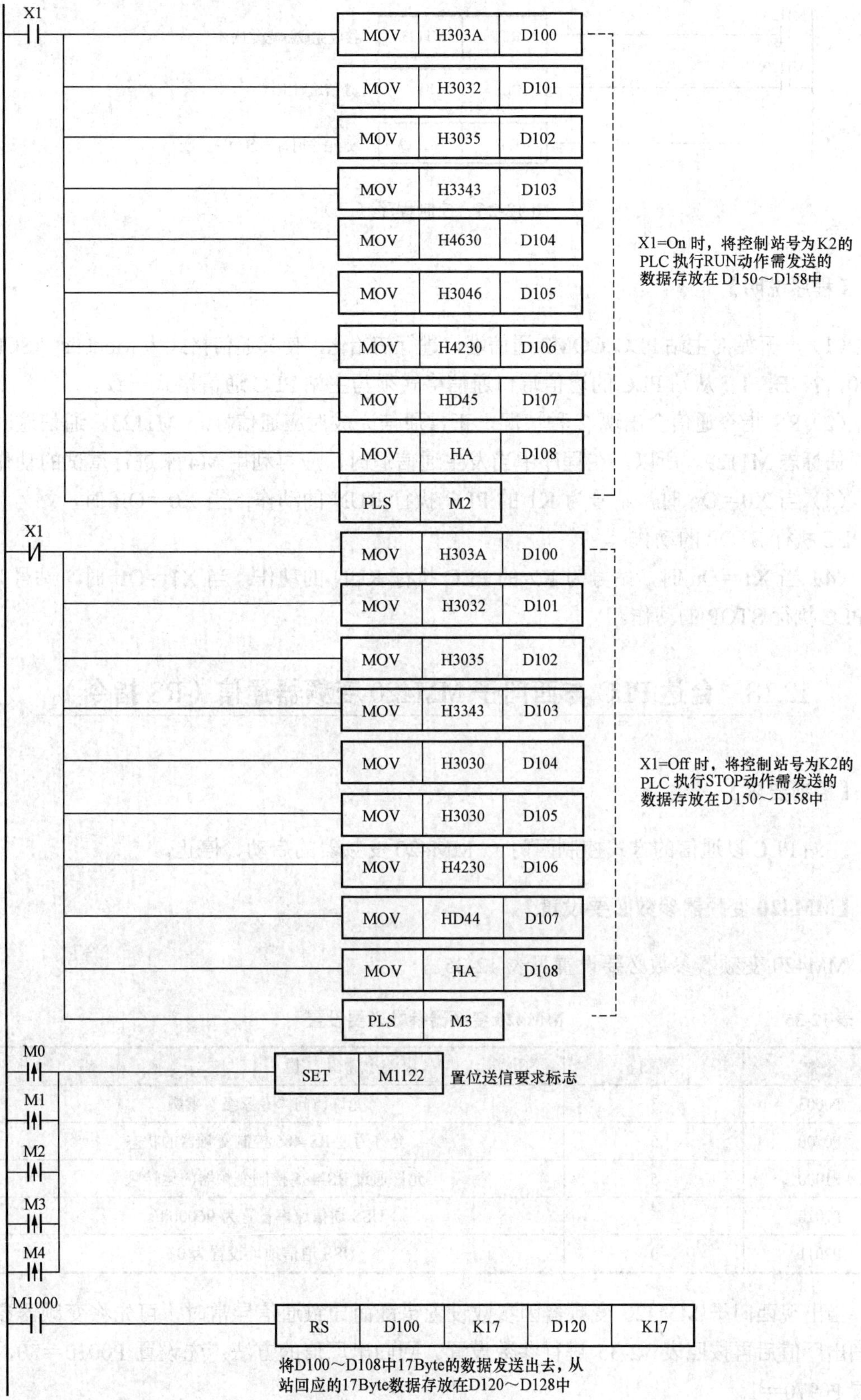
X1
MOV H303A D100
MOV H3032 D101
MOV H3035 D102
MOV H3343 D103
MOV H4630 D104
MOV H3046 D105
MOV H4230 D106
MOV HD45 D107
MOV HA D108
PLS M2
X1=On 时，将控制站号为K2的PLC 执行RUN动作需发送的数据存放在D150～D158中
X1
MOV H303A D100
MOV H3032 D101
MOV H3035 D102
MOV H3343 D103
MOV H3030 D104
MOV H3030 D105
MOV H4230 D106
MOV HD44 D107
MOV HA D108
PLS M3
X1=Off 时，将控制站号为K2的PLC 执行STOP动作需发送的数据存放在D150～D158中
M0
M1
M2
M3
M4
SET M1122
置位送信要求标志
M1000
RS D100 K17 D120 K17
将D100～D108中17Byte的数据发送出去，从站回应的17Byte数据存放在D120～D128中

图 12-26　控制程序（二）

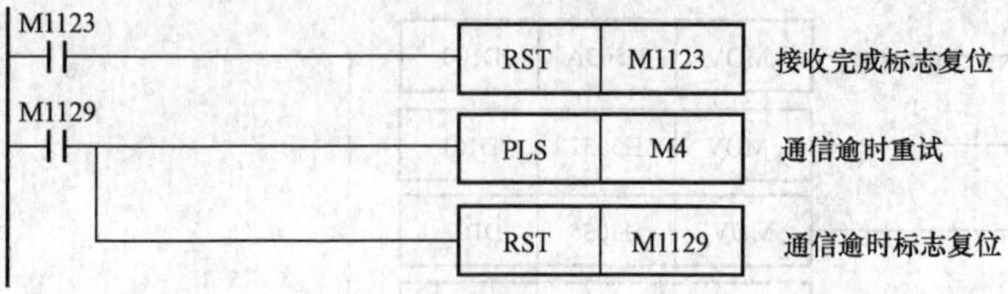
M1123
RST
M1123
接收完成标志复位
M1129
PLS
M4
通信逾时重试
RST
M1129
通信逾时标志复位

图 12-26 控制程序（三）

【程序说明】

（1）一开始对主站 PLC COM2 通信端口进行初始化，使其通信格式为 Modbus ASCII，9600，7，E，1。从站 PLC 的通信端口通信格式须与主站 PLC 通信格式一致。

（2）RS 指令通信会出现 2 种情况，正常通信完成对应通信标志 M1123，通信逾时对应通信标志 M1129。所以，在程序中当发生通信逾时，应再利用 M4 来进行重试的动作。

（3）当 X0＝On 时，站号为 K1 的 PLC 执行 RUN 的动作；当 X0＝Off 时，站号为 1 的 PLC 执行 STOP 的动作。

（4）当 X1＝On 时，站号为 K2 的 PLC 执行 RUN 的动作；当 X1＝Off 时，站号为 2 的 PLC 执行 STOP 的动作。

12.13 台达 PLC 与西门子 MM420 变频器通信（RS 指令）

【控制要求】

主站 PLC 以通信的方式控制西门子 MM420 变频器的启动、停止。

【MM420 变频器参数必要设置】

MM420 变频器参数必要设置见表 12-35。

表 12-35 MM420 变频器参数必要设置

参数	设置值	说 明
P0003	3	允许访问“专家级”参数
P0700	5	允许通过 RS-485 控制变频器的状态
P1000	5	允许通过 RS-485 控制变频器的运转频率
P2010	6	USS 通信速率设置为 9600bit/s
P2011	0	USS 通信地址设置为 0

当出现西门子 MM420 变频器因参数设置错乱而导致通信异常时，可先将变频器参数回归出厂值后再按照表 12-35 进行参数设置。回归出厂值的方法：先设置 P0010＝30，再设置 P0970＝1。

【元件说明】

元件说明见表 12-36。

表 12-36　　元 件 说 明

PLC 软元件	控 制 说 明
X0	启动/停止按钮

【控制程序】

控制程序如图 12-27 所示。

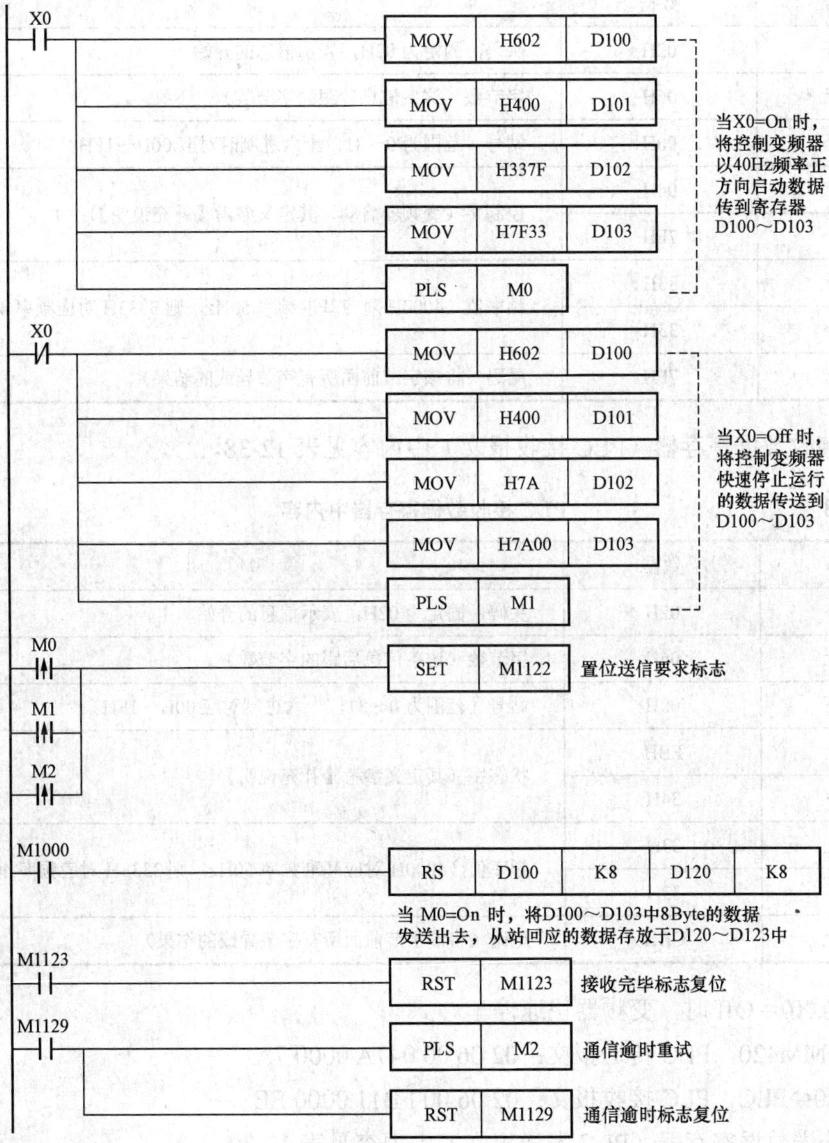
X0
MOV H602 D100
MOV H400 D101
MOV H337F D102
MOV H7F33 D103
PLS M0
当X0=On 时，将控制变频器以40Hz频率正方向启动数据传到寄存器D100～D103
X0
MOV H602 D100
MOV H400 D101
MOV H7A D102
MOV H7A00 D103
PLS M1
当X0=Off 时，将控制变频器快速停止运行的数据传送到D100～D103
M0
M1
M2
SET M1122
置位送信要求标志
M1000
RS D100 K8 D120 K8
当 M0=On 时，将D100～D103中8Byte的数据发送出去，从站回应的数据存放于D120～D123中
M1123
RST M1123
接收完毕标志复位
M1129
PLS M2
通信逾时重试
RST M1129
通信逾时标志复位

图 12-27　控制程序

【程序说明】

（1）对主站 PLC RS-485 通信端口进行初始化，使其通信格式为 9600，8，E，1。从站西门子 MM420 变频器的通信格式（由 P2010 选择）需与主站 PLC 通信格式一致。

（2）当 X0＝On 时，变频器以 40Hz 的频率正方向启动。

PLC⇨MM420，PLC 传送报文：02 06 00 047F 3333 7F

MM420⇨PLC，PLC 接收报文：02 06 00 FB34 3333 CB

PLC 传送数据寄存器（PLC 发送报文）中内容见表 12-37。

表 12-37　PLC 传送数据寄存器中内容

寄存器	数据	说　明
D100 下	02H	头码，固定为 02H，表示信息的开始
D100 上	06H	字节数（这条信息后跟的字节数）
D101 下	00H	站号（范围为 0～31，十六进制时对应 00H～1FH）
D101 上	04H	控制字（变频器启动，其定义参考【补充说明】）
D102 下	7FH	
D102 上	33H	频率值（4000H 对应基准频率 50Hz，则 3333H 对应频率 40Hz）
D103 下	33H	
D103 上	7FH	尾码（将该字节前面所有字节异或的结果）

PLC 接收数据寄存器（PLC 接收报文）中内容见表 12-38。

表 12-38　PLC 接收数据寄存器中内容

寄存器	数据	说　明
D120 下	02H	头码，固定为 02H，表示信息的开始
D120 上	06H	字节数（这条信息后跟的字节数）
D121 下	00H	站号（范围为 0～31，十六进制对应 00H～1FH）
D121 上	FBH	状态字（其定义参考【补充说明】）
D122 下	34H	
D122 上	33H	频率值（4000H 对应基准频率 50Hz，则 3333H 对应频率 40Hz）
D123 下	33H	
D123 上	CBH	尾码（将该字节前面所有字节异或的结果）

（3）当 X0＝Off 时，变频器快速停车。

PLC⇨MM420，PLC 传送报文：02 06 00 047A 0000 7A

MM420⇨PLC，PLC 接收报文：02 06 00 FB11 0000 EE

PLC 传送数据寄存器（PLC 发送报文）中内容见表 12-39。

表 12-39　　　　　　　　　　PLC 传送数据寄存器中内容

寄存器	数据	说　明
D100 下	02H	头码，固定为 02H，表示信息的开始
D100 上	06H	字节数（这条信息后跟的所有字节数）
D101 下	00H	站号（范围为 0～31，十六进制时对应 00H～1FH）
D101 上	04H	控制字（变频器启动，其定义请参考【补充说明】）
D102 下	7AH	
D102 上	00H	频率值（0000H 表示频率为 0Hz）
D103 下	00H	
D103 上	7AH	尾码（将该字节前面所有字节异或的结果）

PLC 接收数据寄存器（PLC 接收报文）中内容见表 12-40。

表 12-40　　　　　　　　　　PLC 接收数据寄存器中内容

寄存器	数据	说　明
D120 下	02H	头码，固定为 02H，表示信息的开始
D120 上	06H	字节数（这条信息后跟的所有字节数）
D121 下	00H	站号（范围为 0～31，十六进制时对应 00H～1FH）
D121 上	FBH	状态字（变频器停止运行，其定义请参考【补充说明】）
D122 下	11H	
D122 上	00H	频率值（0000H 表示频率为 0Hz）
D123 下	00H	
D123 上	EEH	尾码（将该字节前面所有字节异或的结果）

（4）PLC 和西门子 MM420 变频器通信，RS 指令通信会出现两种情况，正常通信完成对应通信标志 M1123，通信逾时对应通信标志 M1129。所以，在程序中发生通信逾时，应再利用 M2 来进行重试的动作。

【补充说明】

西门子 MM420 变频器采用 USS 协议，在 USS 总线上最多可连接 1 台主站和 31 台从站，从站地址为 0～31，其通信报文结构如下：

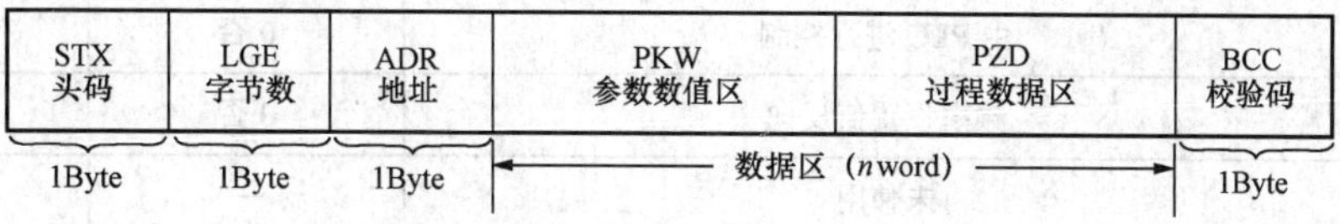
STX
头码
LGE
字节数
ADR
地址
PKW
参数数值区
PZD
过程数据区
BCC
校验码
1Byte
1Byte
1Byte
数据区（n word）
1Byte

（1）STX、LGE、ADR、BCC 等区域长度固定，均为 1Byte。

（2）STX 固定为 02H，表示信息的开始。

（3）LGE 为 ADR 到 BCC 区所有信息的字节数。

（4）ADR 为 USS 通信地址，范围为 0～31（对应 16 进制 00H～1FH）。

（5）数据区分为 PKW 区和 PZD 区：PKW 区用于实现变频器参数数值的读和写，长度为 0～4word，通常采用 4word（参数 P2013 设置）；PZD 用于实现对变频器的控制和频率的设置，长度为 0～4word，通常采用 2word（参数 P2012 设置），第 1 个字是变频器控制字，第 2 个字是变频器频率值。

数据区可只用 PKW 区或只用 PZD 区，也可 PKW 区和 PZD 区都采用。通常只选用 PZD 区，即可实现对变频器下达启动停止等命令和频率的设置。本例中数据区就仅用了 2 word 的 PZD 区，其通信报文结构如下：

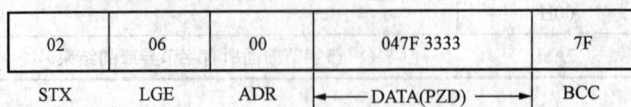

02	06	00	047F 3333	7F
STX	LGE	ADR	←DATA(PZD)→	BCC

其中：047FH 为变频器控制字，表示变频器启动；3333H 为频率值，H4000 对应基准频率 50Hz，所以 H3333 对应的频率为 40Hz。

1）BCC 校验码为 STX 到 PZD 所有字节异或的结果。例如：02H XOR 06H XOR 00H XOR 04H XOR 7FH XOR 33H XOR 33＝H7F。

2）PZD 区变频器的控制字定义（由 PLC 发送给变频器）见表 12-41。

表 12-41　　PZD 区变频器的控制字定义

位地址	功 能 说 明	位状态	
位 00	On（斜坡上升启动）/Off1（斜坡下降停止）	0 否（Off1）	1 是（On）
位 01	Off2:按惯性停车	0 是	1 否
位 02	Off3:快速停车	0 是	1 否
位 03	脉冲使能	0 否	1 是
位 04	RFG（斜坡函数发生器）使能	0 否	1 是
位 05	RFG（斜坡函数发生器）开始	0 否	1 是
位 06	频率设置值使能	0 否	1 是
位 07	故障确认	0 否	1 是
位 08	正向点动	0 否	1 是
位 09	反向点动	0 否	1 是
位 10	由 PLC 进行控制	0 否	1 是
位 11	频率设置值反向	0 否	1 是
位 12	未使用	—	—
位 13	用 MOP（电动电位计）加速	0 否	1 是
位 14	用 MOP（电动电位计）减速	0 否	1 是
位 15	本机/远程控制	0 否	1 是

说明：PLC 发送给变频器的控制字，其位 10 必须设置为 1。如果位 10 是 0，控制字将被舍弃，变频器按原控制方式继续工作。

3）PZD 区变频器的状态字定义（由变频器回传给 PLC）见表 12-42。

表 12-42　　PZD 区变频器的状态字定义

位地址	功 能 说 明	位状态	
位 00	变频器准备	0 否（Off1）	1 是（On）
位 01	变频器运行准备就绪	0 否	1 是
位 02	变频器正在运行	0 否	1 是
位 03	变频器故障	0 否	1 是
位 04	Off2 命令激活	0 是	1 否
位 05	Off2 命令激活	0 否	1 是
位 06	变频器禁止 On（合闸）命令	0 否	1 是
位 07	变频器报警	0 否	1 是
位 08	设置值/实际值偏差过大	0 是	1 否
位 09	PZD（过程数据）控制	0 否	1 是
位 10	变频器已达到最大频率	0 否	1 是
位 11	电动机电流极限报警	0 是	1 否
位 12	电动机抱闸制动投入	0 是	1 否
位 13	电动机过载	0 是	1 否
位 14	电动机正向运行	0 否	1 是
位 15	变频器过载	0 是	1 否

12.14　台达 PLC 与丹佛斯 VLT6000 变频器通信（RS 指令）

【控制要求】

通信方式控制丹佛斯 VLT6000 变频器的启动、停止，并读取它的运转频率。

【VLT6000 变频器参数必要设置】

VLT6000 变频器参数必要设置见表 12-43。

表 12-43　　VLT6000 变频器参数必要设置

参数	设置值	说 明
P500	0	选择串行通信协议为 FC 协议
P501	1	FC 通信地址设置为 1
P502	5	FC 通信速率设置为 9600bit/s
P503	1	惯性停止由串行通信控制

续表

参数	设置值	说　明
P504	1	直流制动由串行通信控制
P505	1	启动由串行通信控制

当出现丹佛斯 VLT6000 变频器因参数设置错乱而导致通信异常时，可先将变频器回归出厂值后再按照表 12-43 进行参数设置。回归出厂值方法：设置 P620＝3，按下“OK”键，再重新上电。

【元件说明】

元件说明见表 12-44。

表 12-44　　元　件　说　明

PLC 软元件	控制说明	PLC 软元件	控制说明
X0	启动/停止开关	M1	执行第 2 条 RS 指令
M0	执行第 1 条 RS 指令		

【控制程序】

控制程序如图 12-28 所示。

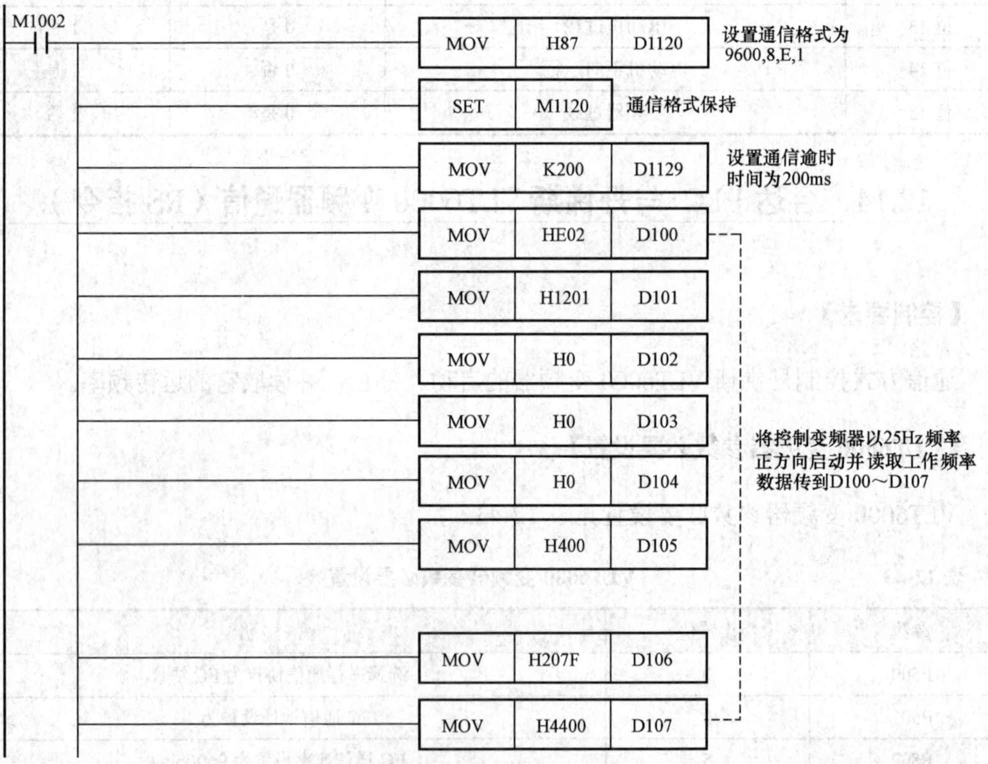
M1002
MOV H87 D1120
设置通信格式为
9600,8,E,1
SET M1120
通信格式保持
MOV K200 D1129
设置通信逾时
时间为200ms
MOV HE02 D100
MOV H1201 D101
MOV H0 D102
MOV H0 D103
MOV H0 D104
MOV H400 D105
MOV H207F D106
MOV H4400 D107
将控制变频器以25Hz频率
正方向启动并读取工作频率
数据传到D100～D107

图 12-28　控制程序（一）

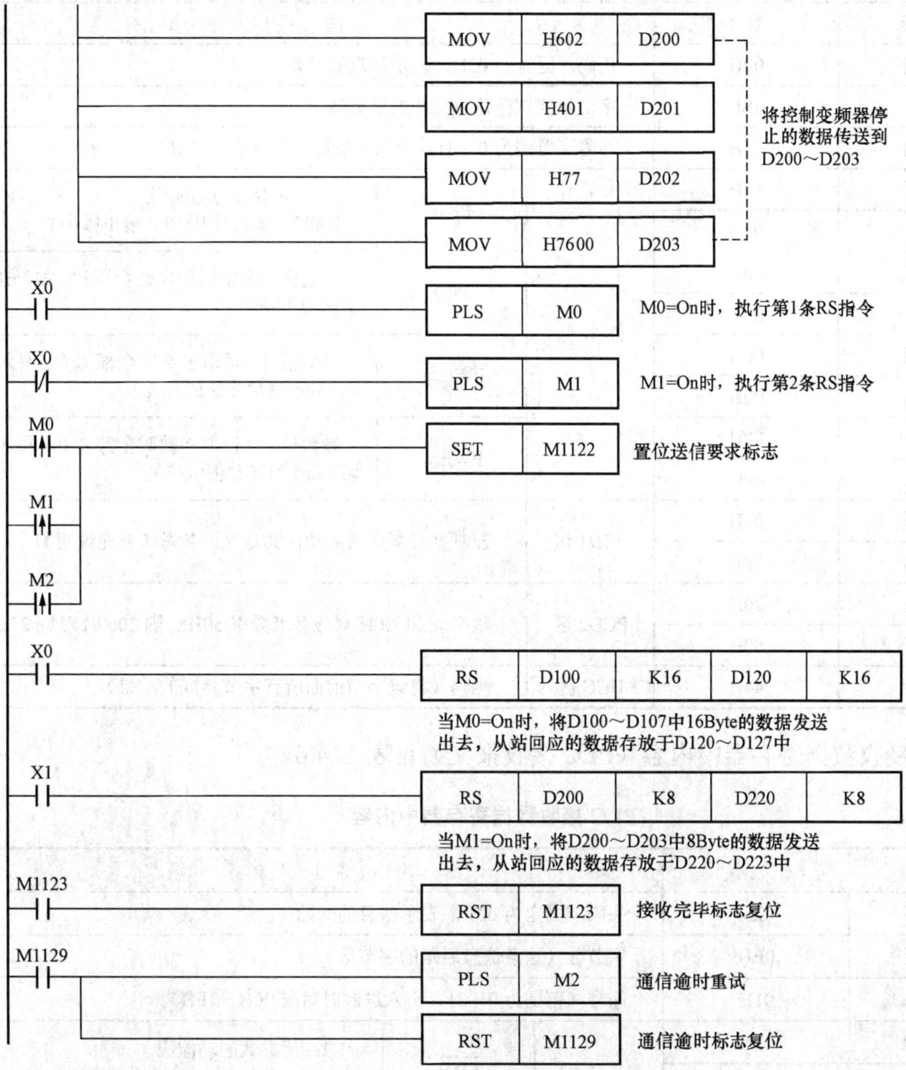
MOV
H602
D200
MOV
H401
D201
MOV
H77
D202
MOV
H7600
D203
将控制变频器停止的数据传送到D200～D203
X0
PLS
M0
M0=On时，执行第1条RS指令
X0
PLS
M1
M1=On时，执行第2条RS指令
M0
SET
M1122
置位送信要求标志
M1
M2
X0
RS
D100
K16
D120
K16
当M0=On时，将D100～D107中16Byte的数据发送出去，从站回应的数据存放于D120～D127中
X1
RS
D200
K8
D220
K8
当M1=On时，将D200～D203中8Byte的数据发送出去，从站回应的数据存放于D220～D223中
M1123
RST
M1123
接收完毕标志复位
M1129
PLS
M2
通信逾时重试
RST
M1129
通信逾时标志复位

图 12-28　控制程序（二）

【程序说明】

（1）对主站 PLC RS-485 通信端口进行初始化，使其通信格式为 9600，8，E，1。从站丹佛斯 VLT6000 变频器的通信格式须与主站 PLC 通信格式一致。

（2）当 X0＝On 时，变频器启动以 25Hz 的频率正方向运转，并读取变频器输出频率。

PLC⇨ VLT6000，PLC 传送报文：02 0E 01 1200 0000 00000000 047F 2000 44

VLT6000⇨PLC，PLC 接收报文：02 0E 01 1200 0000 000000FA　0F07 1FFF 0D

PLC 传送数据寄存器中内容（PLC 发送报文）见表 12-45。

表12-45　　PLC传送数据寄存器中内容

寄存器	数据	说　明		
D100下	02H	头码，固定为02H，表示信息的开始		
D100上	0EH	字节数（这条信息后跟的字节数）		
D101下	01H	站号（范围为0～31，十六进制时对应00H～1FH）		
D101上	12H	PKW区	PKE	1H：读参数的功能码 200H：参数号P512（输出频率）
D102下	00H			
D102上	00H		IND	索引区（有索引的参数会用到，如P615，本例中不使用）
D103下	00H			
D103上	00H		PWE_{high}	参数值1（读取参数时全部为0，写入时该word为参数值的高位）
D104下	00H			
D104上	00H		PWE_{low}	参数值2（读取参数时全部为0，写入时该word为参数值低位）
D105下	00H			
D105上	04H	PCD1区	控制字（变频器启动，其定义请参考【补充说明】）	
D106下	7FH			
D106上	20H	PCD2区	频率值（4000H对应基准频率50Hz，则2000H对应25Hz）	
D107下	00H			
D107上	44H	BCC区	尾码（将该字节前面所有字节异或的结果）	

PLC接收数据寄存器中内容（PLC接收报文）见表12-46。

表12-46　　PLC接收数据寄存器中内容

寄存器	数据	说　明		
D120下	02H	头码，固定为02H，表示信息的开始		
D120上	0EH	字节数（这条信息后跟的字节数）		
D121下	01H	站号（范围为0～31，十六进制时对应00H～1FH）		
D121上	12H	PKW区	PKE	1H：读参数的功能码 200H：参数号P512（输出频率）
D122下	00H			
D122上	00H		IND	索引区（有索引的参数会用到，如P615，本例中不使用）
D123下	00H			
D123上	00H		PWE_{high}	读取的参数值的高位
D124下	00H			
D124上	00H		PWE_{low}	读取的参数值低位（00FAH对应十进制250，表示频率为25Hz）
D125下	FAH			
D125上	0FH	PCD1区	状态字（其定义请参考【补充说明】）	
D126下	07H			
D126上	1FH	PCD2区	频率值（4000H对应基准频率50Hz，则1FFFH对应大约25Hz）	
D127下	FFH			
D127上	0DH	BCC区	尾码（将该字节前面所有字节异或的结果）	

（3）当 X0＝Off 时，变频器快速停车（报文数据部分只用了 PCD 区）。

PLC⇨VLT6000，PLC 传送报文：02 06 01 0477 0000 76

VLT6000⇨PLC，PLC 接收报文：02 06 01 0603 0000 00

PLC 传送数据寄存器中内容（PLC 发送报文）见表 12-47。

表 12-47　　PLC 传送数据寄存器中内容

寄存器	数据	说　明
D200 下	02H	头码，固定为 02H，表示信息的开始
D200 上	06H	字节数（这条信息后跟的所有字节数）
D201 下	01H	站号（范围为 0～31，十六进制时对应 00H～1FH）
D201 上	04H	控制字（变频器启动，其定义请参考【补充说明】）
D202 下	77H	
D202 上	00H	频率值（变频器停止时设置为 0000H，表示频率为 0Hz）
D203 下	00H	
D203 上	76H	尾码（将该字节前面所有字节异或的结果）

PLC 接收数据寄存器中内容（PLC 接收报文）见表 12-48。

表 12-48　　PLC 接收数据寄存器中内容

寄存器	数据	说　明
D220 下	02H	头码，固定为 02H，表示信息的开始
D220 上	06H	字节数（这条信息后跟的所有字节数）
D221 下	01H	站号（范围为 0～31，十六进制时对应 00H～1FH）
D221 上	04H	控制字（变频器启动，其定义请参考【补充说明】）
D222 下	77H	
D222 上	00H	频率值（变频器停止时设置为 0000H，表示频率为 0Hz）
D223 下	00H	
D223 上	76H	尾码（将该字节前面所有字节异或的结果）

（4）PLC 和丹佛斯 VLT6000 变频器通信，RS 指令通信会出现两种情况，正常通信完成对应通信标志 M1123，通信逾时对应通信标志 M1129。所以，在程序中当发生通信逾时，应再利用 M2 来进行重试的动作。

【补充说明】

（1）丹佛斯 VLT6000 变频器有 3 种不同的协议可供选择，包括 FC 协议、Metasys N2 协议、LS FLN 协议，其出厂设置为 FC 协议，在本例中选用了 FC 协议。FC 协议与西门子 MM420 变频器采用的 USS 协议非常的相似，在 FC 总线上最多可连接 1 台主站和 31 台从站，从站地址为 0～31，其通信报文结构如下：

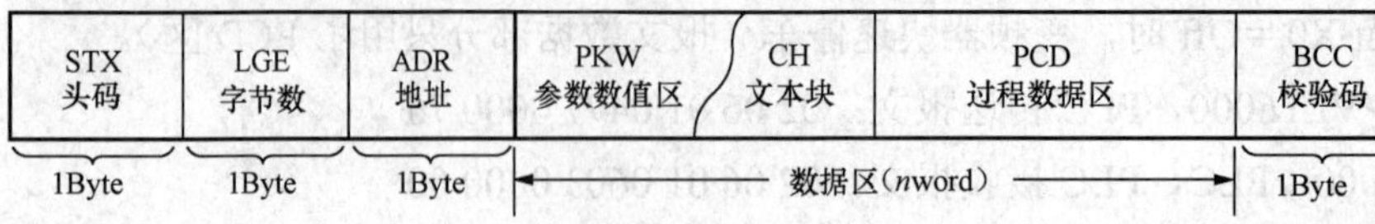
STX
头码
LGE
字节数
ADR
地址
PKW
参数数值区
CH
文本块
PCD
过程数据区
BCC
校验码
1Byte
1Byte
1Byte
数据区（nword）
1Byte

1）FC协议的STX区、LGE区、ADR区，BCC区定义方法与USS协议完全相同，请参考范例12.13中补充说明USS协议的介绍。

2）其数据区可采用3种类型的报文：

① 包含参数块和过程块，用于在主从系统间传输参数，共有6word。

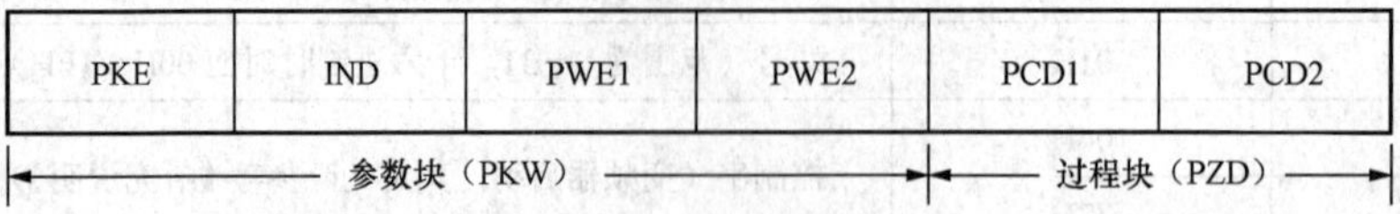
PKE
IND
PWE1
PWE2
PCD1
PCD2
参数块（PKW）
过程块（PZD）

② 仅有过程块，它由控制字（状态字）和频率组成，共2word。

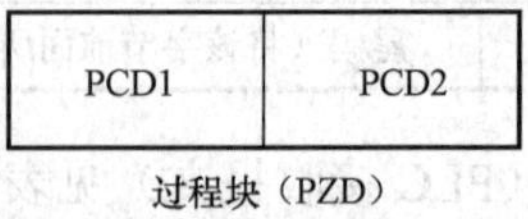
PCD1
PCD2
过程块（PZD）

③ 文本块，用于通过数据区读写文本（对参数P621～P631读写使用该种格式）。

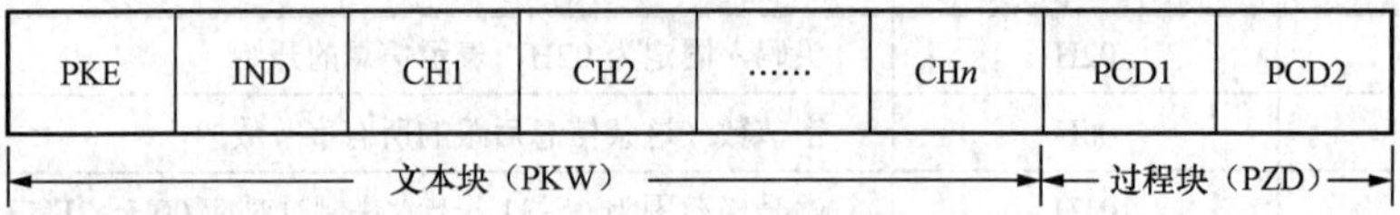
PKE
IND
CH1
CH2
……
CHn
PCD1
PCD2
文本块（PKW）
过程块（PZD）

（2）PCD区变频器的控制字定义见表12-49。

表12-49　　PCD区变频器的控制字定义

位地址	位状态＝0	位状态＝1
位00	—	预置参考值（低位）
位01	—	预置参考值（高位）
位02	直流制动	—
位03	惯性停止	—
位04	快速停止	—
位05	锁定输出频率	—
位06	加减速停止	启动
位07	—	复位
位08	—	点动
位09	无效	
位10	数据无效	数据有效
位11	—	启用继电器1

续表

位地址	位状态=0	位状态=1
位 12	—	启用继电器 2
位 13	—	菜单选择（低位）
位 14	—	菜单选择（高位）
位 15	—	反转

（3）PCD 区变频器的状态字定义见表 12-50。

表 12-50　　PCD 区变频器的状态字定义

位地址	位状态=0	位状态=1
位 00	跳闸	控制就绪
位 01	—	变频器就绪
位 02	—	待机
位 03	不跳闸	跳闸
位 04	未使用	
位 05	未使用	
位 06	—	启用跳闸锁定
位 07	无警告	警告
位 08	速度≠参考值	速度=参考值
位 09	本地运行	由通信控制
位 10	超出频率范围	—
位 11	未运行	运行
位 12	无效	
位 13	—	电压过低/过高警告
位 14	—	电流极限
位 15	—	热警告

12.15　条形码扫描仪

条形码扫描仪如图 12-29 所示。

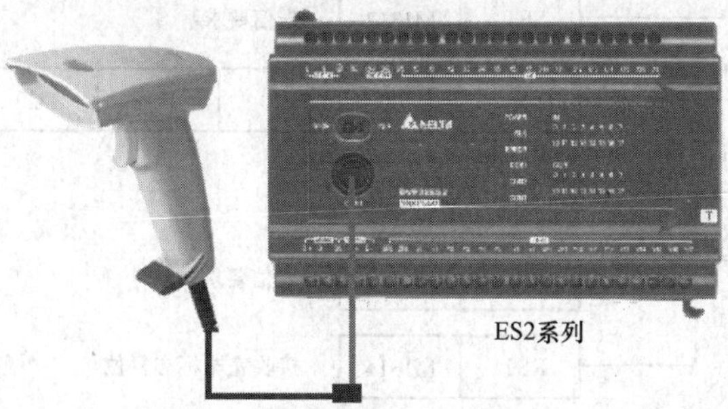
ES2系列

图 12-29　条形码扫描仪

条形码扫描仪通信参数见表 12-51。

表 12-51　　条形码扫描仪通信参数

条形码扫描仪 RS-232 ASCII	
Baud rate	150，300，600，1200，2400，4800，9600，19200，38400
Parity	None，even，odd
Data bits	7，8，9
Stop bits	1，2

【控制要求】

利用条形码扫描仪（RS-232-ASCII）透过 ES2 COM1 通信口，将生产机器的序号使用 RS 指令读回，并记录到寄存器中保存，可应用在原料库存控管、生产流程标示、生产线工作站说明、提高品管及测试效率、改善出货及物流流程等场合。

【元件说明】

元件说明见表 12-52。

表 12-52　　元　件　说　明

PLC 软元件	控　制　说　明	PLC 软元件	控　制　说　明
M0	启动条形码扫描仪功能	D20	设定生产机器的序号位数
M1	启动设定生产机器的序号位数为 15	D0～D14	记录生产机器的序号

【控制程序】

控制程序如图 12-30 所示。

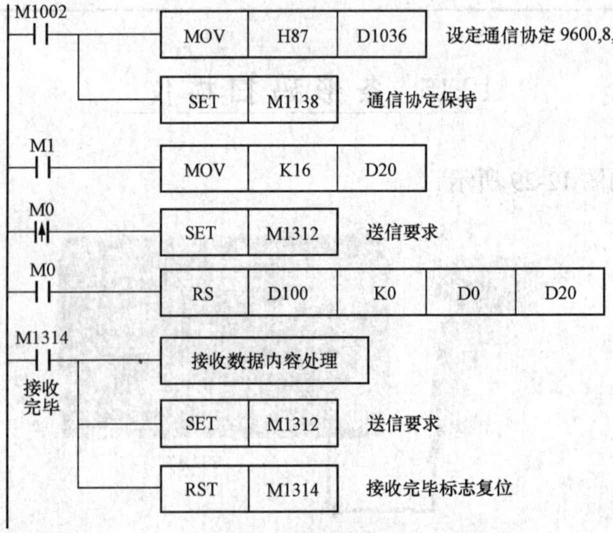
M1002
MOV
H87
D1036
设定通信协定 9600,8,E,1
SET
M1138
通信协定保持
M1
MOV
K16
D20
M0
SET
M1312
送信要求
M0
RS
D100
K0
D0
D20
M1314
接收完毕
接收数据内容处理
SET
M1312
送信要求
RST
M1314
接收完毕标志复位

图 12-30　控制程序

【程序说明】

（1）ES2 RS 指令支持 COM1（RS-232），COM2（RS-485），COM3（RS-485）。

（2）RS 指令格式。

RS	S	*m*	D	*n*

（3）此指令专为主机使用串联式通信接口所提供的便利指令，只要在 S 来源数据寄存器事先存入数据并设定长度 *m*，并设定接收数据寄存器 D 及长度 *n*。

（4）若不需要传送数据时，可将 ***m*** 指定为 K0，若不需要接收数据时，可将 ***n*** 指定为 K0。在此范例中不需要传送数据时，因此将 ***m*** 指定为 K0。

（5）条形码扫描仪接口为 RS-232，先设定 COM1 与条形码扫描仪的通信格式，通信格式为 9600,8,E,1。

（6）启动 M1 设定生产机器的序号位数为 16，就是接收数据长度 *n*＝16。

（7）接着启动 M0 开始接收条形码扫描传回的数据（ASCII 码），记录到 D0 开始的寄存器内，见表 12-53。

（8）当 M0＝On 时，RS 指令执行 PLC 即进入等待传送、接收数据的状态。开始执行无数据送出，进入接收数据的状态，接收外部传入的十六笔数据，将其存入由 D0 开始的连续寄存器内。

（9）PLC 传送数据寄存器（PLC 传送信息）：不需要传送数据。

（10）PLC 接收数据寄存器（条形码扫描仪响应信息）。

表 12-53　　条形码扫描仪传回的数据

寄存器	DATA（HEX）	说　明　（ASCII）
D0 Low byte	33	条形码第 1 码　3
D1 Low byte	32	条形码第 2 码　2
D2 Low byte	45	条形码第 3 码　E
D3 Low byte	53	条形码第 4 码　S
D4 Low byte	32	条形码第 5 码　2
D5 Low byte	30	条形码第 6 码　0
D6 Low byte	30	条形码第 7 码　0
D7 Low byte	54	条形码第 8 码　T
D8 Low byte	57	条形码第 9 码　W
D9 Low byte	39	条形码第 10 码 9
D10 Low byte	34	条形码第 11 码 4
D11 Low byte	36	条形码第 12 码 6
D12 Low byte	30	条形码第 13 码 0

续表

寄存器	DATA（HEX）	说　明（ASCII）
D13 Low byte	30	条形码第 14 码 0
D14 Low byte	30	条形码第 15 码 0
D15 Low byte	33	条形码第 16 码 3

【关键技术点列表】

（1）仅支援 8 位模式，通信格式与速率由 D1036 下 8 位设定。

（2）不支援 M1126/M1130/D1124～D1126 设定头后缀功能。

（3）16 位数据分成上位 8 位，下位 8 位，上位 8 位被省略，仅下位 8 位为有效数据可做数据的发送和接收。

（4）当数据接收完毕标志（M1314）自动 On，程序中处理完接收数据后，须将 M1314 RESET 为 Off，再度进入等待传送接收的状态。但请勿利用 PLC 程序连续执行 RST M1314。

12.16　PLC LINK 不连续区段数据交换

PLC LINK 不连续区段数据交换如图 12-31 所示。

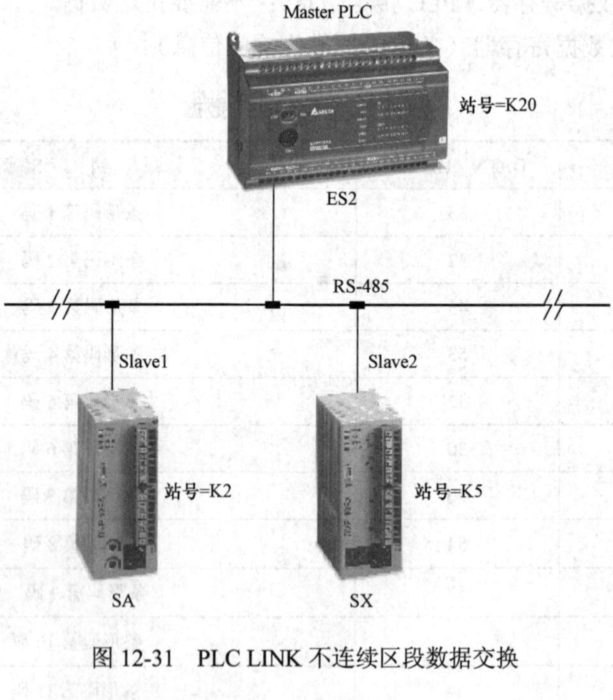
Master PLC
站号=K20
ES2
RS-485
Slave1
Slave2
站号=K2
站号=K5
SA
SX

图 12-31　PLC LINK 不连续区段数据交换

【控制要求】

主站 ES2（Master PLC）与 2 台从站（Slave PLC）通过 PLC LINK 方式完成不连续区

段数据交换。

【PLC 参数设定】

PLC 参数设定见表 12-54。

表 12-54　　PLC 参数设定

主从站	站号	通信格式
Master PLC	K20（D1121＝K20）	ASCII，9600，7，E，1（D1120＝H86）。从站 PLC 与主站 PLC 通信格式须一致
Slave 1	K2（D1121＝K2）	
Slave 2	K5（D1121＝K5）	

当出现 PLC 因参数设定错乱而导致通信异常时，可先在 WPL 编程软件菜单中点选：通信（C）⇨PLC 程序及内存清除（M）⇨回归出厂值，使 PLC 回归出厂值后，再按照表 12-54 所示进行设定。

【元件说明】

元件说明见表 12-55。

表 12-55　　元件说明

PLC 软元件	控制说明
X0	PLC LINK 启动控制
M1350	PLC LINK 启动标志
M1351	启动 PLC LINK 为自动模式
M1352	启动 PLC LINK 为手动模式
M1353	启动 PLC LINK 读取/写入最多长度为 50 笔 word
M1354	启动 PLC LINK 在一个轮询时间内同时执行读写功能
M1355	PLC LINK 功能启动时，当 M1355 为 On，手动设定从站联机功能，当 M1355 为 Off，自动侦测从站联机功能
M1356	PLC LINK 功能启动时，当 M1356 为 On，使用者可根据 D1900～D1931 的内容当作从站站号，不再使用 D1399 预设的连续站号
D1399	PLC Link 指定起始的从站 ID 编号
D1900～D1931	当 M1356 为 On 时，此特 D 将会被定义为 PLC-Link 的站号设定，不再使用 D1399 预设的连续站号

【控制程序】

控制程序如图 12-32 所示。

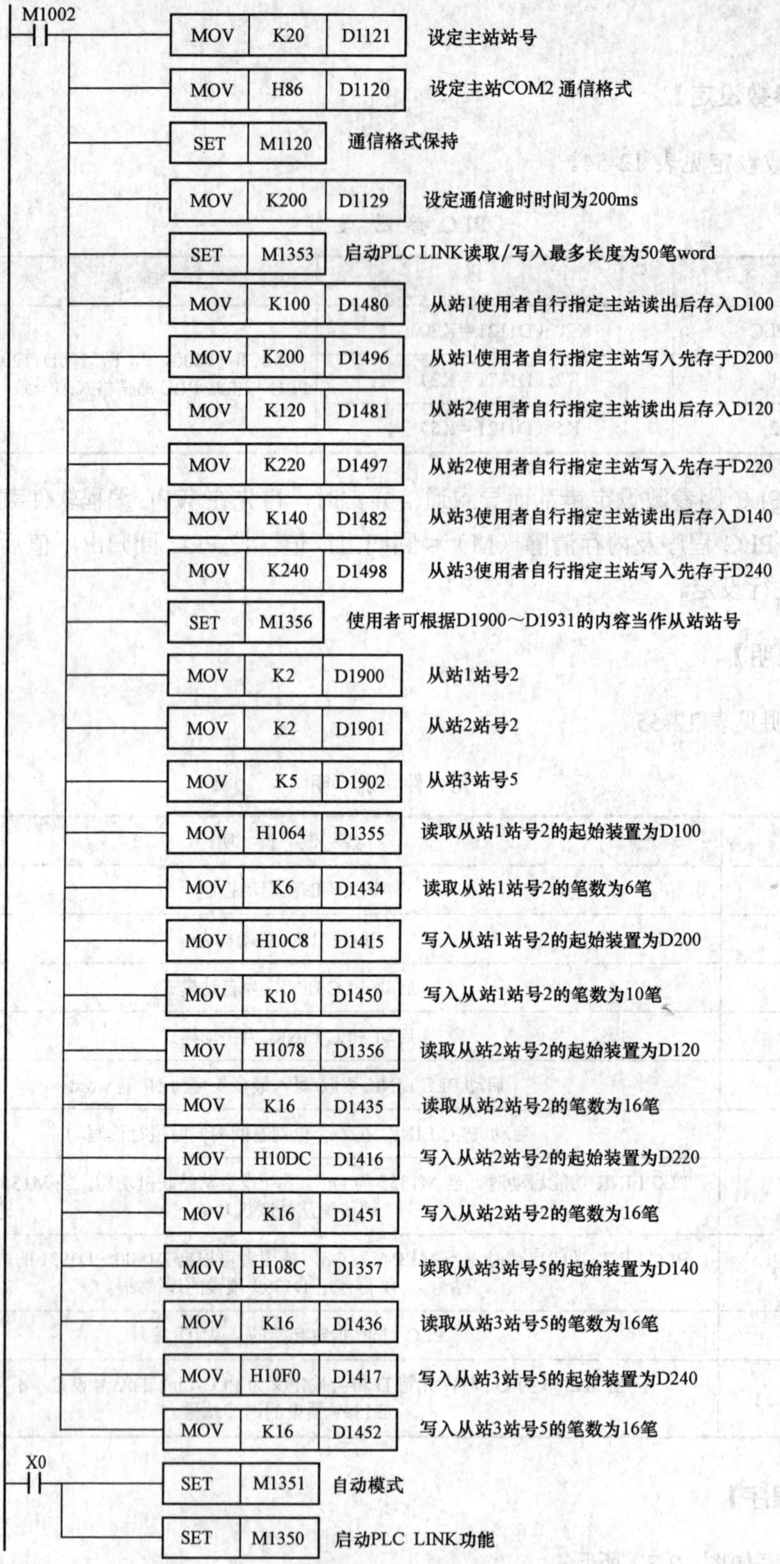
M1002
MOV K20 D1121 设定主站站号
MOV H86 D1120 设定主站COM2 通信格式
SET M1120 通信格式保持
MOV K200 D1129 设定通信逾时时间为200ms
SET M1353 启动PLC LINK读取/写入最多长度为50笔word
MOV K100 D1480 从站1使用者自行指定主站读出后存入D100
MOV K200 D1496 从站1使用者自行指定主站写入先存于D200
MOV K120 D1481 从站2使用者自行指定主站读出后存入D120
MOV K220 D1497 从站2使用者自行指定主站写入先存于D220
MOV K140 D1482 从站3使用者自行指定主站读出后存入D140
MOV K240 D1498 从站3使用者自行指定主站写入先存于D240
SET M1356 使用者可根据D1900～D1931的内容当作从站站号
MOV K2 D1900 从站1站号2
MOV K2 D1901 从站2站号2
MOV K5 D1902 从站3站号5
MOV H1064 D1355 读取从站1站号2的起始装置为D100
MOV K6 D1434 读取从站1站号2的笔数为6笔
MOV H10C8 D1415 写入从站1站号2的起始装置为D200
MOV K10 D1450 写入从站1站号2的笔数为10笔
MOV H1078 D1356 读取从站2站号2的起始装置为D120
MOV K16 D1435 读取从站2站号2的笔数为16笔
MOV H10DC D1416 写入从站2站号2的起始装置为D220
MOV K16 D1451 写入从站2站号2的笔数为16笔
MOV H108C D1357 读取从站3站号5的起始装置为D140
MOV K16 D1436 读取从站3站号5的笔数为16笔
MOV H10F0 D1417 写入从站3站号5的起始装置为D240
MOV K16 D1452 写入从站3站号5的笔数为16笔
X0
SET M1351 自动模式
SET M1350 启动PLC LINK功能

图 12-32 控制程序

【程序说明】

（1）当 X0＝On 时，将通过 PLC LINK 的方式自动完成主站 PLC 与 2 台从站 PLC 的数据交换，即将从站 1 的 D100～D105 资料读到主站的 D100～D105，主站的 D200～D210 数据写到从站 1 的 D200～D210；从站 2 的 D120～D135 数据读到主站的 D120～D135，主站的 D220～D235 数据写到从站 2 的 D220～D235；从站 3 数据的 D140～D155 读到主站的 D140～D155，主站的 D240～D255 数据写到从站的 D240～D255，见表 12-56。

表 12-56

Master PLC（1 台）		Slave PLC （2 台）
D100～D105	读出 ←	Slave1 PLC（站号＝K2）的 D100～D105
D200～D210	写入 →	Slave1 PLC（站号＝ K2）的 D200～D210
D120～D135	读出 ←	Slave2 PLC（站号＝ K2）的 D120～D135
D220～D235	写入 →	Slave2 PLC（站号＝ K2）的 D220～D235
D140～D155	读出 ←	Slave3 PLC（站号＝ K5）的 D140～D155
D240～D255	写入 →	Slave3 PLC（站号＝ K5）的 D240～D255

（2）假设 PLC LINK 启动前（M1350＝Off），主站和从站用于交换数据的寄存器 D 中的数据见表 12-57。

表 12-57

Master PLC	内容值	Slave PLC	内容值
D100～D105	内容全为 0	从站 1 的 D100～D105	内容全为 1
D200～D210	内容全为 100	从站 1 的 D200～D210	内容全为 0
D120～D135	内容全为 0	从站 2 的 D120～D135	内容全为 2
D220～D235	内容全为 200	从站 2 的 D220～D235	内容全为 0
D140～D155	内容全为 0	从站 3 的 D140～D155	内容全为 3
D240～D255	内容全为 300	从站 3 的 D240～D255	内容全为 0

则 PLC LINK 启动后（M1350＝On），主站和从站用于交换数据的寄存器 D 中的数据见表 12-58。

表 12-58

Master PLC	内容值	Slave PLC	内容值
D100～D105	内容全为 1	从站 1 的 D100～D115	内容全为 1
D200～D210	内容全为 100	从站 1 的 D200～D215	内容全为 100
D120～D135	内容全为 2	从站 2 的 D120～D135	内容全为 2
D220～D235	内容全为 200	从站 2 的 D220～D235	内容全为 200

续表

Master PLC	内容值	Slave PLC	内容值
D140～D155	内容全为 3	从站 3 的 D140～D155	内容全为 3
D240～D255	内容全为 300	从站 3 的 D240～D255	内容全为 300

（3）在 Master PLC 里设定 D1900＝2，即站号为 K2 的 PLC 对应 Slave1，设定 D1901＝2，即站号为 K2 的 PLC 对应 Slave2，设定 D1902＝5，即站号为 K5 的 PLC 对应 Slave3。

（4）X0 由 Off→On 启动 PLC LINK 功能，若启动失败 M1350/M1351 会变为 Off 状态，请再重新启动 X0 由 Off→On。

【支持此功能的 PLC 主机与固件版本】

（1）ES2/EX2→v1.42 版以上。

（2）SS2/SX2→v1.2 版以上。

（3）SA2→v1.0 版。

12.17 通信控制 2 台台达 PLC 的启动/停止（MODRW 指令）

通信控制 2 台台达 PLC 的启动/停止如图 12-33 所示。

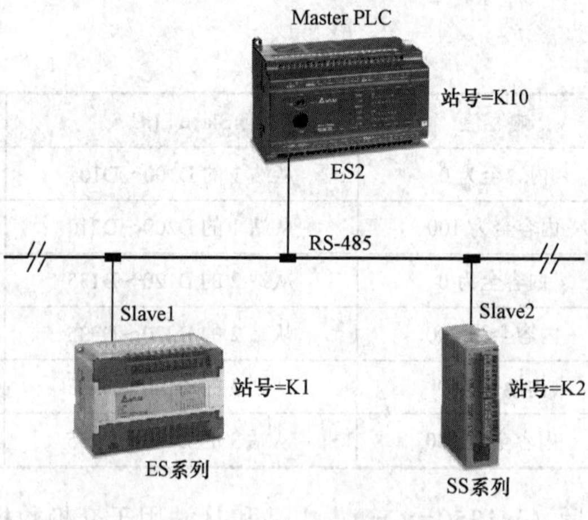
Master PLC
站号=K10
ES2
RS-485
Slave1
Slave2
站号=K1
站号=K2
ES系列
SS系列

图 12-33 通信控制 2 台台达 PLC 的启动/停止

【控制要求】

（1）主站 PLC 以通信的方式控制 2 台从站 PLC 的启动和停止。

（2）M1072：PLC RUN 指令执行，对应的通信地址为 H’0C30。

【参数设定】

参数设定见表 12-59。

表 12-59　　参 数 设 定

主从站	站　号	通 信 格 式
Master PLC	K10（D1121=K10）	ASCII，9600，7，E，1（D1120=H86），从站 PLC 与主站 PLC 通信格式须一致
Slave 1	K1（D1121=K1）	
Slave 2	K2（D1121=K2）	

当出现 PLC 因参数设定错乱而导致通信异常时，可先在 WPL 编程软件菜单中点选：通信（C）⇨ PLC 程序及内存清除（M）⇨ 回归出厂值，使 PLC 回归出厂值后，再按照表 12-59 所示进行设定。

【元件说明】

元件说明见表 12-60。

表 12-60　　元 件 说 明

PLC 软元件	控 制 说 明
X0	启动/停止 Slave 1
X1	启动/停止 Slave 2
M0/M1	Slave 1 MODRW 指令送信要求
M2/M3	Slave 2 MODRW 指令送信要求
M4	通信逾时重试 MODRW 指令送信要求

【控制程序】

控制程序如图 12-34 所示。

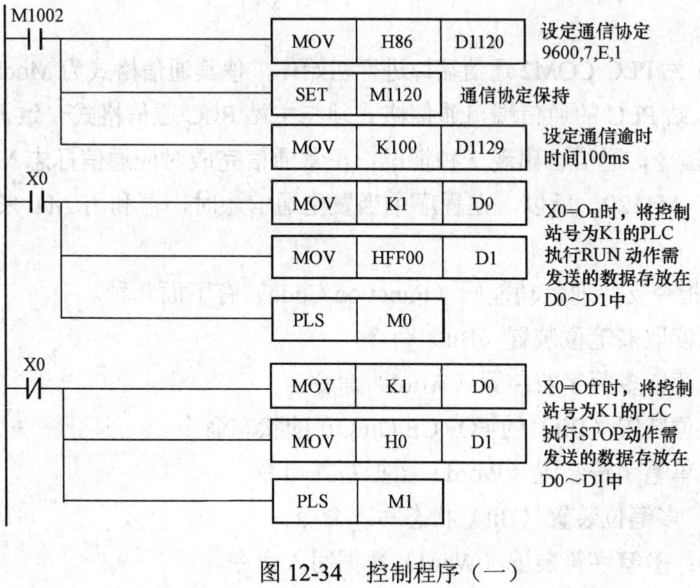
M1002
MOV H86 D1120
设定通信协定 9600,7,E,1
SET M1120
通信协定保持
MOV K100 D1129
设定通信逾时 时间100ms
X0
MOV K1 D0
MOV HFF00 D1
PLS M0
X0=On时，将控制站号为K1的PLC执行RUN 动作需发送的数据存放在D0～D1中
X0
MOV K1 D0
MOV H0 D1
PLS M1
X0=Off时，将控制站号为K1的PLC执行STOP动作需发送的数据存放在D0～D1中

图 12-34　控制程序（一）

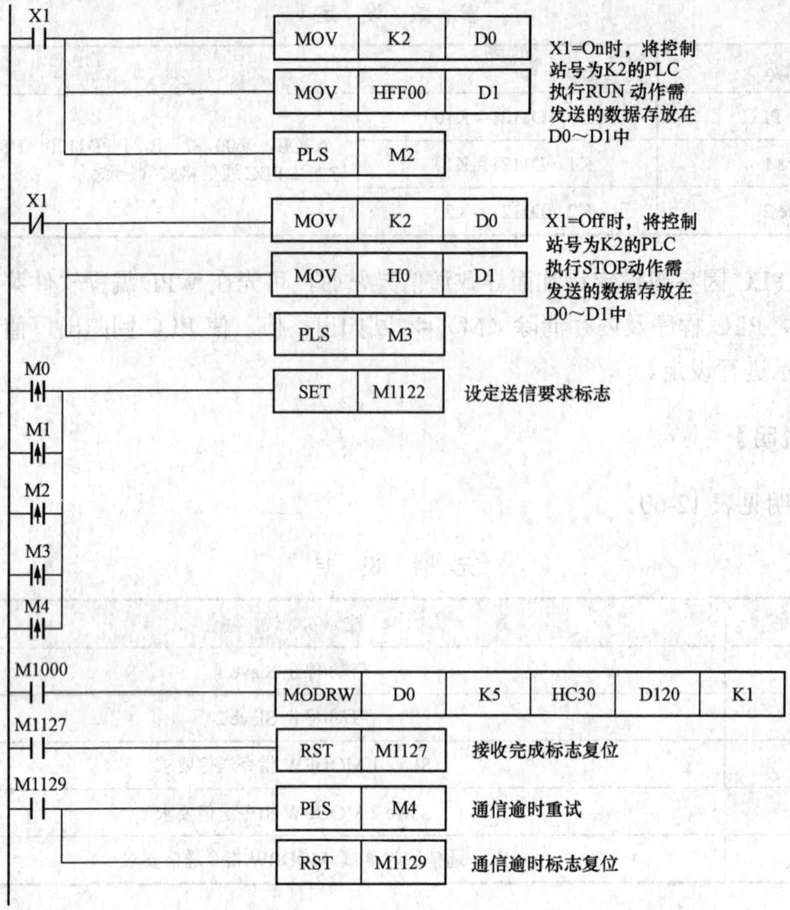
X1
MOV K2 D0
MOV HFF00 D1
PLS M2
X1=On时，将控制站号为K2的PLC执行RUN 动作需发送的数据存放在D0～D1中
X1
MOV K2 D0
MOV H0 D1
PLS M3
X1=Off时，将控制站号为K2的PLC执行STOP动作需发送的数据存放在D0～D1中
M0
SET M1122
设定送信要求标志
M1
M2
M3
M4
M1000
MODRW D0 K5 HC30 D120 K1
M1127
RST M1127
接收完成标志复位
M1129
PLS M4
通信逾时重试
RST M1129
通信逾时标志复位

图 12-34 控制程序（二）

【程序说明】

（1）一开始对主站 PLC COM2 通信端口进行初始化，使其通信格式为 Modbus ASCII，9600，7，E，1。从站 PLC 的通信端口通信格式须与主站 PLC 通信格式一致。

（2）MODRW 指令，通信会出现 2 种情况，正常通信完成对应通信标志 M1127、通信逾时对应通信标志：M1129。所以，在程序中当发生通信逾时，再利用 M4 来进行重试的动作。

（3）MODRW 指令支持通信功能码（Function Code）有下面几种。

1）K2（H2）：读取多笔位装置（Bit）命令。

2）K3（H3）：读取多笔字符装置（Word）命令。

3）K5（H5）：位装置（Bit）的 FORCE On/Off 的状态命令。

4）K6（H6）：单笔字符装置（Word）数据写入命令。

5）K15（HF）：多笔位装置（Bit）状态写入命令。

6）K16（H10）：多笔字符装置（Word）数据写入命令。

（4）利用上述第三种功能码 K5（H05）：位装置（Bit）的 FORCE On/Off 的状态命令。

（5）当 X0＝On 时，站号为 K1 的 PLC 执行 RUN 的动作，当 X0＝Off 时，站号为 1 的 PLC 执行 STOP 的动作。

（6）当 X1＝On 时，站号为 K2 的 PLC 执行 RUN 的动作，当 X1＝Off 时，站号为 2 的 PLC 执行 STOP 的动作。

13 应用指令万年历时间设计范例

13.1 上下班工作电铃定时控制（TRD/TWR/TCMP）

【控制要求】

（1）某公司每天有 4 个响铃时刻：上午上班、上午下班，下午上班、下午下班。上班或下班时间一到，电铃立即发出铃声，铃声持续 1min。4 个上下班时刻可任意设置，且可随时校对当前时间。

（2）能进行时间设置和校对的操作。

【元件说明】

元件说明见表 13-1。

表 13-1 元件说明

PLC 软元件	控制说明	PLC 软元件	控制说明
M0	校对时间确认	D0～D6	读出的万年历数据
M1	电铃启动开关	D200～D206	写入的万年历数据
Y0	工作电铃	D300～D311	上下班时间点数据

【控制程序】

控制程序如图 13-1 所示。

【程序说明】

（1）程序在最开始使用［FMOV K1 D200 K4］目的是防止 TWR 指令执行错误，因为本例中仅对时刻数据进行操作，而未对 D200～D204 中的年、星期、月、日数据进行操作，而 TWR 指令规定写入的年范围值是 00～99，星期范围值是 1～7，月范围值是 1～12，日范围值是 1～31，若 D200～D204 内容值不在这些范围内，程序执行时会视为运算错误，指令不执行，导致连小时、分、秒等时刻数据也不能写入。所以将年、星期、月、日都固定为 K1，保证都在范围内，TWR 指令才能正常执行，将时刻数据写入。

（2）程序中，D4、D5、D6 内的数值分别表示从万年历中读出的现在时间的时、分、秒。

（3）可以 WPLSoft 或 HMI 人机来设置 D200～D206、D300～D311 的内容值。

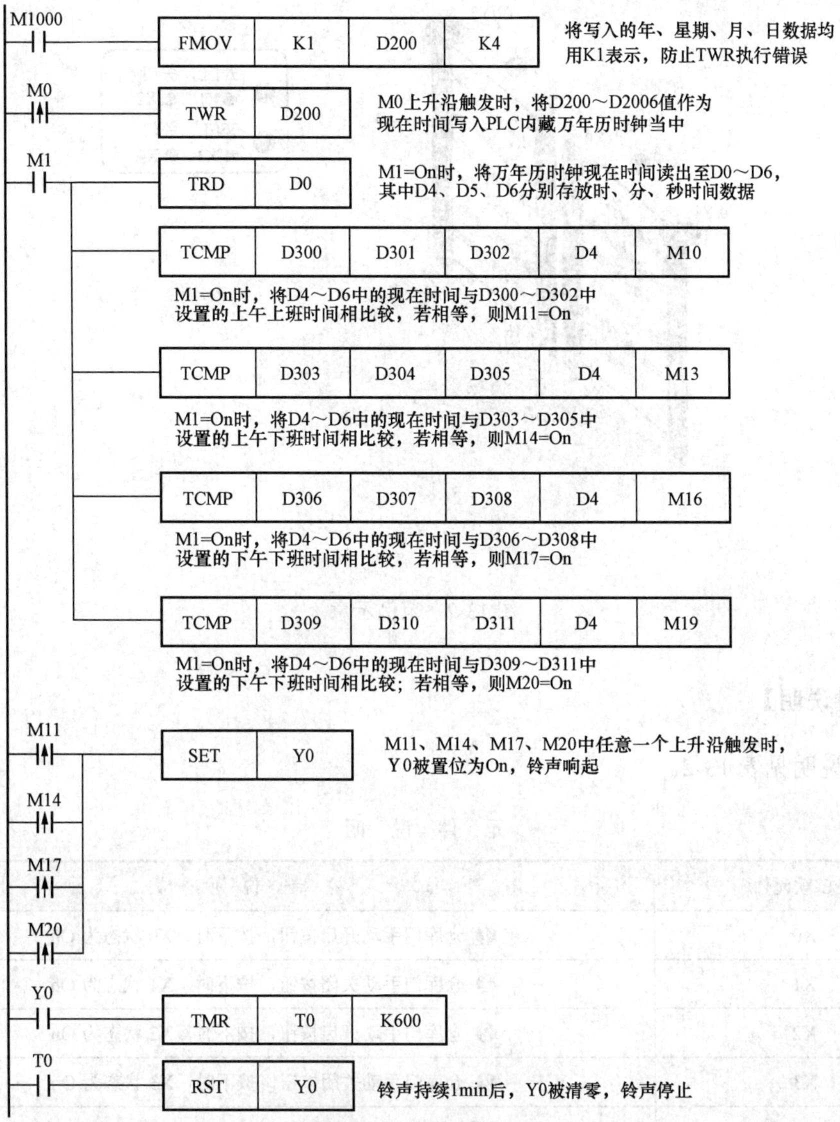
M1000
FMOV
K1
D200
K4
将写入的年、星期、月、日数据均
用K1表示，防止TWR执行错误
M0
TWR
D200
M0上升沿触发时，将D200～D2006值作为
现在时间写入PLC内藏万年历时钟当中
M1
TRD
D0
M1=On时，将万年历时钟现在时间读出至D0～D6，
其中D4、D5、D6分别存放时、分、秒时间数据
TCMP
D300
D301
D302
D4
M10
M1=On时，将D4～D6中的现在时间与D300～D302中
设置的上午上班时间相比较，若相等，则M11=On
TCMP
D303
D304
D305
D4
M13
M1=On时，将D4～D6中的现在时间与D303～D305中
设置的上午下班时间相比较，若相等，则M14=On
TCMP
D306
D307
D308
D4
M16
M1=On时，将D4～D6中的现在时间与D306～D308中
设置的下午下班时间相比较，若相等，则M17=On
TCMP
D309
D310
D311
D4
M19
M1=On时，将D4～D6中的现在时间与D309～D311中
设置的下午下班时间相比较；若相等，则M20=On
M11
SET
Y0
M11、M14、M17、M20中任意一个上升沿触发时，
Y0被置位为On，铃声响起
M14
M17
M20
Y0
TMR
T0
K600
T0
RST
Y0
铃声持续1min后，Y0被清零，铃声停止

图 13-1 控制程序

13.2 仓库门自动开关控制（TRD/TZCP）

范例示意如图 13-2 所示。

【控制要求】

（1）仓库的开放时间为 7:30～22:30，所以要求仓库门在上午 7:30 自动打开，在晚上 22:30 自动关闭。

（2）在值班室设有控制两个仓库门开和关的按钮，在特殊情况时可手动控制仓库门的打开和关闭。

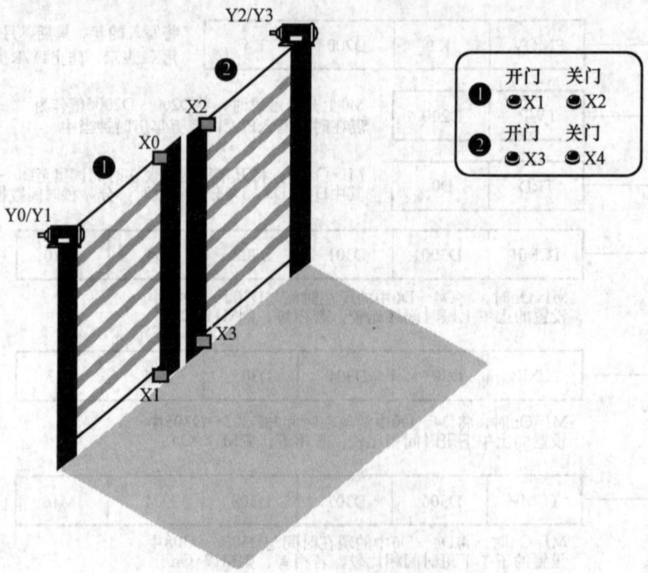
Y2/Y3
❷
X2
X0
❶
Y0/Y1
X3
X1
❶ 开门 X1 关门 X2
❷ 开门 X3 关门 X4

图 13-2 范例示意

【元件说明】

元件说明见表 13-2。

表 13-2 元 件 说 明

PLC 软元件	控 制 说 明
X0	❶ 仓库门手动开启按钮，按下时，X0 状态为 On
X1	❶ 仓库门手动关闭按钮，按下时，X1 状态为 On
X2	❷ 仓库门手动开启按钮，按下时，X2 状态为 On
X3	❷ 仓库门手动关闭按钮，按下时，X3 状态为 On
X4	❶ 仓库门上限传感器，碰触时，X4 状态为 On
X5	❶ 仓库门下限传感器，碰触时，X5 状态为 On
X6	❷ 仓库门上限传感器，碰触时，X6 状态为 On
X7	❷ 仓库门下限传感器，碰触时，X7 状态为 On
Y0	❶ 仓库门电动机正转（开门动作）
Y1	❶ 仓库门电动机反转（关门动作）
Y2	❷ 仓库门电动机正转（开门动作）
Y3	❷ 仓库门电动机反转（关门动作）

【控制程序】

控制程序如图 13-3 所示。

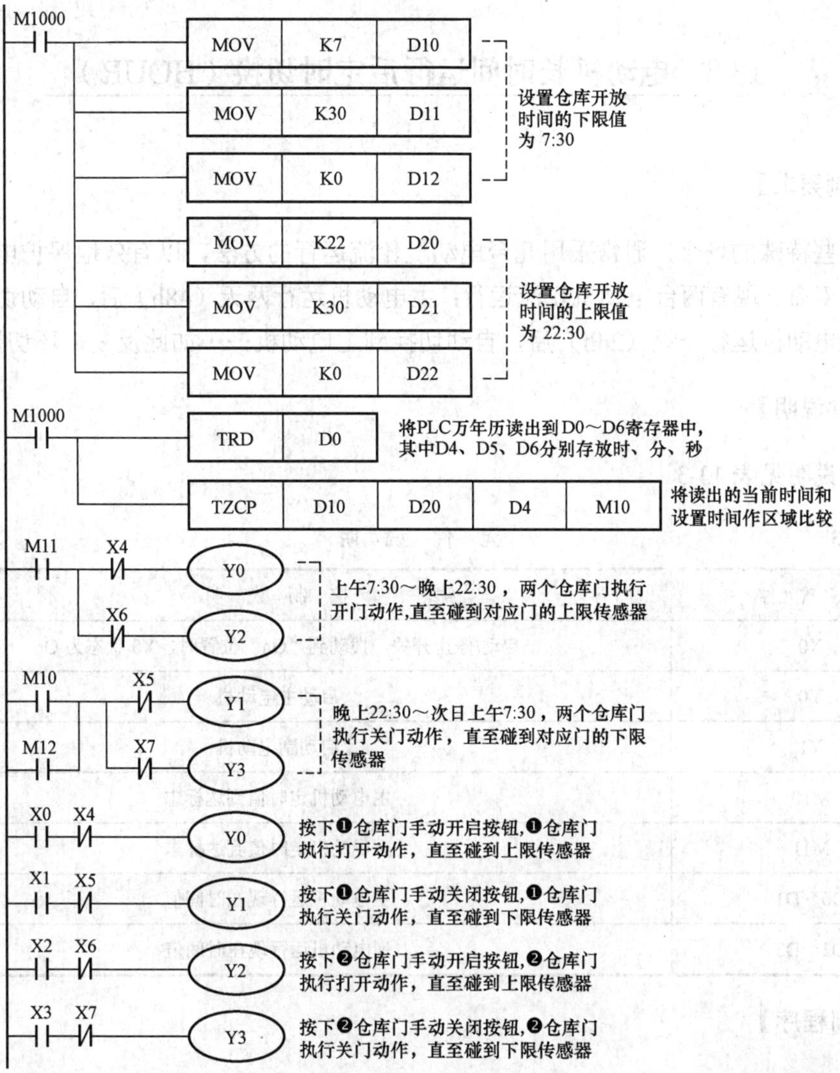
M1000
MOV K7 D10
MOV K30 D11
MOV K0 D12
设置仓库开放时间的下限值为 7:30
MOV K22 D20
MOV K30 D21
MOV K0 D22
设置仓库开放时间的上限值为 22:30
M1000
TRD D0
将PLC万年历读出到D0～D6寄存器中，其中D4、D5、D6分别存放时、分、秒
TZCP D10 D20 D4 M10
将读出的当前时间和设置时间作区域比较
M11 X4 Y0
X6 Y2
上午7:30～晚上22:30，两个仓库门执行开门动作,直至碰到对应门的上限传感器
M10 X5 Y1
M12 X7 Y3
晚上22:30～次日上午7:30，两个仓库门执行关门动作，直至碰到对应门的下限传感器
X0 X4 Y0
按下❶仓库门手动开启按钮,❶仓库门执行打开动作，直至碰到上限传感器
X1 X5 Y1
按下❶仓库门手动关闭按钮,❶仓库门执行关门动作，直至碰到下限传感器
X2 X6 Y2
按下❷仓库门手动开启按钮,❷仓库门执行打开动作，直至碰到上限传感器
X3 X7 Y3
按下❷仓库门手动关闭按钮,❷仓库门执行关门动作，直至碰到下限传感器

图 13-3 控制程序

【程序说明】

（1）程序通过一个万年历区域比较指令（TZCP）实现仓库门自动控制功能。通过万年历数据读出指令（TRD），将万年历的当前时间数据读出到 D0～D6，其中 D4、D5、D6 分别存放小时、分、秒数据。

（2）当 Y0＝On 时，电动机正转，❶仓库门执行开门动作，直至碰到上限传感器（X4＝On），Y0 变为 Off，打开动作才停止；当 Y1＝On 时，电动机反转，❶仓库门执行关门动作，直至碰到下限传感器（X5＝On），Y1 变为 Off，关门动作停止。❷仓库门的开关门动作与❶仓库门完全相同。

（3）有时因某种特殊情况需要对仓库进行开启和关闭时，在值班室按下相应手动启动或手动关闭按钮，可对相应的仓库门进行开启和关闭的操作。

13.3 电动机长时间运行后定时切换（HOUR）

【控制要求】

在某些特殊的场合，通常采用几台电动机轮流运行的方法，以有效地保护电动机，延长其使用寿命。现有两台电动机轮流运行：主电动机运行两天（48h）后，自动切换到副电动机；副电动机运行一天（24h）后，自动切换到主电动机……如此反复循环切换。

【元件说明】

元件说明见表 13-3。

表 13-3　元件说明

PLC 软元件	控制说明
X0	启动/停止开关，拨动到“On”位置时，X0 状态为 On
Y0	启动主电动机
Y1	启动副电动机
M10	主电动机定时值到达标志
M11	副电动机定时值到达标志
D0～D1	主电动机运行现在时间值
D2～D3	副电动机运行现在时间值

【控制程序】

控制程序如图 13-4 所示。

【程序说明】

（1）开关 X0 断开时，Y0、Y1 均为 Off，主、副电动机均停止运行；开关 X0 闭合时，通过控制 M0 的导通和关断来 Y0 或 Y1 的导通或关断，从而控制主副电动机的轮流运行。

（2）D0、D1 分别存放主电动机运行时间值的小时数和不足一小时的时间值（0～3599s）；D2、D3 分别存放副电动机运行时间值的小时数和不足一小时的时间值（0～3599s）。

（3）16 位指令可提供最高达到 32 767h 的定时设置时间；32 位指令可提供最高达 2 147 483 647h 的定时设置时间。

（4）因 HOUR 指令在定时时间到后定时器仍会继续计时，所以要重新计时需将运行现在时间清零并使时间到达标志复位。

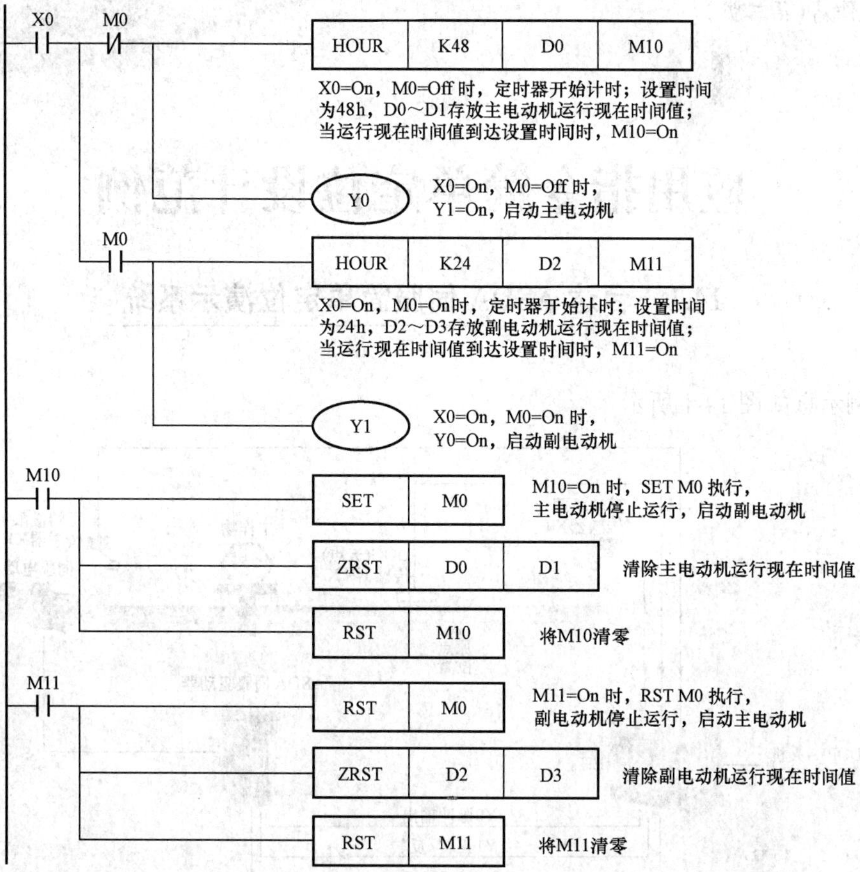
X0
M0
HOUR
K48
D0
M10
X0=On，M0=Off 时，定时器开始计时；设置时间为48h，D0～D1存放主电动机运行现在时间值；当运行现在时间值到达设置时间时，M10=On
Y0
X0=On，M0=Off 时，Y1=On，启动主电动机
M0
HOUR
K24
D2
M11
X0=On，M0=On时，定时器开始计时；设置时间为24h，D2～D3存放副电动机运行现在时间值；当运行现在时间值到达设置时间时，M11=On
Y1
X0=On，M0=On 时，Y0=On，启动副电动机
M10
SET
M0
M10=On 时，SET M0 执行，主电动机停止运行，启动副电动机
ZRST
D0
D1
清除主电动机运行现在时间值
RST
M10
将M10清零
M11
RST
M0
M11=On 时，RST M0 执行，副电动机停止运行，启动主电动机
ZRST
D2
D3
清除副电动机运行现在时间值
RST
M11
将M11清零

图 13-4　控制程序

14 应用指令简单定位设计范例

14.1 台达ASDA伺服简单定位演示系统

范例示意如图14-1所示。

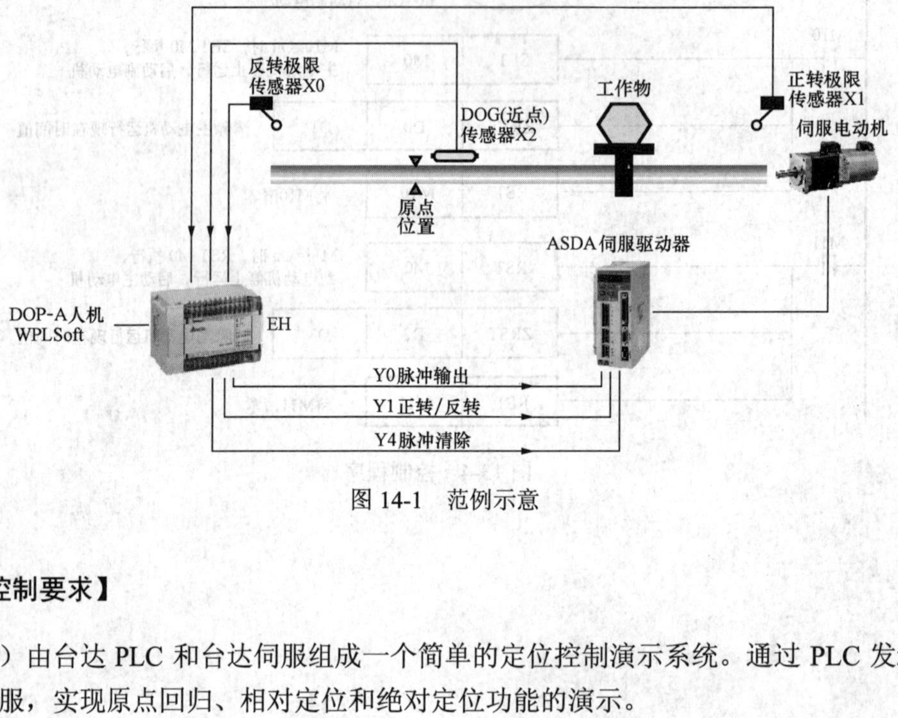
反转极限
传感器X0
DOG(近点)
传感器X2
工作物
正转极限
传感器X1
伺服电动机
原点
位置
ASDA伺服驱动器
DOP-A人机
WPLSoft
EH
Y0脉冲输出
Y1正转/反转
Y4脉冲清除

图14-1　范例示意

【控制要求】

（1）由台达PLC和台达伺服组成一个简单的定位控制演示系统。通过PLC发送脉冲控制伺服，实现原点回归、相对定位和绝对定位功能的演示。

（2）监控画面：原点回归、相对定位、绝对定位。

【元件说明】

元件说明见表14-1。

表14-1　元件说明

PLC软元件	说　明	PLC软元件	说　明
M0	原点回归开关	M10	伺服启动开关
M1	正转10圈开关	M11	伺服异常复位开关
M2	反转10圈开关	M12	暂停输出开关（PLC脉冲暂停输出）
M3	坐标400000开关	M13	伺服紧急停止开关
M4	坐标－50000开关	X0	正转极限传感器

续表

PLC 软元件	说　明	PLC 软元件	说　明
X1	反转极限传感器	Y6	伺服启动信号
X2	DOG（近点）信号传感器	Y7	伺服异常复位信号
X3	来自伺服的启动准备完毕信号（对应 M20）	Y10	伺服电动机正方向运转禁止信号
X4	来自伺服的零速度检出信号（对应 M21）	Y11	伺服电动机反方向运转禁止信号
X5	来自伺服的原点回归完成信号（对应 M22）	Y12	伺服紧急停止信号
X6	来自伺服的目标位置到达信号（对应 M23）	M20	伺服启动完毕状态
X7	来自伺服的异常报警信号（对应 M24）	M21	伺服零速度状态
Y0	脉冲信号输出	M22	伺服原点回归完成状态
Y1	伺服电动机旋转方向信号输出	M23	伺服目标位置到达状态
Y4	清除伺服脉冲计数寄存器信号	M24	伺服异常报警状态

【ASD-A 伺服驱动器参数必要设置】

ASD-A 伺服驱动器参数必要设置见表 14-2。

表 14-2　　ASD-A 伺服驱动器参数必要设置

参　数	设置值	说　明
P0-02	2	伺服面板显示脉冲指令脉冲计数
P1-00	2	外部脉冲输入形式设置为脉冲＋方向
P1-01	0	位置控制模式（命令由外部端子输入）
P2-10	101	当 DI1＝On 时，伺服启动
P2-11	104	当 DI2＝On 时，清除脉冲计数寄存器
P2-12	102	当 DI3＝On 时，对伺服进行异常重置
P2-13	122	当 DI4＝On 时，禁止伺服电动机正方向运转
P2-14	123	当 DI5＝On 时，禁止伺服电动机反方向运转
P2-15	121	当 DI6＝On 时，伺服电动机紧急停止
P2-16	0	无功能
P2-17	0	无功能
P2-18	101	当伺服启动准备完毕，DO1＝On
P2-19	103	当伺服电动机转速为零时，DO2＝On
P2-20	109	当伺服完成原点回归后，DO3＝On
P2-21	105	当伺服到达目标位置后，DO4＝On
P2-22	107	当伺服报警时，DO5＝On

当出现伺服因参数设置错乱而导致不能正常运行时，可先设置 P2-08＝10（回归出厂值），重新上电后再按照表 14-2 进行参数设置。

【PLC 与伺服驱动器硬件接线】

PLC 与伺服驱动器硬件接线如图 14-2 所示。

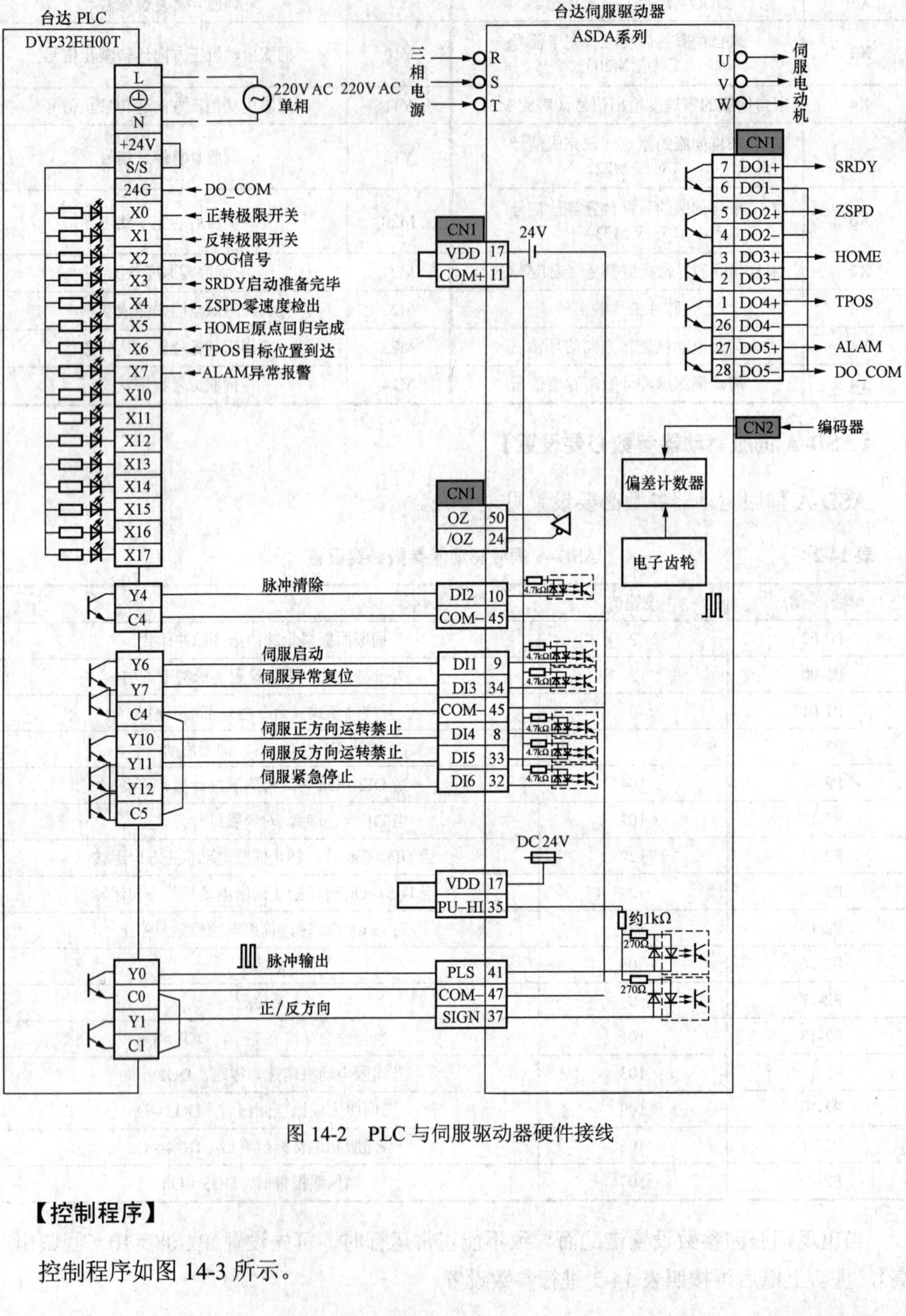

台达 PLC
DVP32EH00T
L
N
+24V
S/S
24G
X0
X1
X2
X3
X4
X5
X6
X7
X10
X11
X12
X13
X14
X15
X16
X17
220V AC 单相
220V AC
DO_COM
正转极限开关
反转极限开关
DOG信号
SRDY启动准备完毕
ZSPD零速度检出
HOME原点回归完成
TPOS目标位置到达
ALAM异常报警
Y4
C4
Y6
Y7
C4
Y10
Y11
Y12
C5
Y0
C0
Y1
C1
脉冲清除
伺服启动
伺服异常复位
伺服正方向运转禁止
伺服反方向运转禁止
伺服紧急停止
脉冲输出
正/反方向
台达伺服驱动器
ASDA系列
三相电源
R
S
T
U
V
W
伺服电动机
CN1
7 DO1+
6 DO1−
5 DO2+
4 DO2−
3 DO3+
2 DO3−
1 DO4+
26 DO4−
27 DO5+
28 DO5−
SRDY
ZSPD
HOME
TPOS
ALAM
DO_COM
CN1
VDD 17
COM+ 11
24V
CN2
编码器
偏差计数器
电子齿轮
CN1
OZ 50
/OZ 24
DI2 10
COM− 45
DI1 9
DI3 34
COM− 45
DI4 8
DI5 33
DI6 32
4.7kΩ
DC 24V
VDD 17
PU−HI 35
约1kΩ
270Ω
PLS 41
COM− 47
SIGN 37

图 14-2 PLC 与伺服驱动器硬件接线

【控制程序】

控制程序如图 14-3 所示。

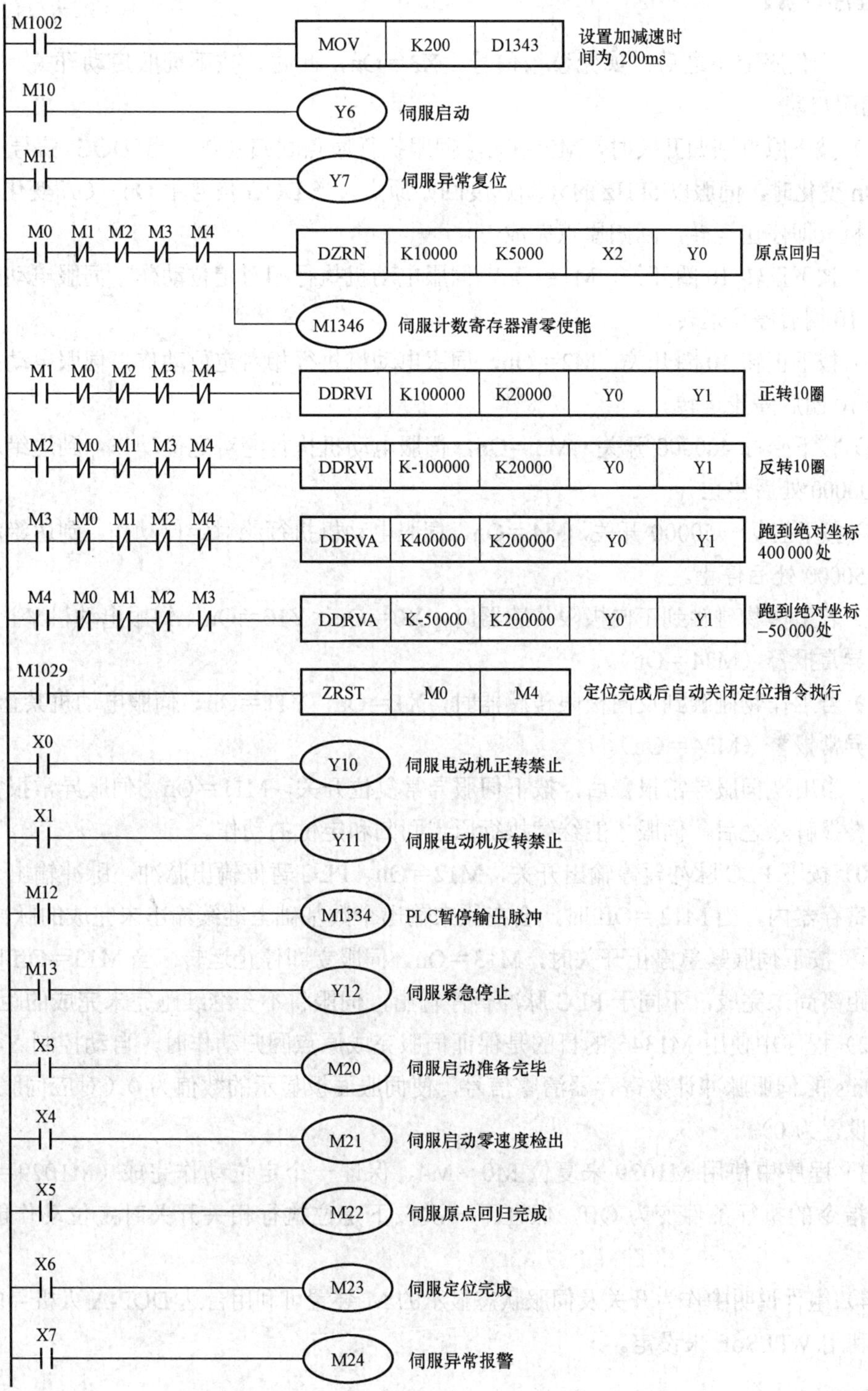
M1002
MOV
K200
D1343
设置加减速时间为 200ms
M10
Y6
伺服启动
M11
Y7
伺服异常复位
M0 M1 M2 M3 M4
DZRN
K10000
K5000
X2
Y0
原点回归
M1346
伺服计数寄存器清零使能
M1 M0 M2 M3 M4
DDRVI
K100000
K20000
Y0
Y1
正转10圈
M2 M0 M1 M3 M4
DDRVI
K-100000
K20000
Y0
Y1
反转10圈
M3 M0 M1 M2 M4
DDRVA
K400000
K200000
Y0
Y1
跑到绝对坐标400 000处
M4 M0 M1 M2 M3
DDRVA
K-50000
K200000
Y0
Y1
跑到绝对坐标−50 000处
M1029
ZRST
M0
M4
定位完成后自动关闭定位指令执行
X0
Y10
伺服电动机正转禁止
X1
Y11
伺服电动机反转禁止
M12
M1334
PLC暂停输出脉冲
M13
Y12
伺服紧急停止
X3
M20
伺服启动准备完毕
X4
M21
伺服启动零速度检出
X5
M22
伺服原点回归完成
X6
M23
伺服定位完成
X7
M24
伺服异常报警

图 14-3　控制程序

【程序说明】

（1）当伺服上电之后，如无警报信号，X3＝On，此时，按下伺服启动开关，M10＝On，伺服启动。

（2）按下原点回归开关时，M0＝On，伺服执行原点回归动作。当 DOG 信号 X2 由 Off→On 变化时，伺服以 5kHz 的寸动速度回归原点。当 DOG 信号由 On→Off 变化时，伺服电动机立即停止运转，回归原点完成。

（3）按下正转 10 圈开关，M1＝On，伺服电动机执行相对定位动作，伺服电动机正方向旋转 10 圈后停止运转。

（4）按下正转 10 圈开关，M2＝On，伺服电动机执行相对定位动作，伺服电动机反方向旋转 10 圈后停止运转。

（5）按下坐标 400000 开关，M3＝On，伺服电动机执行绝对定位动作，到达绝对目标位置 400000 处后停止。

（6）按下坐标－50000 开关，M4＝On，伺服电动机执行绝对定位动作，到达绝对目标位置－50000 处后停止。

（7）若工作物碰触到正向极限传感器时，X0＝On，Y10＝On，伺服电动机禁止正转，且伺服异常报警（M24＝On）。

（8）若工作物碰触到反向极限传感器时，X1＝On，Y11＝On，伺服电动机禁止正转，且伺服异常报警（M24＝On）。

（9）当出现伺服异常报警后，按下伺服异常复位开关，M11＝On，伺服异常报警信息解除，警报解除之后，伺服才能继续执行原点回归和定位的动作。

（10）按下 PLC 脉冲暂停输出开关，M12＝On，PLC 暂停输出脉冲，脉冲输出个数会保持在寄存器内，当 M12＝Off 时，会在原来输出个数基础上继续输出未完成的脉冲。

（11）按下伺服紧急停止开关时，M13＝On，伺服立即停止运转。当 M13＝Off 时，即使定位距离尚未完成，不同于 PLC 脉冲暂停输出，伺服将不会继续跑完未完成的距离。

（12）程序中使用 M1346 的目的是保证伺服完成原点回归动作时，自动控制 Y4 输出一个 20ms 的伺服脉冲计数寄存器清零信号，使伺服面板显示的数值为 0（对应伺服 P0-02 参数需设置为 0）。

（13）程序中使用 M1029 来复位 M0～M4，保证一个定位动作完成（M1029＝On），该定位指令的执行条件变为 Off，保证下一次按下定位执行相关开关时定位动作能正确执行。

（14）组件说明中作为开关及伺服状态显示的 M 装置可利用台达 DOP-A 人机界面来设计，或利用 WPLSoft 来设定。

14.2 双轴同动绘出 DELTA LOGO

范例示意如图 14-4 所示。

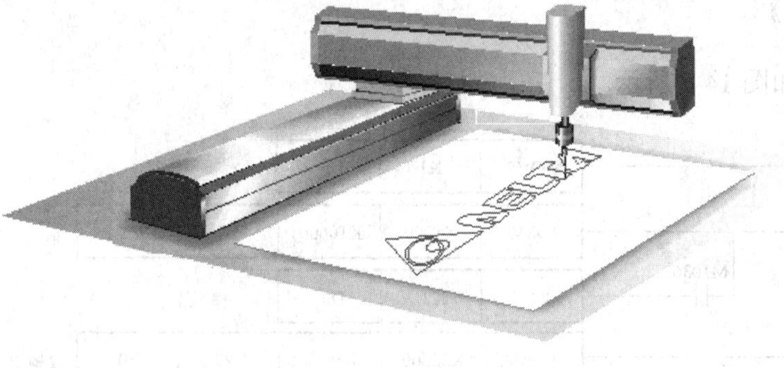

图 14-4　范例示意

【控制要求】

（1）利用绝对寻址、双轴同动指令 DPPMA 与 DPPMR 绘出 DELTA LOGO。

（2）利用 DDRVA 指令控制第三轴做提笔动作。

（3）轨迹如图 14-5 所示。

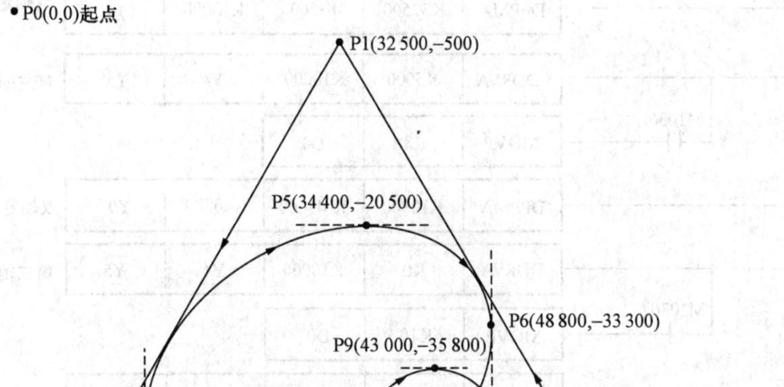
P0(0,0)起点
P1(32 500,−500)
P5(34 400,−20 500)
P6(48 800,−33 300)
P9(43 000,−35 800)
P4(10 300,−43 600)
P10(50 800,−43 000)
P8(34 500,−43 000)
P11(43 000,−50 800)
P2(600,−53 400)
P7(23 100,−53 400)
P3(61 500,−53 400)

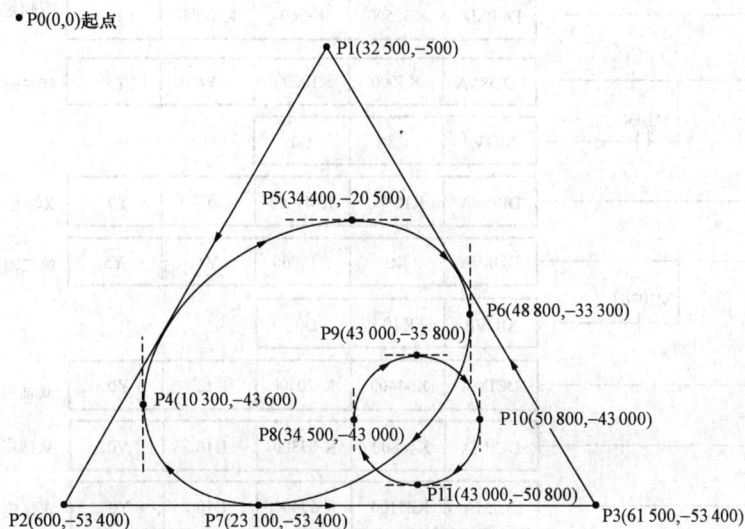

图 14-5　轨迹

【元件说明】

元件说明见表 14-3。

表 14-3　元 件 说 明

PLC 软元件	说　明	PLC 软元件	说　明
X0	开启 X0 开关，双轴同动开始动作	Y3	双轴 *Y* 轴方向信号输出装置
Y0	双轴 *X* 轴脉冲波输出装置	Y4	第三轴提笔脉冲波输出装置
Y1	双轴 *X* 轴方向信号输出装置	Y5	第三轴提笔方向信号输出装置
Y2	双轴 *Y* 轴脉冲波输出装置		

【控制程序】

控制程序如图 14-6 所示。

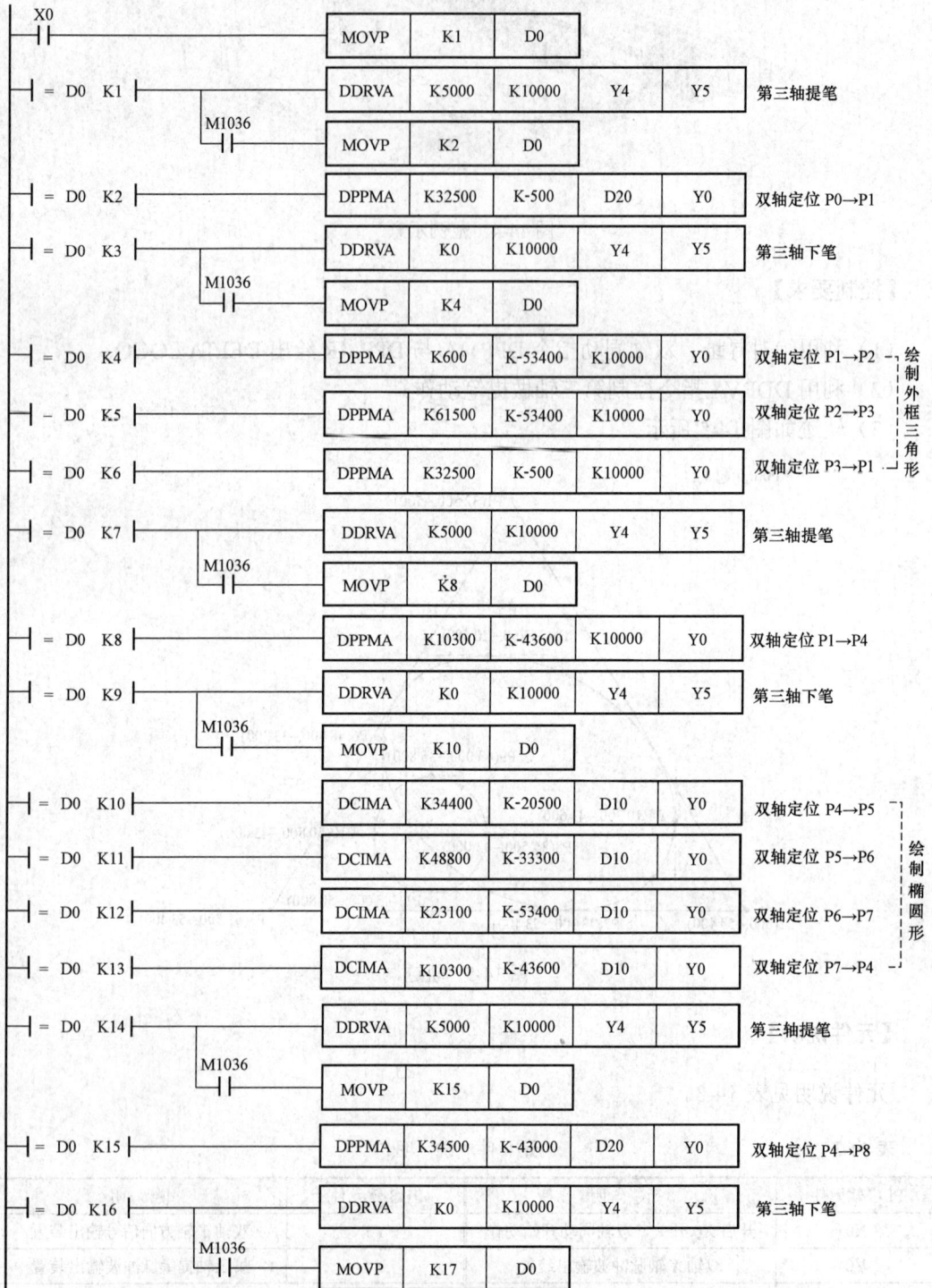

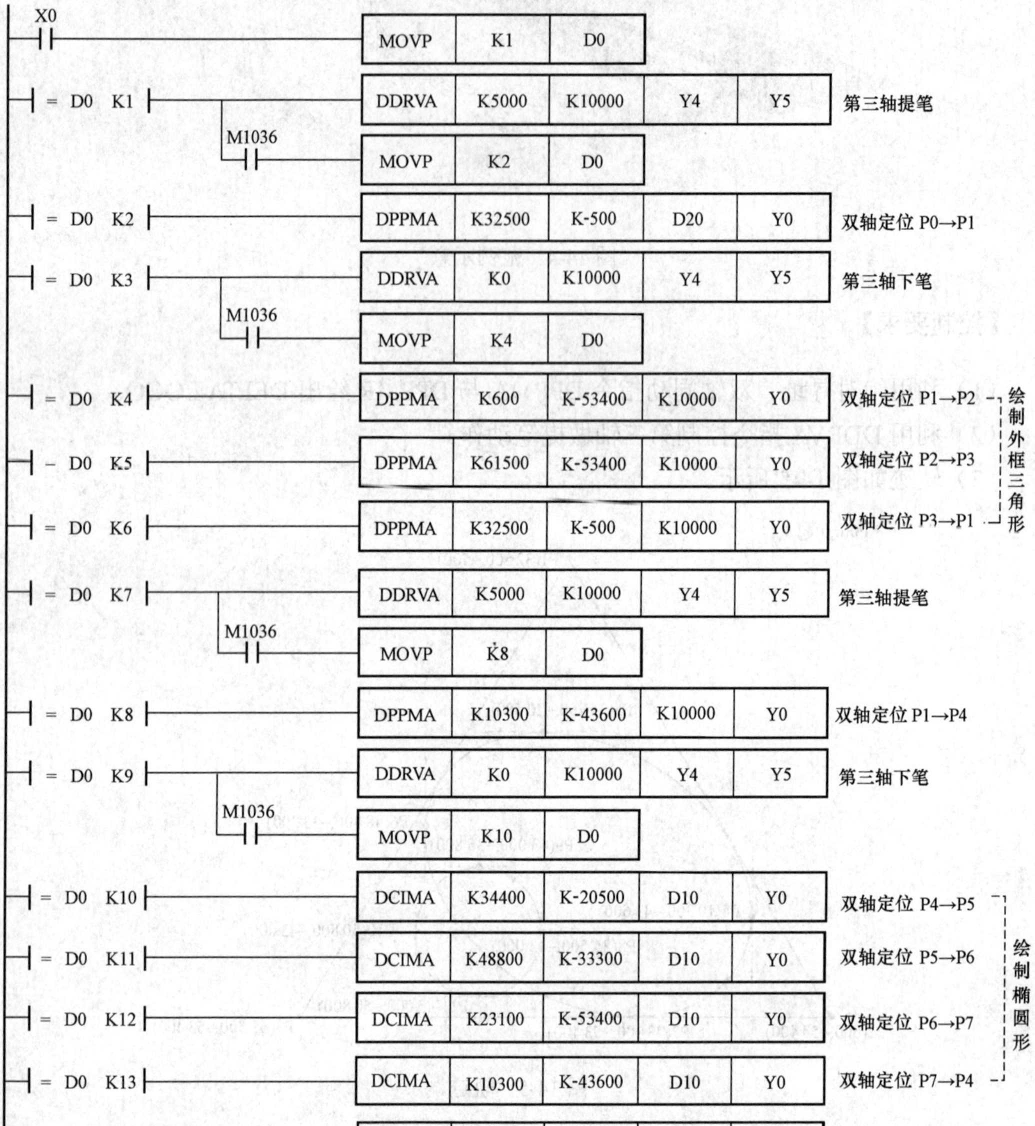
X0
MOVP K1 D0
= D0 K1
DDRVA K5000 K10000 Y4 Y5
第三轴提笔
M1036
MOVP K2 D0
= D0 K2
DPPMA K32500 K-500 D20 Y0
双轴定位 P0→P1
= D0 K3
DDRVA K0 K10000 Y4 Y5
第三轴下笔
M1036
MOVP K4 D0
= D0 K4
DPPMA K600 K-53400 K10000 Y0
双轴定位 P1→P2
= D0 K5
DPPMA K61500 K-53400 K10000 Y0
双轴定位 P2→P3
= D0 K6
DPPMA K32500 K-500 K10000 Y0
双轴定位 P3→P1
绘制外框三角形
= D0 K7
DDRVA K5000 K10000 Y4 Y5
第三轴提笔
M1036
MOVP K8 D0
= D0 K8
DPPMA K10300 K-43600 K10000 Y0
双轴定位 P1→P4
= D0 K9
DDRVA K0 K10000 Y4 Y5
第三轴下笔
M1036
MOVP K10 D0
= D0 K10
DCIMA K34400 K-20500 D10 Y0
双轴定位 P4→P5
= D0 K11
DCIMA K48800 K-33300 D10 Y0
双轴定位 P5→P6
= D0 K12
DCIMA K23100 K-53400 D10 Y0
双轴定位 P6→P7
= D0 K13
DCIMA K10300 K-43600 D10 Y0
双轴定位 P7→P4
绘制椭圆形
= D0 K14
DDRVA K5000 K10000 Y4 Y5
第三轴提笔
M1036
MOVP K15 D0
= D0 K15
DPPMA K34500 K-43000 D20 Y0
双轴定位 P4→P8
= D0 K16
DDRVA K0 K10000 Y4 Y5
第三轴下笔
M1036
MOVP K17 D0

图 14-6 控制程序（一）

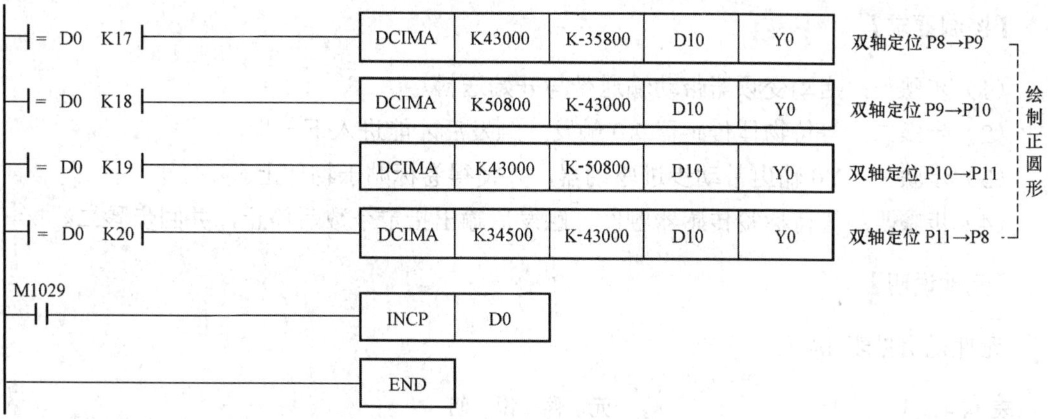
= D0 K17
DCIMA K43000 K-35800 D10 Y0
双轴定位 P8→P9
= D0 K18
DCIMA K50800 K-43000 D10 Y0
双轴定位 P9→P10
= D0 K19
DCIMA K43000 K-50800 D10 Y0
双轴定位 P10→P11
= D0 K20
DCIMA K34500 K-43000 D10 Y0
双轴定位 P11→P8
绘制正圆形
M1029
INCP D0
END

图 14-6 控制程序（二）

【程序说明】

（1）当启动 X0，比较 D0 数值=1 时，进入双轴同动绘出 DELTA LOGO，步骤如下：

1）第三轴提笔后，从原点 P0 移动到达 P1。

2）P1 处第三轴下笔，从 P1 移动到达 P2，P2 移动到达 P3，P3 移动到达 P1，第三轴提笔，完成三角形。

3）从 P1 移动到达 P4，P4 处第三轴下笔，从 P4 移动到达 P5，P5 移动到达 P6，P6 移动到达 P7，P7 移动到达 P4，第三轴提笔，完成椭圆形。

4）从 P4 移动到达 P8，P8 处第三轴下笔，从 P8 移动到达 P9，P9 移动到达 P10，P10 移动到达 P11，P11 移动到达 P8，第三轴提笔，完成圆形，DELTA LOGO 完成。

（2）M1036 为第三轴提笔完成标志，On 时会进入下一行程。

（3）M1029 为 $X-Y$ 轴完成标志，On 时 D0 会累加 1，比较 D0 数值进入下一行程。

14.3 贴 标 机 应 用

贴标机如图 14-7 所示。

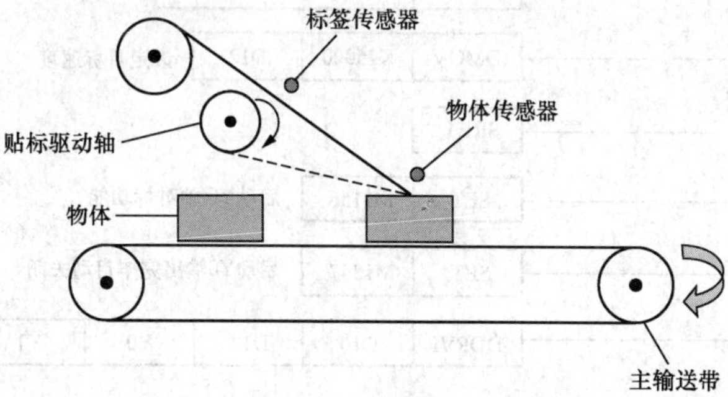
标签传感器
物体传感器
贴标驱动轴
物体
主输送带

图 14-7 贴标机

【控制要求】

（1）步骤一：启动变频器带动输送带与开始送料。
（2）步骤二：等待物体传感器 X0 触发，触发后才能进入下一步。
（3）步骤三：Y0 输出带动步进驱动器，并使得卷标贴于物体上。
（4）步骤四：等待标签传感器触发，触发后输出指定个数后停止，并回步骤二。

【元件说明】

元件说明见表 14-4。

表 14-4　元　件　说　明

PLC 软元件	说　明	PLC 软元件	说　明
主输送带	由变频器带动	X0	连接到物体传感器
贴标驱动轴	由步进驱动器与步进电机带动	X4	连接到标签传感器
Y0	连接到步进驱动器脉冲输入		

【控制程序】

控制程序如图 14-8 所示。

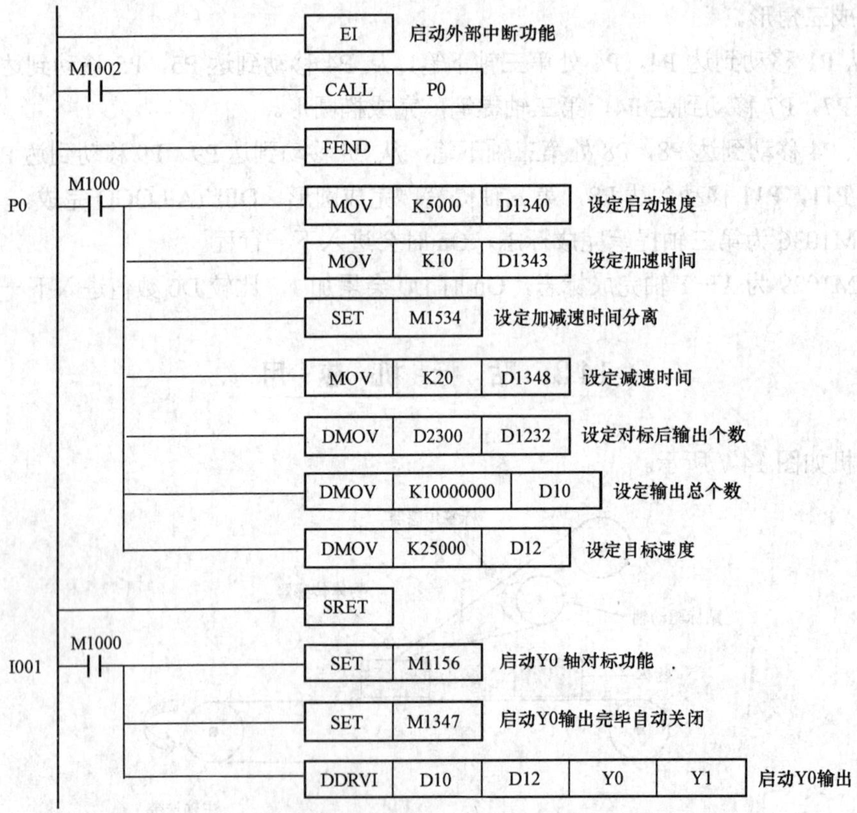
EI
启动外部中断功能
M1002
CALL
P0
FEND
M1000
P0
MOV
K5000
D1340
设定启动速度
MOV
K10
D1343
设定加速时间
SET
M1534
设定加减速时间分离
MOV
K20
D1348
设定减速时间
DMOV
D2300
D1232
设定对标后输出个数
DMOV
K10000000
D10
设定输出总个数
DMOV
K25000
D12
设定目标速度
SRET
M1000
I001
SET
M1156
启动Y0 轴对标功能
SET
M1347
启动Y0输出完毕自动关闭
DDRVI
D10
D12
Y0
Y1
启动Y0输出

图 14-8　控制程序（一）

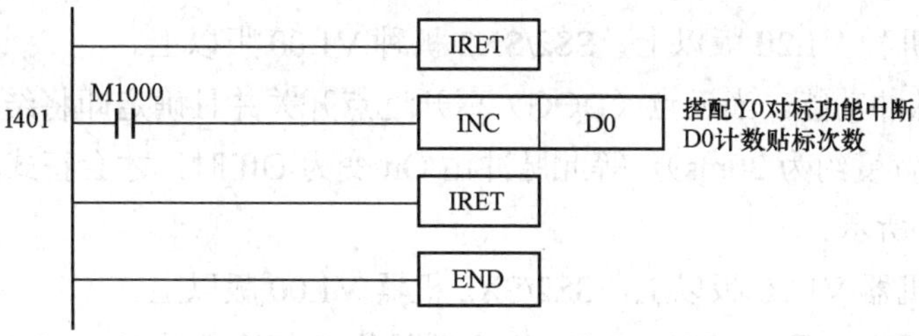
IRET
I401
M1000
INC
D0
搭配Y0对标功能中断
D0计数贴标次数
IRET
END

图 14-8 控制程序（二）

【程序说明】

（1）启动外部中断功能。

（2）设定启动速度，设定加速时间，设定加减速时间分离，设定减速时间，设定对标后输出个数，设定输出总个数，设定目标速度。

（3）启动 Y0 轴对标功能，启动 Y0 输出完毕自动关闭。

（4）启动 Y0 输出，搭配 Y0 轴对标功能中断 D0 计数贴标次数。

【关键技术点列表】

（1）主输送带速度会影响贴标目标速度设定，设定错速度会影响贴标平不平整。

（2）驱动步进的启动速度与加速时间的设定，此设定会影响贴在每个物体的位置。

（3）当加速时间要 10ms，则启动速度最好大于或等于 2kHz，否则会达不到加速时间。

（4）从物体感测中断发生到 PLC 脉冲输出的时间，需要很实时且要时间固定。

（5）从标签感测中断发生到开始减速停止输出的时间，需要很实时。

（6）PLC 要能被指定输出减速个数，此个数会影响下一张启动位置是否固定。

【支持此功能的 PLC 主机与固件版本】

（1）ES2/EX2 V1.5 版以上，若是旧版固件，则须将中断启动 DDRVI 放置主程序中。

（2）SX2 V1.1 版以上，若是旧版固件，则须将中断启动 DDRVI 放置主程序中。

（3）SA2 V1.0 版以上。

（4）EH2/SV V1.8 版以上。

14.4 ES2/EX2/SS2/SX2 原点复归功能

【控制要求】

（1）原点位置选择功能。原点复归的预设原点位置为近点（DOG）往负方向刚好离开近点开关（输入点 On→Off）时的位置（如图 14-9 所示），若是使用者需要变更原点位置为近点（DOG）往正方向刚好离开近点开关的位置，则须在启动 DZRN 指令之前，先设定 M1106（CH0）和 M1107（CH1）为 On。

注：支持 ES2/EX2 机种 V1.20 版以上，SS2/SX2 机种 V1.00 版以上。

（2）启动输出清除脉冲功能。当近点（DOG）离开近点开关并且确定即将结束时，会再多输出一个脉冲（On 宽度约为 20ms），等此脉冲由 On 变为 Off 时，才会正式输出结束标志。此功能如图 14-12 所示。

注：支持 ES2/EX2 机器 V1.20 版以上，SS2/SX2 机器 V1.00 版以上。

（3）当 D1312 设定不为 0 且 M1308＝Off，则启动寻找 Z 相次数功能。D1312 为正数值（最大为 10）表示往正方向寻找 Z 相信号，D1312 为负数值（最小为－10）表示往负方向寻找 Z 相讯号。举例：假设 D1312 为 k-2，则表示当近点（DOG）离开近点开关后，并且以寸动频率往负方向开始寻找到第 2 次的 Z 相信号（固定正缘触发）出现时立即停止。此功能如图 14-13 所示。

（4）当 D1312 设定不为 0 且 M1308＝On，则启动输出指定脉冲个数功能。D1312 为正数值（最大为 30000）表示往正方向输出，D1312 为负数值（最小为－30000）表示往负方向输出脉冲；举例：假设 D1312 为 k-100，则表示当近点（DOG）离开近点开关后，并且继续以寸动频率往负方向再输出 100 个脉冲后立即停止。此功能如图 14-14 所示。

动作示意图如下：

状况 1：现在位置大于 0，即于 DOG 点正方向，且不使用负极限开关，见图 14-9。

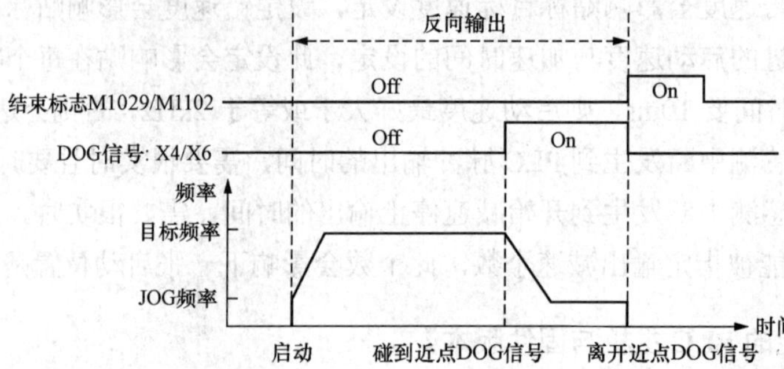
反向输出
Off
On
结束标志M1029/M1102
Off
On
DOG信号: X4/X6
频率
目标频率
JOG频率
时间
启动
碰到近点DOG信号
离开近点DOG信号

图 14-9　动作示意图（一）

状况 2：现在位置＝0，即于 DOG 点上，且不使用负极限开关，见图 14-10。

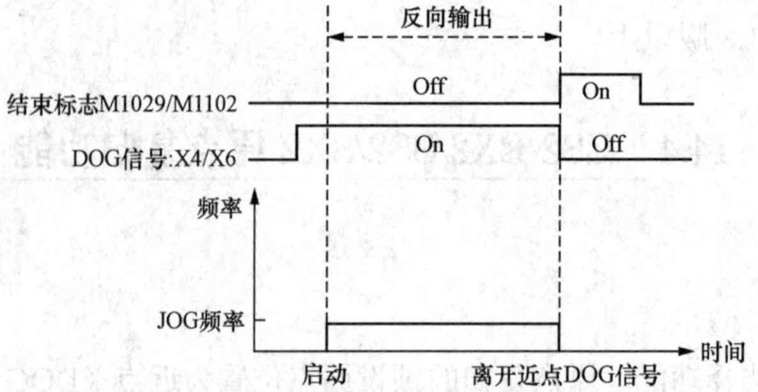
反向输出
Off
On
结束标志M1029/M1102
On
Off
DOG信号:X4/X6
频率
JOG频率
时间
启动
离开近点DOG信号

图 14-10　动作示意图（二）

状况 3：现在位置小于 0，即于 DOG 点负向位置，且开启负极限开关功能

（M1307＝On），见图 14-11。

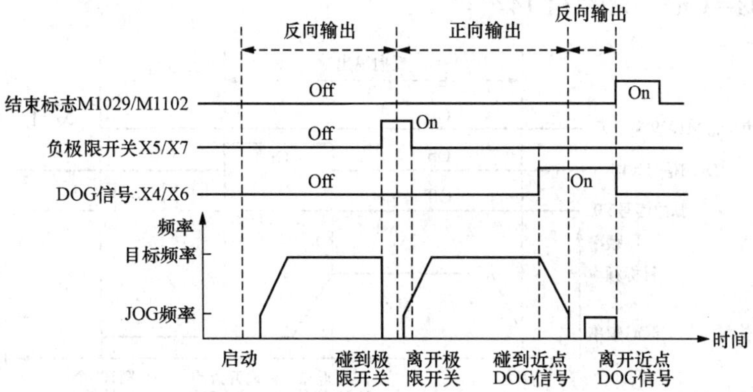
反向输出
正向输出
反向输出
结束标志M1029/M1102
Off
On
负极限开关X5/X7
Off
On
DOG信号:X4/X6
Off
On
频率
目标频率
JOG频率
时间
启动
碰到极限开关
离开极限开关
碰到近点DOG信号
离开近点DOG信号

图 14-11　动作示意图（三）

状况 4：现在位置大于 0，即于 DOG 点正向位置，并且启动输出清除脉冲功能（M1346＝On），见图 14-12。

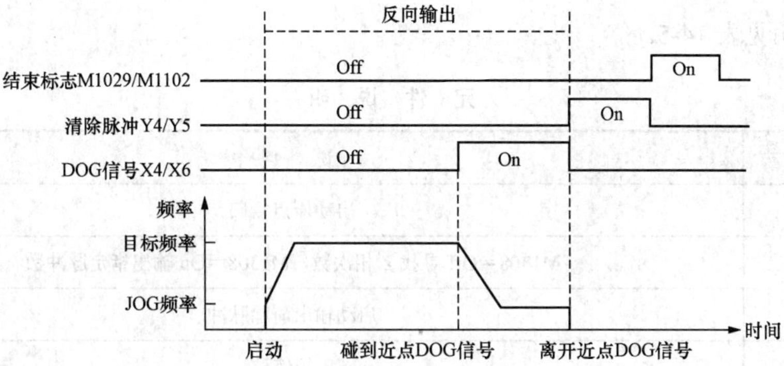
反向输出
结束标志M1029/M1102
Off
On
清除脉冲Y4/Y5
Off
On
DOG信号X4/X6
Off
On
频率
目标频率
JOG频率
时间
启动
碰到近点DOG信号
离开近点DOG信号

图 14-12　动作示意图（四）

状况 5：现在位置大于 0，即于 DOG 点正向位置，启动寻找 Z 相 2 次（D1312＝−2，M1308＝Off）与输出清除脉冲功能（M1346＝On），见图 14-13。

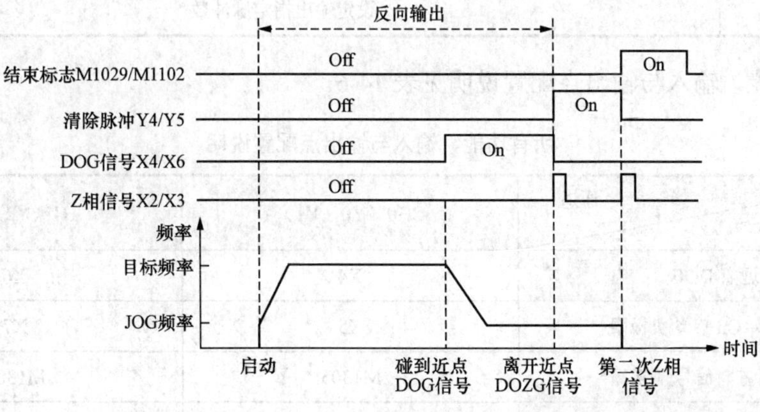
反向输出
结束标志M1029/M1102
Off
On
清除脉冲Y4/Y5
Off
On
DOG信号X4/X6
Off
On
Z相信号X2/X3
Off
频率
目标频率
JOG频率
时间
启动
碰到近点DOG信号
离开近点DOZG信号
第二次Z相信号

图 14-13　动作示意图（五）

状况 6：现在位置大于 0，即于 DOG 点正向位置，启动负输出 100 个脉冲（D1312＝－100，M1308＝On），见图 14-14。

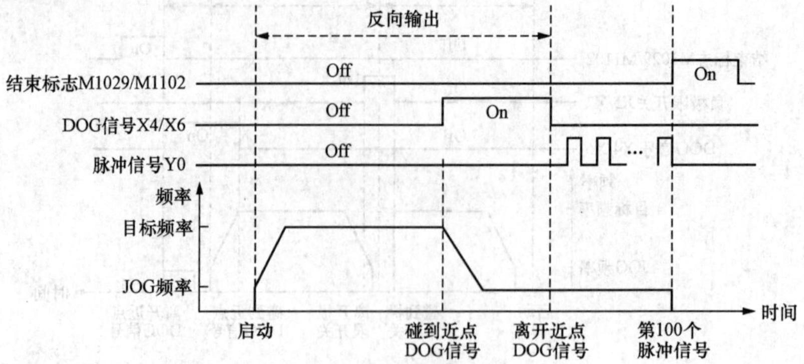
反向输出
结束标志M1029/M1102
Off
On
DOG信号X4/X6
Off
On
脉冲信号Y0
Off
…
频率
目标频率
JOG频率
时间
启动
碰到近点
DOG信号
离开近点
DOG信号
第100个
脉冲信号

图 14-14 动作示意图（六）

【元件说明】

元件说明见表 14-5。

表 14-5 元 件 说 明

PLC 软元件	说 明
M0	启动原点复归
M1308	M1308＝Off 寻找 Z 相次数，M1308＝On 输出指定脉冲数
M1346	启动输出清除脉冲
X2	Z 相信号
X4	近点信号（DOG）
Y0	脉冲输出
Y4	输出清除脉冲
D1312	设定输出指定脉冲数

所有功能、输入与输出点配置说明见表 14-6。

表 14-6 所有功能、输入与输出点配置说明

通道 输入点	CH0（Y0，Y1）	CH1（Y2，Y3）
近点 DOG	X4	X6
M1307＝On 启动负极限	X5	X7
改变方向信号脚位	M1305	M1306
原点位置选择	M1106	M1107

续表

通道 输入点	CH0（Y0，Y1）	CH1（Y2，Y3）
M1346＝On 启动输出清除脉冲	Y4	Y5
D1312 ≠ 0	M1308＝Off （寻找 Z 相次数）	
	X2	X3
D1312 ≠ 0	M1308＝On （输出指定脉冲数）	

【控制程序】

控制程序如图 14-15 所示。

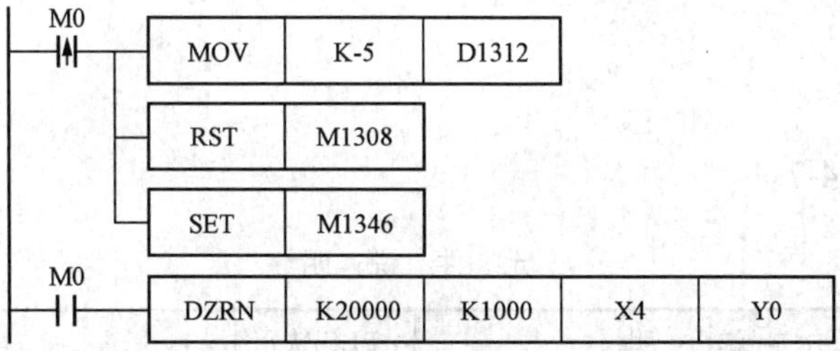
M0
MOV
K-5
D1312
RST
M1308
SET
M1346
M0
DZRN
K20000
K1000
X4
Y0

图 14-15　控制程序

【程序说明】

（1）当 M0＝On 时，以 20kHz 频率从 Y0 输出脉冲开始做原点复归动作。

（2）当碰到近点信号（DOG）X4＝On 时，减速变成以寸动速度 1kHz 频率输出脉冲。

（3）直到 X4＝Off 后，再寻找 X2（Z 相）输入脉冲到第 5 次上缘触发信号出现，并再从 Y4 输出一个脉冲（On 宽度 20ms）后结束（M1029＝On）。

【支持此功能的 PLC 主机与固件版本】

（1）ES2/EX2 机器 V1.40 版以上。

（2）SS2/SX2/机器 V1.20 版以上。

14.5　单轴建表式脉冲输出

【控制要求】

（1）使用 DPTPO 单轴建表式脉冲输出。

（2）设定第一区段 10kHz，输出脉冲个数为 10000，如图 14-16 所示。

（3）设定第二区段 20kHz，输出脉冲个数为 20000，如图 14-16 所示。

（4）设定第三区段 30kHz，输出脉冲个数为 30000，如图 14-16 所示。

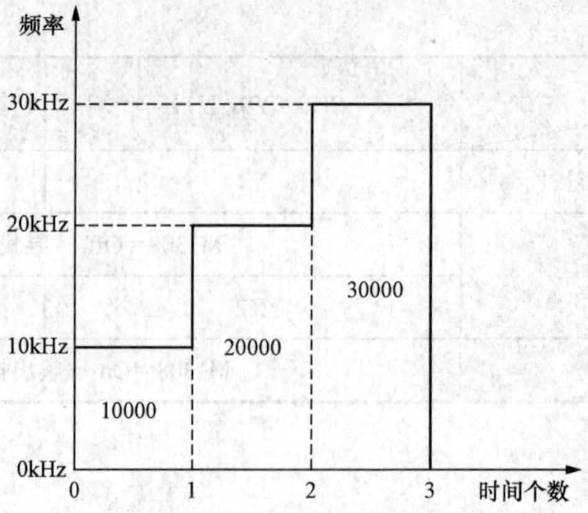
频率
30kHz
20kHz
10kHz
0kHz
10000
20000
30000
0
1
2
3
时间个数

图 14-16 时序

【元件说明】

元件说明见表 14-7。

表 14-7 元 件 说 明

PLC 软元件	说 明	PLC 软元件	说 明
D100	设定区段数目	D6	设定第二区段脉冲输出个数
D0	设定第一区段输出的频率	D8	设定第三区段输出的频率
D2	设定第一区段脉冲输出个数	D10	设定第三区段脉冲输出个数
D4	设定第二区段输出的频率	Y0	脉冲输出装置

【控制程序】

控制程序如图 14-17 所示。

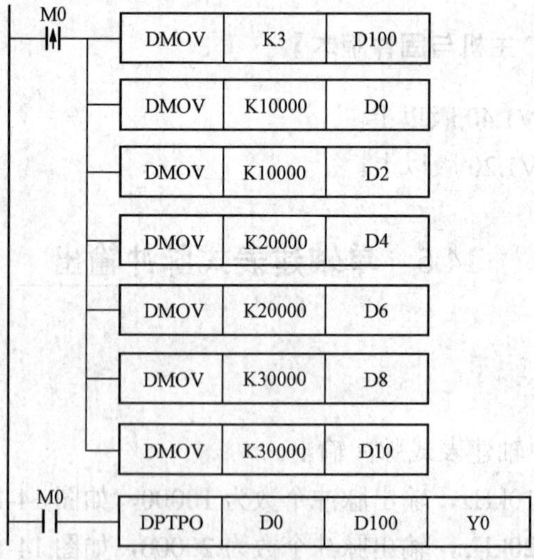
M0
DMOV K3 D100
DMOV K10000 D0
DMOV K10000 D2
DMOV K20000 D4
DMOV K20000 D6
DMOV K30000 D8
DMOV K30000 D10
M0
DPTPO D0 D100 Y0

图 14-17 控制程序

【程序说明】

（1）PLC 启动时，设定 D100 输出区段数为 3 段。

（2）M0＝On 时，启动 DPTPO 单轴建表式脉冲输出指令。

（3）Y0 输出起始段频率 D0＝10kHz，设定输出脉冲个数 D2＝10000。

（4）Y0 输出第二段频率 D4＝20kHz，设定输出脉冲个数 D6＝20000。

（5）Y0 输出第三段频率 D8＝30kHz，设定输出脉冲个数 D10＝30000。

（6）Y0 依序完成各段输出频率与各段输出个数。

14.6 闭回路定位控制

【控制要求】

假设编码器回授为 AB 相输入并使用 C243 计数，回授目标个数为 50000 个，输出目标频率为 100kHz，以及使用 CH0（Y0，Y1）输出脉冲；启动/结束频率 D1340 设为 200Hz，加速时间 D1343 为 300ms，减速时间 D1348 为 600ms，比例值 D1131 为 100，输出个数现在值（D1031，D1030）为 0，如图 14-18 所示。

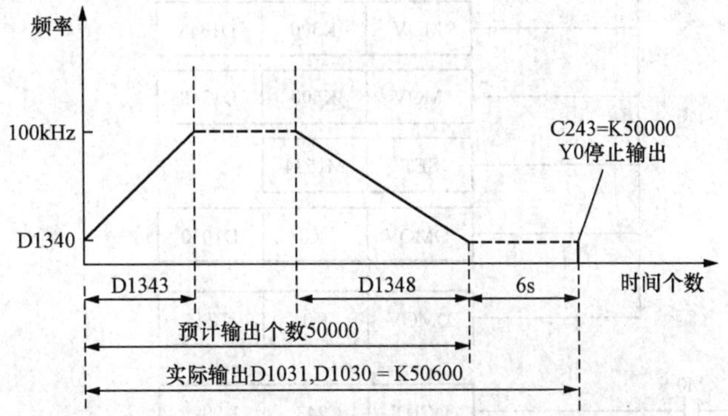
频率
100kHz
D1340
C243=K50000
Y0停止输出
D1343
D1348
6s
时间个数
预计输出个数50000
实际输出D1031,D1030 = K50600

图 14-18 时序

【元件说明】

回授来源装置对应中断表见表 14-8。

表 14-8 回授来源装置对应中断表

来源装置	C243～C254	
搭配输出	Y0	Y2
中断编号	I010	I030

所有功能、输入与输出点配置说明见表 14-9。

表 14-9　　所有功能、输入与输出点配置说明

输入点＼通道	CH0（Y0，Y1）	CH1（Y2，Y3）
脉冲现值寄存器	D1031 上位，D1030 下位	D1337 上位，D1336 下位
启动/结束频率设定	D1340	D1352
加减速时间设定	D1343	D1353
加减速分离	M1534＝On 时，由 D1348 决定加减速时间	M1535＝On 时，由 D1349 决定加减速时间
闭回路控制输出/输入比率	D1131/内定值 K100	D1132/内定值 K100
改变方向信号引脚	M1305	M1306

【控制程序】

控制程序如图 14-19 所示。

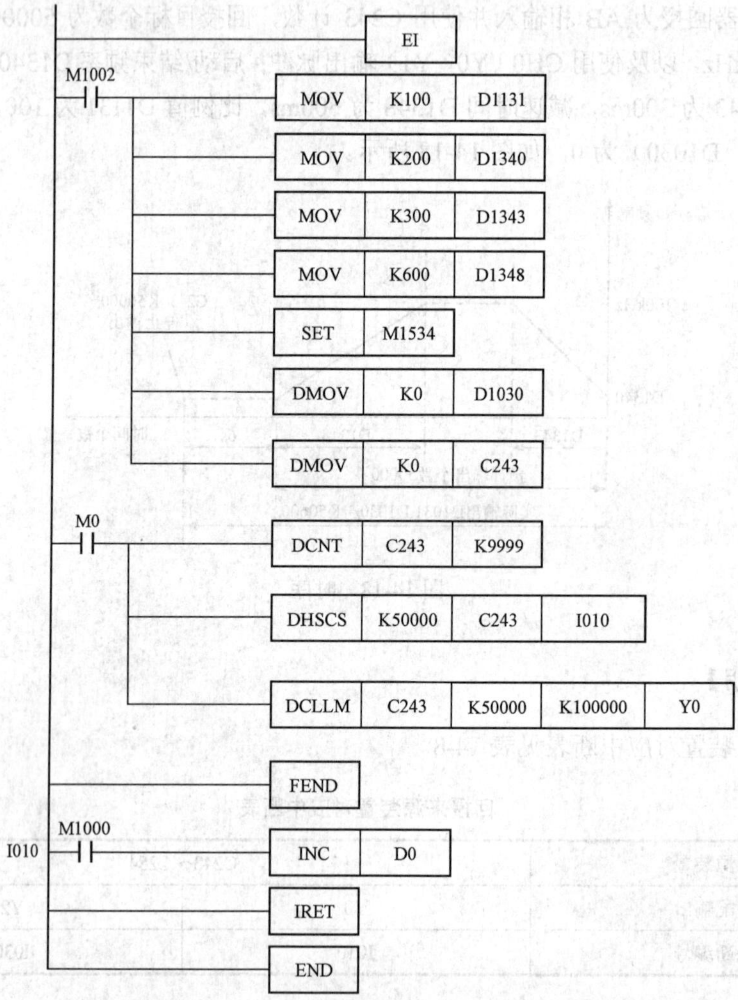
EI
M1002
MOV K100 D1131
MOV K200 D1340
MOV K300 D1343
MOV K600 D1348
SET M1534
DMOV K0 D1030
DMOV K0 C243
M0
DCNT C243 K9999
DHSCS K50000 C243 I010
DCLLM C243 K50000 K100000 Y0
FEND
I010 M1000
INC D0
IRET
END

图 14-19　控制程序

【程序说明】

（1）当 PLC 开始执行时，EI 及 I010 中断服务程序来开启高速中断，接着设定各项参数。

（2）输入/输出比例值设定为 D1131＝100，启动/结束频率设定为 D1340＝200Hz，加速时间设定为 D1343＝300ms，利用 M1534 启动减速，减速时间设定 D1348＝600ms，并将脉冲寄存器 D1030 与高速计数器 C243 归 0。

（3）M0＝On 时，DCNT 开启 C243 高速功能，启动闭回路功能 DCLLM，输出频率设定为 100kHz，回授目标个数设定为 50000。当回授来源装置 C243 达到设定的目标个数 50000 时，开启高速中断，中断记录寄存器 D0＋1。

14.7 两段速度控制

【控制要求】

（1）M1119 开启 DDRVI 两段速度控制。

（2）第一段速度为 50kHz，输出脉冲个数 100000，如图 14-20 所示。

（3）第二段速度为 100kHz，输出脉冲个数 200000，如图 14-20 所示。

（4）启动/结束频率采用默认值 100Hz，加减速时间采默认值 100ms，如图 14-20 所示。

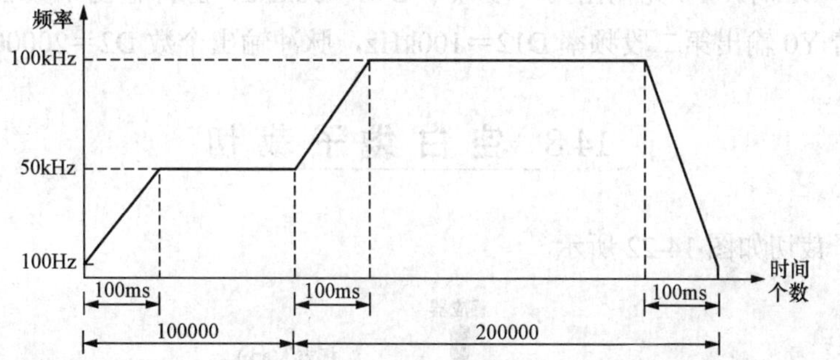
频率
100kHz
50kHz
100Hz
时间
个数
100ms
100ms
100ms
100000
200000

图 14-20　时序

【元件说明】

元件说明见表 14-10。

表 14-10　　元　件　说　明

PLC 软元件	说　明	PLC 软元件	说　明
D1340	启动/结束频率设定，默认值 100Hz	D12	第二段输出频率
D1343	加减速时间设定，默认值 100ms	M1119	启动 DDRVI 两段速输出功能
D0	第一段脉冲输出个数	Y0	脉冲输出装置
D2	第二段脉冲输出个数	Y1	脉冲方向输出装置
D10	第一段输出频率		

【控制程序】

控制程序如图 14-21 所示。

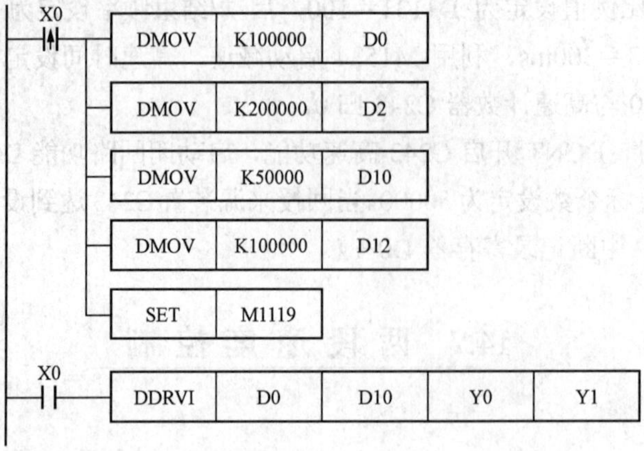
X0
DMOV
K100000
D0
DMOV
K200000
D2
DMOV
K50000
D10
DMOV
K100000
D12
SET
M1119
X0
DDRVI
D0
D10
Y0
Y1

图 14-21 控制程序

【程序说明】

（1）M1119 启动 DDRVI 两段速输出功能。

（2）X0＝On 时，Y0 先输出第一段频率 D10＝50kHz，脉冲输出个数 D0＝100000 个。

（3）接着 Y0 输出第二段频率 D12＝100kHz，脉冲输出个数 D2＝200000 个。

14.8 空白袋子裁切

空白袋子裁切如图 14-22 所示。

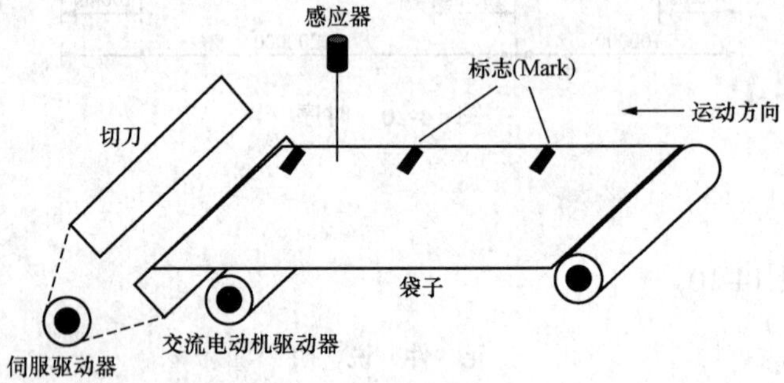
感应器
标志(Mark)
运动方向
切刀
袋子
交流电动机驱动器
伺服驱动器

图 14-22 空白袋子裁切

【控制要求】

（1）利用 DDRVI 指令去驱动伺服，并搭配对标功能进行裁切袋子的功能。

（2）时序示意图如图 14-23 所示。

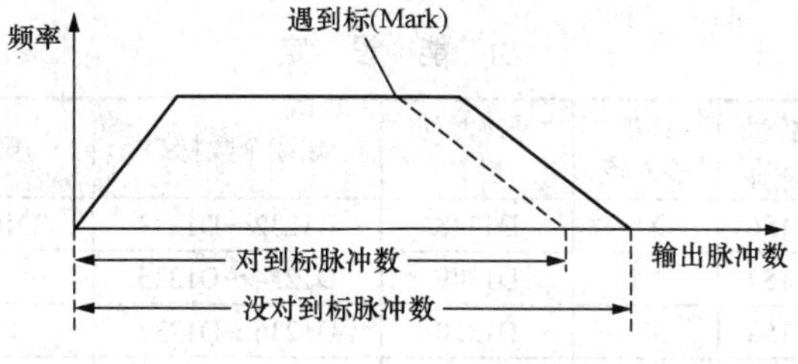
频率
遇到标(Mark)
对到标脉冲数
没对到标脉冲数
输出脉冲数

图 14-23 时序示意图

【关键技术说明】

（1）中断型脉冲输出暂停功能（有减速功能），动作示意图如图 14-24 所示。

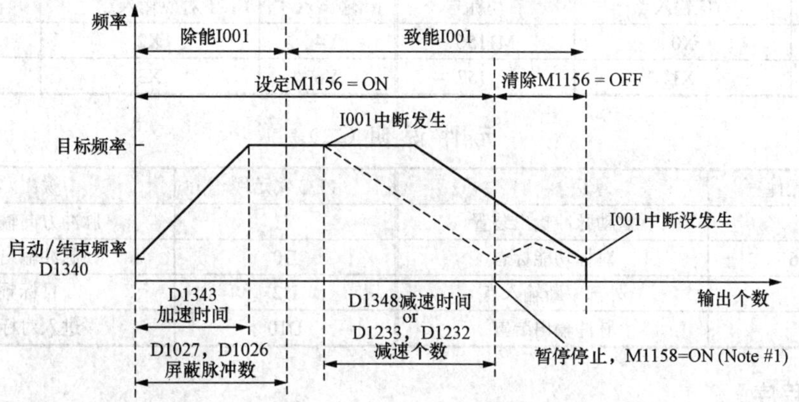
频率
除能I001
致能I001
设定M1156 = ON
清除M1156 = OFF
I001中断发生
目标频率
I001中断没发生
启动/结束频率
D1340
输出个数
D1343
加速时间
D1348减速时间
or
D1233，D1232
减速个数
D1027，D1026
屏蔽脉冲数
暂停停止，M1158=ON (Note #1)

图 14-24 动作示意图

——当 I001 中断没有发生时的动作示意图；……—当 I001 中断于非屏蔽区发生时的动作示意图；

#1—当 M1538 为 ON 时，使用者清除 M1156＝OFF 之后，则 PLC 会自动将剩余输出个数输出完毕

（2）适用指令：DRVI/DDRVI/PLSR/DPLSR。

（3）限制条件：需搭配相对应的外部中断、特 M 与特 D 使用。

（4）其他说明。

1）当此功能被启动时，PLC 会优先以减速时间的设定值进行减速规划，因此使用者未设定减速个数特 D（亦即是 0），或者设定个数少于减速时间所规划个数时，PLC 还是会以减速时间为主要减速功能；反之，当减速个数大于减速时间的规划个数时，PLC 将以减速个数特 D 设定为主要减速功能。

2）减速时间的设定范围建议为 10～10000ms。

3）CH0 高速输出另有提供屏蔽（Mask）中断功能，当 D1027，D1026（32 位）数值不为 0 时，即表示启动此屏蔽功能，也即是输出脉冲个数在此屏蔽区域内时，则 X0 外部中断将不会被产生。

（5）高速输出通道 CH0～CH3 对应外部中断输入点 X0～X3 的暂停功能设定表见表 14-11。

表 14-11　　功　能　设　定

通道＼相关参数	中断暂停标志	外部输入点	减速时间特D	减速个数特D	屏蔽中断功能	暂停状态标志
CH0（Y0，Y1）	M1156	X0	D1348	D1232～D1233	D1026，D1027	M1538
CH1（Y2，Y3）	M1157	X1	D1349	D1234～D1235	无	M1539
CH2（Y4，Y5）	M1158	X2	D1350	D1236～D1237	无	M1540
CH3（Y6，Y7）	M1159	X3	D1351	D1238～D1239	无	M1541

【元件说明】

元件说明如表 14-12 和表 14-13 所示。

表 14-12　　元 件 说 明（一）

输出点	对应输入点	启动标志	输出点	对应输入点	启动标志
Y0	X0	M1156	Y4	X2	M1158
Y2	X1	M1157	Y6	X3	M1159

表 14-13　　元 件 说 明（二）

PLC 软元件	说　明	PLC 软元件	说　明
M0	启动脉冲输出装置	Y1	脉冲方向输出装置
M1156	对标功能标志	D0	脉冲输出个数
X0	外部中断输入点	D2	目标频率
Y0	脉冲输出装置	D10	进入对标次数

【控制程序】

控制程序如图 14-25 所示。

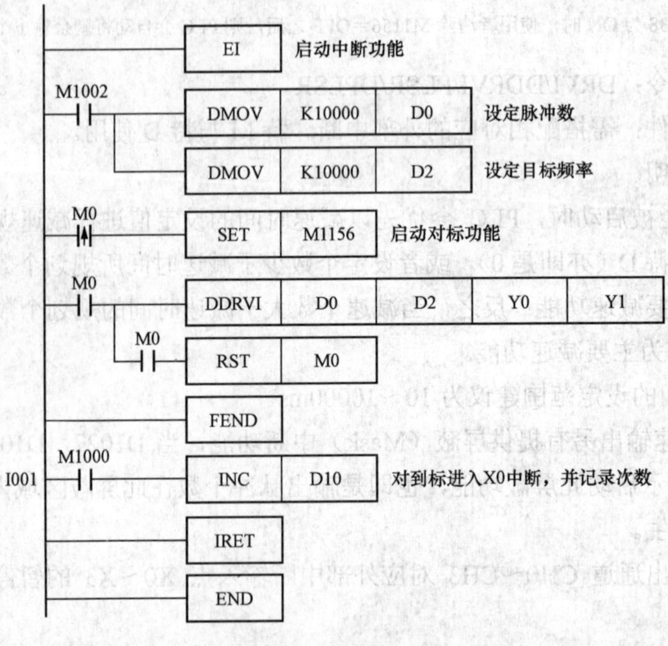
EI
启动中断功能
M1002
DMOV
K10000
D0
设定脉冲数
DMOV
K10000
D2
设定目标频率
M0
SET
M1156
启动对标功能
M0
DDRVI
D0
D2
Y0
Y1
M0
RST
M0
FEND
I001
M1000
INC
D10
对到标进入X0中断，并记录次数
IRET
END

图 14-25　控制程序

【程序说明】

（1）PLC 开始 RUN 时，启动中断功能。

（2）设定脉冲输出个数 D0＝K10000，设定目标频率 D2＝K10000。

（3）当 M0 由 Off→On 时，启动 M1156 对标功能，Y0 开始输出脉冲。

（4）当外部输入中断 X0 发生时，输出状态为加速区段或最高速区段发生中断信号，则 Y0 将立即减速，并于减速时间 M1348 预设 100ms 后停止输出，且 M1538＝ON。

（5）当 M1538 为 On 时，使用者可清除 M1156＝Off 之后，PLC 输出剩余脉冲，当目标脉冲完全输出完毕时 M1029＝On。

（6）若外部中断于规划输出的减速区段发生时，则输出将不做其他减速动作，也不会设定 M1538＝On。

【支持此功能的 PLC 主机与固件版本】

SV，EH2 机器固件版本 v1.4 版以上。

14.9 有图样袋子裁切

有图样袋子裁切如图 14-26 所示。

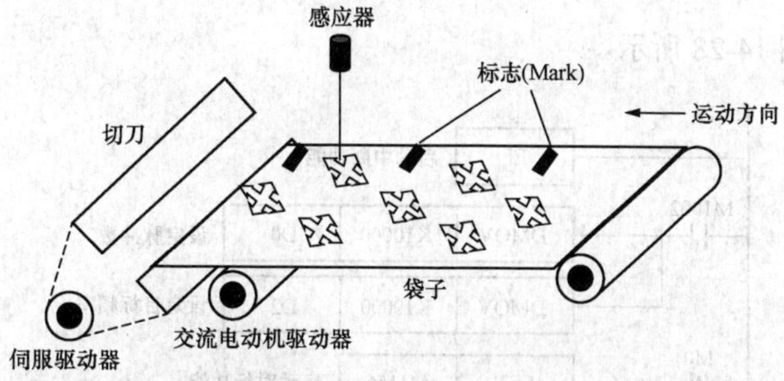
感应器
标志(Mark)
运动方向
切刀
袋子
伺服驱动器
交流电动机驱动器

图 14-26 有图样袋子裁切

【控制要求】

（1）使用 DDRVI 指令驱动伺服，然后搭配遮蔽功能避开图样区域，以及运用对标功能进行裁切的功能。

（2）时序示意图如图 14-27 所示。

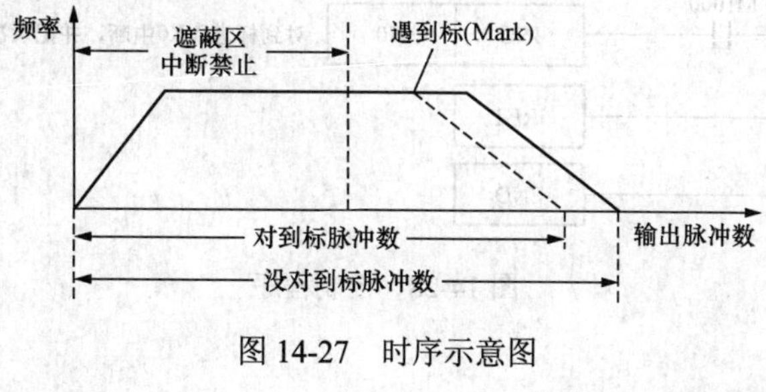
频率
遮蔽区
中断禁止
遇到标(Mark)
对到标脉冲数
输出脉冲数
没对到标脉冲数

图 14-27 时序示意图

【元件说明】

元件说明见表14-14和表14-15。

表14-14 元件说明（一）

输出点	对应输入点	启动标志	遮蔽区域（32位）
Y0	X0	M1156	D1027，D1026

注 1. 当D1027，D1026的32位数值为0时，表示不启动遮蔽功能。
2. 当M1156＝OFF时，遮蔽功能将不会被启动。

表14-15 元件说明（二）

PLC软元件	说明	PLC软元件	说明
M0	启动脉冲输出装置	Y1	脉冲方向输出装置
M1029	结束标志	D0	脉冲输出个数
M1156	对标功能标志	D2	目标频率
X0	外部中断输入点	D10	进入对标次数
Y0	脉冲输出装置	D1026，D1027	遮蔽区设定

【控制程序】

控制程序如图14-28所示。

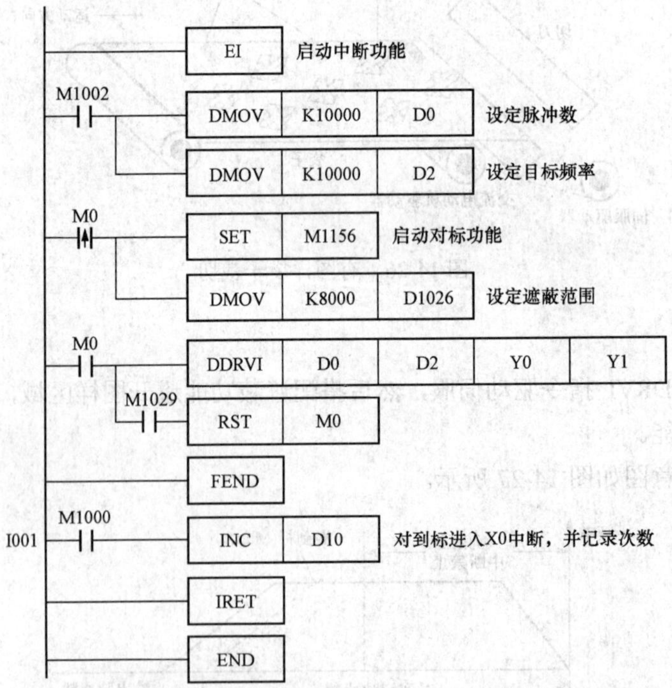
EI
启动中断功能
M1002
DMOV K10000 D0
设定脉冲数
DMOV K10000 D2
设定目标频率
M0
SET M1156
启动对标功能
DMOV K8000 D1026
设定遮蔽范围
M0
DDRVI D0 D2 Y0 Y1
M1029
RST M0
FEND
I001
M1000
INC D10
对到标进入X0中断，并记录次数
IRET
END

图14-28 控制程序

【程序说明】

（1）PLC 开始 RUN 时，启动中断功能。

（2）设定脉冲输出个数 D0＝K10000，设定目标频率 D2＝K10000。

（3）当 M0 由 Off → On 时，启动 M1156 对标功能，Y0 开始输出脉冲，当 Y0 输出个数超过 8000 时，此时外部输入中断 X0 发生时，则 Y0 将立即减速，并于减速时间 M1348 预设 100ms 后停止输出，且 M1538＝ON。

（4）如果 Y0 脉冲输出未达 8000 个之前，外部输入中断 X0 发生，则 Y0 输出将不会有减速动作产生。

（5）当 M1538 为 On 时，使用者可清除 M1156＝Off 之后，PLC 输出剩余脉冲，当目标脉冲完全输出完毕时 M1029＝On。

（6）若外部中断于规划输出的减速区段发生时，则输出将不做其他减速动作，也不会设定 M1538＝On。

【支持此功能的 PLC 主机与固件版本】

SV，EH2 机器固件版本 v1.4 版以上。

14.10　搭配最佳化速度运算进行有图样袋子裁切

搭配最佳化速度运算进行有图样袋子裁切如图 14-29 所示。

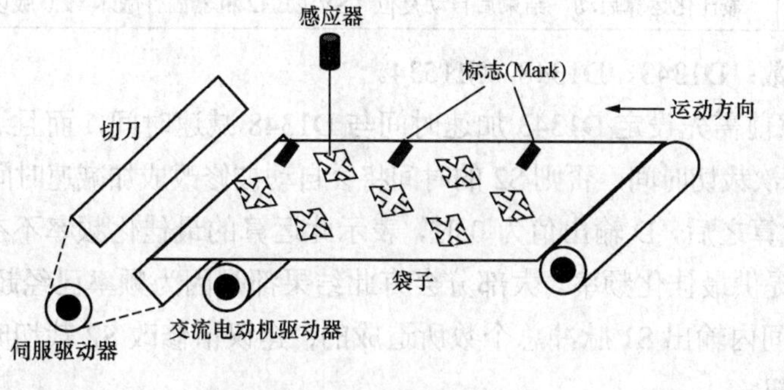
感应器
标志(Mark)
运动方向
切刀
袋子
交流电动机驱动器
伺服驱动器

图 14-29　搭配最佳化速度运算进行有图样袋子裁切

【控制要求】

（1）依据前例使用的技术，并先使用最佳化运算，进而达成客户需求的裁切速度。

（2）时序示意图如图 14-30 所示。

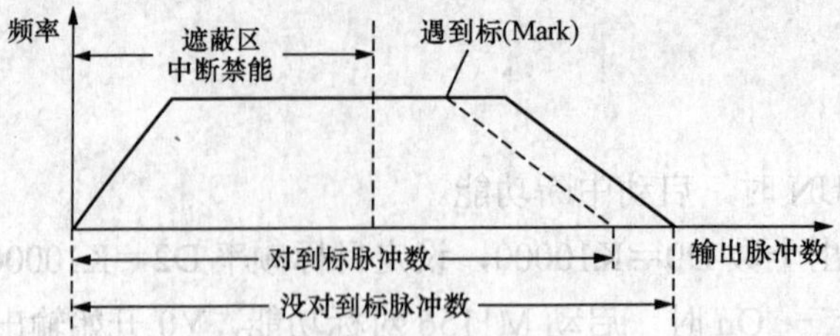
频率
遮蔽区
中断禁能
遇到标(Mark)
输出脉冲数
对到标脉冲数
没对到标脉冲数

图 14-30 时序示意图

【关键技术说明】

（1）由于一般客户运用此裁切技术时，大部分人员都仅能得知产能需求是每分钟几个袋子，进而换算出每次裁切时间需要在几个毫秒内完成；但是定位指令都是设定最高目标频率，所以通常都仅能依据经验设定出最高频率值，可是这样就会很难达到最佳化的设定。

（2）另外启动/结束频率的设定也会影响加减速区段的输出，进而影响到驱动伺服时的效果，因此为了得到定位指令的最佳化最高频率与启动频率设定，此时就可先使用此最佳化功能运算后，再将建议的最佳化数值输入定位指令执行。

（3）使用指令格式： SCLP S_1 S_2 D。

S_1 → 输出脉冲总个数。

S_2 → 每次裁切时间（ms）。

D+0，D+1 → 最佳化最高输出频率。

D+2 → 最佳化启动/结束频率。

（4）搭配标志：M1163。

M1163	最佳化运算启动，结束后自动复位（SV，EH2 机器固件版本 v2.0 版以上支持）

（5）搭配参数：D1343，D1348，M1534。

1）启动运算前需先设定 D1343 加速时间与 D1348 减速时间，而且这两个时间的总和不可大于 S2 的每次裁切时间，否则 S2 的时间将会自动被修改成加减速时间总和+1 的时间。

2）当启动运算之后，D 输出值为 0 时，表示此运算的最佳化频率不在理想的频率范围内，因此不建议提供最佳化频率。大部分会有此结果都是因为频率已经超出 200kHz，而且还无法在限定时间内输出 S1 脉冲总个数所造成的；建议请修改 S2 裁切时间与加减速时间之后，再重新运算。

【元件说明】

元件说明见表 14-16 和表 14-17。

表 14-16　　　元 件 说 明（一）

输出点	对应输入点	启动标志	遮蔽区域（32 位）
Y0	X0	M1156	D1027，D1026

注 1．当 D1027，D1026 的 32 位数值为 0 时，表示不启动遮蔽功能。

2．当 M1156=OFF 时，遮蔽功能将不会被启动。

表 14-17　　元件说明（二）

PLC 软元件	说　明	PLC 软元件	说　明
M0	启动脉冲输出装置	D2	裁切时间
M1029	结束标志	D10	最佳化最高输出频率
M1156	对标功能标志	D12	最佳化启动/结束频率
M1163	最佳化运算启动，结束后自动复位	D30	进入对标次数
M1534	加减速分开设定	D1026，D1027	遮蔽区设定
Y0	脉冲输出装置	D1340	启动/结束频率
Y1	脉冲方向输出装置	D1343	加速时间
D0	脉冲输出个数	D1348	减速时间

【控制程序】

控制程序如图 14-31 所示。

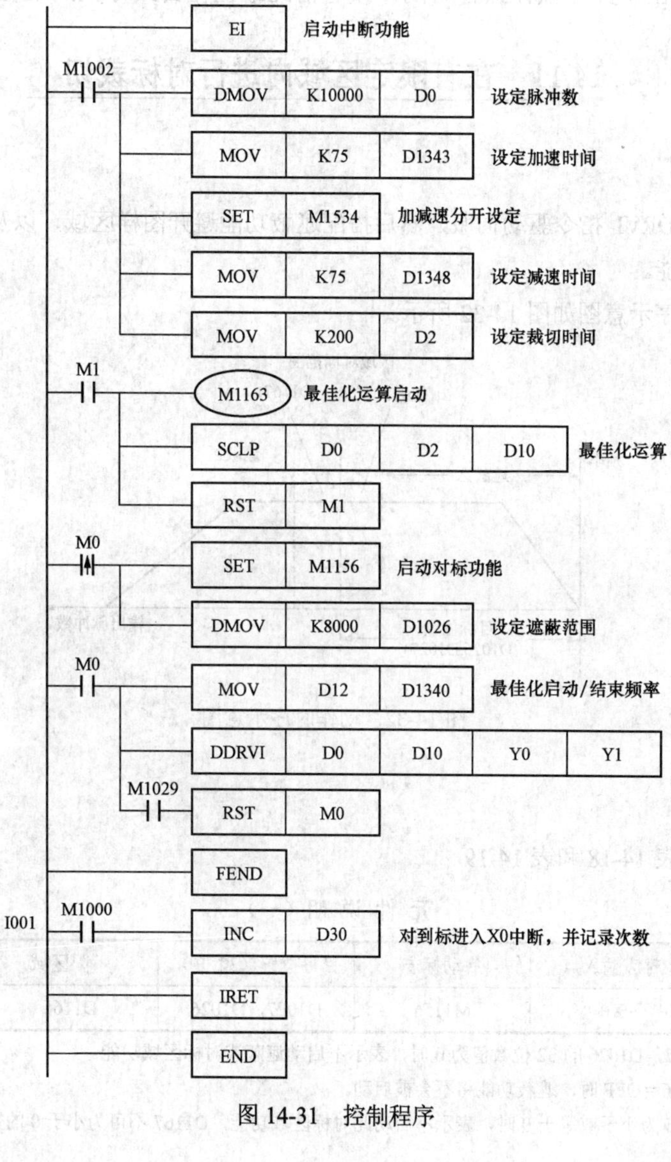
EI
启动中断功能
M1002
DMOV
K10000
D0
设定脉冲数
MOV
K75
D1343
设定加速时间
SET
M1534
加减速分开设定
MOV
K75
D1348
设定减速时间
MOV
K200
D2
设定裁切时间
M1
M1163
最佳化运算启动
SCLP
D0
D2
D10
最佳化运算
RST
M1
M0
SET
M1156
启动对标功能
DMOV
K8000
D1026
设定遮蔽范围
M0
MOV
D12
D1340
最佳化启动/结束频率
DDRVI
D0
D10
Y0
Y1
M1029
RST
M0
FEND
I001
M1000
INC
D30
对到标进入X0中断，并记录次数
IRET
END

图 14-31　控制程序

【程序说明】

当PLC于RUN时，初始各项设定，加速时间D1343＝75ms，设置减速设定标志M1534，减速时间D1348＝75ms，输出脉冲个数D0＝10000，设定裁切时间D2＝200ms。

当M1＝On时，开启最佳化功能，并启动SCLP指令，执行最佳化运算。

当M0＝On时，设定最佳化启动/结束频率，Y0开始输出最佳化脉冲频率，脉冲完全输出结束之后停止输出，M0由On→Off，程序D10输出0。

【支持此功能的PLC主机与韧体版本】

SV，EH2机种韧体版本v2.0版以上。

ES2，EX2，SS2，SA2，SX2机种可利用DTM指令中参数K9的应用：客户仅需输入定位指令的总输出个数与预计执行时间，接着借此最佳化公式寻找到最佳的频率设定。

14.11 在有限定区域内进行对标裁切

【控制要求】

（1）使用DDRVI指令驱动伺服，然后搭配遮蔽功能避开图样区域，以及运用区域对标功能进行裁切的功能。

（2）动作时序示意图如图14-32所示。

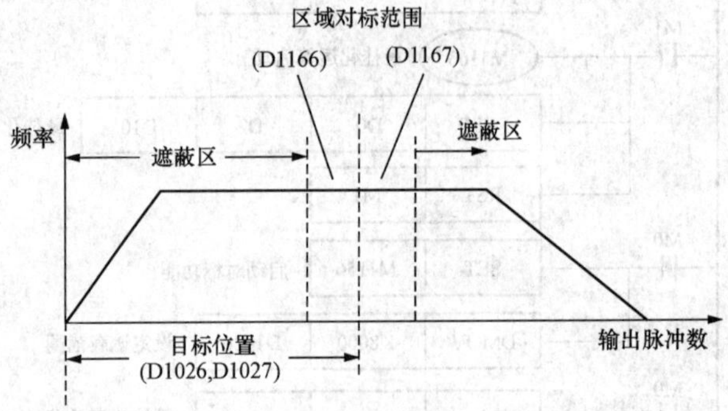
区域对标范围
(D1166)
(D1167)
频率
遮蔽区
遮蔽区
目标位置
(D1026,D1027)
输出脉冲数

图14-32 动作时序示意图

【元件说明】

元件说明见表14-18和表14-19。

表14-18 元件说明（一）

输出点	对应输入点	启动标志	目标位置（32位）	下限区域	上限区域
Y0	X0	M1156	D1027，D1026	D1166	D1167

注 1．当D1027，D1026的32位数值为0时，表示不启动遮蔽或对标区域功能。

2．当M1156＝OFF时，遮蔽功能将不会被启动。

3．当D1166为小于或等于0时，表示不启动此对标区域功能，D1167不可为小于0的数值。

区域对标范围：从［（D1026，D1027）－D1166］～［（D1026，D1027）＋D1167］，其中（D1026，D1027）表示32位数值；假设D1026，D1027为k10000，D1166为k1000，D1167为k1000，那么对标范围为k9000～k11000。

表14-19　　元件说明（二）

PLC软元件	说　明	PLC软元件	说　明
M0	启动脉冲输出装置	D10	脉冲输出频率
M1156	对标功能标志	D30	进入对标次数
X0	外部中断输入点	D1026，D1027	遮蔽区设定
Y0	脉冲输出装置	D1166	下限区域
Y1	脉冲方向输出装置	D1167	上限区域
D0	脉冲输出个数		

【控制程序】

控制程序如图14-33所示。

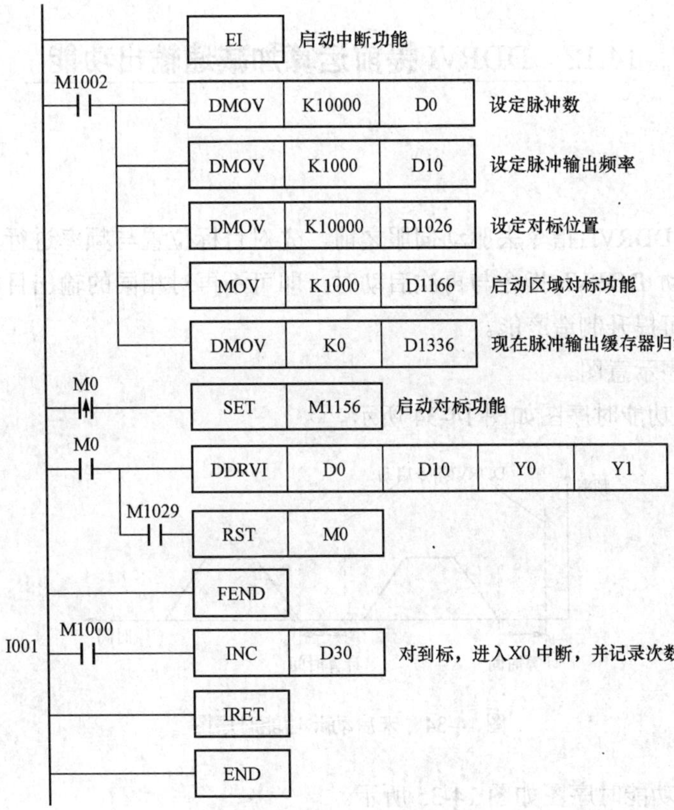
EI
启动中断功能
M1002
DMOV
K10000
D0
设定脉冲数
DMOV
K1000
D10
设定脉冲输出频率
DMOV
K10000
D1026
设定对标位置
MOV
K1000
D1166
启动区域对标功能
DMOV
K0
D1336
现在脉冲输出缓存器归零
M0
SET
M1156
启动对标功能
M0
DDRVI
D0
D10
Y0
Y1
M1029
RST
M0
FEND
I001
M1000
INC
D30
对到标，进入X0中断，并记录次数
IRET
END

图14-33　控制程序

【程序说明】

（1）当 PLC 开始 RUN 时，初始设定脉冲输出个数 D0＝20000，脉冲输出频率 D10＝1000Hz，启动区域对标功能并设定对标位置，将现在脉冲输出寄存器 D1336 归零。

（2）当 M0 由 Off→On 时，启动 M1156 对标功能，Y0 开始输出脉冲，当 Y0 输出范围在 9000～11000 时，如有外部输入中断 X0 发生，则 Y0 将立即减速，并于减速时间 M1348 预设 100ms 后停止输出，且 M1538＝ON。

（3）如果 Y0 脉冲输出未在设定的区域范围 9000～11000 之间，外部输入中断 X0 发生，则 Y0 输出将不会有减速动作产生。

（4）当 M1538 为 On 时，使用者可清除 M1156＝Off 之后，PLC 输出剩余脉冲，当目标脉冲完全输出完毕时 M1029＝On。

（5）若外部中断于规划输出的减速区段发生时，则输出将不做其他减速动作，也不会设定 M1538＝On。

【支持此功能的 PLC 主机与固件版本】

SV，EH2 机器固件版本 v2.0 版以上。

14.12 DDRVI 提前运算加减速输出功能

【控制要求】

（1）当使用 DDRVI 指令去驱动伺服之前，先对目标位置与频率进行加减速输出功能运算，待开始启动 DDRVI 指令与再次启动时，即可不再对相同的输出目标位置与频率进行运算。优点：可提升制造产能。

（2）动作时序示意图。

1）未启动此功能时序图如图 14-34 所示。

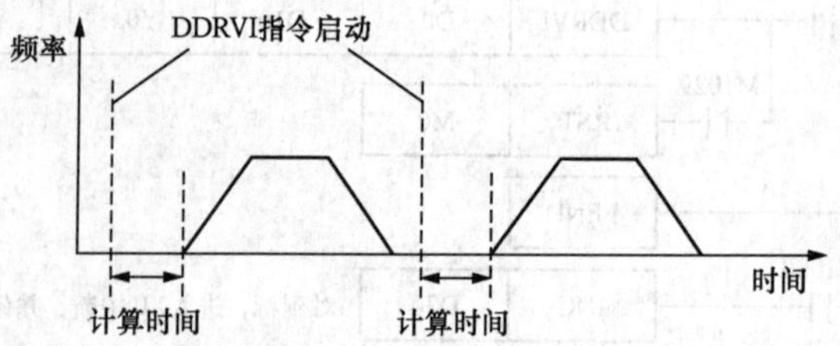
频率
DDRVI指令启动
时间
计算时间
计算时间

图 14-34 未启动此功能时序图

2）已启动此功能时序图如图 14-35 所示。

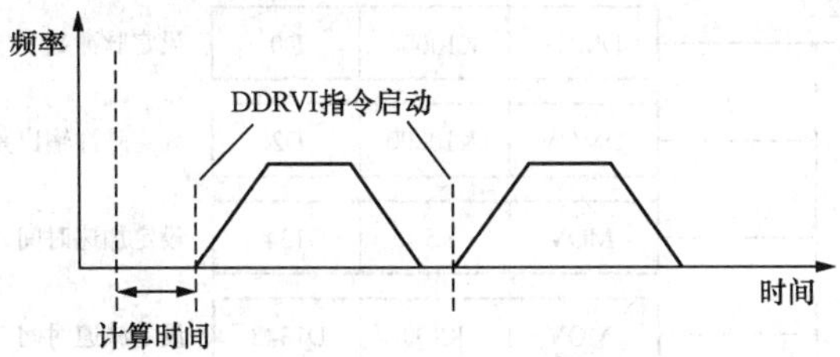
频率
DDRVI指令启动
时间
计算时间

图 14-35 已启动此功能时序图

【元件说明】

元件说明见表 14-20。

（1）M1144 → 功能启动标志，On 表示启动，Off 表示关闭。

（2）D1144 → 使用 D 装置的索引值，例如：k0 表示 D0，k100 表示 D100。

1）假设 D1144 为 k0，那么（D0，D1）表示 Y0 输出目标个数，（D2，D3）表示 Y0 输出目标频率，加速时间与减速时间同样使用原 D1343 与 D1348，加减速频率为 D1340。

2）当 M1144 为 ON 且有 DDRVI 指令未启动时（需被程序扫描过），则 PLC 会立即自动提前运算加减速频率与个数至输出内存上，等待 DDRVI 指令被启动时直接输出脉冲。

3）当此功能启动中（即 M1144＝On），则每次 DDRVI 被启动输出时，都只会固定执行之前运算过的输出数值，因此若要变更新目标频率或个数，就必须在 DDRVI 指令关闭时，清除 M1144 为 Off。

4）使用此功能时，其输出加速与减速时间预设分别为 D1343 与 D1348 设定时间，因此加速与减速区段分别各使用 30 段。

5）此功能可搭配指定减速个数功能（D1232，D1233）、遮蔽功能与对标功能（M1156）（含区域对标功能）。

表 14-20　　元 件 说 明

PLC 软元件	说　明	PLC 软元件	说　明
M0	启动脉冲输出装置	D2	脉冲输出频率
M1144	功能启动标志	D1144	使用 D 装置的索引值
Y0	脉冲输出装置	D1343	加速时间设定寄存器
Y1	脉冲方向输出装置	D1348	减速时间设定寄存器
D0	脉冲输出个数		

【控制程序】

控制程序如图 14-36 所示。

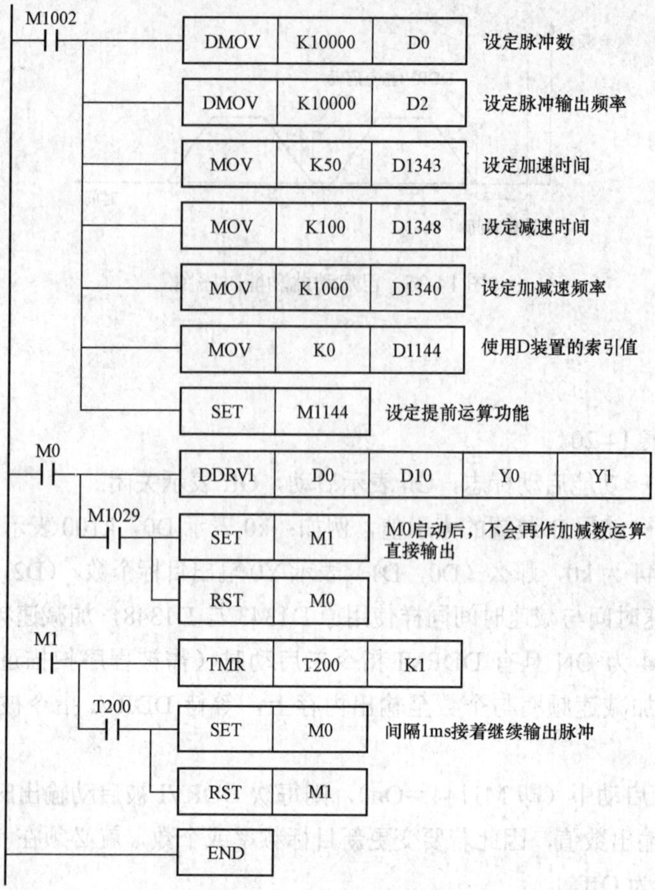
M1002
DMOV
K10000
D0
设定脉冲数
DMOV
K10000
D2
设定脉冲输出频率
MOV
K50
D1343
设定加速时间
MOV
K100
D1348
设定减速时间
MOV
K1000
D1340
设定加减速频率
MOV
K0
D1144
使用D装置的索引值
SET
M1144
设定提前运算功能
M0
DDRVI
D0
D10
Y0
Y1
M1029
SET
M1
M0启动后，不会再作加减数运算直接输出
RST
M0
M1
TMR
T200
K1
T200
SET
M0
间隔1ms接着继续输出脉冲
RST
M1
END

图 14-36 控制程序

【程序说明】

（1）当 PLC 开始 RUN 时初始化各项设定，输出脉冲个数 D0＝10000，输出脉冲频率 D2＝10000Hz，加速时间 D1343＝50ms，减速时间 D1348＝100ms，加减速频率 D1340＝1000Hz，启动 M1144 设定提前运算功能。

（2）当程序已经扫描过 M1144 时，M0 由 Off→On 的状态下，不再做加减速运算，Y0 直接输出脉冲，当 Y0 脉冲输出完之后间隔 1ms 接着继续输出脉冲。

【支持此功能的 PLC 主机与固件版本】

SV，EH2 机器固件版本 v2.0 版以上。

14.13 附加减速的可变速度输出功能

【控制要求】

（1）运用 DVSPO 指令去启动附加减速的可变速度功能，然后利用 DICF 指令立即进行变更目标频率（含加减速的切换频率与时间）。

（2）进行定行程输出功能范例，其输出时序示意图如图 14-37 所示。

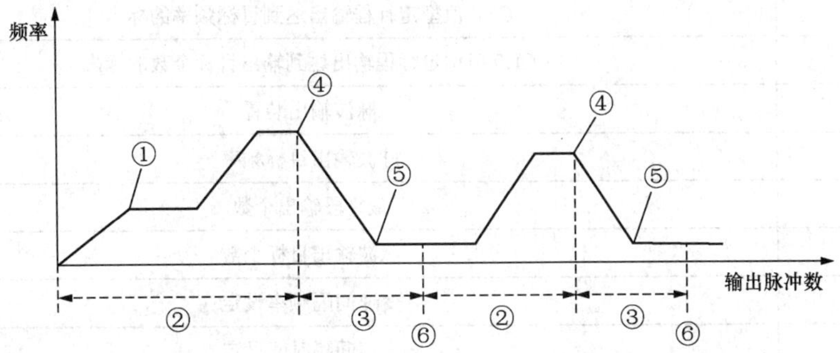
频率
①
④
⑤
④
⑤
输出脉冲数
②
③
⑥
②
③
⑥

图 14-37　输出时序示意图

①—DVSPO 设定 S_1 目标频率；②—DVSPO 设定 S_2 总个数＝K0，无限制输出个数；③—DICF 设定 S_1＋1 固定行程输出个数；④—DICF 与 M1528 启动定行程频率与输出个数；⑤—加减速完成，设定到达定行程目标速度标志，M1542＝On（Y0 输出）；⑥—定行程输出个数已执行完成并设定标志 M1543＝On（Y0 输出）

注：每次进入定行程功能时，指令都将自行清除到达与完成标志。

【元件说明】

元件说明见表 14-21 和表 14-22。

（1）M1529 → 最终段输出功能启动标志，On 表示启动最终段输出。

（2）M1528 → 定行程输出功能启动标志，On 表示启动定行程输出，此功能可运用于“追剪”或“飞剪”方面的应用。

（3）此 M1529 与 D1528 需要与 DICF 指令搭配使用，才能进行此特殊输出功能。

（4）当 DICF 指令启动执行最终段（M1529）与定行程（M1528）功能之后，接下来 DVSPO 与 DICF 可变速度功能都将暂时被关闭，直到功能完成之后，才可重新使用变更速度功能。

（5）各轴输出启动定行程功能时，所对应的标志如表 14-21 所示。

表 14-21　元件说明（一）

输出编号	到达定行程频率标志	定行程输出完成标志
Y0	M1542	M1543
Y2	M1544	M1545
Y4	M1546	M1547
Y6	M1548	M1549

表 14-22　元件说明（二）

PLC 软元件	说明
M0	启动 Y0 变速功能
M1	启动 Y0 最终段输出功能
M1528	启动 DICF 指令定行程输出功能启动标志

续表

PLC 软元件	说　明
M1542	CH0 值型定行程输出达到目标频率的标志
M1543	CH0 值型定行程输出达到输出目标个数的标志
Y0	脉波输出装置
D0	脉波输出目标频率
D2	最终段输出个数
D10	脉波输出目标个数
D20	变速间隔频率设定
D21	变速间隔时间设定
D30	目标频率缓存器
D32	脉波输出个数缓存器
D1336	CH0 目前脉波输出个数
D1343	CH0 脉波输出，加减速时间设定
D1348	CH0 脉波输出，当 M1543＝On 时，可设定减速时间

【控制程序】

控制程序如图 14-38 所示。

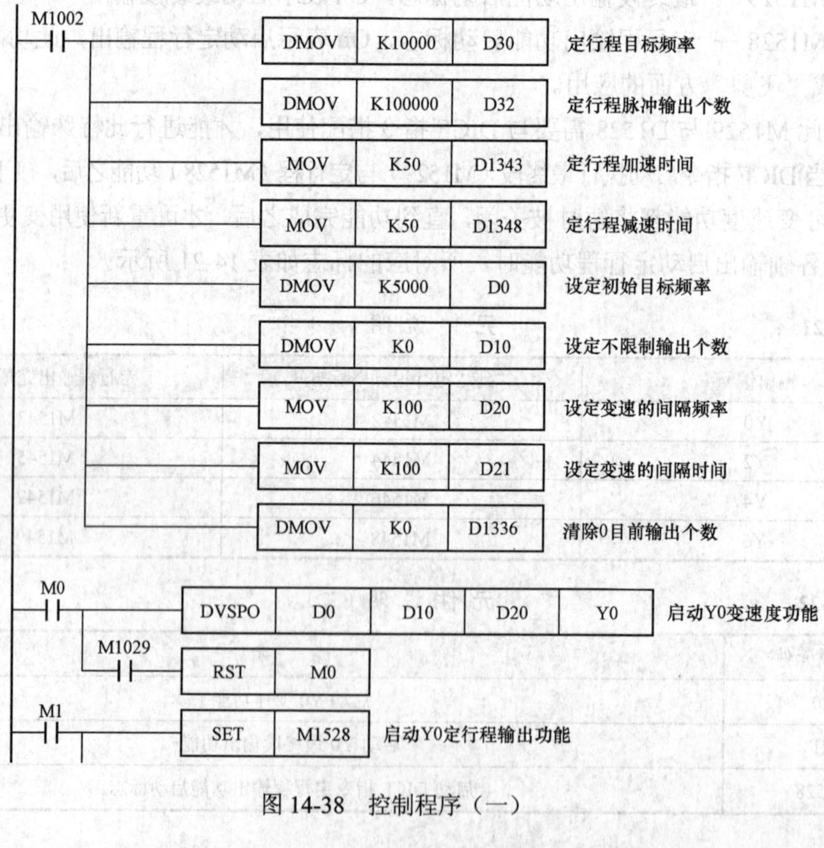

M1002
DMOV K10000 D30
定行程目标频率
DMOV K100000 D32
定行程脉冲输出个数
MOV K50 D1343
定行程加速时间
MOV K50 D1348
定行程减速时间
DMOV K5000 D0
设定初始目标频率
DMOV K0 D10
设定不限制输出个数
MOV K100 D20
设定变速的间隔频率
MOV K100 D21
设定变速的间隔时间
DMOV K0 D1336
清除0目前输出个数
M0
DVSPO D0 D10 D20 Y0
启动Y0变速度功能
M1029
RST M0
M1
SET M1528
启动Y0定行程输出功能

图 14-38　控制程序（一）

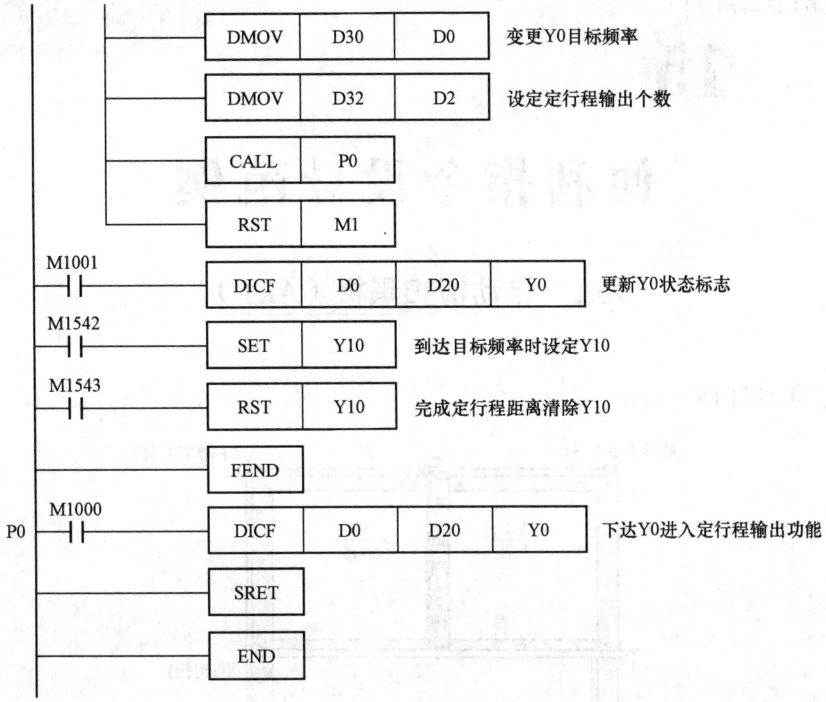
DMOV D30 D0
变更Y0目标频率
DMOV D32 D2
设定定行程输出个数
CALL P0
RST M1
M1001
DICF D0 D20 Y0
更新Y0状态标志
M1542
SET Y10
到达目标频率时设定Y10
M1543
RST Y10
完成定行程距离清除Y10
FEND
P0
M1000
DICF D0 D20 Y0
下达Y0进入定行程输出功能
SRET
END

图 14-38 控制程序（二）

【程序说明】

（1）当 DICF 指令不被启动，并且输出已进入定行程输出功能时，指令内部将会主动一直检查是否到达目标频率与完成输出状态，并设定输出所对应的标志；若是程序扫描时间过大，则建议可多插入此行指令，或者时间中断固定更新，以利于实时更新此输出状态。

（2）PLC 开始 RUN 时，将输入数据初始化，定行程目标频率 D30＝10kHz，定行程脉波输出个数 D32＝100000，定行程段加速时间 D1343＝50ms，定行程段减速时间 D1348＝50ms，初始目标频率 D0＝5kHz，输出个数设定不限制 D10＝0，设定变速间隔频率 D20＝100Hz，设定变速间隔时间 D21＝100ms，将目前输出个数归零 D1336＝0。

（3）M0＝On 时，启动输出脉波变速功能，当 M1＝On 启动定行程输出功能，将 Y0 频率由 5kHz 变更为 10kHz，定行程输出个数设定为 100000，开始进入定行程输出。

【支持此功能的 PLC 主机与固件版本】

EH2/SV_v2.0 以上版本。

15 便利指令设计范例

15.1 自动清扫黑板（ALT）

范例示意如图15-1所示。

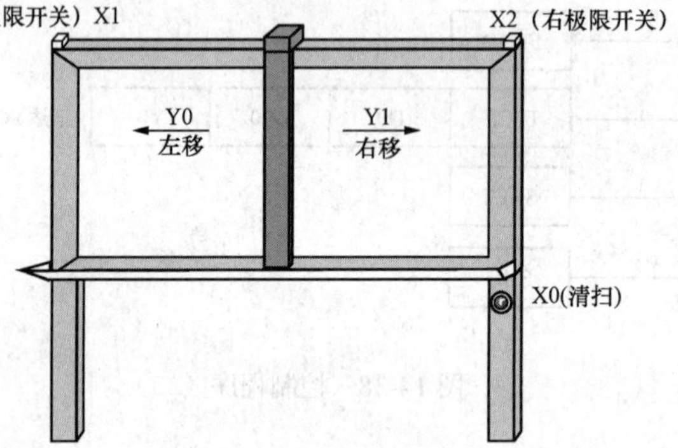
（左极限开关）X1
X2（右极限开关）
Y0
左移
Y1
右移
X0(清扫)

图15-1 范例示意

【控制要求】

（1）黑板清扫臂有左移和右移两种动作，按一下清扫按钮，可在左移和右移两种动作之间切换。

（2）清扫臂移至黑板左极限或右极限时，清扫臂将停止动作，直至再次按下清扫按钮才会向上次移动方向的反方向移动。

【元件说明】

元件说明见表15-1。

表15-1 元件说明

PLC软元件	控制说明
X0	清扫按钮，按下时，X0状态为On
X1	黑板左极限开关，碰触到该开关时，X1状态为On
X2	黑板右极限开关，碰触到该开关时，X2状态为On
Y0	清扫臂左移
Y1	清扫臂右移

【控制程序】

控制程序如图 15-2 所示。

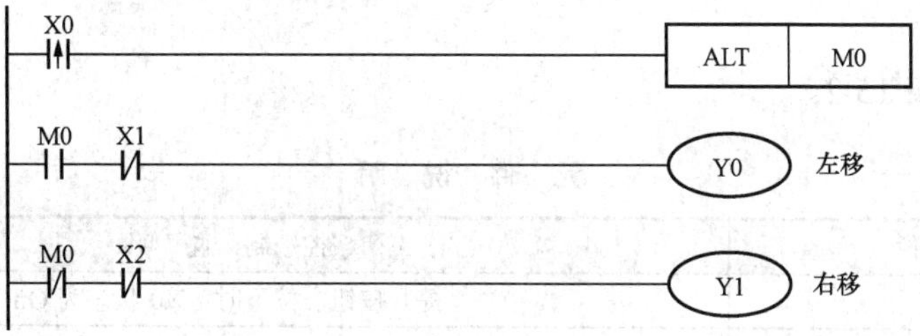
X0
ALT
M0
M0
X1
Y0
左移
M0
X2
Y1
右移

图 15-2　控制程序

【程序说明】

（1）当按下清扫按钮时，X0 由 Off→On 变化一次，ALT 指令执行。假设一开始时 M0＝Off，则 M0 会变为 On，Y0 线圈导通，清扫臂左移。移到左极限时，X1＝On，其动断触点断开，Y0 线圈关断，清扫臂停止移动。

（2）再次按下按钮时，X0 又由 Off→On 变化一次，M0 会由上次的 On 状态变为 Off，此时 Y1 线圈将导通，清扫臂将右移。移到右极限时，X2＝On，其动断触点断开，Y1 线圈关断，清扫臂停止移动。

（3）无论清扫臂处于黑板的哪个位置，只要再次按下清扫按钮，清扫臂都会朝上次移动方向的反方向移动。

15.2　起重机的软启动（RAMP）

范例示意如图 15-3 所示。

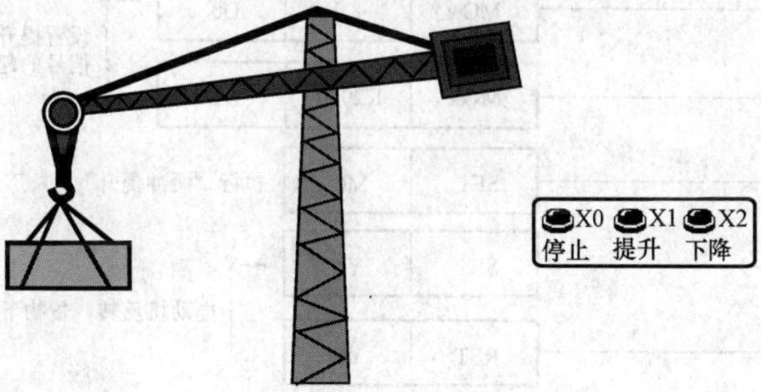
X0
X1
X2
停止
提升
下降

图 15-3　范例示意

【控制要求】

（1）起重机的负载一般比较大，货物提升或下降时需要软启动；货物在上升和下降状态到停止时，电动机也要执行一个软停止的过程。

（2）利用台达模拟量主机 DVP10SX 输出 0～10V 电压控制变频器频率，再通过变频器输出频率可变的电流控制起重电动机转速，达到对起重机软启动的目的。

【元件说明】

元件说明见表 15-2。

表 15-2 元 件 说 明

PLC 软元件	控 制 说 明
X0	提升按钮，按下时，X0 状态为 On
X1	下降按钮，按下时，X1 状态为 On
X2	停止按钮，按下时，X2 状态为 On
Y0	电动机正转（提升货物）
Y1	电动机反转（货物下降）
X0	提升按钮

【控制程序】

控制程序如图 15-4 所示。

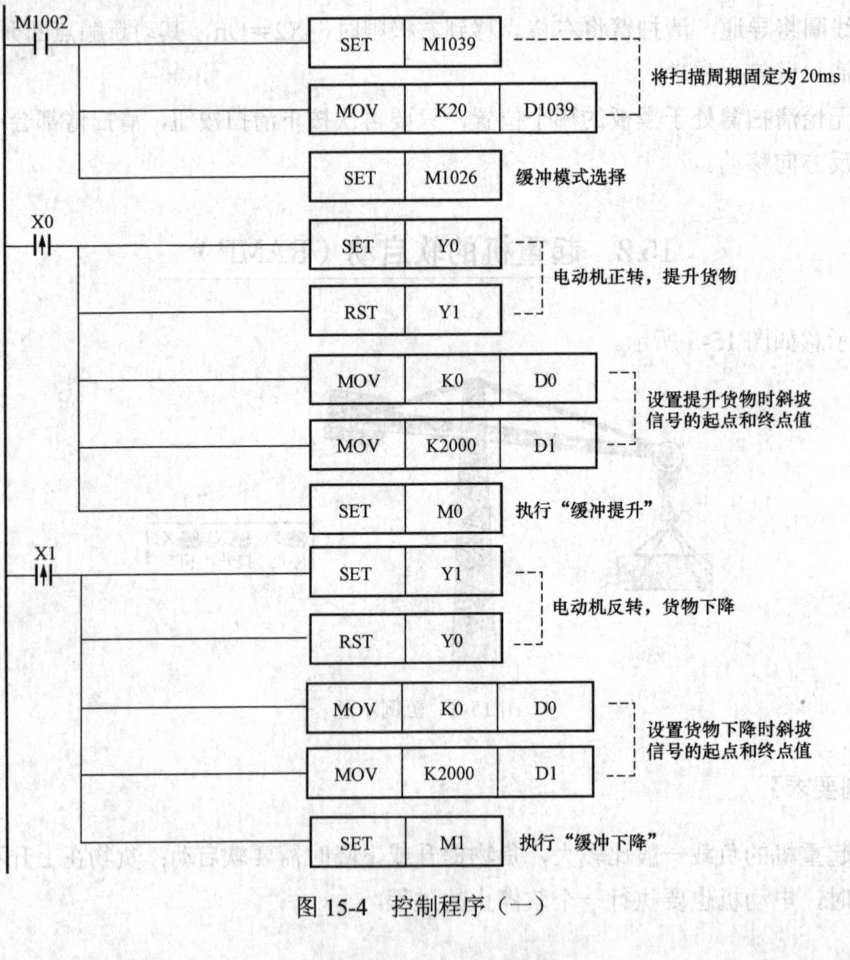
M1002
SET M1039
MOV K20 D1039
将扫描周期固定为20ms
SET M1026
缓冲模式选择
X0
SET Y0
RST Y1
电动机正转，提升货物
MOV K0 D0
MOV K2000 D1
设置提升货物时斜坡信号的起点和终点值
SET M0
执行“缓冲提升”
X1
SET Y1
RST Y0
电动机反转，货物下降
MOV K0 D0
MOV K2000 D1
设置货物下降时斜坡信号的起点和终点值
SET M1
执行“缓冲下降”

图 15-4 控制程序（一）

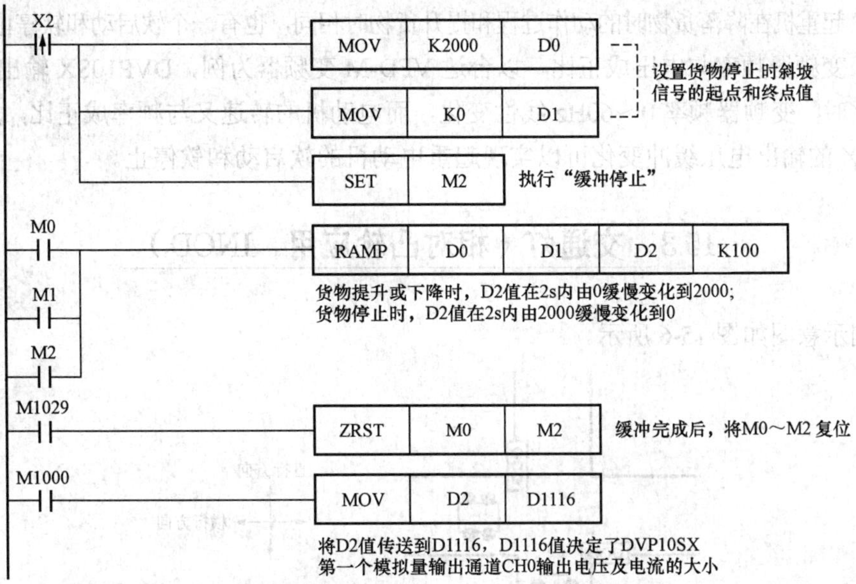

X2
MOV K2000 D0
MOV K0 D1
设置货物停止时斜坡信号的起点和终点值
SET M2
执行“缓冲停止”
M0
M1
M2
RAMP D0 D1 D2 K100
货物提升或下降时，D2值在2s内由0缓慢变化到2000;
货物停止时，D2值在2s内由2000缓慢变化到0
M1029
ZRST M0 M2
缓冲完成后，将M0～M2 复位
M1000
MOV D2 D1116
将D2值传送到D1116，D1116值决定了DVP10SX第一个模拟量输出通道CH0输出电压及电流的大小

图 15-4　控制程序（二）

【程序说明】

（1）本程序适用于主机自带模拟量输出的 PLC，如台达 DVP20EX、DVP10SX 系列 PLC。DVP10SX 的 D1116 的内容值在 K0～K2000 内变化时，其第一个输出通道电压值在 0～10V 内变化。

（2）程序的开头首先固定扫描周期，因为 RAMP 指令的参数和扫描周期有直接关系，只有确定扫描周期后才能确定斜坡信号经过的时间值。本例中扫描周期固定为 20ms，RAMP 指令扫描次数设置为 100 次，所以缓冲时间为 2s。

（3）起重机在提升货物时，按下提升按钮，M0＝On，执行软启动动作，在 2s 内电压输出值从 0V 变化到 10V。到达预定高度后，按下停止按钮，M2＝On，执行软停止动作，在 2s 内电压输出值从 10V 变化到 0V。动作过程如图 15-5 所示。

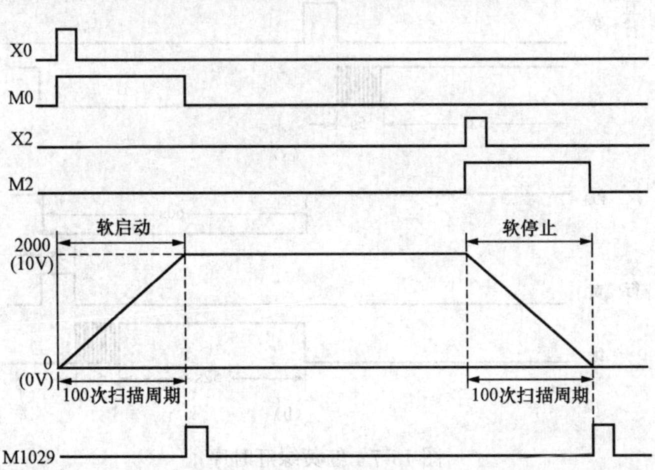

X0
M0
X2
M2
软启动
软停止
2000
(10V)
0
(0V)
100次扫描周期
100次扫描周期
M1029

图 15-5　动作过程

（4）起重机在降落货物时的动作过程和提升货物时相同，也有一个软启动和软停止的过程。

（5）变频器频率与电压成正比，以台达 VFD-M 变频器为例，DVP10SX 输出电压 0～10V 变化时，变频器频率 0～60Hz 线性变化，而电动机的转速又与频率成正比，所以控制 DVP10SX 的输出电压缓冲变化可以实现起重电动机的软启动和软停止。

15.3 交通灯（相对凸轮应用，INCD）

范例示意图如图 15-6 所示。

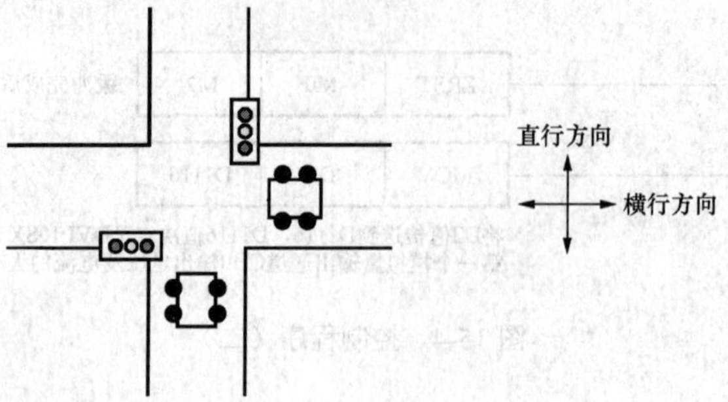
直行方向
横行方向

图 15-6 范例示意

【控制要求】

（1）开关在十字路口实现红黄绿交通灯的自动控制，直行时红灯亮时间为 60s，黄灯亮时间为 3s，绿灯亮时间为 52s，绿灯闪烁时间为 5s。横行时的红黄绿灯也是按照这样的规律变化。

（2）直行和横行方向红黄绿灯时序如图 15-7 所示。

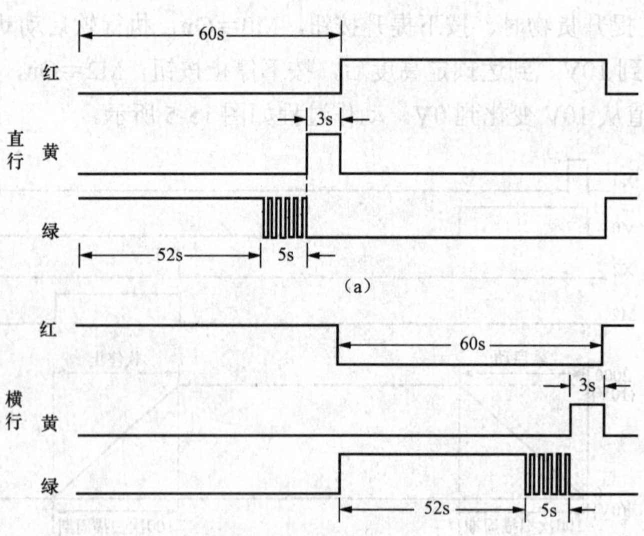
60s
红
3s
直行
黄
绿
52s
5s
（a）
红
60s
3s
横行
黄
绿
52s
5s
（b）

图 15-7 红黄绿灯时序

（a）直行；（b）横行

【元件说明】

元件说明见表 15-3。

表 15-3 元 件 说 明

PLC 软元件	控 制 说 明	PLC 软元件	控 制 说 明
X1	交通灯启动控制触点	Y10	红灯（横行信号标志）
Y0	红灯（直行信号标志）	Y11	黄灯（横行信号标志）
Y1	黄灯（直行信号标志）	Y12	绿灯（横行信号标志）
Y2	绿灯（直行信号标志）		

【控制程序】

控制程序如图 15-8 所示。

【程序说明】

（1）所谓相对凸轮控制，是指计数器 C 现在值到达设置的一段相对时间后，对应输出装置会 On，同时计数器 C 被复位，进行下一段的比较输出。本例中，C0 与 6 段设置值（D500～D505）进行比较，每比较完成一段，对应的 M100～M105 中的一个装置状态输出为 On。

（2）程序中使用 INCD（相对方式凸轮控制）指令来实现交通红绿灯的控制，使程序变得更为简便。

（3）在 INCD 指令被执行前，应使用 MOV 指令预先将各设置值写入到 D500～D505 中，见表 15-4。

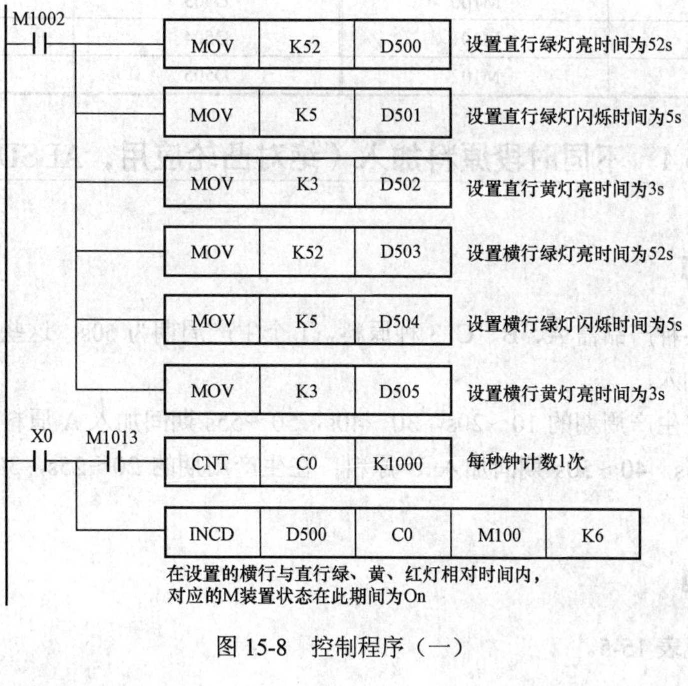
M1002
MOV K52 D500
设置直行绿灯亮时间为52s
MOV K5 D501
设置直行绿灯闪烁时间为5s
MOV K3 D502
设置直行黄灯亮时间为3s
MOV K52 D503
设置横行绿灯亮时间为52s
MOV K5 D504
设置横行绿灯闪烁时间为5s
MOV K3 D505
设置横行黄灯亮时间为3s
X0
M1013
CNT C0 K1000
每秒钟计数1次
INCD D500 C0 M100 K6
在设置的横行与直行绿、黄、红灯相对时间内，
对应的M装置状态在此期间为On

图 15-8 控制程序（一）

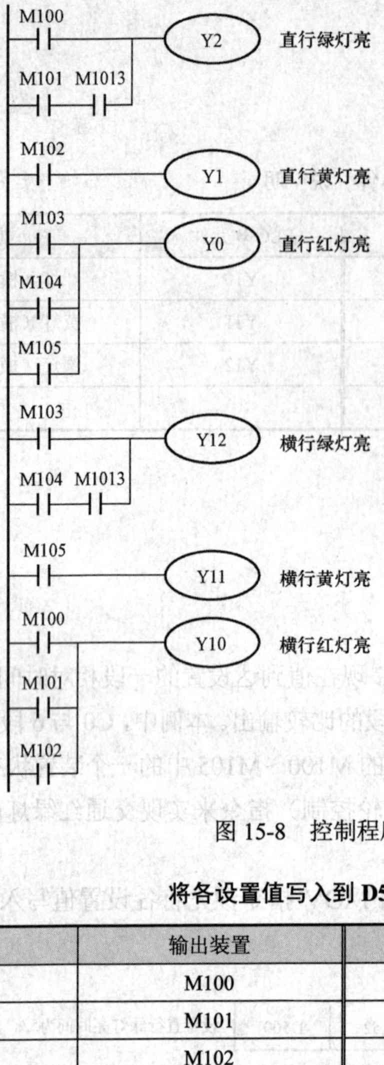
M100
Y2
直行绿灯亮
M101 M1013
M102
Y1
直行黄灯亮
M103
Y0
直行红灯亮
M104
M105
M103
Y12
横行绿灯亮
M104 M1013
M105
Y11
横行黄灯亮
M100
Y10
横行红灯亮
M101
M102

图 15-8 控制程序（二）

表 15-4 将各设置值写入到 D500～D505 中

设置值	输出装置	设置值	输出装置
D500	M100	D503	M103
D501	M101	D504	M104
D502	M102	D505	M105

15.4 不同时段原料加入（绝对凸轮应用，ABSD）

【控制要求】

（1）生产某种产品需 A、B、C 3 种原料，1 个生产周期为 60s，这些原料需在生产周期适当时间段加入。

（2）要求在生产周期的 10～20s，30～40s，50～55s 期间加入 A 原料；在生产周期的 0～10s，20～25s，40～50s 期间加入 B 原料；在生产周期的 20～25s，30～35s，40～45s 期间加入 C 原料。

【元件说明】

元件说明见表 15-5。

表 15-5　　元 件 说 明

PLC 软元件	控制说明	PLC 软元件	控制说明
X1	启动开关	Y1	加 B 料
Y0	加 A 料	Y2	加 C 料

【控制程序】

控制程序如图 15-9 所示。

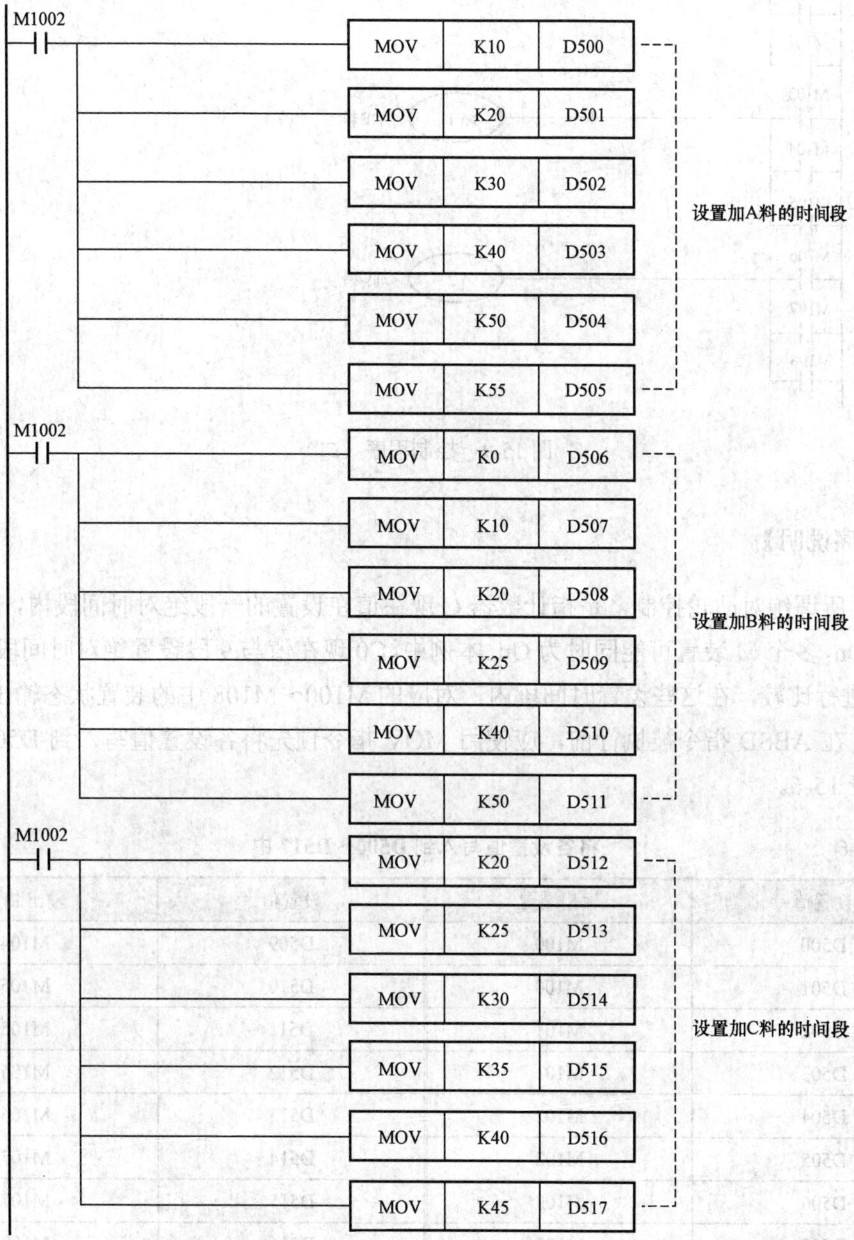
M1002
MOV K10 D500
MOV K20 D501
MOV K30 D502
MOV K40 D503
MOV K50 D504
MOV K55 D505
设置加A料的时间段
M1002
MOV K0 D506
MOV K10 D507
MOV K20 D508
MOV K25 D509
MOV K40 D510
MOV K50 D511
设置加B料的时间段
M1002
MOV K20 D512
MOV K25 D513
MOV K30 D514
MOV K35 D515
MOV K40 D516
MOV K45 D517
设置加C料的时间段

图 15-9　控制程序（一）

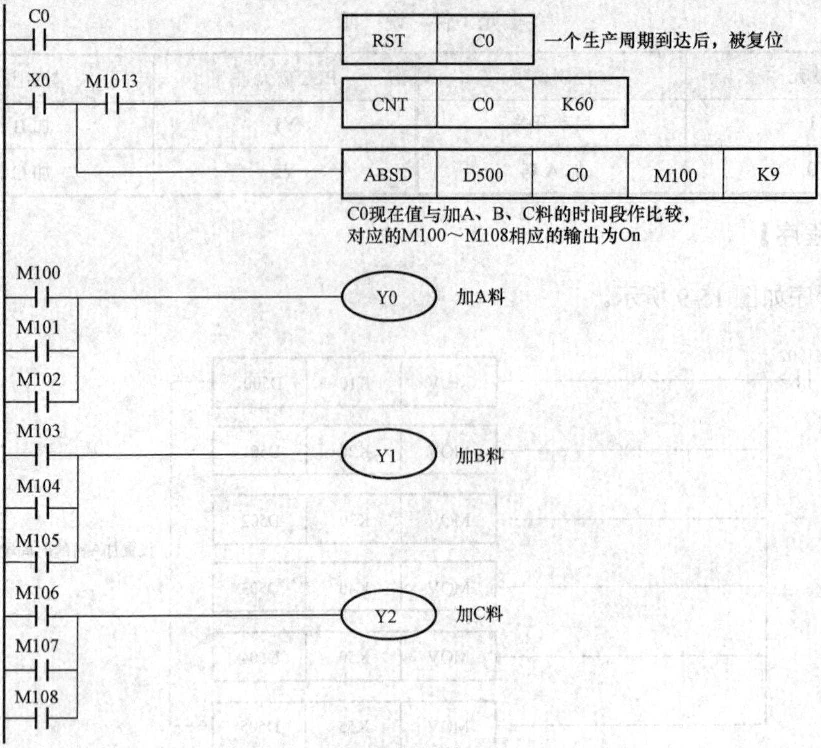
C0
RST
C0
一个生产周期到达后，被复位
X0
M1013
CNT
C0
K60
ABSD
D500
C0
M100
K9
C0现在值与加A、B、C料的时间段作比较，
对应的M100～M108相应的输出为On
M100
Y0
加A料
M101
M102
M103
Y1
加B料
M104
M105
M106
Y2
加C料
M107
M108

图 15-9 控制程序（二）

【程序说明】

（1）所谓绝对凸轮控制，是指计数器 C 现在值在设置的一段绝对时间段内，对应输出装置会 On，多个 M 装置可能同时为 On。本例中，C0 现在值与 9 段设置绝对时间段（D500～D517）进行比较，在这些设置时间段内，对应的 M100～M108 中的装置状态输出为 On。

（2）在 ABSD 指令被执行前，应使用 MOV 指令预先将各设置值写入到 D500～D517 中，见表 15-6。

表 15-6 将各设置值写入到 D500～D517 中

设置值	输出装置	设置值	输出装置
D500	M100	D509	M104
D501	M100	D510	M105
D502	M101	D511	M105
D503	M101	D512	M106
D504	M102	D513	M106
D505	M102	D514	M107
D506	M103	D515	M107
D507	M103	D516	M108
D508	M104	D517	M108

15.5 电镀生产线自动控制（IST）

范例示意如图 15-10 所示。

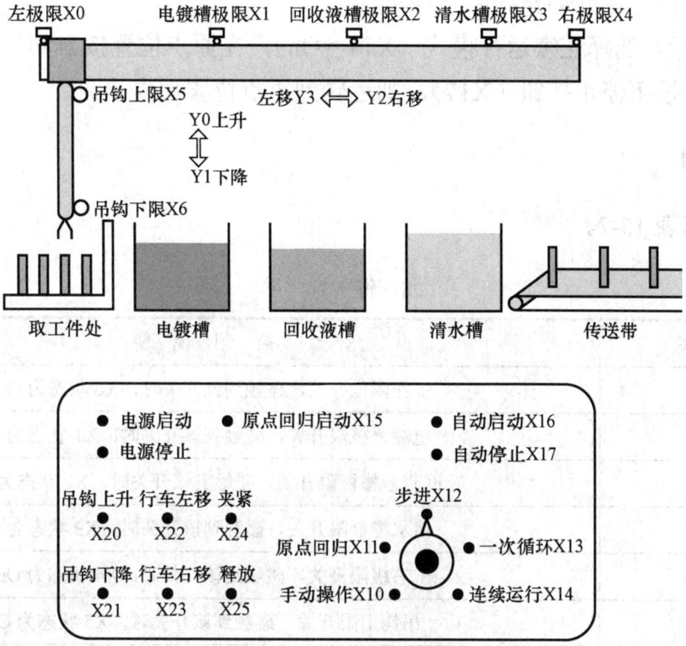
左极限X0
电镀槽极限X1
回收液槽极限X2
清水槽极限X3
右极限X4
吊钩上限X5
左移Y3
Y2右移
Y0上升
Y1下降
吊钩下限X6
取工件处
电镀槽
回收液槽
清水槽
传送带
电源启动
原点回归启动X15
自动启动X16
电源停止
自动停止X17
吊钩上升
行车左移
夹紧
X20
X22
X24
步进X12
原点回归X11
一次循环X13
吊钩下降
行车右移
释放
X21
X23
X25
手动操作X10
连续运行X14

图 15-10　范例示意

【控制要求】

（1）电镀生产线采用 PLC 来控制生产过程的自动进行，完成线路板的电镀。行车架上装有可升降的吊钩，吊钩上装有夹具，该夹具执行夹取、释放工件的动作。行车和吊钩各由一台电动机控制，配置控制盘进行控制。生产线有电镀槽、回收液槽、清水槽三槽位，分别完成工件电镀、电镀液回收、工件清洗。

（2）工艺流程：从取工件处夹取未加工工件→工件放入电镀槽电镀 280min→工件提起到上极限并在电镀槽上方停留 28s→放入回收液槽浸泡 30min→将工件提起上极限并在回收槽上方停留 15s→放入清水槽清洗 30s→将工件提起并在清水槽上方停留 15s→将工件放入传送带。

（3）3 种运行模式：

1）手动操作：选择手动操作模式（X10＝On），然后用单个按钮（X20～X25）接通和切断相应的负载。

2）原点回归：选择原点回归模式（X11＝On），按下原点回归启动按钮（X15），自动复归到原点。

3）自动运行：

① 单步运行：选择单步运行模式（X12＝On），每次按自动启动按钮（X16），前进一个工序。

② 一次循环：选择一次循环运行模式（X13＝On），在原点位置按下自动启动按钮（X16），进行一次循环后在原点停止。中途按自动停止按钮（X17），其动作停止，若再按启动按钮，在此位置继续动作到原点停止。

③ 连续运行：选择连续运行模式（X14＝On），在原点位置按自动启动按钮（X16），开始连续运行。按下停止按钮（X17），则运转到原点位置后停止。

【元件说明】

元件说明见表 15-7。

表 15-7　　元件说明

PLC 软元件	控制说明
X0	左限位开关，碰触到该开关时，X0 状态为 On
X1	电渡槽极限开关，碰触到该开关时，X1 状态为 On
X2	回收液槽极限开关，碰触到该开关时，X2 状态为 On
X3	清水槽极限开关，碰触到该开关时，X3 状态为 On
X4	右极限开关，碰触到该开关时，X4 状态为 On
X5	吊钩上限开关，碰触到该开关时，X5 状态为 On
X6	吊钩下限开关，碰触到该开关时，X6 状态为 On
X10	手动操作模式，开关旋转到该模式时，X10 状态为 On
X11	原点回归模式，开关旋转到该模式时，X11 状态为 On
X12	步进模式，开关旋转到该模式时，X12 状态为 On
X13	一次循环模式，开关旋转到该模式时，X13 状态为 On
X14	连续运行模式，开关旋转到该模式时，X14 状态为 On
X15	原点回归启动按钮，按下时，X15 状态为 On
X16	自动启动按钮，按下时，X16 状态为 On
X17	自动停止按钮，按下时，X17 状态为 On
X20	吊钩上升按钮，按下时，X20 状态为 On
X21	吊钩下降按钮，按下时，X21 状态为 On
X22	行车左移按钮，按下时，X22 状态为 On
X23	行车右移按钮，按下时，X23 状态为 On
X24	夹具夹紧按钮，按下时，X24 状态为 On
X25	夹具释放按钮，按下时，X25 状态为 On
Y0	吊钩上升
Y1	吊钩下降

续表

PLC 软元件	控 制 说 明
Y2	行车右移
Y3	行车左移
Y4	夹具夹紧

【控制程序】

控制程序如图 15-11 所示。

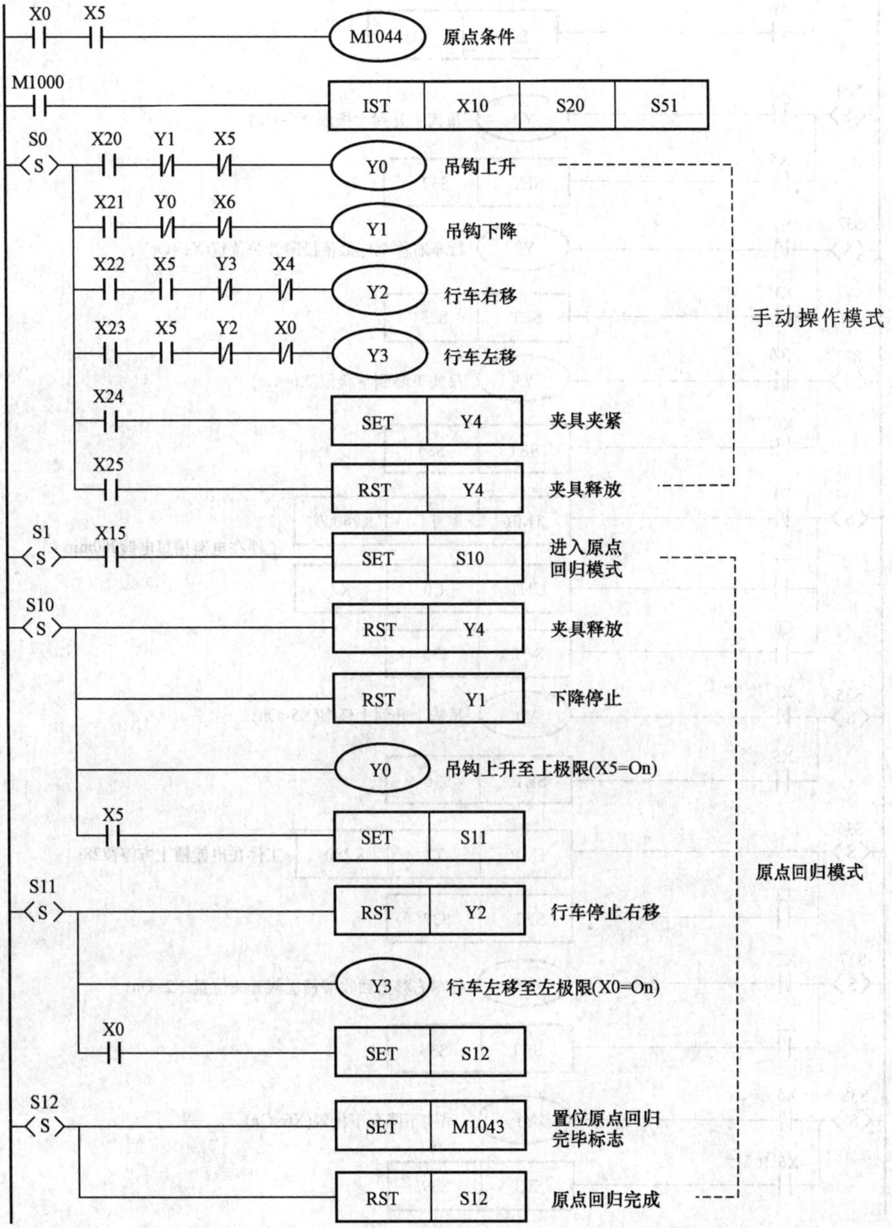
X0
X5
M1044
原点条件
M1000
IST
X10
S20
S51
S0
X20
Y1
X5
Y0
吊钩上升
X21
Y0
X6
Y1
吊钩下降
X22
X5
Y3
X4
Y2
行车右移
X23
X5
Y2
X0
Y3
行车左移
X24
SET
Y4
夹具夹紧
X25
RST
Y4
夹具释放
手动操作模式
S1
X15
SET
S10
进入原点回归模式
S10
RST
Y4
夹具释放
RST
Y1
下降停止
Y0
吊钩上升至上极限(X5=On)
X5
SET
S11
原点回归模式
S11
RST
Y2
行车停止右移
Y3
行车左移至左极限(X0=On)
X0
SET
S12
S12
SET
M1043
置位原点回归完毕标志
RST
S12
原点回归完成

图 15-11 控制程序（一）

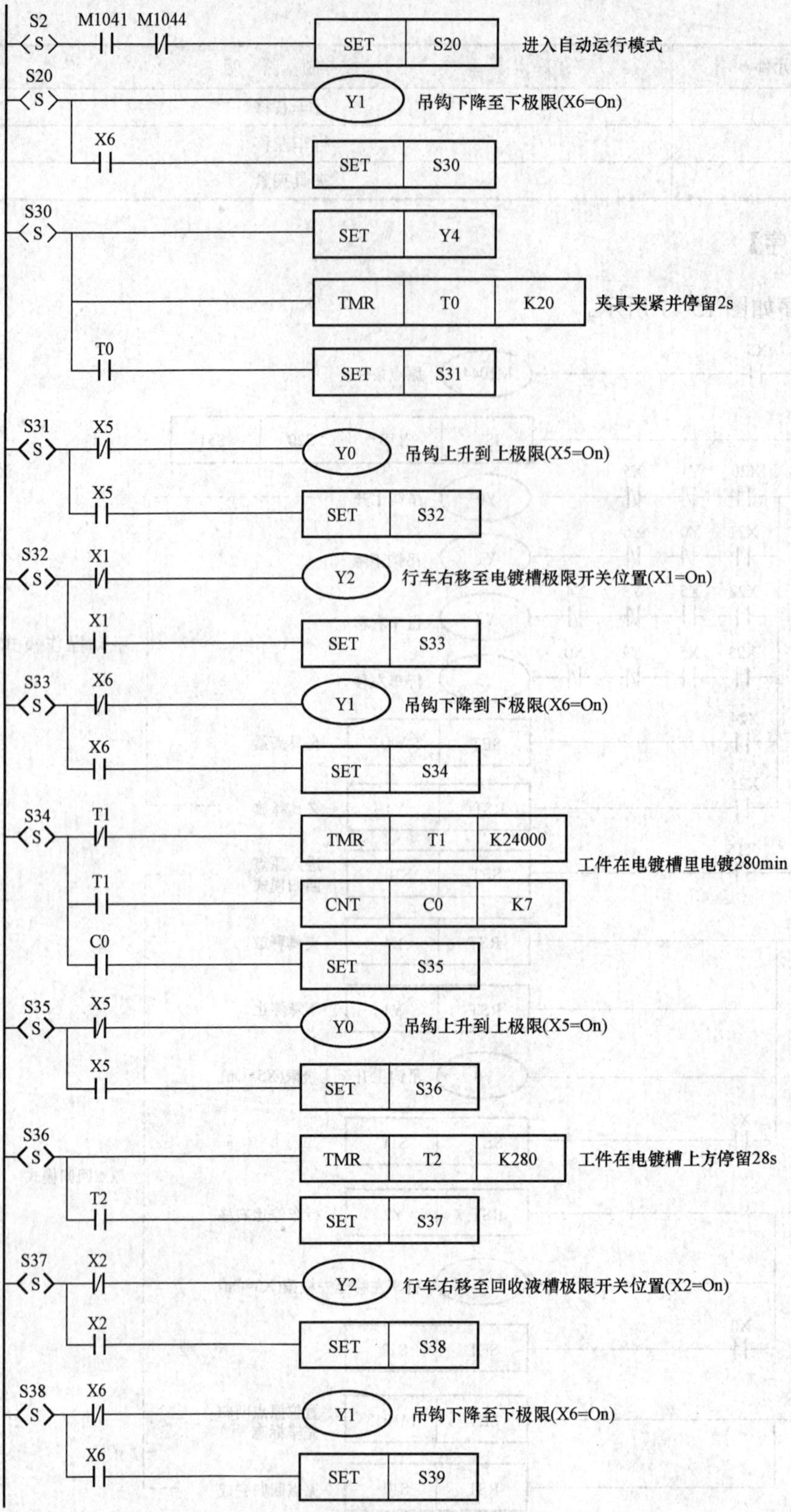
S2
M1041
M1044
SET
S20
进入自动运行模式
S20
Y1
吊钩下降至下极限(X6=On)
X6
SET
S30
S30
SET
Y4
TMR
T0
K20
夹具夹紧并停留2s
T0
SET
S31
S31
X5
Y0
吊钩上升到上极限(X5=On)
X5
SET
S32
S32
X1
Y2
行车右移至电镀槽极限开关位置(X1=On)
X1
SET
S33
S33
X6
Y1
吊钩下降到下极限(X6=On)
X6
SET
S34
S34
T1
TMR
T1
K24000
工件在电镀槽里电镀280min
T1
CNT
C0
K7
C0
SET
S35
S35
X5
Y0
吊钩上升到上极限(X5=On)
X5
SET
S36
S36
TMR
T2
K280
工件在电镀槽上方停留28s
T2
SET
S37
S37
X2
Y2
行车右移至回收液槽极限开关位置(X2=On)
X2
SET
S38
S38
X6
Y1
吊钩下降至下极限(X6=On)
X6
SET
S39

图 15-11　控制程序（二）

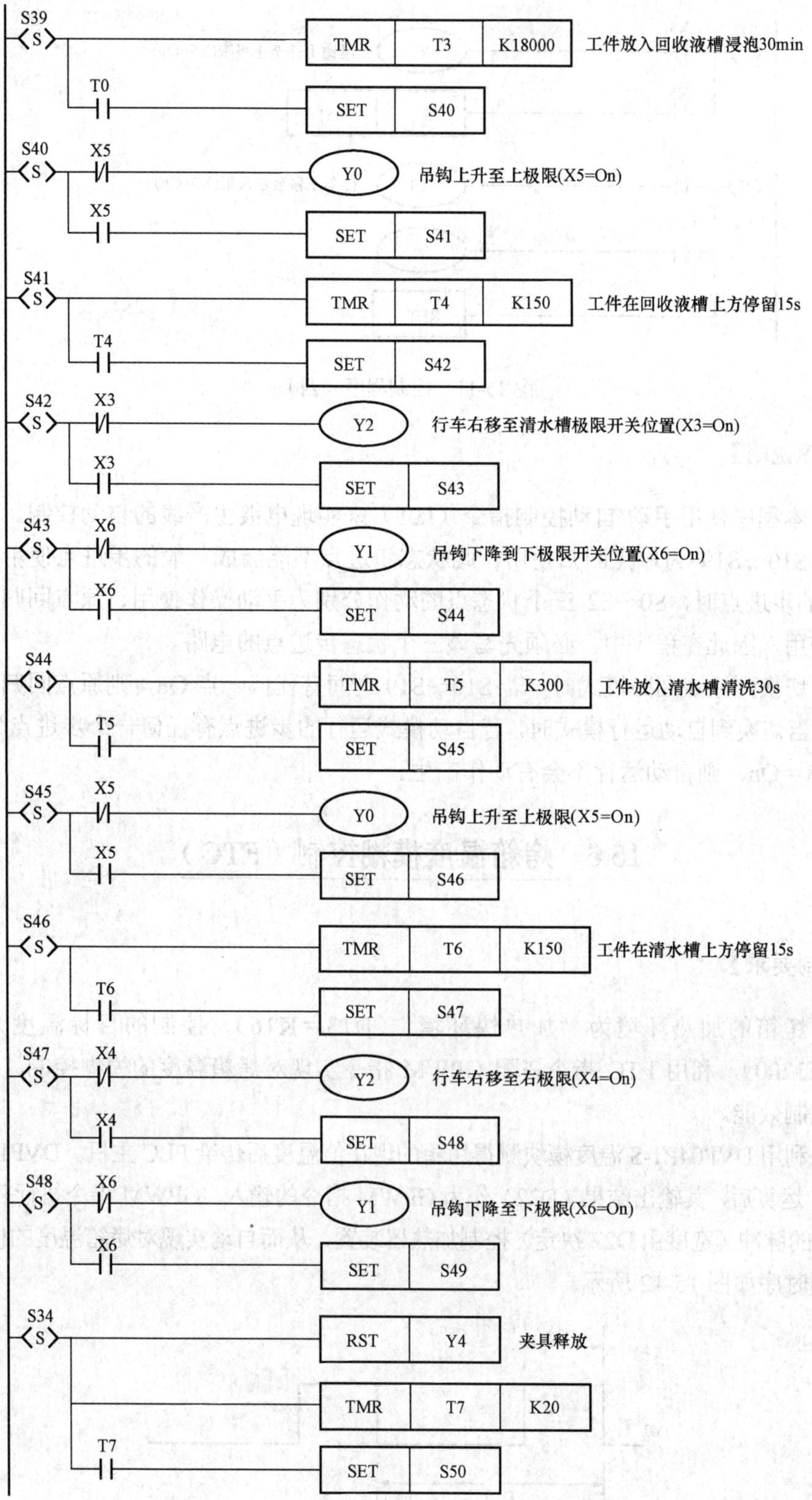

S39
TMR T3 K18000
工件放入回收液槽浸泡30min
T0
SET S40
S40
X5
Y0
吊钩上升至上极限(X5=On)
X5
SET S41
S41
TMR T4 K150
工件在回收液槽上方停留15s
T4
SET S42
S42
X3
Y2
行车右移至清水槽极限开关位置(X3=On)
X3
SET S43
S43
X6
Y1
吊钩下降到下极限开关位置(X6=On)
X6
SET S44
S44
TMR T5 K300
工件放入清水槽清洗30s
T5
SET S45
S45
X5
Y0
吊钩上升至上极限(X5=On)
X5
SET S46
S46
TMR T6 K150
工件在清水槽上方停留15s
T6
SET S47
S47
X4
Y2
行车右移至右极限(X4=On)
X4
SET S48
S48
X6
Y1
吊钩下降至下极限(X6=On)
X6
SET S49
S34
RST Y4
夹具释放
TMR T7 K20
T7
SET S50

图 15-11 控制程序（三）

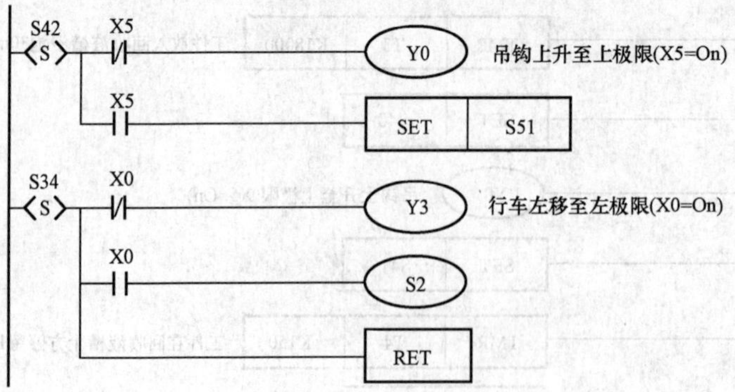
S42
X5
Y0
吊钩上升至上极限(X5=On)
X5
SET
S51
S34
X0
Y3
行车左移至左极限(X0=On)
X0
S2
RET

图 15-11 控制程序（四）

【程序说明】

（1）本程序使用手动/自动控制指令（IST）来实现电镀生产线的自动控制。使用 IST 指令时，S10～S19 为原点回归使用，此状态步进点不能当成一般的步进点使用。而使用 S0～S9 的步进点时，S0～S2 三个状态点的动作分别为手动操作使用、原点回归使用、自动运行使用，因此在程序中，必须先写该三个状态步进点的电路。

（2）切换到原点回归模式时，若 S10～S19 之间有任何一点 On，则原点回归不会有动作产生；当切换到自动运行模式时，若自动模式运行的步进点有任何一个步进点为 On，或是 M1043＝On，则自动运行不会有动作产生。

15.6 烤箱温度模糊控制（FTC）

【控制要求】

（1）烤箱的加热环境为“加热快环境”（D13＝K16），控制的目标温度为 120℃（D10＝K1200），利用 FTC 指令搭配 GPWM 指令实现对烤箱温度的模糊控制，使其达到最佳的控制效能。

（2）利用 DVP04PT-S 温度模块测得烤箱的现在值温度后传给 PLC 主机。DVP12SA 主机经过 FTC 运算后，其输出结果（D22）作为 GPWM 指令的输入。GPWM 指令执行后 Y0 输出可变宽度的脉冲（宽度由 D22 决定）控制加热器装置，从而自动实现对烤箱温度的模糊控制。

控制时序如图 15-12 所示。

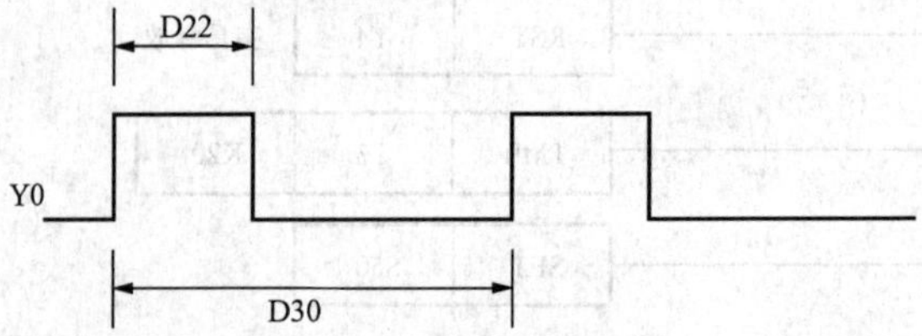
D22
Y0
D30

图 15-12 控制时序

【元件说明】

元件说明见表 15-8。

表 15-8　　　　元　件　说　明

PLC 软元件	控　制　说　明	PLC 软元件	控　制　说　明
M1	启动 FTC 指令的运算	D12	FTC 取样时间参数
Y0	脉冲输出装置	D13	FTC 温度控制参数
D10	目标温度值	D22	FTC 运算输出结果
D11	温度现在值	D30	GPWM 指令的运算周期

【控制程序】

控制程序如图 15-13 所示。

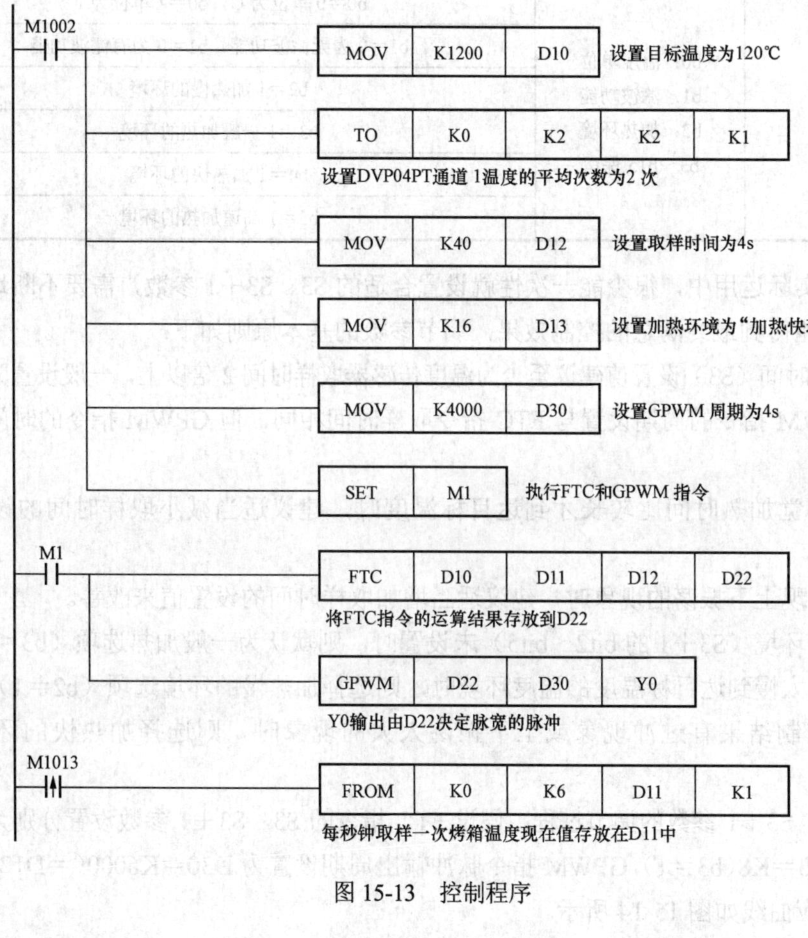
M1002
MOV K1200 D10
设置目标温度为120℃
TO K0 K2 K2 K1
设置DVP04PT通道 1温度的平均次数为2 次
MOV K40 D12
设置取样时间为4s
MOV K16 D13
设置加热环境为“加热快环境”
MOV K4000 D30
设置GPWM 周期为4s
SET M1
执行FTC和GPWM 指令
M1
FTC D10 D11 D12 D22
将FTC指令的运算结果存放到D22
GPWM D22 D30 Y0
Y0输出由D22决定脉宽的脉冲
M1013
FROM K0 K6 D11 K1
每秒钟取样一次烤箱温度现在值存放在D11中

图 15-13　控制程序

【程序说明】

（1）FTC 指令是专为温度控制设计的便利指令，使用者只需做简单的几个参数设置即可，不需像 PID 指令那样去设置大量的控制参数。

（2）该指令格式如下：

FTC	S1	S2	S3	D

S1 为目标值（SV）（范围限制 1～5000，表示 0.1～500）；

S2 为现在值（PV）（范围限制 1～5000，表示 0.1～500）；

S3 为参数（使用者需对 S3、S3＋1 两个参数进行设置）；

D 为输出值（MV）（显示范围 0～S3＋0 之间）。

（3）FTC 指令参数 S3、S3＋1 的定义见表 15-9。

表 15-9　　FTC 指令参数 S3、S3＋1 的定义

装置	参数名称	设 置 范 围
S3	T_s取样时间	1～200ms（单位：100ms）
S3＋1	b0：温度单位 b1：滤波功能 b2：加热环境 b3～b15 保留	b0＝0 单位为℃，b0＝1 单位为℉
		b1＝0 为无滤波功能，b1＝0 为有滤波功能
		b2＝1 加热慢的环境
		b3＝1 一般加热的环境
		b4＝1 加热快的环境
		b5＝1 高速加热的环境

（4）在实际运用中，很少能一次性就设置合适的 S3、S3＋1 参数，需要不断地对参数进行调整才能得到最终满意的控制效果，调节参数的基本原则如下：

1）取样时间（S3）设置值建议至少为温度传感器取样时间 2 倍以上，一般设置为 2～6s。

2）GPWM 指令的周期设置与 FTC 指令取样时间相同，但 GPWM 指令的时间单位为 1ms。

3）当感觉加热时间比较长才到达目标温度时，建议适当减小取样时间的设置值来改善。

4）当出现上下振荡的现象时，建议适当增加取样时间的设置值来改善。

5）加热环境（S3＋1 的 bit2～bit5）未设置时，则默认为一般加热选项（b3＝1）。

6）当为太慢到达目标温度的温度环境时，则选择加热慢的环境选项（b2＝1）。

7）当控制结果有过冲现象或上下振荡太大的现象时，则选择加热快的环境选项（b4＝1）。

（5）S3、S3＋1 参数的调节过程：假设 FTC 指令的 S3、S3＋1 参数设置分别为 D12＝K60（6s），D13＝K8（b3＝1），GPWM 指令脉冲输出周期设置为 D30＝K6000（＝D12×100），则其控制响应曲线如图 15-14 所示。

由图 15-14 可知约为 48min 后达到目标温度的正负 1℃误差内，并且有过冲约 10℃左右。由于有过冲现象，因此根据调节参数的基本原则修改加热环境为快速加热环境。即将 S3＋1 参数修改为 D13＝K16（b4＝1），其控制响应曲线如图 15-15 所示。

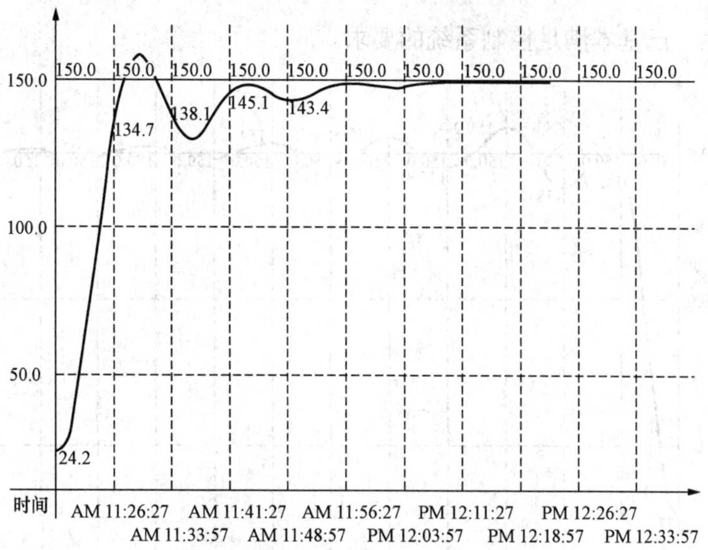
150.0
100.0
50.0
150.0 150.0 150.0 150.0 150.0 150.0 150.0 150.0 150.0 150.0 150.0
134.7
138.1
145.1
143.4
24.2
时间
AM 11:26:27 AM 11:41:27 AM 11:56:27 PM 12:11:27 PM 12:26:27
AM 11:33:57 AM 11:48:57 PM 12:03:57 PM 12:18:57 PM 12:33:57

图 15-14 控制响应曲线（一）

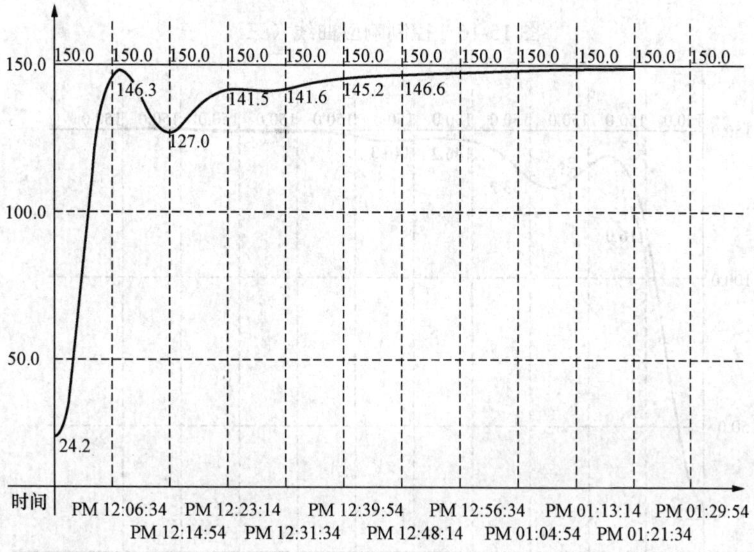
150.0
100.0
50.0
150.0 150.0 150.0 150.0 150.0 150.0 150.0 150.0 150.0 150.0 150.0 150.0
146.3
127.0
141.5
141.6
145.2
146.6
24.2
时间
PM 12:06:34 PM 12:23:14 PM 12:39:54 PM 12:56:34 PM 01:13:14 PM 01:29:54
PM 12:14:54 PM 12:31:34 PM 12:48:14 PM 01:04:54 PM 01:21:34

图 15-15 控制响应曲线（二）

由图 15-15 可知虽然无过冲现象，但是却要花大约 1h 以上，才会达到目标温度的正负 1℃误差内，所以目前测试的环境是选对了，但是取样时间似乎太长了，因而造成整体时间都延长了。因此根据调节参数的基本原则适当减少取样时间的设置值，即将 S3 参数修改为 D12＝K20（2s），GPWM 指令脉冲输出周期设置为 D30＝K2000（＝D12×100），其控制响应曲线如图 15-16 所示。

由图 15-16 可知控制系统太过敏感，因而出现上下振荡的现象。因此根据调节参数的基本原则适当增加取样时间的设置值，即将 S3 参数修改为 D12＝K40（4s），GPWM 指令脉冲输出周期设置为 D30＝K4000（＝D12×100），其控制响应曲线如图 15-17 所示。

由图 15-17 可知控制系统能在较快时间（约 37min）内到达目标温度值，并且无过冲和振荡现象发生，已基本满足控制系统的要求。

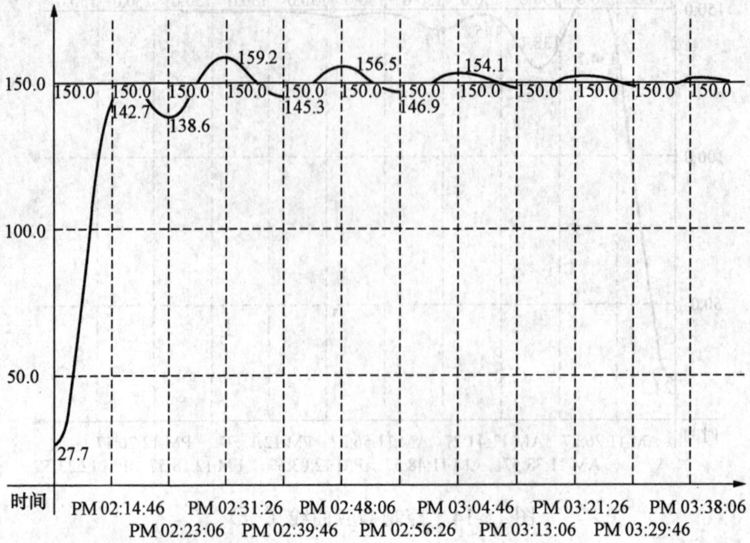
150.0
100.0
50.0
时间
150.0
150.0
142.7
150.0
138.6
159.2
150.0
150.0
145.3
156.5
150.0
150.0
146.9
154.1
150.0
150.0
150.0
150.0
150.0
27.7
PM 02:14:46
PM 02:23:06
PM 02:31:26
PM 02:39:46
PM 02:48:06
PM 02:56:26
PM 03:04:46
PM 03:13:06
PM 03:21:26
PM 03:29:46
PM 03:38:06

图 15-16　控制响应曲线（三）

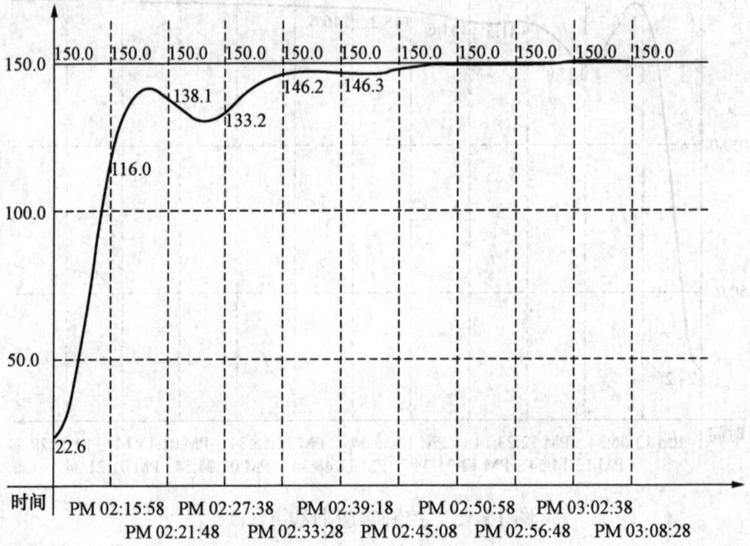
150.0
100.0
50.0
时间
150.0
150.0
150.0
150.0
150.0
150.0
150.0
150.0
150.0
150.0
150.0
138.1
133.2
146.2
146.3
116.0
22.6
PM 02:15:58
PM 02:21:48
PM 02:27:38
PM 02:33:28
PM 02:39:18
PM 02:45:08
PM 02:50:58
PM 02:56:48
PM 03:02:38
PM 03:08:28

图 15-17　控制响应曲线（四）

15.7　烤箱温度控制（温度专用的 PID 自动调整功能）

【控制要求】

（1）使用者对烤箱的温度环境特性不了解，控制的目标温度为 80℃，利用 PID 指令温度环境下专用的自动调整功能实现烤箱温度的 PID 控制。

（2）利用 DVP04PT-S 温度模块测得烤箱的现在值温度后传给 PLC 主机，DVP12SA 主机先使用温度自动调整参数功能（D204＝K3）做初步调整，自动计算出最佳的 PID 温度控制参数。调整完毕后，自动修改动作方向为已调整过的温度控制专用功能（D204＝K4），并且使用该自动计算出的参数实现对烤箱温度的 PID 控制。

（3）使用该自动调整的参数进行 PID 运算，其输出结果（D0）作为 GPWM 指令的输入。GPWM 指令执行后 Y0 输出可变宽度的脉冲（宽度由 D0 决定）控制加热器装置，从而自动实现对烤箱温度的 PID 控制。

控制时序如图 15-18 所示。

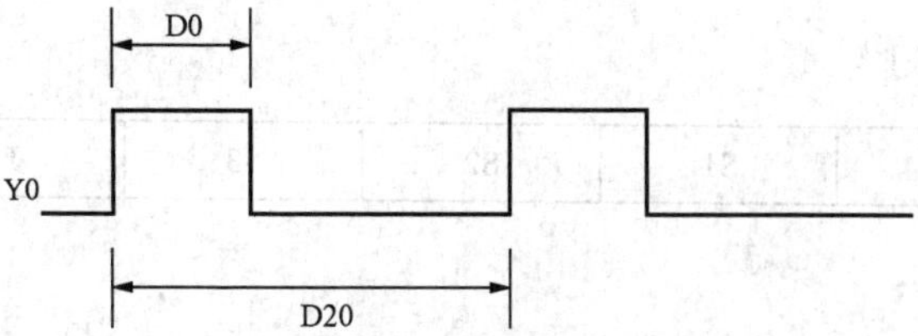
D0
Y0
D20

图 15-18　控制时序

【元件说明】

表 15-10　　元　件　说　明

PLC 软元件	控　制　说　明	PLC 软元件	控　制　说　明
M0	PID 指令运算启动	D11	温度现在值
Y0	可调变脉冲宽度的脉冲输出	D20	GPWM 指令的运算周期
D0	PID 运算输出结果	D200	PID 取样时间参数
D10	目标温度值		

【控制程序】

控制程序如图 15-19 所示。

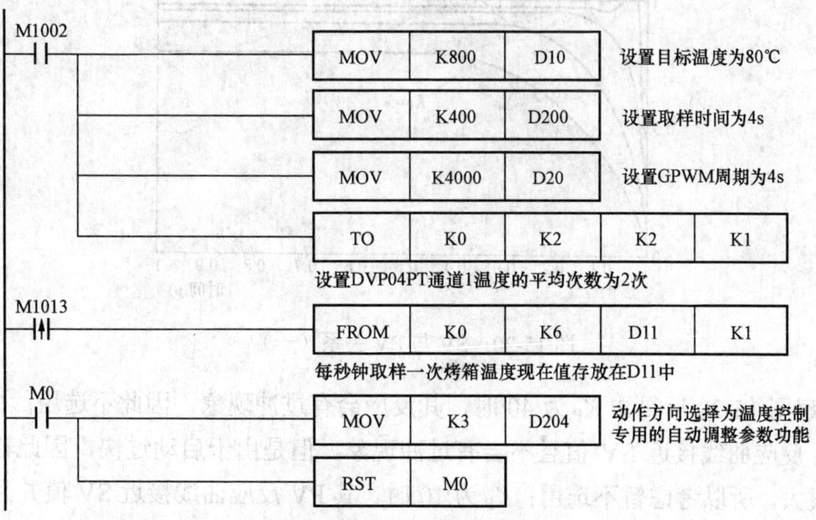
M1002
MOV K800 D10
设置目标温度为80℃
MOV K400 D200
设置取样时间为4s
MOV K4000 D20
设置GPWM周期为4s
TO K0 K2 K2 K1
设置DVP04PT通道1温度的平均次数为2次
M1013
FROM K0 K6 D11 K1
每秒钟取样一次烤箱温度现在值存放在D11中
M0
MOV K3 D204
动作方向选择为温度控制
专用的自动调整参数功能
RST M0

图 15-19　控制程序（一）

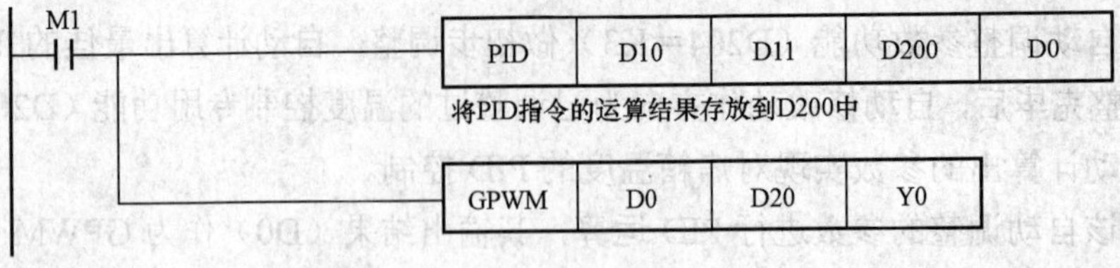
M1
PID
D10
D11
D200
D0
将PID指令的运算结果存放到D200中
GPWM
D0
D20
Y0

图 15-19 控制程序（二）

【程序说明】

（1）该指令格式如下：

PID	S1	S2	S3	D

S1 为目标值（SV）；

S2 为现在值（PV）；

S3 为参数（通常需自己进行调整和设置，参数的定义可参考表 15-11）；

D 为输出值（MV）（D 最好指定为停电保持的数据寄存器）。

（2）PID 指令使用的控制环境很多，因此应适当地选取动作方向。本例中温度自动调整功能只适用于温度控制环境，切勿使用在速度、压力等控制环境中，以免引起不当现象。

（3）一般来说，由于控制环境不一样，PID 的控制参数（除温度控制环境下提供自动调整功能外）需靠经验和测试来调整，一般的 PID 指令参数调整步骤如下：

1）首先将 K_I 及 K_D 值设为 0，接着先后分别设设置 K_P 为 5、10、20 及 40，分别记录其 SV 及 PV 状态，其结果如图 15-20 所示。

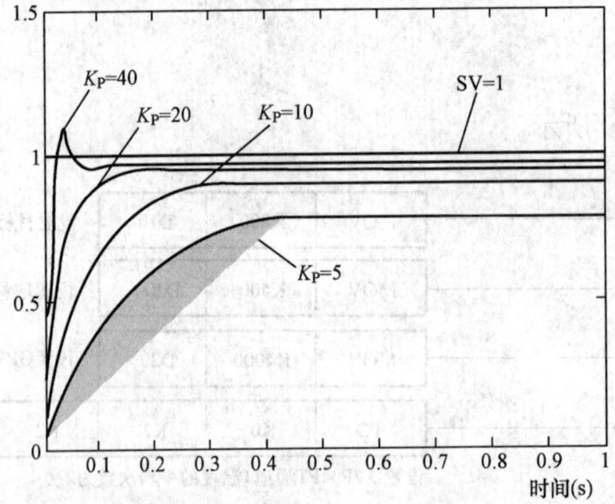
1.5
1
0.5
0
0.1
0.2
0.3
0.4
0.5
0.6
0.7
0.8
0.9
1
KP=40
KP=20
KP=10
SV=1
KP=5
时间(s)

图 15-20 SV 与 PV 关系（一）

2）观察图 15-20 后得知 K_P 为 40 时，其反应会有过冲现象，因此不选用；而 K_P 为 20 时，其 PV 反应曲线接近 SV 值且不会有过冲现象，但是由于启动过快，因此输出值 MV 瞬间值会很大，所以考虑暂不选用；K_P 为 10 时，其 PV 反应曲线接近 SV 值并且是比较平滑接近，因此考虑使用此值；K_P 为 5 时，其反应过慢，因此也暂不考虑使用。

3）选定 K_P 为 10 后，先调整 K_I 值由小到大（如 1、2、4～8），以不超过 K_P 值为原则；然后再调整 K_D 由小到大（如 0.01、0.05、0.1 及 0.2），以不超过 K_P 的 10%为原则；最后可得如图 15-21 所示的 PV 与 SV 的关系。

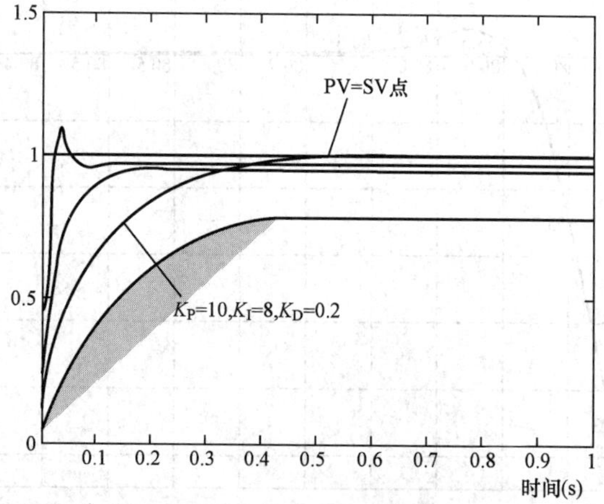
1.5
1
0.5
0
PV=SV点
KP=10,KI=8,KD=0.2
0.1 0.2 0.3 0.4 0.5 0.6 0.7 0.8 0.9 1
时间(s)

图 15-21　SV 与 PV 关系（二）

注：本方法仅供参考，因此使用者还需依实际控制系统状况自行调整适合的控制参数。

（4）温度控制环境下台达 PLC 的 PID 指令提供了自动调整功能，可不用调整 PID 参数就能达到理想的温度控制效果，本例中温度自动调整的过程如下：

1）初步调整，自动计算最佳 PID 温度控制参数，存在 D200～D219，其温度响应曲线如图 15-22 所示。

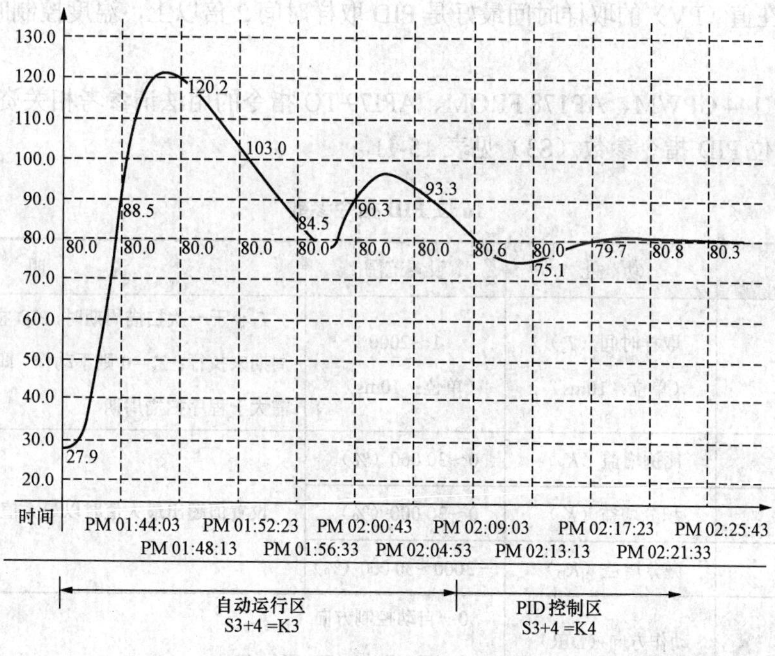
130.0
120.0
110.0
100.0
90.0
80.0
70.0
60.0
50.0
40.0
30.0
20.0
时间
27.9
88.5
120.2
103.0
84.5
90.3
93.3
80.0
80.6
75.1
79.7
80.8
80.3
PM 01:44:03
PM 01:52:23
PM 02:00:43
PM 02:09:03
PM 02:17:23
PM 02:25:43
PM 01:48:13
PM 01:56:33
PM 02:04:53
PM 02:13:13
PM 02:21:33
自动运行区
S3+4 =K3
PID 控制区
S3+4 =K4

图 15-22　温度响应曲线（一）

2）使用自动调整好的 PID 参数（D200～D219 中参数）做温度控制，其温度响应曲线如图 15-23 所示。

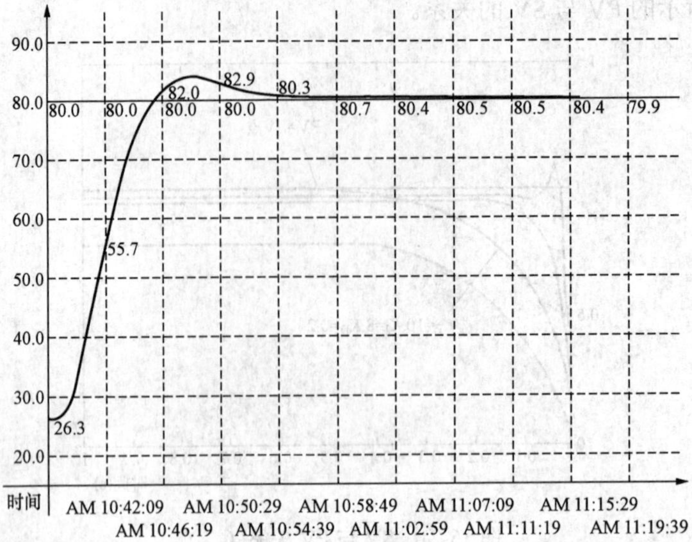

90.0
80.0
70.0
60.0
50.0
40.0
30.0
20.0
80.0
80.0
82.0
80.0
80.0
82.9
80.3
80.7
80.4
80.5
80.5
80.4
79.9
55.7
26.3
时间
AM 10:42:09
AM 10:46:19
AM 10:50:29
AM 10:54:39
AM 10:58:49
AM 11:02:59
AM 11:07:09
AM 11:11:19
AM 11:15:29
AM 11:19:39

图 15-23 温度响应曲线（二）

由图 15-23 可看出经过自动调整后，使用调整好的参数进行温度控制的效果还不错，而且控制时间大约只使用了 20min。

（5）PID 的取样时间需与 GPWM 的周期设置相同，但两个指令的时间单位不同，PID 单位为 10ms，GPWM 单位为 1ms。

（6）现在值（PV）的取样时间最好是 PID 取样时间 2 倍以上，温度控制时建议为 2～6s。

（7）API144 GPWM、AP178 FROM、API79 TO 指令的用法请参考相关资料。

（8）16 位 PID 指令参数（S3）见表 15-11。

表 15-11　16 位 PID 指令参数

装置编号	功　能	设置范围	说　　明
S3	取样时间（T_s）（单位：10ms）	1～2000（单位：10ms）	T_s 小于一次扫描周期时，PID 指令以一次扫描周期来执行；T_s=0 则不动作。即 T_s 最小设置值需大于程序扫描周期
S3+1	比例增益（K_P）	0～30 000（%）	设置值超出最大值时以最大值使用
S3+2	积分增益（K_I）	0～30 000（%）	
S3+3	微分增益（K_D）	−3000～30 000（%）	
S3+4	动作方向（DIR）	0：自动控制方向 1：正向动作（E=SV−PV）	

续表

装置编号	功 能	设置范围	说 明
S3+4	动作方向（DIR）	2：逆向动作（E＝PV－SV） 3：温度控制专用的自动调整参数功能，调整完毕时将自动改为K4，并且填入最适用的 K_P、K_I 及 K_D 等参数（32bit 指令不提供此功能） 4：已调整过的温度控制专用功能（32bit 指令不提供此功能） 5：自动控制方向（有限制积分饱和上下限值），仅 SV_V1.2/EH2_V1.2/SA/SA_V1.8/SC_V1.6 以上版本支持	
S3+5	偏差量（E）作用范围	0～32 767	例：设置5，则E在－5～5的区间输出值(MV)将为0
S3+6	输出值（MV）饱和上限	－32 768～32 767	例：设置 1000，则输出值（MV）大于 1000 时将以 1000 输出，需大于等于 S3+7，否则上限值与下限值将互换
S3+7	输出值（MV）饱和下限	－32 768～32 767	例：设置－1000，则输出值（MV）小于－1000 时将以－1000 输出
S3+8	积分值饱和上限	－32 768～32 767	例：设置 1000，则积分值大于 1000 时将以 1000 输出且不再积分。需大于或等于 S3+9，否则上限值与下限值将互换
S3+9	积分值饱和下限	－32 768～32 767	例：设置－1000，则积分值小于－1000 时将以－1000 输出且不再积分
S3+10、11	暂存累积的积分值	32bit 浮点数范围	为累积积分值，通常只供参考用，但是使用者可以依需求清除或修改，不过须以 32bit 浮点数修改
S3+12	暂存前次 PV 值	—	为前次测定值，通常只供参考用，但是使用者可以依需求修改
S3+13 ～ S3+19	系统用参数，使用者请勿使用		

1）若使用者参数设置超出范围将以左右极限为其设置值，但动作方向（DIR）若超出范围则预设为 0。

2）取样时间 T_s 的最大差值为－（1 次扫描周期＋1ms）～＋（1 次扫描周期）。如果误差值对输出造成影响，应将扫描周期加以固定，或使用于时间中断子程序内。

3）PID 的测定值（PV）在 PID 执行运算动作前必须是一个稳定值。如果要抓取 DVP-04AD/DVP-04XA/DVP-04PT/DVP-04TC 模块的输入值作 PID 运算时，应注意这些模块的 A/D 转换时间。

15.8 倾斜信号 RAMP 自定脉冲加减速时间

【控制要求】

使用 DPLSV 脉冲输出，自定加速时间为 1000ms，减速时间为 500ms，如图 15-24 所示。

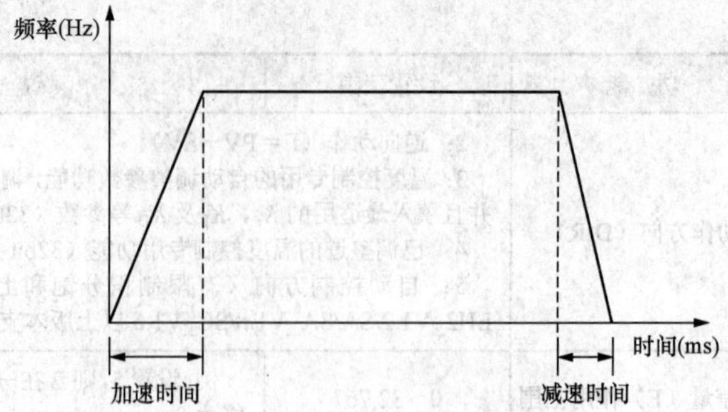
频率(Hz)
时间(ms)
加速时间
减速时间

图 15-24 时序

【元件说明】

元件说明见表 15-12。

表 15-12 元 件 说 明

PLC 软元件	控 制 说 明	PLC 软元件	控 制 说 明
M1026	RAMP 模式选择	D0	DPLSV 脉冲输出的目标频率
M1039	设定固定扫描时间	M0	脉冲输出开关
D1039		Y0	脉冲输出脚位
D500	启始频率	Y1	脉冲输出的方向脚位
D502	目标频率		

【控制程序】

控制程序如图 15-25 所示。

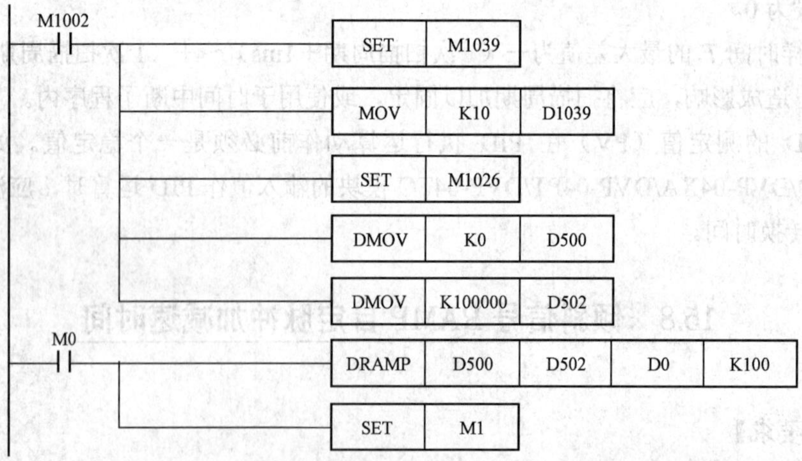
M1002
SET M1039
MOV K10 D1039
SET M1026
DMOV K0 D500
DMOV K100000 D502
M0
DRAMP D500 D502 D0 K100
SET M1

图 15-25 控制程序（一）

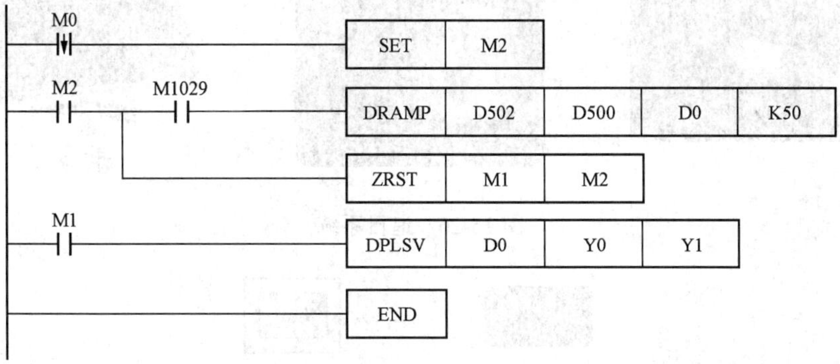
M0
SET
M2
M2
M1029
DRAMP
D502
D500
D0
K50
ZRST
M1
M2
M1
DPLSV
D0
Y0
Y1
END

图 15-25　控制程序（二）

【程序说明】

（1）M0 由 Off→On 动作时，DRAMP 指令被执行，并启动 M1 DPLSY 脉冲输出指令，D0 由 0→100000，所需加速时间为 10ms（固定扫描时间）×100 次＝1000ms，共经过 100 段频率的增加，每一段增加频率为 100000Hz/100 段＝1000Hz/段。

（2）M0 由 On→Off 动作时，DRAMP 指令被执行，D0 由 100000→0，所需减速时间为 10ms（固定扫描时间）×50 次＝500ms，共经过 50 段频率的减少，每一段减少频率为 100000Hz/50 段＝2000Hz/段。当 D0＝0 时 M1029＝ON，并关闭 M1 DPLSY 脉冲输出指令。

15.9　GPS、SPA 太阳能追日系统

追日系统如图 15-26 所示。系统示意图如图 15-27 所示。

【控制要求】

（1）控制太阳能板俯仰角与方位角正对着阳光，能提高太阳能转换电能效率，使用 GPS 定位与 SPA 太阳能板位置演算，太阳能板可精确地与阳光成 90°夹角，从日出到日落高效率地发电。

（2）由 HMI 操作 PLC 读取 GPS Sensor 检测得到的经纬度。

（3）由 HMI 设定 SPA 指令参数以控制太阳能板方位角与俯仰角驱动器。

【元件说明】

元件说明见表 15-13。

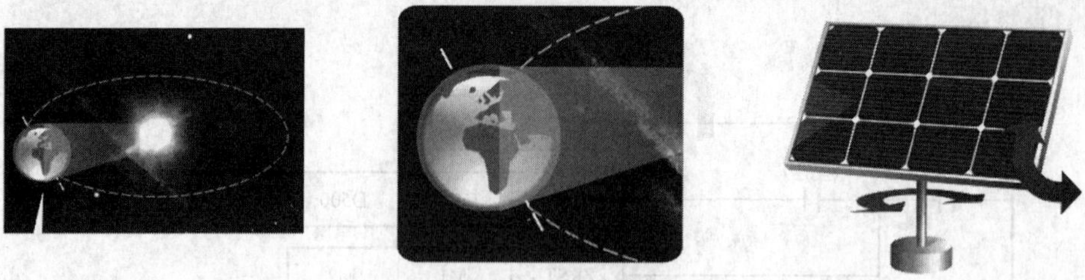

图 15-26 追日系统

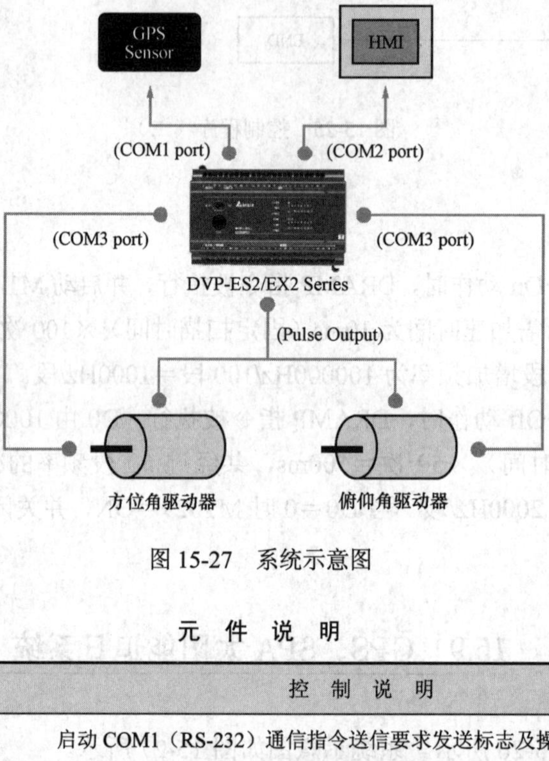
GPS Sensor
HMI
(COM1 port)
(COM2 port)
(COM3 port)
(COM3 port)
DVP-ES2/EX2 Series
(Pulse Output)
方位角驱动器
俯仰角驱动器

图 15-27 系统示意图

表 15-13 元件说明

PLC 软元件	控制说明
M0	启动 COM1（RS-232）通信指令送信要求发送标志及操作 GPS 指令
Y0	显示 COM1（RS-232）通信指令数据接收完毕
Y1	显示 COM1（RS-232）通信指令数据接收错误

【控制程序】

控制程序如图 15-28 所示。

【程序说明】

（1）先设定 COM1 通信格式，LS 20022 GPS 传感器通信格式为 9600,8,N,1；接着启动 M0 开始接收$GPGGA 命令，Y0 与 Y1 分别可知数据接收完毕或错误。

（2）启动设定 SPA 寄存器参数，经度、纬度及海拔高度可由 GPS 指令的寄存器得到，将各种参数设定后，每秒读取一次俯仰角与方位角数据，由 D5000 及 D5002 可得知。

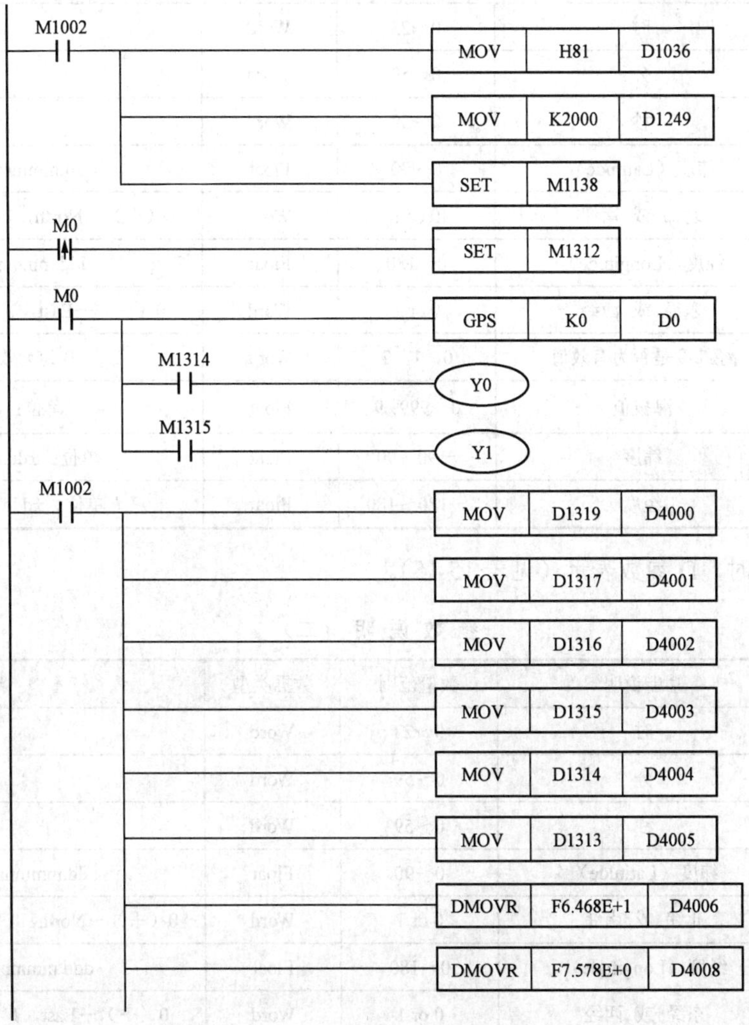
M1002
MOV H81 D1036
MOV K2000 D1249
SET M1138
M0
SET M1312
M0
GPS K0 D0
M1314
Y0
M1315
Y1
M1002
MOV D1319 D4000
MOV D1317 D4001
MOV D1316 D4002
MOV D1315 D4003
MOV D1314 D4004
MOV D1313 D4005
DMOVR F6.468E+1 D4006
DMOVR F7.578E+0 D4008

图 15-28 控制程序

（3）GPS 指令格式：

GPS	S	D

适用通信端口：COM1（RS232）

（4）16 位 GPS 使用说明：

1）S 操作数为输入接收命令码，K0 表示接收$GPGGA，K1 表示接收$GPRMC。

2）D 操作数为接收完成后存放的位置，最多将连续占用 17 个 word，请勿重叠使用；其输入与输出参数分别说明见表 15-14 和表 15-15。

S 为 K0 时，D 参数表示（见表 15-14）。

表 15-14 参数说明（一）

编号	功能说明	数值范围	数据类型	备　注
D+0	时	0～23	Word	
D+1	分	0～59	Word	
D+2	秒	0～59	Word	
D+3	纬度（Latitude）	0～90	Float	dd.mmmmmm
D+5	北纬 或 南纬	0 or 1	Word	0（+）→North，1（−）→South
D+6	经度（Longitude）	0～180	Float	ddd.mmmmmm
D+8	东经 或 西经	0 or 1	Word	0（+）→East，1（−）→West
D+9	经纬度是否为有效值	0，1，2	Word	0 为无效值
D+10	海拔值	0～9999.9	Float	单位：m
D+12	纬度	−90～90	Float	单位：±dd.ddddd
D+14	经度	−180～180	Float	单位：±ddd.ddddd

S 为 K1 时，D 参数表示（见表 15-15）。

表 15-15 参数说明（二）

编号	功能说明	数值范围	数据类型	备　注
D+0	时	0～23	Word	
D+1	分	0～59	Word	
D+2	秒	0～59	Word	
D+3	纬度（Latitude）	0～90	Float	dd.mmmmmm
D+5	北纬 或 南纬	0 or 1	Word	0（+）→North，1（−）→South
D+6	经度（Longitude）	0～180	Float	ddd.mmmmmm
D+8	东经 或 西经	0 or 1	Word	0（+）→East，1（−）→West
D+9	经纬度是否为有效值	0，1，2	Word	0 为无效值
D+10	日	1～31	Word	
D+11	月	1～12	Word	
D+12	年	2000～	Word	
D+13	纬度	−90～90	Float	单位：±dd.ddddd
D+15	经度	−180～180	Float	单位：±ddd.ddddd

3）此 GPS 接收通信指令只能被使用于 COM1（RS232）端口，其使用的通信格式固定为 9600,8,N,1，通信协议为 NMEA-0183，通信频率为 1Hz。

4）使用 GPS 指令时需将 COM1 当 master 模式运用，亦即需设定 M1312 先启动 COM1 为接收开始，当 M1314 标志为 ON 时，即表示接收完成；但如果是 M1315 为 ON 时，即表示可能是检查码错误（D1250＝K2）或接收逾时（D1250＝K1）发生。

5）相关搭配特 M 与特 D 说明见表 15-16。

表 15-16　　参数说明（三）

编号	功能说明	编号	功能说明
M1312	启动接收功能	M1138	固定 COM1 通信格式
M1313	接收中标志	D1036	COM1 通信格式设定
M1314	接收完成标志	D1249	接收逾时设定（建议大于 1s）
M1315	接收错误标志	D1250	接收错误代码

6）建议接收完成后与抓取经纬度值之前，先确认 D+9 的数值是否不为 0，若为 0 时即表示经纬度值是无效的不能使用。

7）当指令接收发生错误时，其前一次储存于 D 操作数内的数值将不会被清除，且保持前一次的数值。

（5）SPA 指令格式：

SPA	S	D

（6）32 位 SPA 使用说明。

1）S 操作数将连续占用 207 个 word 的寄存器，必要输入的参数见表 15-17。

表 15-17　　参数说明（四）

编号	功能说明	数值范围	数据类型	备注
S+0	年	2000 ～	Word	
S+1	月	1～12	Word	
S+2	日	1～31	Word	
S+3	时	0～23	Word	
S+4	分	0～59	Word	
S+5	秒	0～59	Word	
S+6	秒数差（Δt）	± 8000	Float	
S+8	当地时区	± 12	Float	西经为负数
S+10	经度（Longitude）	± 180	Float	西经为负数 单位：°（Degree）
S+12	纬度（Latitude）	± 90	Float	南纬为负数 单位：°（Degree）
S+14	海拔高度（Elevation）	0～ 6500000	Float	单位：m（Meter）
S+16	大气压力（Pressure）	0～5000	Float	单位：mbar（millibar）
S+18	年平均温度	−273～6000	Float	单位：℃
S+20	表面倾斜度（Slope）	± 360	Float	
S+22	方位角（Azimuth）旋转角度	± 360	Float	
S+24	日出与日落大气差	± 5	Float	
S26～S207	保留给系统内部运算用			

2）D操作数将连续占用8个word的寄存器，必要输出的参数见表15-18。

表15-18 参数说明（五）

编号	功能说明	数值范围	数据类型	备注
D+0	俯仰角（Zenith）	0°～90°	Float	平躺为0
D+2	方位角（Azimuth）	0°～360°	Float	正北为0
D+4	表面入射角（Incidence）	0°～90°	Float	
D+6	俯仰角（Zenith）转换为0～10V的DA数值	0°～2000°	Word	1LSB＝0.045°
D+7	方位角（Azimuth）转换为0～10V的DA数值	0°～2000°	Word	1LSB＝0.18°

3）S与D操作数都只能使用D寄存器，且不能使用修饰元件。

4）由于此指令运算时间将会达50ms，因此建议最快1s计算一次即可，避免占用太多PLC运算时间。

15.10 称重模块在张力控制中的应用

【控制要求】

（1）此范例为张力控制应用，主机选用DVP20SX2处理PID运算控制，DVP02LC-SL称重模块用于侦测Load Cell荷重元的张力，量测值经主机PID运算后由DVP04DA-SL输出至刹车系统，以便控制张力大小，张力控制应用示意图如图15-29所示。

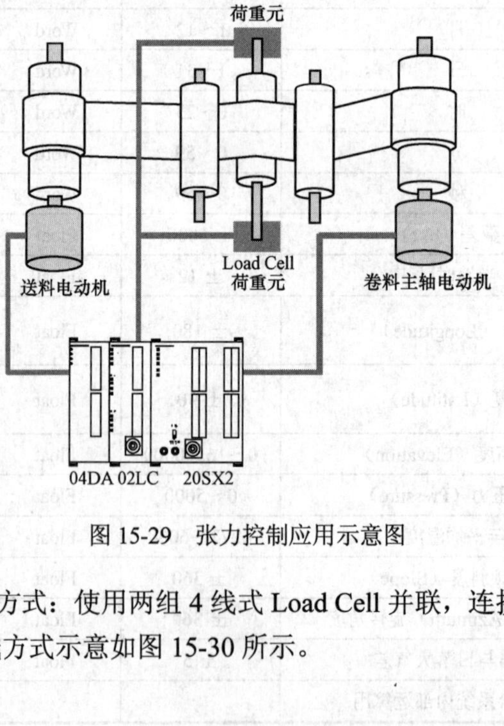
荷重元
Load Cell
荷重元
送料电动机
卷料主轴电动机
04DA
02LC
20SX2

图15-29 张力控制应用示意图

（2）Load Cell接线方式：使用两组4线式Load Cell并联，连接至DVP02LC的CH1，其四线式Load Cell接线方式示意图如图15-30所示。

（3）调校参数。

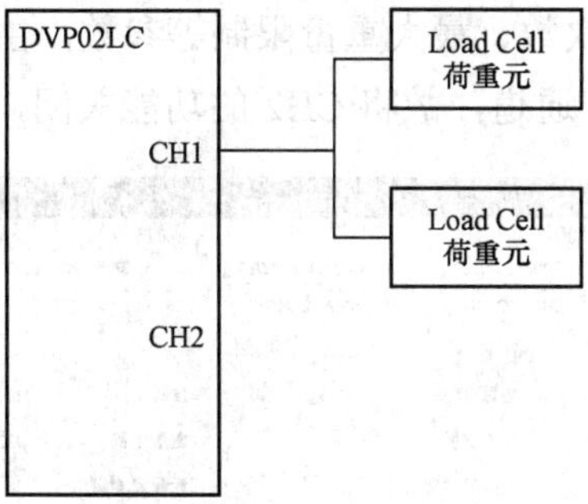
DVP02LC
CH1
CH2
Load Cell
荷重元
Load Cell
荷重元

图 15-30 接线方式示意图

DVP02LC-SL 参数设定见表 15-19。

表 15-19　　　　DVP02LC-SL 参数设定

参　数	设定值	说　明
特征值	2mV/V	依照 Load Cell 特征植规格设定为 2mV/V
量测时间	10ms	设定模块的量测时间为 10ms
CH1 平均次数设定	50	平均次数设定为 50 次
CH1 重量上限	32767	最大重量限制为 32767
CH2 净重/毛重显示	Disable	关闭 CH2 功能

注　未设定的参数为软件默认值。

（4）软件调校步骤。

1）在模块通信设定页面设定特征值与量测时间，特征值依据使用的 Load Cell 规格设定为 2mV/V，如图 15-31 所示。

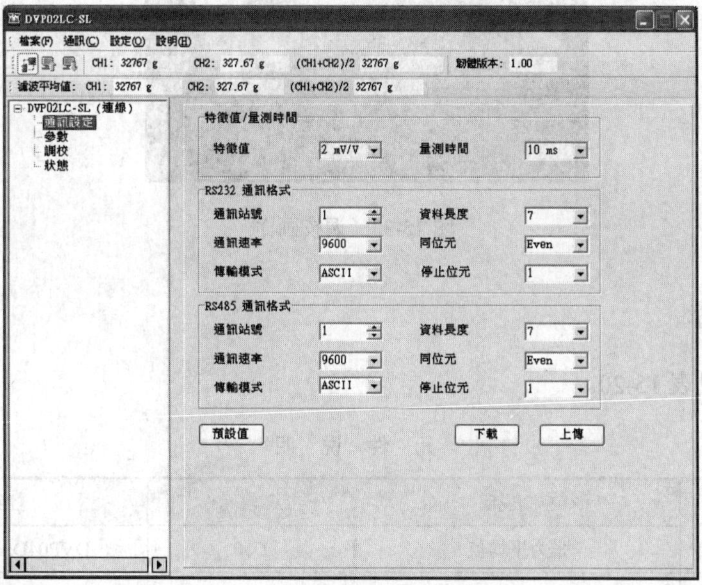
DVP02LC-SL
檔案(F) 通訊(C) 設定(O) 說明(H)
CH1: 32767 g
CH2: 327.67 g
(CH1+CH2)/2 32767 g
韌體版本: 1.00
濾波平均值: CH1: 32767 g
CH2: 327.67 g
(CH1+CH2)/2 32767 g
DVP02LC-SL (連線)
通訊設定
參數
調校
狀態
特徵值/量測時間
特徵值
2 mV/V
量測時間
10 ms
RS232 通訊格式
通訊站號
1
資料長度
7
通訊速率
9600
同位元
Even
傳輸模式
ASCII
停止位元
1
RS485 通訊格式
通訊站號
1
資料長度
7
通訊速率
9600
同位元
Even
傳輸模式
ASCII
停止位元
1
預設值
下載
上傳

图 15-31 模块通信设定页面

2）在参数页面设定平均次数、最大重量限制等参数，由于本次应用中使用两个 Load Cell 荷重元并联，连接至单一通道，故将 CH2 的功能关闭，如图 15-32 所示。

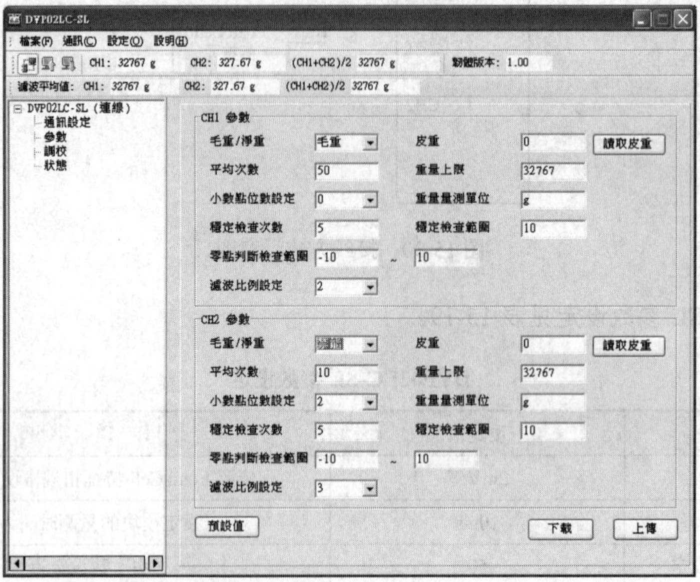
DVP02LC-SL
檔案(F) 通訊(C) 設定(O) 說明(H)
CH1: 32767 g
CH2: 327.67 g
(CH1+CH2)/2 32767 g
韌體版本: 1.00
濾波平均值: CH1: 32767 g
CH2: 327.67 g
(CH1+CH2)/2 32767 g
DVP02LC-SL (連線)
通訊設定
參數
調校
狀態
CH1 參數
毛重/淨重
毛重
皮重
0
讀取皮重
平均次數
50
重量上限
32767
小數點位數設定
0
重量量測單位
g
穩定檢查次數
5
穩定檢查範圍
10
零點判斷檢查範圍
-10
~
10
濾波比例設定
2
CH2 參數
毛重/淨重
皮重
0
讀取皮重
平均次數
10
重量上限
32767
小數點位數設定
2
重量量測單位
g
穩定檢查次數
5
穩定檢查範圍
10
零點判斷檢查範圍
-10
~
10
濾波比例設定
3
預設值
下載
上傳

图 15-32 参数设定页面

3）实际使用砝码调校画面，如图 15-33 所示。

砝码

图 15-33 调校画面

【元件说明】

元件说明见表 15-20。

表 15-20 元 件 说 明

PLC 软元件	控制说明	PLC 软元件	控制说明
D0	张力平均值	D50	DVP04DA-SL 电压输出
D1	张力目标值	D100	PID 参数

【控制程序】

控制程序如图 15-34 所示。

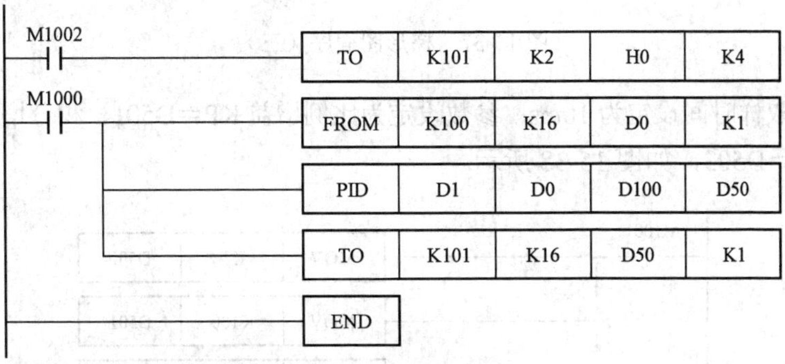
M1002
TO K101 K2 H0 K4
M1000
FROM K100 K16 D0 K1
PID D1 D0 D100 D50
TO K101 K16 D50 K1
END

图 15-34　控制程序

【程序说明】

（1）实机运作时，20SX2 主机功能为执行微调工作，读回 DVP02LC-SL 的平均值经由 PID 运算，将微调后的数值输出至 DVP04DA-SL 作为电压输出，控制送料电动机的运转速度。

（2）PLC 由 STOP→RUN，由于刹车系统的模拟输入电压范围为 DC 0～10V，因此先设定 DVP04DA-SL 为电压输出模式 0，电压输出模式（－10V～10V）。

（3）From 指令，读取 Load Cell 的重量平均值。

（4）以 PID 指令计算输出值（MV），输出值（MV）输出到 DVP04DA-SL。

【补充说明】

PID 微调步骤说明如下：

（1）读取 02LC 的平均值，放置在 D110，如图 15-35 所示。

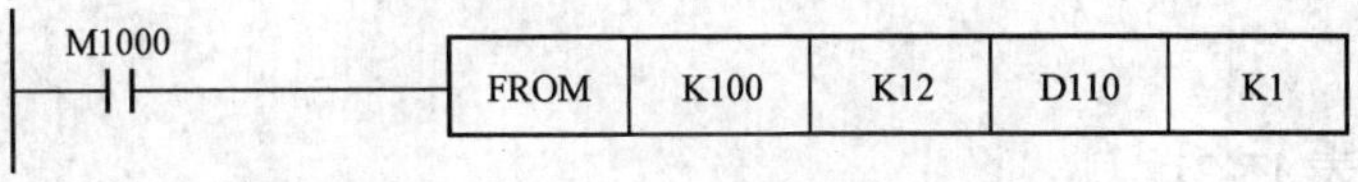
M1000
FROM K100 K12 D110 K1

图 15-35　梯形图程序（一）

（2）PID 运算，SV＝D100，PV＝D110，PID 相关参数＝D500，PID 计算结果放置 D50，如图 15-36 所示。

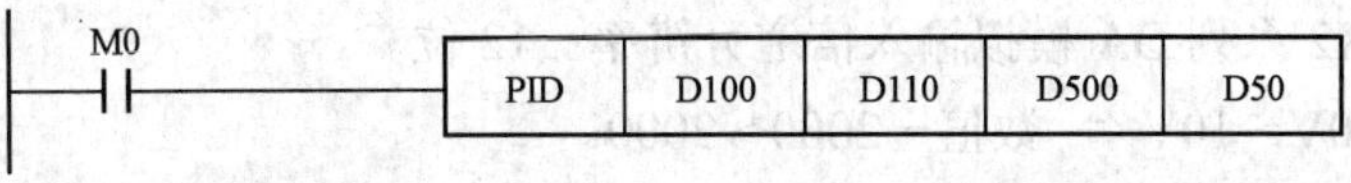
M0
PID D100 D110 D500 D50

图 15-36　梯形图程序（二）

（3）D50 输出到 04DA CH1，如图 15-37 所示。

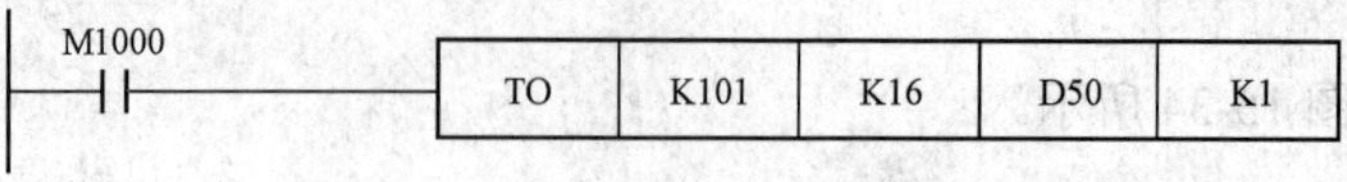
M1000
TO
K101
K16
D50
K1

图 15-37 梯形图程序（三）

（4）PID 取样时间设定为 10ms；参数设定为比例增益 KP＝D501、积分增益 KI＝D502、微分增益 KD＝D503，如图 15-38 所示。

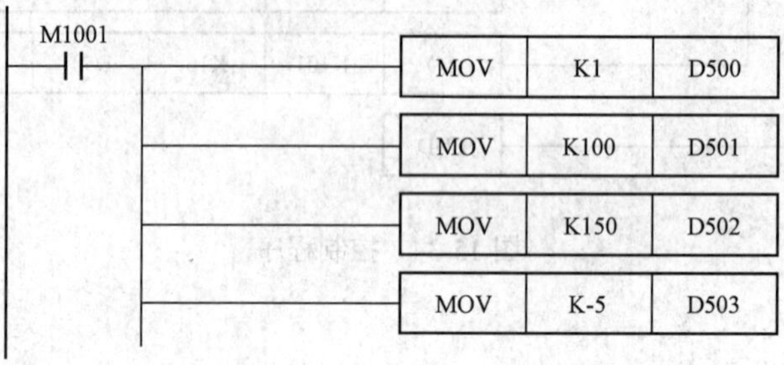
M1001
MOV
K1
D500
MOV
K100
D501
MOV
K150
D502
MOV
K-5
D503

图 15-38 梯形图程序（四）

（5）经过 Tuning 后，得出最佳参数为 KP＝100、KI＝150、KP＝－5。

15.11 变频器速度自动跟随（EX2 AD/DA 功能）

【控制要求】

以变频器 A 所提供的多机能模拟电压输出端子（AFM），提供现在速度（0～50Hz）对应的模拟输出 DC 0～10V 的信号，接到 EX2 的模拟输入功能，再利用 EX2 的模拟输出功能，提供模拟电压给变频器 B 的模拟电压频率指令输入端子（AVI），来达成变频器速度自动跟随功能。

【元件说明】

元件说明见表 15-21。

（1）EX2/SX2 系列 AD 模拟输入信道分辨率：12 位。

1）电压－10V～10V ⇔ 数值－2000～2000。

2）电流－20mA～20mA ⇔ 数值－2000～2000。

3）电流 4mA～20mA ⇔ 数值 0～2000。

（2）EX2/SX2 系列 DA 模拟输入信道分辨率：12 位。

1）电压－10V～10V ⇔ 数值－2000～2000。

2）电流 0～20mA ⇔ 数值 0～4000。

3）电流 4mA～20mA ⇔ 数值 0～4000。

表 15-21　　元件说明

PLC 软元件	控制说明
D1062	EX2/SX2 系列模拟输入（CH0～CH3）平均次数：1～20，默认值＝K2
D1110	EX2/SX2 系列模拟输入信道 0（AD0）的平均值，当 D1062 为 1 时，即为现在值
D1111	EX2/SX2 系列模拟输入信道 1（AD1）的平均值，当 D1062 为 1 时，即为现在值
D1112	EX2/SX2 系列模拟输入信道 2（AD2）的平均值，当 D1062 为 1 时，即为现在值
D1113	EX2/SX2 系列模拟输入信道 3（AD3）的平均值，当 D1062 为 1 时，即为现在值
D1114	EX2/SX2 bit0～3 为启动/关闭输入 AD0～AD3 通道的设定 0 表示启动（预设），1 表示关闭
D1115	EX2/SX2 系列电压/电流模式选择，0 为电压，1 为电流（预设为电压） bit0～bit3 代表模拟输入 AD0～AD3 bit4，bit5 代表模拟输出 DA0，DA1 bit8～ bit13 为电流模式选择 bit8～ bit11 代表 AD0～AD3，0 为–20mA～20mA，1 为 4～20mA bit12，bit13 分别表示 DA0，DA1，0 为 0～20mA，1 为 4～20mA
D1116	EX2/SX2 系列模拟输出信道 0（DA0）的输出值
D1117	EX2/SX2 系列模拟输出信道 1（DA1）的输出值
D1118	EX2/SX2 系列模拟/数字转换取样时间（ms），若 D1118≤2 则为预设 2ms
D0	实际量测的变频器 A 电压值
D2	实际的变频器 A 频率值
D4	DA0 输出电压的对应数字值

【配线】

将变频器 A 提供多机能模拟电压输出端子（AFM/ACM）配接于 EX2 的 AD0 通道上，并将变频器 B 的模拟电压频率指令输入端子（AVI/ACM）配接到 EX2 的 DA0 通道上，如图 15-39 所示。

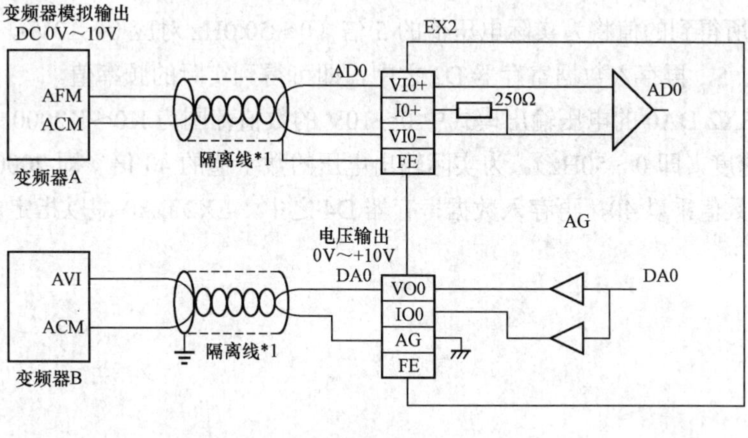
变频器模拟输出
DC 0V～10V
AFM
ACM
变频器A
隔离线*1
EX2
AD0
VI0+
I0+
VI0–
FE
250Ω
AD0
AG
电压输出
0V～+10V
DA0
VO0
IO0
AG
FE
DA0
AVI
ACM
变频器B
隔离线*1

图 15-39

【控制程序】

控制程序如图 15-40 所示。

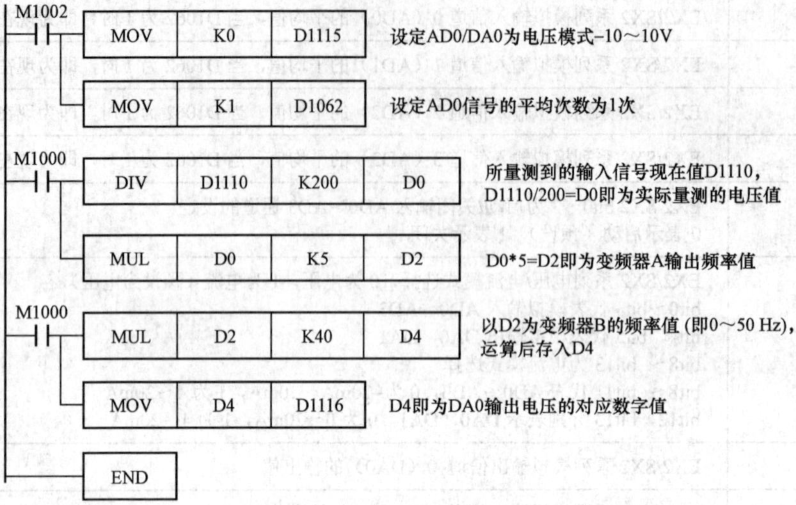
M1002
MOV K0 D1115
设定AD0/DA0为电压模式-10～10V
MOV K1 D1062
设定AD0信号的平均次数为1次
M1000
DIV D1110 K200 D0
所量测到的输入信号现在值D1110，
D1110/200=D0即为实际量测的电压值
MUL D0 K5 D2
D0*5=D2即为变频器A输出频率值
M1000
MUL D2 K40 D4
以D2为变频器B的频率值 (即0～50 Hz)，
运算后存入D4
MOV D4 D1116
D4即为DA0输出电压的对应数字值
END

图 15-40 控制程序

【程序说明】

（1）PLC 由 STOP→RUN，由于变频器 A 提供的模拟输出电压范围为 DC 0～10V，因此先设定 EX2 AD0 为电压输入模式（－10V～10V），EX2 DA0 为电压输出模式（－10～10V）。同时设定 AD0 输入信号的平均次数为 1 次（即为现在值）。

（2）所量测到的输入信号现在值存于 D1110，在 EX2 AD0 的电压模式中 DC 0～10V 的数值范围为 K0～K2,000，D1110 所得到的值将为实际的电压的 200 倍（即 2000/10V＝200），故需将 D1110 所量测的数值除以 200，再存入数据寄存器 D0 之中，即可得到实际量测的电压值。

（3）D0 所得到的值将为实际电压值的 5 倍（0～50.0Hz 对应 0～10V），故将 D0 所量测的数值乘以 5，再存入数据寄存器 D2 之中，即可得到实际的频率值。

（4）在 EX2 DA0 的电压输出模式中 0～10V 的数值范围为 K0～K2000。D2 为实际变频器的频率速度（即 0～50Hz），为实际输出电压的数字值的 40 倍（即 2000/50＝40），将 D2 所设定的数值乘以 40，再存入数据寄存器 D4 之中，EX2 DA0 即以指定电压作输出。

16

网络连线设计范例

16.1 Ethernet 连线

Ethernet 连线如图 16-1 所示。

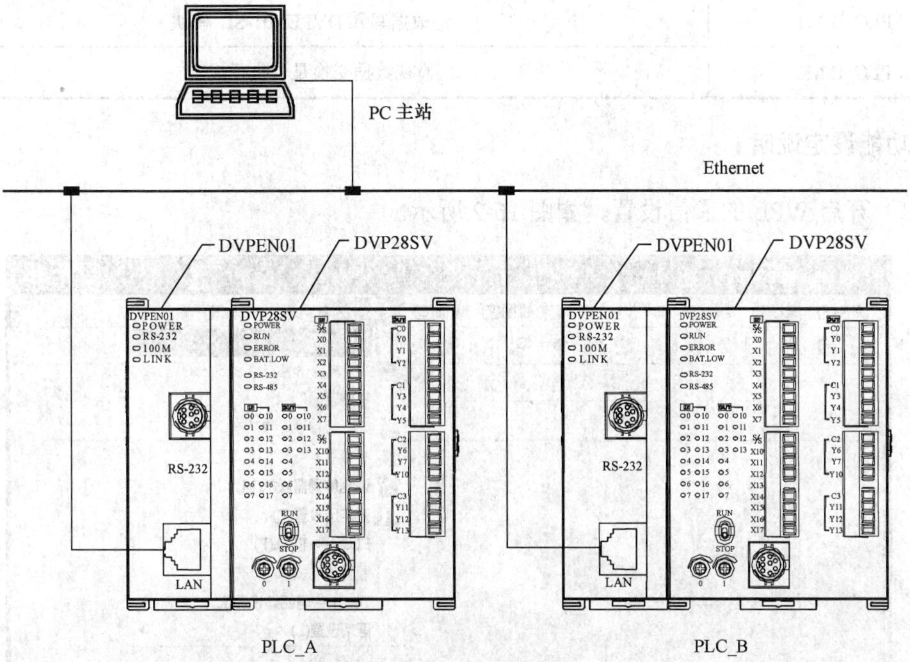
PC 主站
Ethernet
DVPEN01
DVP28SV
DVPEN01
DVP28SV
RS-232
LAN
RS-232
LAN
PLC_A
PLC_B

图 16-1　Ethernet 连线

【控制要求】

（1）由 PC 端直接设定 DVPEN01-SL 的网络参数。

1）执行 WPLSoft 的计算机 IP 为 192.168.0.3。

2）子网络屏蔽为 255.255.255.0，网关器为 192.168.0.1。

3）要将 PLC_A 的 IP 设为 192.168.0.4，PLC_B 的 IP 设为 192.168.0.5。

4）计算机和 DVPEN01-SL 使用 RJ-45 网络线直接连接。

注意事项：PC 端与 DVPEN01-SL 皆不能使用 DHCP，二者需设定为静态 IP。

（2）PLC_B 的万年历时间写至 PLC_A 的 D0～D6。

1）使用静态 IP。

2）PLC_A：“192.168.0.4”。

3）PLC_B：“192.168.0.5”。

4）由PLC_B主动更新至PLC_A。

【元件说明】

元件说明见表16-1。

表16-1 元 件 说 明

PLC软元件	控 制 说 明
M1013	1s时间脉冲
PLC_B M1	将数据写入DVPEN01-SL 模块
PLC_B M2	检视数据交换是否执行成功

【功能设定说明】

（1）开启WPL的通信设置，如图16-2所示。

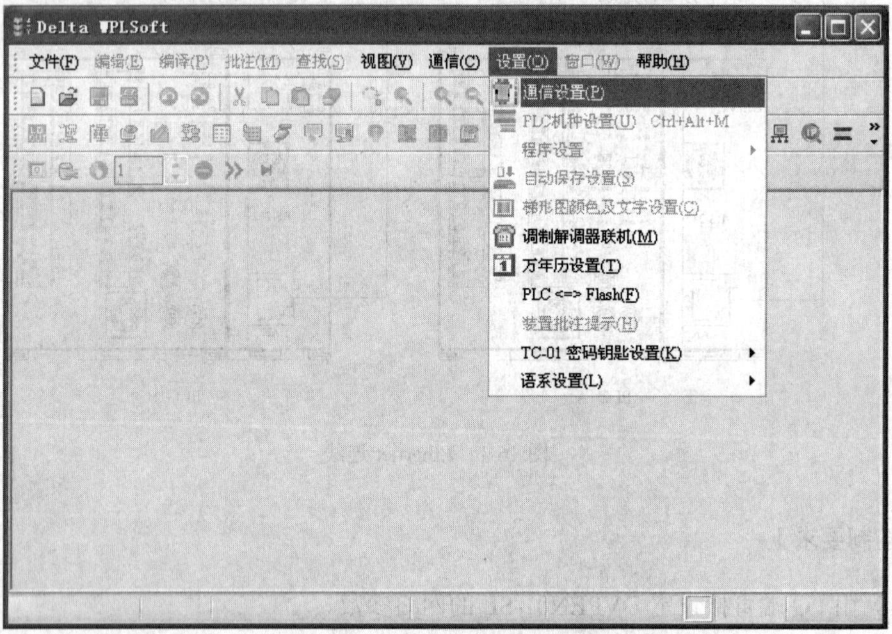
Delta WPLSoft
文件(F) 编辑(E) 编译(P) 批注(M) 查找(S) 视图(V) 通信(C) 设置(O) 窗口(W) 帮助(H)
通信设置(P)
PLC机种设置(U) Ctrl+Alt+M
程序设置
自动保存设置(S)
梯形图颜色及文字设置(C)
调制解调器联机(M)
万年历设置(T)
PLC <=> Flash(F)
装置批注提示(H)
TC-01 密码钥匙设置(K)
语系设置(L)

图16-2 开启WPL的通信设置

（2）在通信设定选项下选取Ethernet并按下确认键，如图16-3所示。

（3）按下广播键，搜寻网络上所有的DVPEN01-SL模块，如图16-4所示。

（4）指定DVPEN01-SL模块，单击两下，开启设定页面，如图16-5所示。

（5）开启基本设定页面，如图16-6所示。

（6）切换到数据交换设定页面，如图16-7所示。

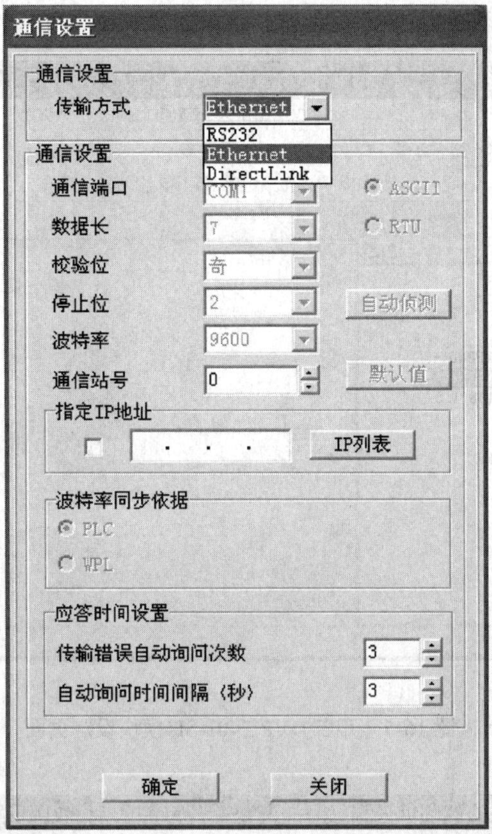
通信设置
通信设置
传输方式
Ethernet
RS232
Ethernet
DirectLink
通信设置
通信端口
COM1
ASCII
数据长
7
RTU
校验位
奇
停止位
2
自动侦测
波特率
9600
通信站号
0
默认值
指定IP地址
IP列表
波特率同步依据
PLC
WPL
应答时间设置
传输错误自动询问次数
3
自动询问时间间隔（秒）
3
确定
关闭

图 16-3　选取 Ethernet

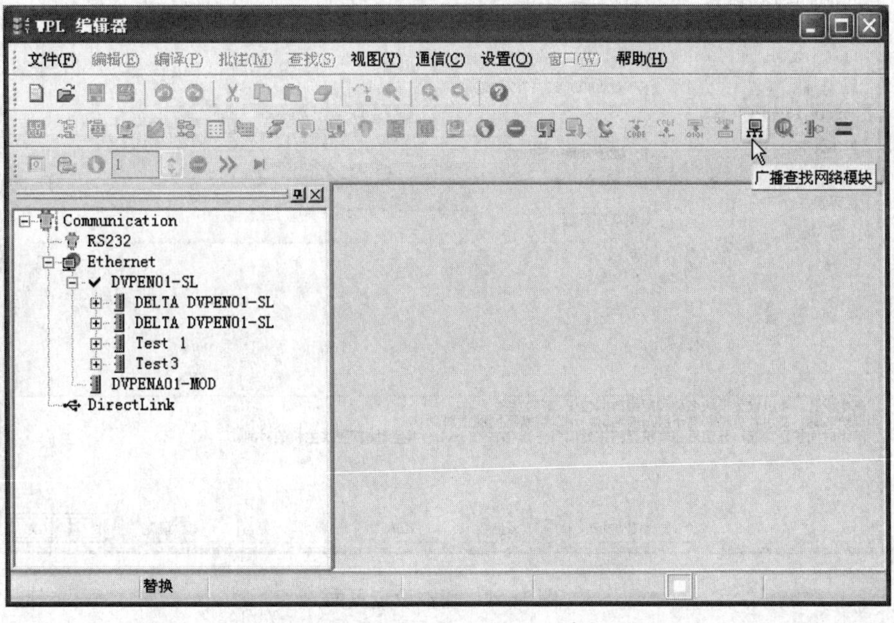
WPL 编辑器
文件(F) 编辑(E) 编译(P) 批注(M) 查找(S) 视图(V) 通信(C) 设置(O) 窗口(W) 帮助(H)
广播查找网络模块
Communication
RS232
Ethernet
DVPEN01-SL
DELTA DVPEN01-SL
DELTA DVPEN01-SL
Test 1
Test3
DVPENA01-MOD
DirectLink
替换

图 16-4　搜寻 DVPEN01-SL 模块

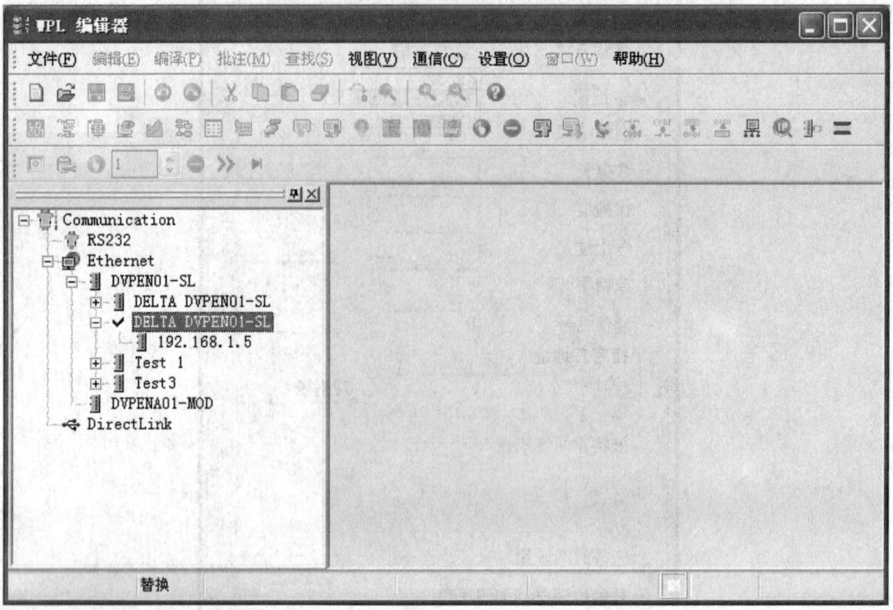
WPL 编辑器
文件(F) 编辑(E) 编译(P) 批注(M) 查找(S) 视图(V) 通信(C) 设置(O) 窗口(W) 帮助(H)
Communication
RS232
Ethernet
DVPEN01-SL
DELTA DVPEN01-SL
DELTA DVPEN01-SL
192.168.1.5
Test 1
Test3
DVPENA01-MOD
DirectLink
替换

图16-5 开启DVPEN01-SL模块设定页面

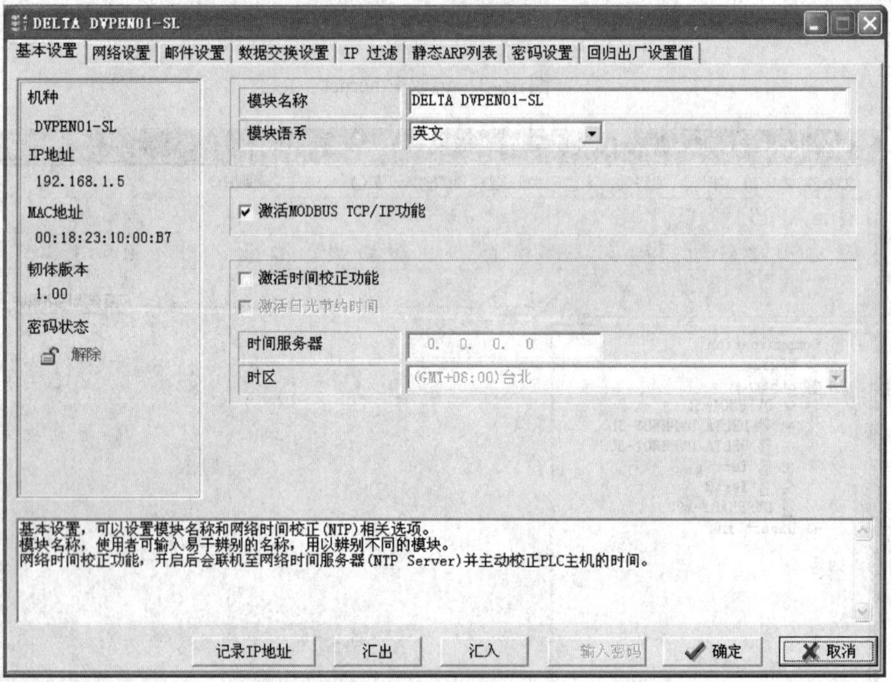
DELTA DVPEN01-SL
基本设置 网络设置 邮件设置 数据交换设置 IP 过滤 静态ARP列表 密码设置 回归出厂设置值
机种
DVPEN01-SL
IP地址
192.168.1.5
MAC地址
00:18:23:10:00:B7
韧体版本
1.00
密码状态
解除
模块名称
DELTA DVPEN01-SL
模块语系
英文
激活MODBUS TCP/IP功能
激活时间校正功能
激活日光节约时间
时间服务器
0. 0. 0. 0
时区
(GMT+08:00)台北
基本设置，可以设置模块名称和网络时间校正(NTP)相关选项。
模块名称，使用者可输入易于辨别的名称，用以辨别不同的模块。
网络时间校正功能，开启后会联机至网络时间服务器(NTP Server)并主动校正PLC主机的时间。
记录IP地址
汇出
汇入
输入密码
确定
取消

图16-6 基本设定页面

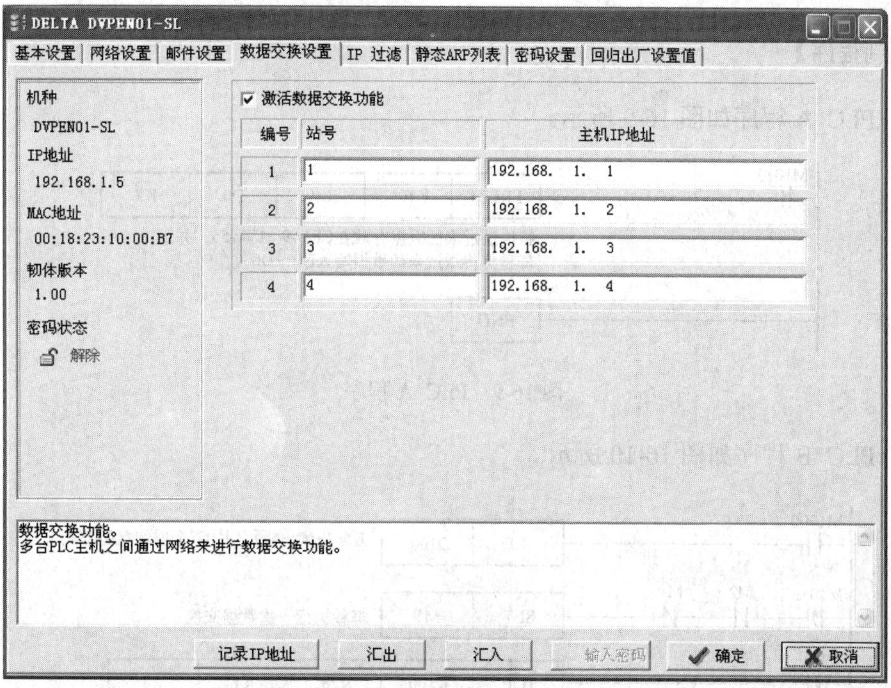
DELTA DVPEN01-SL
基本设置
网络设置
邮件设置
数据交换设置
IP 过滤
静态ARP列表
密码设置
回归出厂设置值
机种
DVPEN01-SL
IP地址
192.168.1.5
MAC地址
00:18:23:10:00:B7
韧体版本
1.00
密码状态
解除
激活数据交换功能
编号
站号
主机IP地址
1
1
192.168. 1. 1
2
2
192.168. 1. 2
3
3
192.168. 1. 3
4
4
192.168. 1. 4
数据交换功能。
多台PLC主机之间通过网络来进行数据交换功能。
记录IP地址
汇出
汇入
输入密码
确定
取消

图 16-7　数据交换设定页面

（7）勾选“启动数据交换功能”；在站号 1 的 IP 字段输入 PLC_A 的 IP 地址“192.168.0.4”。完成后按下“确定”按钮，完成数据交换设定，如图 16-8 所示。

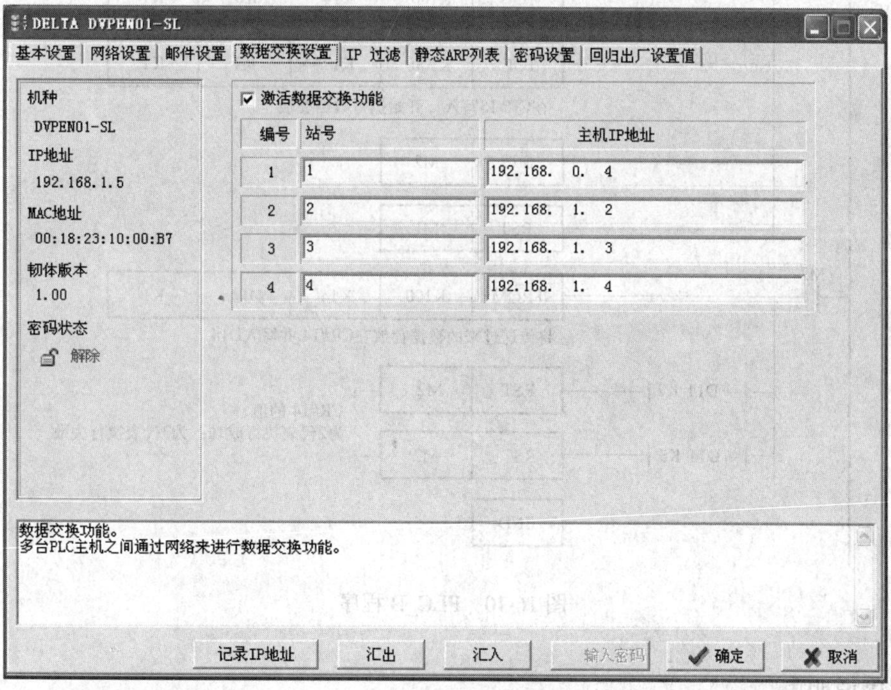
DELTA DVPEN01-SL
基本设置
网络设置
邮件设置
数据交换设置
IP 过滤
静态ARP列表
密码设置
回归出厂设置值
机种
DVPEN01-SL
IP地址
192.168.1.5
MAC地址
00:18:23:10:00:B7
韧体版本
1.00
密码状态
解除
激活数据交换功能
编号
站号
主机IP地址
1
1
192.168. 0. 4
2
2
192.168. 1. 2
3
3
192.168. 1. 3
4
4
192.168. 1. 4
数据交换功能。
多台PLC主机之间通过网络来进行数据交换功能。
记录IP地址
汇出
汇入
输入密码
确定
取消

图 16-8　完成数据交换设定

【控制程序】

（1）PLC_A 程序如图 16-9 所示。

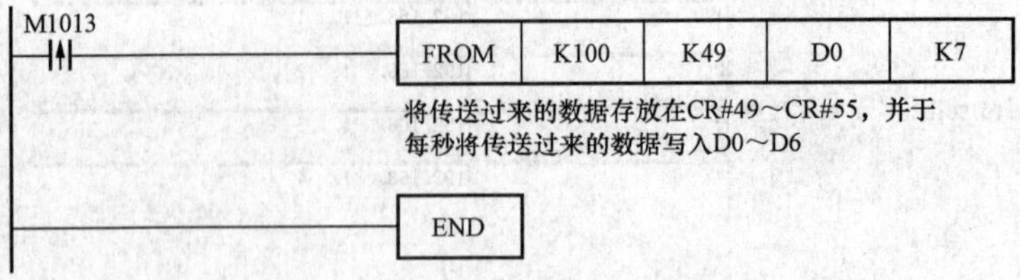
M1013
FROM
K100
K49
D0
K7
将传送过来的数据存放在CR#49～CR#55，并于
每秒将传送过来的数据写入D0～D6
END

图 16-9 PLC_A 程序

（2）PLC_B 程序如图 16-10 所示。

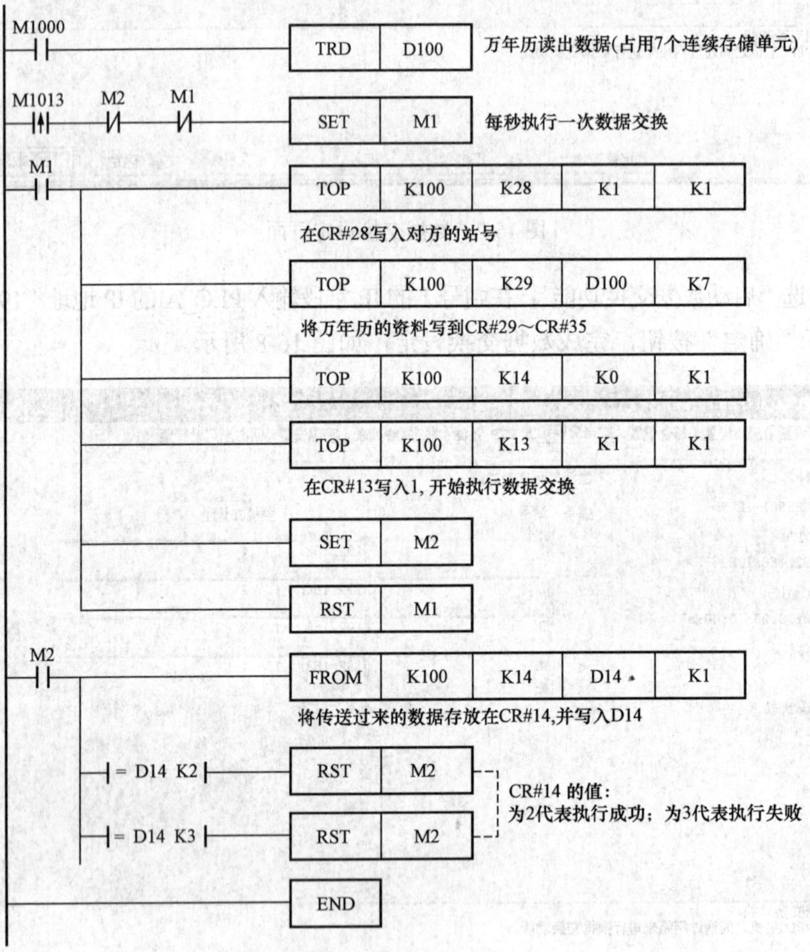
M1000
TRD
D100
万年历读出数据(占用7个连续存储单元)
M1013
M2
M1
SET
M1
每秒执行一次数据交换
M1
TOP
K100
K28
K1
K1
在CR#28写入对方的站号
TOP
K100
K29
D100
K7
将万年历的资料写到CR#29～CR#35
TOP
K100
K14
K0
K1
TOP
K100
K13
K1
K1
在CR#13写入1, 开始执行数据交换
SET
M2
RST
M1
M2
FROM
K100
K14
D14
K1
将传送过来的数据存放在CR#14,并写入D14
= D14 K2
RST
M2
= D14 K3
RST
M2
CR#14 的值:
为2代表执行成功；为3代表执行失败
END

图 16-10 PLC_B 程序

【程序说明】

（1）PLC_A 程序。

1）传送过来的数据存放在 CR#49～CR#55。

2）每一秒将传送过来的数据写入 D0～D6。

（2）PLC_B 程序。

1）每一秒会执行数据交换一次。

2）CR#28 写入对方的站号，DVPEN01-SL 会依之前的设定自动去判断站号 1 的 IP 地址为“192.168.0.4”。

3）将万年历的资料写入 CR#29～CR#35。

4）CR#13 写入 1，开始执行数据交换。

5）当 CR#14 的值为 2 时代表执行成功；为 3 时代表执行失败。

（3）详细的 Ethernet 以太网络通信模块 DVPEN01-SL 的使用说明，请参考相关资料。

16.2 DeviceNet 连 线

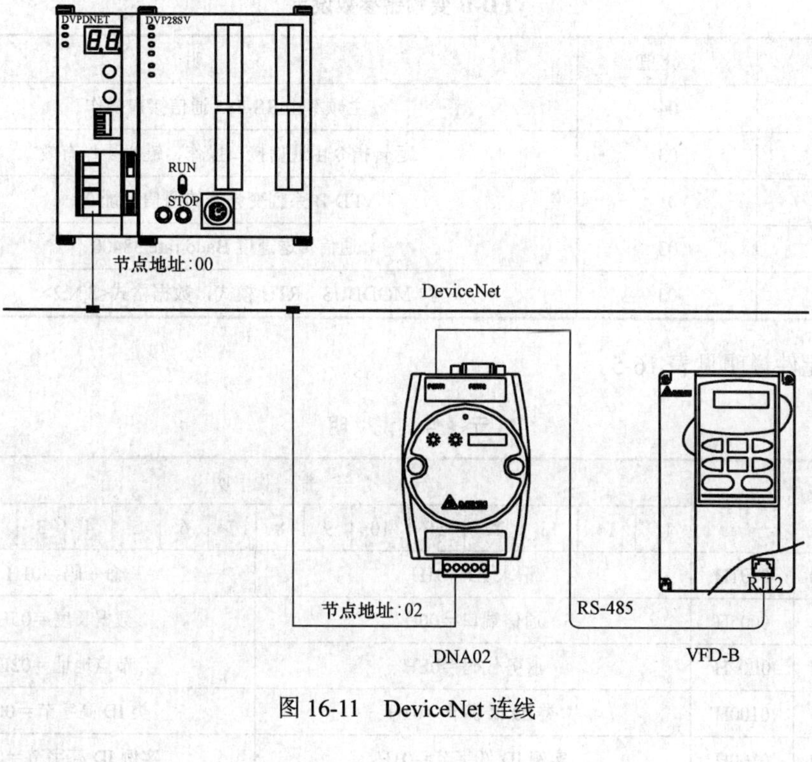
DVPDNET
DVP28SV
RUN
STOP
节点地址:00
DeviceNet
节点地址:02
RS-485
RJ12
DNA02
VFD-B

图 16-11 DeviceNet 连线

【控制要求】

当 M0＝On 时，读取 DNA02 的类 1→实例 1→属性 1 的内容。

【装置说明】

（1）DVPDNET-SL 设定见表 16-2。

表 16-2 DVPDNET-SL 设定

参数	设定值	说　明
节点地址	00	设定 DVPDNET-SL 扫描模块的节点地址为 00
通信速率	500kbit/s	设定 DVPDNET-SL 扫描模块与总线的通信速率为 500kbit/s

（2）DNA02 设定见表 16-3。

表 16-3 DNA02 设定

参数	设定值	说　明
节点地址	02	设定 DNA02 模块的节点地址为 02
通信速率	500kbit/s	设定 DNA02 模块与总线的通信速率为 500kbit/s

（3）VFD-B 变频器参数设定见表 16-4。

表 16-4 VFD-B 变频器参数设定

参数	设定值	说　明
02-00	04	主频率由 RS-485 通信接口操作
02-01	03	运转指令由通信接口操作，键盘操作有效
09-00	01	VFD-B 系列变频器的通信地址 01
09-01	03	通信传送速度 Baud rate 38400
09-04	03	MODBUS　RTU 模式，数据格式<8,N,2>

（4）元件说明见表 16-5。

表 16-5 元 件 说 明

<table>
<tr><th colspan="2" rowspan="2">PLC 软元件</th><th rowspan="2">内容</th><th colspan="16">控 制 说 明</th></tr>
<tr><th>15</th><th>14</th><th>13</th><th>12</th><th>11</th><th>10</th><th>9</th><th>8</th><th>7</th><th>6</th><th>5</th><th>4</th><th>3</th><th>2</th><th>1</th><th>0</th></tr>
<tr><td rowspan="6">请求信息编辑区</td><td>D6250</td><td>0101H</td><td colspan="8">请求 ID＝01H</td><td colspan="8">命令码＝01H</td></tr>
<tr><td>D6251</td><td>0005H</td><td colspan="8">通信端口＝00H</td><td colspan="8">数据长度＝05H</td></tr>
<tr><td>D6252</td><td>0E02H</td><td colspan="8">服务代码＝0EH</td><td colspan="8">节点地址＝02H</td></tr>
<tr><td>D6253</td><td>0100H</td><td colspan="8">类 ID 低字节＝01H</td><td colspan="8">类 ID 高字节＝00H</td></tr>
<tr><td>D6254</td><td>0100H</td><td colspan="8">实例 ID 低字节＝01H</td><td colspan="8">实例 ID 高字节＝00H</td></tr>
<tr><td>D6255</td><td>0100H</td><td colspan="8">属性 ID＝01H</td><td colspan="8">N/A</td></tr>
<tr><td rowspan="4">响应信息编辑区</td><td>D6000</td><td>0101H</td><td colspan="8">请求 ID＝01H</td><td colspan="8">状态代码＝01H</td></tr>
<tr><td>D6001</td><td>0002H</td><td colspan="8">通信端口＝00H</td><td colspan="8">数据长度＝02H</td></tr>
<tr><td>D6002</td><td>8E02H</td><td colspan="8">服务代码＝8EH</td><td colspan="8">节点地址＝02H</td></tr>
<tr><td>D6003</td><td>1F03H</td><td colspan="8">服务数据低字节＝1FH</td><td colspan="8">服务数据高字节＝03H</td></tr>
<tr><td colspan="2">M0</td><td colspan="17">扫描模块会发送请求讯息</td></tr>
</table>

【控制程序】

控制程序如图 16-12 所示。

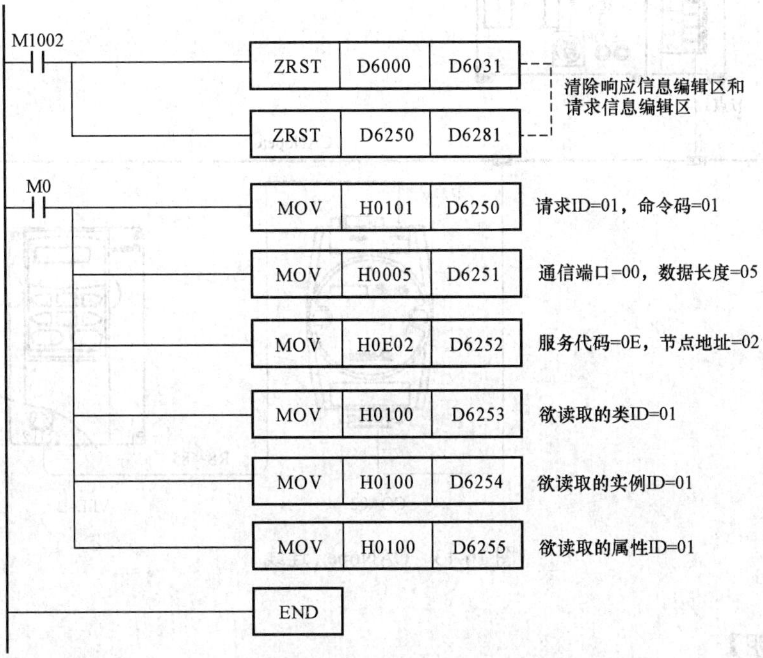
M1002
ZRST D6000 D6031
清除响应信息编辑区和
请求信息编辑区
ZRST D6250 D6281
M0
MOV H0101 D6250
请求ID=01，命令码=01
MOV H0005 D6251
通信端口=00，数据长度=05
MOV H0E02 D6252
服务代码=0E，节点地址=02
MOV H0100 D6253
欲读取的类ID=01
MOV H0100 D6254
欲读取的实例ID=01
MOV H0100 D6255
欲读取的属性ID=01
END

图 16-12　控制程序

【程序说明】

（1）程序开始首先对响应信息编辑区和请求信息编辑区清零。

（2）当 M0＝On 时，扫描模块会发送请求信息，读取目标设备（节点地址为 02）的类 1→实例 1→属性 1 的内容；如果显性信息通信成功，从站会返回响应信息。

（3）当 M0＝On 时，扫描模块仅发送一次请求信息。若再次发送请求信息，需要改变请求 ID 的内容值。

（4）读取成功，目标设备返回的数据存放在 D6000～D6003 中。

（5）详细 DeviceNet 网络通信模块 DVPDNET-SL 的使用说明，请参考 DVP-PLC 应用技术手册特殊模块篇下册。

16.3　CANopen　连　线

【控制要求】

当 M0＝On 时，读取 COA02 的索引为 2021、子索引为 4（即变频器实际频率输出值）的内容。

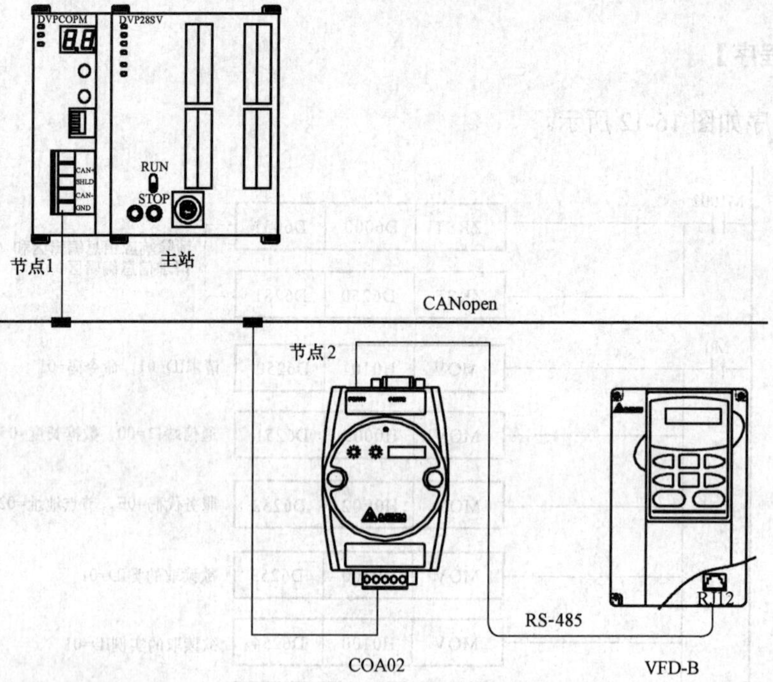
DVPCOPM
DVP28SV
RUN
STOP
节点1
主站
CANopen
节点2
RS-485
RJ12
COA02
VFD-B

图 16-13　CANopen 连线

【装置说明】

（1）DVPCOPM-SL 设定见表 16-6。

表 16-6　**DVPCOPM-SL 设定**

参数	设置值	说明
节点地址	01	设置 DVPCOPM-SL 的节点地址为 01
通信速率	1Mbit/s	设置 DVPCOPM-SL 与总线的通信速率为 1Mbit/s

（2）COA02 设定见表 16-7。

表 16-7　**COA02 设定**

参数	设置值	说明
节点地址	02	设置 COA02 模块的节点地址为 02
通信速率	1Mbit/s	设置 COA02 模块与总线的通信速率为 1Mbit/s

（3）VFD-B 变频器参数设定见表 16-8。

表 16-8　**VFD-B 变频器参数设定**

参数	设置值	说明
02-00	04	主频率由 RS-485 通信接口操作
02-01	03	运转指令由通信接口操作，键盘操作有效
09-00	01	VFD-B 系列变频器的通信地址 01

续表

参数	设置值	说　明
09-01	03	通信传送速度 Baud rate 38400
09-04	03	MODBUS RTU 模式，数据格式<8,N,2>

（4）元件说明见表 16-9。

表 16-9　　元 件 说 明

PLC 软元件		内容	控制说明															
			15	14	13	12	11	10	9	8	7	6	5	4	3	2	1	0
SDO 请求信息映像区	D6250	0101H	请求 ID＝01 H								命令码＝01 H							
	D6251	0004H	保留								数据长度＝04 H							
	D6252	0102H	类型＝01 H								节点地址＝02 H							
	D6253	2021H	索引高字节＝20 H								索引低字节＝21 H							
	D6254	0004H	保留								子索引＝04 H							
SDO 回应信息映射区	D6000	0101H	请求 ID＝01H								状态代码＝01 H							
	D6001	0006H	保留								数据长度＝06 H							
	D6002	4B02H	类型＝4B H								节点地址＝02 H							
	D6003	2021H	主索引高字节＝20 H								索引低字节＝21 H							
	D6004	0004H	保留								子索引＝04 H							
	D6005	0100 H	数据 1＝01 H								数据 0＝00 H							
M0		CANopen 主站发送 SDO 请求信息																

注　D6005 中的值为 0100 H，即变频器的实际输出频率为 2.56 Hz。

【控制程序】

控制程序如图 16-14 所示。

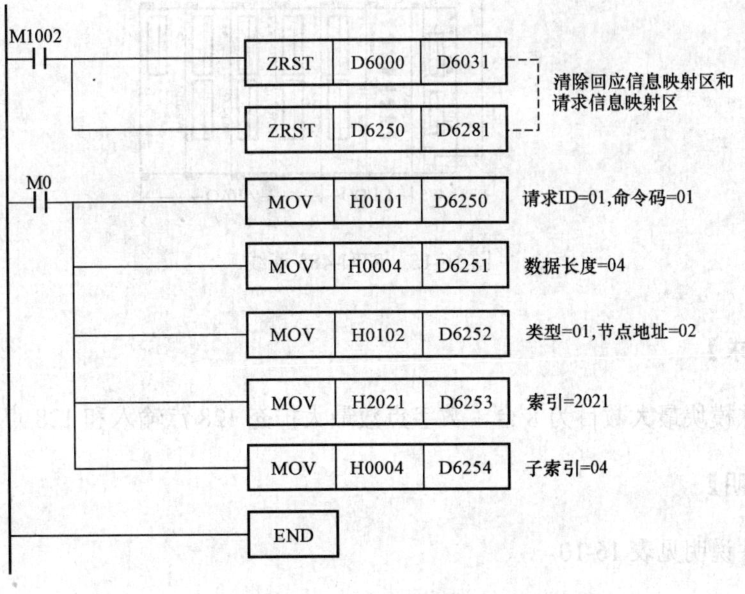
M1002
ZRST D6000 D6031
ZRST D6250 D6281
清除回应信息映射区和
请求信息映射区
M0
MOV H0101 D6250
请求ID=01,命令码=01
MOV H0004 D6251
数据长度=04
MOV H0102 D6252
类型=01,节点地址=02
MOV H2021 D6253
索引=2021
MOV H0004 D6254
子索引=04
END

图 16-14　控制程序

【程序说明】

（1）程序开始首先对SDO请求信息映像区和SDO响应信息映像区清零。

（2）当M0＝On时，CANopen主站会发送SDO请求信息，读取目标设备（节点地址为02）索引为2021、子索引为4的内容。如果通信成功，从站会返回响应信息。

（3）当M0＝On时，CANopen主站仅发送一次请求信息。若再次发送请求信息，需要改变请求ID的内容值。

（4）读取成功，目标设备返回的数据存放在D6000～D6005中。

（5）详细CANopen网络通信模块DVPCOPM-SL使用说明，请参考DVP-PLC应用技术手册特殊模块篇下册。

16.4 RTU-485 连线

RTU-485连线如图16-15所示。

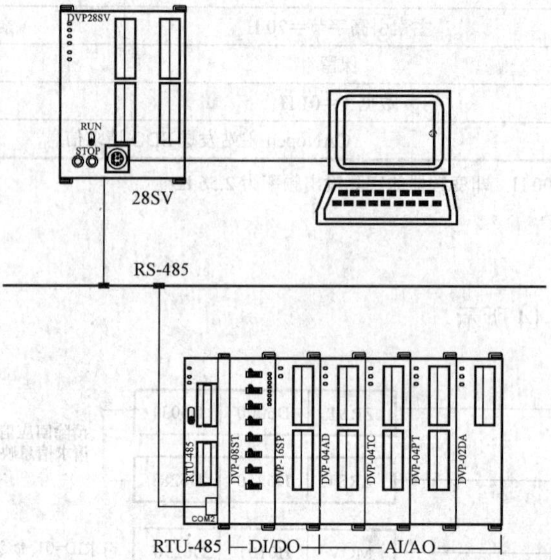
DVP28SV
RUN
STOP
28SV
RS-485
RTU-485
DVP-08ST
DVP-16SP
DVP-04AD
DVP-04TC
DVP-04PT
DVP-02DA
COM2
RTU-485
DI/DO
AI/AO

图16-15 RTU-485连线

【控制要求】

连接特殊模块最大数目为8台，数字点数最大扩充128点输入和128点输出。

【装置说明】

（1）元件说明见表16-10。

表 16-10 元件说明

PLC 软元件	控制说明
M0	主控设备的 PLC 向 RTU-485 发送请求信息
D1120	COM2（RS-485）通信协议
M1120	COM2（RS-485）通信设定保持用，设定后 D1120 变更无效
M1122	送信要求
M1123	接收完毕
M1129	接收逾时
M1143	COM2（RS-485）的 ASCII/RTU 模式选择：Off 时为 ASCII 模式；On 时为 RTU 模式

（2）特殊模块区域见表 16-11。

表 16-11 特殊模块区域

通信地址	特殊模块装置	属性	数据类型	长度
H1600～H1630	第 1 台特殊模块：CR#0～CR#48	参考相关特殊模块的 CR#属性	word	49
H1640～H1670	第 2 台特殊模块：CR#0～CR#48		word	49
H1680～H16B0	第 3 台特殊模块：CR#0～CR#48		word	49
H16C0～H16F0	第 4 台特殊模块：CR#0～CR#48		word	49
H1700～H1730	第 5 台特殊模块：CR#0～CR#48		word	49
H1740～H1770	第 6 台特殊模块：CR#0~CR#48		word	49
H1780～H17B0	第 7 台特殊模块：CR#0~CR#48		word	49
H17C0～H17F0	第 8 台特殊模块：CR#0~CR#48		word	49

注意事项：RTU-485 可以连接的特殊模块最多为 8 台，靠近 RTU-485 右侧的为第 1 台，以此类推。

【控制程序】

RTU-485 的站号为 1，要求将资料 H0001 写入第 1 台 AI/AO 扩展模块的 CR#6。控制程序如图 16-16 所示。

【程序说明】

（1）程序开始设置通信格式。主从站的通信格式须一致，设为 9600，7, E,1，ASCII。

（2）当 M0＝On，主控设备的 PLC 向 RTU-485 发送请求信息，将 H0001 内容写入 RTU-485 右侧第 1 台 AI/AO 的 CR#6 内。

（3）详细网络通信模块 RTU-485 的使用说明，请参考相关资料。

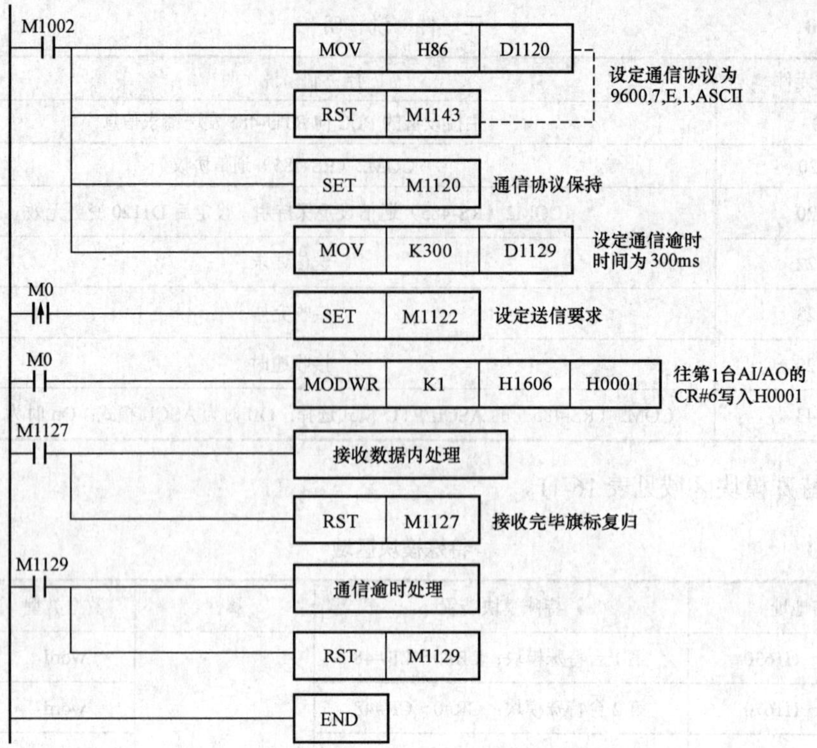
M1002
MOV H86 D1120
设定通信协议为
9600,7,E,1,ASCII
RST M1143
SET M1120
通信协议保持
MOV K300 D1129
设定通信逾时
时间为300ms
M0
SET M1122
设定送信要求
M0
MODWR K1 H1606 H0001
往第1台AI/AO的
CR#6写入H0001
M1127
接收数据内处理
RST M1127
接收完毕旗标复归
M1129
通信逾时处理
RST M1129
END

图16-16 控制程序